U0303582

浙江大学人类学研究所　主办

————

梁永佳　主编

人类学研究

第 15 / 16 辑

2022

商务印书馆
The Commercial Press

图书在版编目（CIP）数据

人类学研究.第 15-16 辑 / 梁永佳主编.—北京：
商务印书馆，2022
ISBN 978-7-100-20952-6

Ⅰ.①人… Ⅱ.①梁… Ⅲ.①人类学－研究 Ⅳ.
① Q98

中国版本图书馆 CIP 数据核字（2022）第 051325 号

人类学研究

第 15-16 辑

梁永佳　主编

商 务 印 书 馆 出 版
（北京王府井大街 36 号　邮政编码 100710）
商 务 印 书 馆 发 行
江苏凤凰数码印务有限公司印刷
ISBN　978-7-100-20952-6

2022 年 6 月第 1 版　　　开本 700×1000　1/16
2022 年 6 月第 1 次印刷　　印张 31½

定价：180.00 元

编　委　会

目　录

科技人类学专题

研究论文

《论君长》读书汇报专题

经典重读

稿　约

纪念吴定良院士逝世五十周年

暨浙大《人类学研究》研讨会专栏

编者按

　　2019年12月26日至27日,"纪念吴定良院士逝世五十周年暨浙大《人类学研究》研讨会"在浙江大学之江校区钟楼召开。2019年是中国人类学奠基人之一吴定良院士逝世五十周年,也是浙大《人类学研究》创刊十周年。1946年,吴定良教授接受竺可桢校长的邀请加盟浙江大学,组建了"人类学研究所"和"人类学系",成员包括田汝康、马长寿、夏鼐、裴文中、金祖同、张宗汉等享誉中外的著名学者。吴定良先生设置了完整的培养体系,建立了精良的实验室和图书馆。同时,他与卢于道、欧阳翥、裴文中、刘咸、谈家桢等学者在杭州发起成立"中国人类学学会",形成了以浙江大学为基地的"一所一系一会"的人类学学科格局,建立了一支兼具体质、文化、考古、语言四大分支的人类学研究队伍,为中国人类学留下一笔宝贵的财富。

　　研讨会是在浙江大学原副校长罗卫东教授的倡议下举办的,由浙江大学人文高等研究院主办,浙江大学社会学系和人类学研究所承办。

　　罗卫东教授在欢迎致辞中,缅怀了吴定良院士创立浙大人类学学科的功绩,回顾了浙大文科的辉煌历史,并对吴院士家属和参会学者表示热烈的欢迎。吴定良院士女儿吴小庄女士介绍了《吴定良院士传》的写作过程,回忆了吴院士在浙大的点滴,并向浙大捐献了五件吴院士在民国时期使用过的体质人类学测量工具。浙大档案馆马景娣馆长代表浙大接受了捐赠,并向吴小庄女士颁发捐赠证书。

　　清华大学汪晖教授、芝加哥大学赵鼎新教授为本次研讨会专门撰写了论文,本期作为特稿推出。云南大学庄孔韶教授做主旨发言。来自云南大学、牛津大学、复旦大学、上海交通大学、中国科学院、新加坡国立大学、厦门大学、华东师范大学的人类学学者与浙大人类学所的人类学同仁也分别做了学术报告。本期《人类学研究》专门开辟专栏,纪念吴定良院士对浙大人类学的奠基性功绩,也庆祝浙大《人类学研究》创刊十周年。本专栏除刊登与会学者的学术报告之外,还特别加入了讨论环节的文字记录。除注明外,学术报告均经过发言人整理。

空间革命、多重时间与置换的政治

汪晖

一、多重时间之间的重复与置换

马克思在《路易·波拿巴的雾月十八日》中将政治行动与历史前提的关系放置在"历史与重复"的框架下观察,即透过"重复"理解旧形式的新内涵(马克思,1995:579—689)。不同于马克思所描述的18世纪和19世纪欧洲革命与反革命的图景,20世纪的革命与反革命发生在空间革命的条件之下,或者说,发生在世纪的多重时间的共时关系之中,从而其重复与置换的政治常常是横向的时间关系的主题。如同19世纪的欧洲变革一样,新旧问题或古今问题始终盘旋于20世纪的政治空间;但这一新旧矛盾是在多重时间之间发生的冲突,已经无法与横向的时间关系相脱离。横向关系不仅是空间性的,也是时间性的,即将不同的时间轴线相互连接的进程。正是由于存在着这一进程,历史的叙述不仅是从过去到现在的变迁,而且也是从那里到这里、从这里到那里,或多方之间的互动。"起源"关系很可能是横向的,更接近于交换与流动。因此,尽管20世纪的政治常常诉诸所谓古/今、中/西的对抗或调和形态,但这一坐标实际上不过是新的共时性所内含的多重时间关系的极简表述。

帝国主义概念是以经济分析为中心的,但不同于19世纪政治经济学对生产和流通过程的分析,这一概念从一开始就不可避免地将全球关系和帝国竞争置于中心,从而与地缘政治关系、军事力量对比,以及与东西文化问题相互纠缠。在这一语境中,政治是如何发生的呢? 离开一系列全新的概念或范畴,20 世纪的政治及其历史含义似乎无法呈现;但同时,如果将这些通过翻译或转译而来的概念作为构筑和解释历史图景的基础范畴,话语体系与社会条件之间的错位又常常如此明显。在这一时代,个人、公民、国家、民族、阶级、人民、政党、主权、文化、社会等概念成为新政治的中心概念;生产、生产方式、社会形态及其附属概念成为描述中国和其他社会的基础范畴;"薄弱环节"、敌我关系、"边区""中间地带""三个世界"、统一战线等命题全部产生于对帝国主义条件下全球和国内局势的判断和战略战术思考。

在上述这些主要概念、范畴和命题中,除了极少数产生于具体斗争的概念和范畴(如"边区""中间地带")之外,绝大部分用语源自对 19 世纪欧洲概念和命题的翻译和挪用。20 世纪的革命者和改革者迅速地将这些概念、范畴和命题用于具体的政治实践,这却让新时代的历史学家们苦恼不已。例如,许多学者对于封建一词在现代中国的"误用"大加嘲笑,颇费周章地考证封建概念的欧洲根源,论述这一概念的中国运用如何错解了封建一词的"原意",进而误导了现代中国政治。如果封建这一范畴源自彻底的错用,那么此前与此后的社会形态描述又有什么根据呢?[①] 再如,在 19 世纪欧洲资本主义和殖民主义体制确立的背景下,社会主义者发明了"无产阶级"这一概念,它被视为真正的、代表未来的革命主体。在 20 世纪的中国,对于作为革命主体的无产阶级的探寻是一个持续的政治进程,但在工业化如此薄弱的社会,工人群体的数量、规模和组织程度都极为弱小,甚至作为其对立面的资本家群体能否构成一个阶级也曾遭到质疑。这是否意味着中国革命本身就是一个"误会"的产物呢?

印度"庶民研究"(subaltern studies)的代表人物迪佩什·查卡拉巴提(Dipesh Chakrabarty)发现:在印度和其他非西方世界寻求革命主体

---

① 关于封建概念的讨论篇目众多,其中冯天瑜(2010)的《"封建"考论》用详细的考证,论述"封建"概念的误植。对于历史分期问题而言,这一讨论或有意义;但就理解 20 世纪封建概念及其相关的思想斗争和社会运动而言,所谓"误植"或"制名以指实"的名实观,无法提供对于这一概念的现代生成的历史理解。

的努力产生了一系列无产阶级这一西方工业社会范畴的替代物,如农民、大众、庶民,等等(Chakrabarty,2011:167、171—172、174)。重复与置换的现象不仅发生在无产阶级这样的范畴上,而且也发生在前面提及的几乎所有范畴上。革命与反革命的双方都体现着这一置换的逻辑。这些范畴没有一个可以简单地按照 19 世纪的逻辑给予解释,也没有一个可以单纯地按照其古典词根给予说明。20 世纪中国的许多范畴和主题都是对 19 世纪欧洲的重复,但每一次重复同时也是置换——不仅是背景差异的产物,而且也是一种政治性的置换。这些概念重组了历史叙述,也打破了旧叙述的统治地位,从而为新政治的展开铺垫了道路。这并不是说这一时代的话语实践不存在概念或范畴的误植,而是说若无对这些概念或范畴的政治性展开过程的分析,我们根本不能理解它们的真正内涵、力量和局限,从而也就不能通过它们理解 20 世纪中国的独特性。

　　丰富的横向关系是空间革命的产物。如前所述,世纪的诞生意味着多重时间中的变迁转化为共时性内部的非均衡性,从而产生了从横向轴线观察历史的绝对需求。概念的横移及其在不同历史时间中的作用,正是 20 世纪最为醒目的现象之一。这一时间性的转换实际上是以所谓"空间革命"为条件的。[①] 在空间革命的前提下,时间性的关系越来越具有横向性,当代的变迁以及用以描述这一变迁的话语无法在历时性关系的纵贯线上加以叙述,而必须在多重时间之间给予说明。我将这一现象概括为概念横移,其功能就是在共时性的框架下,将不同时间轴线中的历史内容转换为可以在同一套话语中加以表述的现实。换句话说,上述"置换"(亦即新政治的发生过程)必须置于由空间革命所造成的横向时间关系中才能解释——在这些陌生的概念被用于迥异于诞

---

　　① 这里沿用了卡尔·施米特(Carl Schmitt)的"空间革命"概念。他对这一概念的界定与马克思在《共产党宣言》中描述的资本主义时代的降临是有所重叠的。他说:"这种拓展如此的深刻和迅猛,以至于它不仅改变了某些尺度和标准以及人的眼界,而且也改变了空间概念本身。人们这才能够谈论空间革命。然而,通常的情形是,某种空间图景的改变与那种历史的变革是联系在一起的。这才是那种政治、经济和文化的全面变革的真正核心"(施米特,2006:32—33)。

生它们的历史条件之时，新的意识、价值和行动诞生了。

二、空间革命、政治集中与主权概念

空间的拓展意味着政治生活形式的重组，它不但是一场深刻的经济、政治和文化变革，而且也重新结构了经济、政治和文化领域的分类原则。日本学者曾经在欧洲历史的参照下，将中国或"东洋"的历史区分为以黄河和内陆为中心的时代、以运河为中心的时代和以沿海为中心的时代，而明治以降，则是名副其实的海洋时代。这一对于中国或"东洋"历史的空间性分析，实际上是与欧洲比较地理学所叙述的河流（两河流域的历史文明）、内海（希腊和罗马的古典时期）和海洋（伴随美洲的发现和环球航行而来的殖民主义时代）的空间革命相呼应的，其结论部分也正是作为现代国家雏形的德川日本。空间革命不仅意味着历史地理观念的巨变，而且彻底重构了整个地球秩序：海洋时代与机械的力量、工业的力量、民族-国家的力量等结伴而来，同时带动着城乡关系的重组、国家形式的变迁、地缘关系的转变、民族认同的重构等一系列重大事件。这是人与自然的关系、人与人的关系发生剧变的时代。在推进和迟滞这一剧变的政治行动中，新的观念、尺度、经济形态、政治形式，以及社会-政治行动的不同维度一一被发明和创造出来。新的个人、新的人民和新的民族，或者，旧文明的新生命，以迅猛的姿态在历史的废墟上诞生。马克思从生产方式的角度看待这场空间革命，他说："资产阶级，由于开拓了世界市场，使一切国家的生产和消费都成为世界性的了"（马克思、恩格斯，1995：254）。

这里以国家形态和主权内涵的转变为中心，观察在多重时间关系中爆发的空间革命的意义。从马克思的视野看，空间革命导源于资本主义生产赖以维系的"全部社会关系不断地革命化"。这一"生产的不断变革，一切社会关系的不停的动荡，永远的不安定和变动""挖掉了工业脚下的民族基础"，创造了新的城乡关系、新的民族关系、新的区域关系,其结果便是由"生产的集中"而产生的"政治的集中"。"各自独立的、几乎只有同盟关系的、各有不同利益、不同法律、不同政府、不同关税的各个地区,现在已经结合为一个拥有统一的政府、统一的法律、统一的民族阶级利益和统一的关税的国家了"(马克思、恩格斯,1995:255—256)。马克思没有分析为了适应历史条件的差异而产生的各种妥协的政治形式和社会安排,但即便是那些最富于弹性的社会体制,与上述进程之间也存在着难以割舍的关系。对于中国而言,"政治的集中"是漫长历史传统的延伸,还是生产和交换关系所要求的新形式? 回答这一问题的唯一正确思路是将这一现象置于多重时间的横向关系中去考察。因此,无论是"挑战—回应"的方式,还是"内在发展"的逻辑,都难以充分地解释中国革命及其曲折过程,也难以说明主权和其他领域的"延续性"得以发生的空间(或时间的横向性)条件。

与马克思从资本主义再生产的角度探讨空间革命与"政治的集中"(统一的国家)不同,施米特在欧洲的历史脉络中,将空间革命溯源自 16 世纪大航海时代为新疆土的拓殖而展开的竞争。海洋霸权和土地占取(landnahme)①及其政治形式构成了这场竞争的关键内容,但就基本秩序的形成而言,这不只是霸权国家之间的竞争,而且是两种具有深刻宗教和文化背景的秩序之间的竞争。换句话说,这场竞争之所以被赋予历史转折的意义,是因为它不仅是通常的利益纷争,而且是两大阵营即天主教阵营和新教阵营围绕在新发现土地即殖民地建立何种秩序的斗争;又由于这场围绕土地占取及其政治形式的斗争的先决条件是一场远离故土的、必须穿越海洋才能进行的斗争,因此,后来者首先对先到者的"世界霸权及其对海洋的垄断权发起了第一轮富有成效的攻击",进而将教派性内战转化为"一种关于最高政治决断权"的新理念(施米特,2006:68)。

---

　① "占取"不是民法学意义上的"占有"(occupatio),即不是权利主体对无主物的占有取得,而是一种空间秩序的整理。它需要对土地空间(topos)进行丈量、划分和分配(几何学的来源),进而在该土地空间上建立起一整套层级秩序,施米特所谓"场域化"(ortung)。"没有场域化,也就没有具体秩序(ordnung)"(参见施米特,2017:15、105)。

　　因此,从施米特的角度说,不是霍布森、列宁所描述的新旧帝国主义的区别,而是天主教与新教的区别,构成了这场发生在欧洲国家之间斗争的动力,并为一种新的政治主体的登场铺平了道路。正是这场斗争"使所有的神学-教会的冲突中立化,使生命世俗化,就连教会也变成国家的教会""在这种情势下,'国家'和'主权'的概念在法国首次获得了权威的法律形式。由此,'主权国家'这种特殊的管理形式开始进入欧洲民族的意识之中。对于以后几个世纪的想象方式而言,国家完全成为了唯一正常的政治单元的表现形式"(施米特,2006:68)。因此,对于欧洲人而言,"这个转折点就是国家时代的开端,在长达 400 年的历史中,它规定了现代世界的尺度和方向。这个时代一直从 16 世纪延伸至 20 世纪,国家乃是统治一切的政治统一体的秩序性概念"(施米特,2006:67)。

　　然而,作为一种政治共同体的国家并非产生于 16 世纪的欧洲,中国的国家时代早在先秦时代就已经发端。在 19 世纪晚期,渊源于教派性内战的主权国家对于清朝而言,仍然是陌生的,中国的儒者用"列国之势"描述世界秩序,明显地诉诸周代竞争性的政治模式理解当代世界的局势,并以之区别于秦汉以降的大一统王朝体制。从生产形态看,在欧洲势力主导或控制亚洲地区时,这一区域也存在着不同的国家类型,如中国、奥斯曼、萨菲、莫卧儿等等以农业为主的帝国和基卢瓦、霍尔木兹、卡利卡特、马六甲等以商贸立国的规模较小的沿海国家(苏拉马尼亚姆,1997:25)。这一国家类型的分类方式与施米特关于陆地与海洋的论述遥相呼应。对于中国而言,郡县制国家的形成和演变是中国历史上的重大事件,它为文化上统合儒法、权力上高度集中、形式上高度官僚化、族群关系上综合郡县与封建、内外关系上极为丰富的王朝政治提供了大一统国家的基本框架。为了因应内外变化和危机,现代中国的革命与变革不得不借助各种外部力量、形式和价值观,但孔飞力争辩说:"从本质上看,中国现代国家的特性却是由其内部的历史演变所决定的。在承袭了 18 世纪(或者更早时期)诸种条件的背景下,19 世纪的中国政治活动家们其实已经在讨论政治参与、政治竞争或政治控制之类的问题了"(孔飞力,2013:1)。

当人们在历史延续性的脉络下叙述中国集权性行政体制的现代生成时，又如何说明由海洋时代所催生的空间革命与作为现代国家降临之标志的法国、英国、西西里的中央集权体制，亦即马克思所称的由资本主义生产的集中所导致的"政治的集中"？鸦片战争以降，欧洲列强试图有效地将其统治一切的秩序观念强加于中国及其周边地区，并以国际法的逻辑处理和命名各种类型不同的政治共同体。"那种纯粹与时代相联系的、由历史限定的、具体的政治单元的组织形式，在此情形下就丧失了其历史位置及其典型内容；在这种具有迷惑性的抽象性中，这种国家形式被移植到各个背景全然迥异的时代和民族，投射到另外一种全然不同的产物和组织中"（施米特，2006：69）。在新的共时空间中，我们如何解释这些历史脉络不同但形式与功能相似的、如今被称为主权国家的现象？

首先，由于这一特定类型的国家体系的形成是帝国主义扩张的后果，仅仅指出国家成为一种支配性的形式是不够的，还需要指出这一体系的各种过渡形式。金融资本及其相应的国际政策"造成了许多过渡的国家的附属形式。这个时代的典型的国家形式不仅有两大类国家，即殖民地占有国和殖民地，而且有各种形式的附属国，它们在政治上、形式上是独立的，实际上却被财政和外交方面的附属关系的罗网包围着"（列宁，1972：805）。其中，中国、土耳其等半殖民地是一种类型，而阿根廷、葡萄牙等是"政治上独立而财政上和外交上不独立的另一种形式"（列宁，1972：805）。其次，在经历一系列"文化革命"之后，人们开始以一种普遍主义的方式将历史中的不同共同体称为古代国家、中世纪国家或近代国家，并将中国或其他非西方历史中的政治共同体贬低为帝国、王朝、部落、酋邦。"主权国家"的确立是通过省略历史脉络的差异或压抑多重历史时间而产生的，因此它不仅需要本尼迪克特·安德森（Benedict Anderson）所说的"同质的、空洞的时间"（安德森，2003：26），而且需要能够将多重时间关系纳入其中的共时性概念。

让我们在陆地与海洋的变动关系中观察"内部的历史演变"与"外部的历史演变"的交错关系。从 17 世纪起，清朝就与施米特所称的极大扩展了空间的"两种不同的猎人"①（施米特，2006：19）打交道。1636年，皇太极设立"蒙古衙门"，署理蒙古事务。1638年，改为理藩院，成为管理蒙古、回部、西藏、西南土司并兼理俄罗斯事务的机构。1689年，中俄《尼布楚条约》显示出主权国家间的全部内涵：以科学方法划定边界、确认边界内的行政管辖权、控制两方居民的跨边界流动、侨民安排、文票（护照）及贸易准入，以及条约文本的语言及对译等等。康熙挑选了两名耶稣会士——法国传教士张诚（Jean-François Gerbillon，1654—1707）和葡萄牙传教士徐日升（Thomas Pereira，1645—1708）参与清朝代表团的谈判，不但充当翻译，还兼有顾问之职。② 他们熟悉格劳秀斯（Hugo Grotius）的学说和欧洲国际法的知识。这一条约是两大政治体之间的主权条约。③ 18世纪初，康熙曾派遣侍郎赫寿前往拉萨办理西藏事务，但其时尚无驻藏大臣的定制。1727年，在平定蒙古准噶尔部侵藏之后，雍正设立钦差驻藏办事大臣，并与达赖喇嘛、班禅额尔德尼共同监理西藏事务。这一制度直至1912年最后一位驻藏大臣离开西藏始告结束，其后续为中华民国西藏办事长官及蒙藏事务局和中华人民共和国西藏自治区。④

与西藏事务形成平行关系的是新疆回部的制度演变。在维吾尔、柯尔克孜、塔吉克等族群聚居地区，清朝实行伯克制。伯克原为回鹘官职，唐宋史籍均有记载。1759年，在平定大小和卓木叛乱之后，清朝对伯克制加以改造，将其纳入清朝官制。1884年新疆建省，朝廷废除各级伯克官职，实行与内地一致的官僚制度。这一"政治的集中"趋势是从内部危机延伸而来，早在1864—1877年间的所谓"同治新疆回变"和阿古柏入侵时期，伯克制已经趋于废弛。⑤ 与西域的变迁相互对照的，是西南地区的改土归流，其中雍正四年（1726）鄂尔泰推行的改土归流政

---

① 追逐皮毛的俄国人和西北欧的海盗。
② 参见张诚，1973；塞比斯，1973；博西耶尔夫人，2009；等。
③ 参见北京师范大学清史研究小组（1977）《一六八九年的中俄尼布楚条约》，该书以《一六八九年的〈中俄尼布楚条约〉》之名收入《清代中国与世界》（戴逸，2018）。
④ 参见汪晖，2014a。
⑤ 关于伯克制的研究，参见佐口透，1983：121—222。

策远在新疆建省之前,很少涉及外患。

上述国家形态的变迁与马克思所描述的 19 世纪的全球状况不同,并不是因应"生产的集中"而产生的"政治的集中",而是在内陆族群间和王朝间的复杂地缘关系中发生的权力集中趋势。17 世纪以降,在清代的舆地学、经学和策论中,我们可以清晰地观察到一个幅员辽阔、层次复杂、无分内外却又文化多样的中华王朝的政治蓝图。这是一个完全不同于理学的夷夏之辨、不同于郡县制国家的内外差异,当然也不同于内部同质化的欧洲民族-国家的政治视野。在这个视野中,"中国"只有组织在一种由近及远的礼序关系中,才能构成内外呼应的政治秩序,它是历史渐变的产物,也是不断变迁的历史本身。因此,所谓地理学视野可不只是地理问题,背后是如何在空间上和内涵上界定"中国"的问题。①

从 19 世纪初期开始,这一内陆权力集中的趋势与第二种猎人即"西北欧的海盗"的到来存在密切的呼应关系。清代的制度沿革,清晰地证明了这一点。清朝起初并无专门处理对外事务的机构,对外事务由礼部四司之一的主客清吏司负责。礼部始设于南北朝北周,自隋朝起为六部之一,列代相沿。直到第二次鸦片战争后,按照 1858 年《中英天津条约》第一条"公使常住北京"的要求,清朝才在英法等欧洲列强的逼迫之下,于 1861 年设立总理各国事务衙门,接管了礼部和理藩院的对外事务。从 1861 年至 1901 年按《辛丑条约》第 12 款规定改为外务部,总理衙门这一位列六部之上的机构存在了 40 年。②

同治十三年(1874),英国派遣柏朗(Horace Browne)上校带领由 193 名英国官员、商人、军官、士兵组成的勘探队,经缅甸自陆路进入云南。英国驻华公使威妥玛(Thomas F. Wade,1818—1895)征得总理衙门准许,派翻译官马嘉理(Augustus R. Margary,1846—1875)前往缅甸新街与柏朗会合。1875 年 2 月 14 日,马嘉理与柏朗勘探队擅自侵入云南腾越(今腾冲)地区,开枪打死当地居民,遭致当地人反抗,马嘉理

---

① 参见汪晖,2015:10—21。
② 关于总理各国事务衙门的系统研究,参见吴福环,1995。

及 4 名随员被杀。清政府为了平息事态,处死了 23 名参与此事的当地民众,革职查办军政官员,并于光绪二年(1876)7 月 26 日,由李鸿章和威妥玛签订《烟台条约》,除各项不平等条款之外,条约规定中国派遣公使前往英国表示"惋惜"。"马嘉理案"成为中国对外派驻使节的开始,也意味着以朝贡/册封为主要形式的对外关系发生了重大改变(屈春海、谢小华,2006a:28—36,2006b:9—16,2006c:3—10、18,2007:14—27)。[①] 也就是在这一年,英国保守党鹰派人物罗伯特·李顿(Robert B. Lytton,1831—1891)出任印度总督,先是大力支持盘踞在南疆的阿古柏政权,继而又在阿古柏政权覆亡后,挑起了第二次对阿富汗的战争。同年 3 月 2 日,沙皇亚历山大二世签署命令,正式兼并浩罕汗国,改其名为费尔干纳区,斯科别列夫将军成为该区的首任行政长官。英俄在亚洲的竞争进入了新的阶段(王治来,2007:339)。

中国与欧洲国家的事务并非始于英、法,西班牙、葡萄牙早于荷兰、英、法、德等西北欧国家介入亚洲事务,但为什么直到 19 世纪中后期清朝才不得不设立专门的对外事务机构并改变朝贡关系管理,开始派驻对外使节呢?除了上述案件及由此产生的条约内容之外,西北欧国家与南欧国家之间的区别,或者说,新教与天主教的斗争衍生而来的主权国家及其关系规范,对于理解中国及东亚地区的主权关系有什么特殊意义吗?英国、法国胡格诺派(Huguenots)及早于他们抵达东北亚的荷兰"处于当时的新教势力反抗当时的天主教势力的最前线",并在与西班牙天主教霸权的斗争中开启了一个以海洋秩序为特征的世界秩序时代。法国是一个天主教国家,在路易十四的时代,新教人口不超过10%;自 1066 年诺曼征服以降,英法之间战争不断,两国为争夺殖民地的斗争一直绵延至 20 世纪初期。英国与荷兰之间存在着竞争关系,但英国的国际法思想及其主权概念是从荷兰的国际法和主权概念衍生而来的,它们共同的敌人是西班牙和天主教势力。"这里存在着一个独一

---

① 此组档案选自中国第一历史档案馆外务部档案。另参见王绳祖,1981;岑练英,1978;方英,2014:90—96;丁彩霞,2017:116—119。

无二的事件。其独特性和不可比性在于,英国在一个完全不同的历史时刻、且以完全不同的方式进行了一场根本的变革,即将自己的存在真正地从陆地转向了海洋这一元素。由此,它不仅赢得了许多海战和陆战的胜利,而且也赢得了其他完全不同的东西,甚至远不至(止)这些,也就是说,还赢得了一场革命,一场宏大的革命,即一场行星的空间革命"(施米特,2006:31)。

对于"西北欧的海盗"而言,海洋时代是大西洋、印度洋和太平洋同时内海化的时代。这一时代的制度安排完全是为了对大陆的权力分布和结构及其利益关系形成支配权(Lattimore,1942:150—163)。1517年,葡萄牙通过军事占领建立屯门政权,但在多次武力入侵和占领失败后,不得不于 1553 年转至今澳门地区,并于 1572 年以缴纳 500 两白银作为地租(实际上是贿赂)获取在澳权益,在明朝法律框架和行政海防双重管理下实行被默许的自治。1583 年澳门议事会成立,并从 1616 年开始任命总督。葡萄牙对澳门的租借也是大航海时代波及中国及其周边的标记,但一般认为,澳门从租借地向殖民地的转变发生在鸦片战争之后,其标志是 1849 年因澳门第 79 任总督、有"独臂将军"之称的亚马留(João Maria Ferreira do Amaral,1803—1849)遇刺而引发的清葡军事冲突,此后澳门正式成为葡萄牙帝国殖民地。1887 年,《中葡和好通商条约》签订,从法理上确认了澳门的殖民地地位。在澳门问题上,明朝与葡萄牙的关系不涉及形式主权问题(尽管其具体内容与 19 世纪的主权问题相关),而更多的是与天主教会的保教权问题相关联。所谓保教权,是指由罗马教廷授予国家政权保护天主教在非天主教地区的传教权。[1]"葡萄牙国王的'保教权'(patronatus missionum)是在 1493 年从教皇亚历山大六世(Alexander VI,1492—1503)手里获得的。当时,葡萄牙、西班牙向海外探险,开辟了通往美洲、非洲和亚洲的航线。很多传教士通过这些航线到当地传教。从里斯本到好望角、到印度洋的航线,是葡萄牙人达·伽马在 1498 年发现的。因此,列奥十世(Leo X,

---

[1]　关于葡萄牙"保教权"的研究,参见顾卫民,2003:217—225;张廷茂,2005:30—36。

1513—1521)在 1514 年将亚洲的保教权也授予了葡萄牙。'保教权'有几项内容：到东亚的传教士应向葡萄牙政府登记；应搭乘葡萄牙的商船前往亚洲；东亚的主教应由葡萄牙国王向教皇推荐；当地为传教发生的交涉事务应由葡萄牙政府代理；在当地进行宗教仪式时，葡萄牙国王的代表应在各国代表之前；葡萄牙政府负责提供传教津贴"（李天纲，1998：280—281）。保教权问题直接关涉贸易问题和领土内的管辖权问题，但它所引发的矛盾和冲突主要以中西礼仪之争的形式出现。关于这一礼仪之争及其演变，已经有众多研究（Boxer，1948：199—226；李天纲，1998；张国刚等，2001：144—165）。

与此不同，1600 年成立的不列颠东印度公司和 1602 年成立的荷兰东印度公司是海权时代到来的重要标志。这两个西北欧的公司在不同阶段都具有若干"国家"特征，如课税、征兵、筑城等，它们的诞生、发展、转折和终止全部与近代主权的形态有关。[①] 荷属东印度公司在巩固了商业网络之后，"为垄断中国丝货出口贸易，试图派遣舰队将葡萄牙人驱出澳门，以争夺根据地。该计划受挫后，公司仍然企图获得于中国发展自由贸易的地点，遂决定在澎湖岛上设防筑城。然而中国当局认定澎湖属中国领土，视公司此举为侵犯主权行为，因而对荷人愈加排斥"（韩家宝，2002：20）。早在晚明时期，由于荷兰与西班牙、葡萄牙势力的竞争，在澳门、澎湖以及台湾地区等已经出现了主权性争执。1820 年至第二次鸦片战争（1856—1860）是鸦片贸易迅速上升并引发世界秩序变化的关键时期，也是中国的欧亚内陆边疆与沿海边疆同时遭受两大亚洲帝国夹击的时代。龚自珍早就意识到大陆正在失去作为无法逾越的天然屏障的四海，不得不从新的海洋视野观察西域的地缘政治意义。他分别于 1820 年和 1829 年写下《西域置行省议》和《御试安边绥远疏》之时，正值南疆张格尔叛乱引发清廷内部有关放弃对南疆的直接控制、改为册封制度的激烈争论的时期。他建议设置行省，稳定边界，寻找安置人

---

① 关于英属东印度公司在印度以英国皇室代理人方式行动等的研究，参见 Bayly，1994：327—330。

口的新空间,探寻通往西海(印度洋和阿拉伯海)的内陆通道。①

这一政治集中主张正是对于回归册封制度的反驳。19 世纪 20 年代,英属印度已经通过训练张格尔叛军、提供火器等方式大力支持新疆叛乱,这是 1840 年鸦片战争的前奏;由于这场危机发生在亚洲大陆中心地带——英俄两大帝国必争之地,从而也与 19 世纪 50 年代的克里米亚战争遥相呼应。在克里米亚战争时期,俄国外交官尼古拉·伊格纳季耶夫奉命出使浩罕、布哈拉两汗国,并在 1858 年 10 月 11 日完成签约任务,取得了在阿姆河上的航行权。伊格纳季耶夫完成中亚之行后,随即奔赴中国"调停"第二次鸦片战争,成功诱骗清政府签订中俄《瑷珲条约》和《北京条约》,掠走一百多万平方公里土地,并使俄国获得了在喀什噶尔的贸易特权。马克思嘲讽道:

> 约翰牛由于进行了第一次鸦片战争,使俄国得以签订一个允许俄国沿黑龙江航行并在两国接壤地区自由经商的条约;又由于进行了第二次鸦片战争,帮助俄国获得了鞑靼海峡和贝加尔湖之间最富庶的地域,俄国过去是极想把这个地域弄到手的,从沙皇阿列克塞·米哈伊洛维奇到尼古拉,一直都企图占有这个地域(马克思,1962:625—626)。②

恩格斯的评论更清晰地揭示了克里米亚战争的亚洲意义:"俄国由于自己在塞瓦斯托波尔城外遭到军事失败而要对法国和英国进行的报复,现在刚刚实现"(恩格斯,1997:81)。从此,"东方问题"、中亚问题与远东问题成为无法分割的世界历史问题。在这个意义上,我们可以将毛泽东所说的以鸦片战争为开端的中国近代史纳入全球秩序变迁,尤其是两大亚洲帝国争夺地缘霸权的进程中进行把握,进而将作为开端的鸦片战争时代理解为从 19 世纪 40 年代至 19 世纪 60 年代(即第二次

---

① 参见汪晖,2015:10—21。

② 此处引述得益于傅正建议,特此致谢!

鸦片战争前后)全球进程的中国局部。紧接着这一时代到来的,是以美国、德国和日本的崛起为标志的新帝国主义时代。

海洋势力的到来意味两种空间秩序的斗争。以什么标准分配土地、以什么方式组织国家、以何种技术界定边界、以哪一种规则界定共同体之间的关系,势必成为这场斗争的基本内容。无论空间归属于谁,两种秩序均呈现了前所未有的"政治的集中",却是明显的趋势。在欧洲的视野内,荷兰在 17 世纪初期对于澎湖(万历三十二年[1604],以及天启二年[1622])和台湾地区(崇祯十五年[1642])的攻击和占领,事实上不过是新兴的西北欧势力与西班牙势力进行格斗的一部分,也是英国势力在 19 世纪、美国势力在 20 世纪取而代之形成全球霸权的前奏。荷属东印度公司在澳门和澎湖的要求遭到明朝官方的抵制之后,为打破僵局,不得不退至台湾地区以换取在中国的商业机会。[①] 1624 年,通过与明朝的协议,荷属东印度公司在大员(即台南)成立商馆,"作为取得中国出口货物、截断中菲贸易的基地"(韩家宝,2002:20)。英属东印度公司1670 年在台湾地区,1696 年在越南,1715 年和 1729 年在广州都曾尝试寻求治外法权,[②]但据兰德尔·爱德华兹(R. Randle Edwards)的研究,清朝官方从未同意这类请求(Edwards,1980:235—236)。[③]

郑成功对台湾的收复(康熙元年[1662])发生在海权勃兴时代,他依托内陆沿海力量与新兴海洋力量展开了第一波直接斗争;事实上,他的父亲郑芝龙与荷兰殖民者的斗争已经深深地嵌入这一时代的主权关系之中。[④] 荷兰东印度公司和郑氏势力与 19 世纪 70 年代之后的现代

---

① 关于荷属东印度公司在台湾地区活动的最为详尽的档案是保存在荷兰海牙国际档案馆的《东印度事务报告》,该报告涉及台湾地区部分已有译本(参见程绍刚,2000)。

② Morse, Hosea Ballou (ed.) 1926, *The Chronicles of the East India Company Trading to China: 1635—1834* 一书中,第 193 页提及 1729 年,第 194 页提及 1696 年;Davis, John Francis 1836, *The Chinese (I)* 一书中,第 47—48 页提及 1670 年,1715 年的尝试见其注 126(参见陈利,2011:437—481)。

③ 作者指出清政府并未承认粤海关监督与英属东印度公司于 1715 年和 1729 年订立的协议,这些协议并未上报(参见陈利,2011:439;中文版见艾德华,2004:450—511)。

④ 郑成功的父亲郑芝龙就是在西班牙、葡萄牙势力与荷兰、英国势力相互竞争的时代崛起的(参见汤锦台,2002)。

国家形式并不相同,但其斗争却具有深刻的主权性质。康熙在平定西南三藩后对于郑氏台湾的征服则是另一轮主权斗争,即内陆力量试图将沿海纳入王朝主权范围的努力,以重申王朝主权的形式介入了海权时代的斗争。荷兰、郑成功势力、清朝围绕台湾地区的争夺发生在欧洲南北势力发生冲突和置换的时代,从而与海权时代的主权斗争这一时代主题发生了关联(汤锦台,2011:118)。清朝的权力巩固也是主权建设的过程。无论在收复台湾的理由上(作为江浙闽粤四省之屏蔽,"台湾弃取,所关甚大……弃而不守,尤为不可"①),还是在治理台湾的制度模式上(在福建省建制内,设台湾府与台湾、凤山、诸罗三县,设官、驻兵、筑城,其对山地人的治理亦循西南治理旧规),清朝对于台湾地区的治理均体现了以内陆秩序对抗海洋势力的特征。② 这一过程与 19 世纪70 年代之后针对日本犯台而展开的有关海防的讨论和安排以及牡丹社事件后清政府与日本政府之间的外交博弈,都已经属于 19 世纪晚期帝国主义时代围绕主权展开的斗争了(陈在正,1986:45—59)。1871—1874 年正是明治日本自觉地开始其帝国主义政策的开端,发生于 1874 年日本出兵攻打台湾地区南部原住民的牡丹社事件(日本称之为"台湾出兵"或"征台之役")和其后清日之间的首次近代外交博弈,因此具有了帝国主义时代主权博弈的历史含义。

三、中国革命与置换的政治

从空间革命的角度看,无论是鸦片战争、甲午战争、辛亥革命、五四运动、抗日战争等全局性的事件,还是 19 世纪 70 年代以降日本对于琉球、台湾地区、朝鲜的攻击,均可视为内陆力量与这一新兴海洋力量之间的博弈。20 世纪的两个标志性事件,即中国革命与俄国革命,也可以理解为对抗海洋资本主义的陆地革命。这两场陆地革命由充分汲取了

---

① 《康熙起居注》康熙二十三年(1684)正月二十一(参见陈孔立,1996:135)。
② 参见汪晖,2014a,2014b:5—19。

海洋能量的新势力所推动,不仅抵抗外来侵略或殖民统治,而且也是改变内陆秩序的革命。从根本上说,革命的持续、深入和壮大无不以广大的农民、广阔的乡村和深厚的内外地缘关系等大陆力量为依托。如果说"国家要独立,民族要解放,人民要革命"构成了20世纪政治的主题,那么在殖民主义和帝国主义时代,寻求国家独立和民族解放也必然与通过人民革命创造一种新的政治形式密切地联系在一起。因此,这一时代最为重要的政治成果便是中国作为现代政治主体的诞生,从而现代中国的主权和内外关系不能一般地从连续性的角度加以论述,而必须将这一"连续性"置于抵抗帝国主义入侵与中国革命的进程中加以探索。

现代中国的地域、人口和其他政治-社会构造与王朝政治之间存在着明显的连续性,关于这一点,我在《现代中国思想的兴起》一书和其他相关论述中曾经做过探讨。如果说海洋时代以主权国家体系的扩张,瓦解了原有的朝贡关系和多元性的礼仪制度,那么清朝为免于分裂的局面,就不得不相应地改变内部的政治结构,通过加强内部的统一性,把自身从一种"无外"的多元性王朝国家转化为内外分明的"主权国家"。由于这个"主权国家"所内含的"帝国性",它又不可能不是一个"跨体系社会",一个同时整合多重时间关系的政治共同体。"政治的集中"的中国形态尤其表现在将历史传承而来的混杂性(族群、宗教、信仰、语言和人口等)纳入更加统一的政治形式、社会组织及其文化规范之下的进程。就此而言,清王朝与中华民国这一亚洲第一个共和国之间存在着明显的连续性;但是,政治集中的趋势由多重动力推动、沿着不同的轨道发生,并在17世纪至19世纪的进程中,伴随着国际关系的演变而被纳入"主权"的范畴。更为重要的是,"短20世纪"所塑造或形成的主权和政治议程与王朝政治截然不同。在政治形式上,晚清和民初,不仅在保皇党人与革命党人之间存在着君主立宪与反满革命的冲突,而且也在保皇党人与保皇党人之间、革命党人与革命党人之间,分别存在着围绕"如何君宪""怎么共和"的冲突:是五族君宪还是十八行省独立?是采用联邦或邦联形式组成多元中心的加盟共和国,还是在五族共和的基础上采用单一制国家形式?在民族解放运动中接受民族自决原则和单一主权框架的前提下,是采用以行省为普遍区域行政形式的共和国,还是以行省制加民族区域自治的形式建构统一的多民族国家? 从 20 世纪终结处回望,我们也可以追问:为什么中国革命必须在一个多民族帝国的地基上创建单一主权的共和国? 为什么这一单一主权国家必须内在包含制度的多元性?①

中国革命试图将两种秩序(源自海洋的殖民统治与植根历史的社会关系)打碎、重构,并在动态的历史进程中加以调整。从洋务运动、戊戌变法、辛亥革命、五四运动、土地革命直至社会主义革命,无不是由地缘政治的内陆力量借助于海洋能量而产生的对于旧的空间秩序的冲击,也无不包含对于来自欧美和日本的海洋力量的抵抗。在这一时代,不仅存在着沿海革命力量与内陆保守势力的斗争,而且也存在着由海洋力量所激活的内陆激进势力对于自身传统的攻击,存在着伴随殖民势力到来的反帝国际主义的运动。在革命阵营中,在保守阵营内,都存在着两种或多种秩序观之间的矛盾和斗争。在这个意义上,俄国革命中的民粹派或斯拉夫派与西欧派的斗争,中国土地改革过程中的小农经济派与不同形式的土地革命派之间的博弈,直至当代中国的乡村建设路径与城市化路径的矛盾,都可以从上述空间革命的内部关系中给予解释。正是在这样一个复杂的进程中,一种以农民为主体、以工农联盟为基础、由革命党人所组织和领导的大众运动,重塑了国家和主权的政治内涵。从人民革命这个意义上,20 世纪的两场伟大革命之间存在着某种亲缘关系便不是偶然的了(汪晖,2018:6—42)。

中国革命是对上述空间革命的回应,也是这一空间革命所导致的矛盾和冲突的最为激烈的形式之一。从语言与政治的角度看,语词对内容的超历史寻求、概念对复杂历史运动的归纳正是上述激烈冲突的表现之一。在激烈的论辩和实践之中,新的语词和概念为新的政治提供了方向、为社会动员输送了能量,形成了持续的政治化过程;同时,历史运动又常常突破语词和概念的归纳,显示出自身的能量,召唤新的语

---

① 参见汪晖,2011:10—15,2012:14—19。

词、新的概念、新的叙述和新的理论。

不幸的是，许多历史学者对于这一时代褒贬不一，但其解释方式却遵循着同一个逻辑，姑且称之为"19世纪的逻辑"。他们将那些源自19世纪的概念和命题与实际发生的进程相对比，或者以前者为尺度否认进程本身的革命性，或者从根本上否定这些概念和命题的时代意义。我将20世纪中国的概念和命题置于"空间革命与置换的政治"的框架之下，就是要提出如下问题：在20世纪，真正有意义的国家问题不是追究国家概念的规范意义，而是将其作为一个政治过程加以探究——这一政治过程如何在帝国的地基之上综合了主权、人民的含义，形成了复合的、未完成的、有时是自我否定的国家形式。真正有意义的政治问题也不只是调查总统、议会、省及各级机构和军队建制的形成和变化，更需要探索文化运动——语言运动、文学运动和各种艺术形式的运动等——如何激活青年运动、妇女运动、劳工运动、政党运动，如何通过与政治的"间距"来创造新政治，为什么文化这一范畴成为贯穿整个20世纪政治的催化剂。真正值得关注的阶级问题也不仅仅是对中国社会的阶级结构进行结构性调查，而应该在这种调查的基础之上，追问为什么在一个资产阶级和无产阶级均很薄弱的社会产生了激烈的阶级革命，以及阶级概念在其运用过程中如何实现"置换"。

在战争与革命的时代，要想通过战争本身去理解20世纪中国的变迁，就必须追问这一时代中国的战争形态具有何种特点。北伐战争、土地革命战争、抗日战争、解放战争与此前的战争（如鸦片战争、中法战争、甲午战争等）有着重要的区别：这是将革命组织在战争动员中的战争，是通过战争进行革命的战争，是在战争中建设革命国家的战争，是通过战争创造新的人民主体的战争，是将民族解放战争与国际反法西斯战争结合起来的战争，是通过国内革命战争达成民族解放目标并与国际社会主义运动相互呼应的战争。也正由于此，中华人民共和国成立后的抗美援朝战争并不只是一般意义的国防战争，而是奠基于20世纪的革命同盟与反法西斯同盟的历史地基上，或在其脉络下的国际联盟战争（汪晖，2013：78—100）。因此，需要在上述条件下追问国家、民族、主权、政党、人民、阶级等范畴的历史形成和具体内容,追问人民战争如何改造和创生了与此前的政党不同的新的政治组织(尽管名称上完全一样)和国家形态(苏维埃),如何通过组织和动员使得农民成为革命的有生力量或政治性阶级? 如何在国际联盟和国际联盟战争中理解主权和主权争议? 如同无产阶级这一概念不能从其成员的历史构成上直接推导出来,而应该从这一概念对于其成员的历史性的超越方面来理解;无产阶级政党也意味着一个政治过程,即推动其阶级成员不断超越其自然存在状态而适应无产阶级政治的过程。如果政党在新型国家中居于如此中心的地位,主权概念与政党及政党间矛盾的关系究竟应该如何解释? 在社会主义建设时期,即在非战争条件下,人民战争的政治传统与不同形式的社会运动(如"文化大革命")是怎样的关系? 又如何在政党和国家范畴内理解 20 世纪的文化革命及其与五四运动的联系与区别?

参考文献

Bayly, Christopher A. 1994, "The British Military-Fiscal State and Indigenous Resistance: India 1750—1820." In Lawrence Stone (ed.), *An Imperial State at War: Britain from 1689 to 1815*. New York: Routledge.

Boxer, Charles Ralph 1948, "The Portuguese Padroado in East Asia and the Problem of the Chinese Rites." In *Boletim do Instituto Portuguese de Hong Kong* (I). Macau: Imprensa Nacional.

Chakrabarty, Dipesh 2011, "Belatedness as Possibility: Subaltern Histories, Once More." In Elleke Boehmer & Rosinka Chaudhuri (eds.), *The Indian Postcolonial: A Critical Reader*. London: Routledge.

Davis，John Francis 1836，*The Chinese*（*I*）. London：Charles Knight.

Edwards，R. Randle 1980，"Ch'ing Legal Jurisdiction over Foreigners." In Jerome Cohen et al. （eds.），*Essays on China's Legal Tradition*. Princeton：Princeton University Press.

Lattimore，Owen 1942，"Asia in a New World Order." *Foreign Policy Reports* 28.

Morse，Hosea Ballou（ed.）1926，*The Chronicles of the East India Company Trading to China：1635—1834*. Oxford：Clarendon Press.

艾德华，2004，《清朝对外国人的司法管辖》，高道蕴等编《美国学者论中国法律传统》（增订版），北京：清华大学出版社。

安德森，本尼迪克特，2003，《想象的共同体》，吴叡人译，上海：上海人民出版社。

北京师范大学清史研究小组，1977，《一六八九年的中俄尼布楚条约》，北京：人民出版社。

岑练英，1978，《中英烟台条约研究——兼及英国对华政策之演变概况》，香港：珠海书院中国文学历史研究所。

陈孔立 编，1996，《台湾历史纲要》，北京：九州出版社。

陈利，2011，《法律、帝国与近代中西关系的历史学：1784 年"休斯女士号"冲突的个案研究》，邓建鹏、宋思妮译，《北大法律评论》第 2 辑。

陈在正，1986，《1874—1875 年清政府关于海防问题的大讨论与对台湾地位的新认识》，《台湾研究集刊》第 1 期。

程绍刚 译注，2000，《荷兰人在福尔摩莎》，台北：联经出版事业公司。

戴逸，2018，《清代中国与世界》，北京：中国人民大学出版社。

博西耶尔夫人，伊夫斯·德·托马斯·德，2009，《耶稣会士张诚——路易十四派往中国的五位数学家之一》，辛岩译，郑州：大象出版社。

丁彩霞，2017，《从滇案的交涉看中国外交的转变》，《学术探索》第 2 期。

恩格斯，1997，《俄国在远东的成功》，中共中央马克思恩格斯列宁斯大林著作编译局编《马克思恩格斯论中国》，北京：人民出版社。

方英,2014,《合作中的分歧:马嘉理案交涉再研究》,《史学集刊》第 4 期。

冯天瑜,2010,《"封建"考论》(修订本),北京:中国社会科学出版社。

顾卫民,2003,《十七世纪罗马教廷与葡萄牙在中国传教事业上的合作与矛盾》,《文化杂志》(澳门)中文版第 46 期。

韩家宝,2002,《荷兰时代台湾的经济、土地与税务》,郑维中译,台北:播种者文化有限公司。

孔飞力,2013,《中国现代国家的起源》,陈兼、陈之宏译,北京:生活・读书・新知三联书店。

李天纲,1998,《中国礼仪之争:历史・文献和意义》,上海:上海古籍出版社。

列宁,1972,《帝国主义是资本主义的最高阶段》,中共中央马克思恩格斯列宁斯大林著作编译局编《列宁选集》第二卷,北京:人民出版社。

马克思,1962,《中国和英国的条约》,中共中央马克思恩格斯列宁斯大林著作编译局编《马克思恩格斯全集》第十二卷,北京:人民出版社。

——,1995,《路易・波拿巴的雾月十八日》,中共中央马克思恩格斯列宁斯大林著作编译局编《马克思恩格斯选集》第一卷,北京:人民出版社。

——、恩格斯,1995,《共产党宣言》,中共中央马克思恩格斯列宁斯大林著作编译局编《马克思恩格斯选集》第一卷,北京:人民出版社。

屈春海、谢小华 编,2006a,《马嘉理案史料(一)》,《历史档案》第 1 期。

——,2006b,《马嘉理案史料(二)》,《历史档案》第 2 期。

——,2006c,《马嘉理案史料(三)》,《历史档案》第 4 期。

——,2007,《马嘉理案史料(四)》,《历史档案》第 1 期。

塞比斯,约瑟夫,1973,《耶稣会士徐日升关于中俄尼布楚谈判的日记》,王立人译,北京:商务印书馆。

施米特,卡尔,2006,《陆地与海洋——古今之"法"变》,林国基、周敏译,上海：华东师范大学出版社。

——，2017，《大地的法》，刘毅、张陈果译，上海：上海人民出版社。

苏拉马尼亚姆，桑贾伊，1997，《葡萄牙帝国在亚洲（1500—1700）：政治和经济史》，何吉贤译，澳门：纪念葡萄牙发现事业澳门地区委员会。

汤锦台，2002，《开启台湾第一人：郑芝龙》，台北：果实出版社。

——，2011，《大航海时代的台湾》，台北：大雁文化事业股份有限公司。

汪晖，2011，《革命、妥协与连续性的创制（上篇）》，《社会观察》第12期。

——，2012，《革命、妥协与连续性的创制（下篇）》，《社会观察》第1期。

——，2013，《二十世纪中国历史视野下的抗美援朝战争》，《文化纵横》第6期。

——，2014a，《东西之间的"西藏问题"（外二篇）》，北京：生活·读书·新知三联书店。

——，2014b，《两岸历史中的失踪者——〈台共党人的悲歌〉与台湾的历史记忆》，《文学评论》第5期。

——，2015，《两洋之间的文明（上）》，《经济导刊》第8期。

——，2018，《十月的预言与危机》，《文艺理论与批评》第1期。

王绳祖，1981，《马嘉理案与烟台条约》，王绳祖《中英关系史论丛》，北京：人民出版社。

王治来，2007，《中亚通史·近代卷》，乌鲁木齐：新疆人民出版社。

吴福环，1995，《清季总理衙门研究》，乌鲁木齐：新疆大学出版社。

张诚，1973，《张诚日记》，陈霞飞、陈泽宪译，北京：商务印书馆。

张国刚等，2001，《明清传教士与欧洲汉学》，北京：中国社会科学出版社。

张廷茂，2005，《16—17世纪澳门与葡萄牙远东保教权关系的若干问题》，《杭州师范大学学报（社会科学版）》第4期。

佐口透，1983，《18—19世纪新疆社会史研究》上册，凌颂纯译，乌鲁木齐：新疆人民出版社。

（作者单位：清华大学人文学院）

讨论与回应

项飚

　　我先问一下汪老师。首先我觉得汪老师的发言对人类学的启发是非常大的,特别是像置换这个思路——它不是一个线性的发展,而是能够在互为参照过程中不断激发新的能动性、创造新的历史的发展——对人类学应该是很有意义的。我从后面部分对我的启发开始讲,就像您讲的阶级、农民意识这样的范畴,在一个置换的战争年代下,不应该仅仅理解为他们是谁,而是应该去想他们能干什么。以梁漱溟为例,关于"他们是谁"他描述得很好,但是关于"他们能够干什么"他却看不到。可见在这样的置换过程中,微观的研究非常重要。您提到战争的背景,那么在这里,是梁漱溟对农民非常了解呢?还是说他因为对原来那个体系非常了解,从而忽略了其实农民在日常生活当中也是很"淘气"的,也是老想"造反"的?就像毛泽东在《湖南农民运动考察报告》中所说的,一旦下面的一些人把地主打倒,妇女也会大步拥进祠堂,一屁股坐下来吃酒,总之一切很快就会改变。所以对微观主体的理解非常重要。我的问题是,从这里推到您前面讲到的主权诞生的单位是什么,或者说您在哪个层级上确定这个单位?您的单位似乎都是后来成为国家的、作为一个主权的单位。然而,中国怎么就成了一个主权?您观察的行动者主要是清王朝,其在国际背景下怎样逐渐形成政治的集中化——主权意味着一种很特定的空间安排,一个中心化的权力,对所谓领土这样一个抽象的空间有绝对的掌握权;但是这个空间在事实生活中是有很多层的——您前面讲到为什么清王朝能够逐步集中权力,然后塑造出这么领土性的空间概念。那么问题在于为什么那些破碎的地方空间,比如浙江,就会被集中化?为什么它原来的空间感被抽离了,成为这样的主权领土?这个该怎么去解释?另外一个相关的问题是,您在研究中参考了大量的历史材料,那么人类学学者的哪些工作对您有启发,又有哪些是您觉得比较失望,觉得他们本来应该做好却没有做好的? 希望您能从您的角度出发,对我们提出一些建议,即您觉得今后什么样的人类学研究,至少是对像您这样的思考会比较有用。

汪晖

谢谢。我先回答关于主权、政治集中主权的问题。第　,我的一个动机是想修正过去关于政治集中的一般论述,所以提到多重时间。事实上,多重时间的概念本就是与地方独特性相关,各地被组织到政治集中过程的进度不一,态度也不一样。政治集中的过程,同时也意味着政治分离的过程,或者有些是分离,有些是疏离,有些是迅速进入,所以并不是一个统一的过程。我刚才所举的这些例子,每一个事情都发生在不同的时间点,比如1689年的中俄《尼布楚条约》。《尼布楚条约》是一个遥远的边界条约,在这之前我们可以在边疆划出一个清楚的边界,但边界条约是一个全新的东西,而且需要用全新的测量术去做。这是这个知识的来源。我要强调,这些东西在历史上当然早就有了,不过是被赋予了一个新的意义,但它们只是在一定的区域内发生作用,并不对其他的区域发生作用。我在这要提到的一点就是,知识的某一种程度——在这个时候的知识,我们姑且用一个词叫"知识的全球化"——它发生的速度是不一样的。但事实上,那些关于政治集中的一般论述,完全把问题放在欧洲,而没有意识到,通过思想和其他的知识的变化,它在别的地区已经发生作用了。

第二,这些地区看起来是边疆区域,可是常常预示着以后整个国家形态发生变化的一些趋势。一些政治的大规模集中,首先是在这些地区提出需求,把它更加集中化。所以,所谓的内地—边疆关系,放在一个全球性关系当中,需要看哪些是新的规则的开始,代表着一个新进程。

第三,我们可以举一些具体的例子,比如清朝直到最后也并不是一个简单的主权——我们讨论的统一的主权国家——所以才会出现,辛亥革命后西藏的驱汉令或者是蒙藏协定,以及外蒙古的分离这样的问题。这些问题都出现在国家形式总体化的进程——一个新的主权形式下压时,才会出现这些新的事物——但每一个地区自身发生事件的时间、速度不同,这就意味着所谓的多重时间。

也是在这个意义上,你刚才讲的各个地方的回应,其实非常不一样,这个过程至今也并没有终结。以澳门和香港为例——当然我的叙述不是一个完整的叙述——到今天,澳门和香港的形态仍非常不同,中国内地公民和两个特别行政区的在地人对于自己归属的认同感也不大一样。从很早开始,澳门问题形成的历史,它的知识条件从一开始就与香港问题所运用的基础范畴不同。澳门问题涉及早期的保教权,这与鸦片战争之后《南京条约》(等一系列条约)引发的香港问题不同。事实上,葡萄牙和英国殖民统治的态度也完全不同。所以我们可以看到,就在地研究而言,面对同一个问题,比如香港或澳门的民众认同问题,可能提供各自不同的解释;那么重要的是,我们能不能够建立一个多少相关联的框架,即每一个既是 local(地方)的又是相互关联的框架来提供解释,这就是于我而言,人类学能够提供的最重要的意义。

我自己不是人类学学者,不过我跟人类学家交往较多,向人类学学习较多,因为只有人类学才能够提供一个参与性的视野,即在建构、重构 local perspective(地方视角)时,不是把它还原到地方性里面去,而是把这个地方性看成参与进程的一个主观的、能动的、发生关联的视野,使它获得意义。这个对我来说有意义,为什么?因为即便当我描述主权这样最高的国家范畴时,同一个主权在不同地方——如果主权涉及对内主权的话——的每一个关系形态也并不相同,比如我们的自治区、自治州和自治县的划分,实际上就意味着主权关系中有不同的位置,历史学家承认存在多重的关系。在这个意义上,我觉得人类学的工作一定程度上可以说与历史学和政治学都是相关的。只不过我更多的是把它放在一个相对动态的关系当中,同时也把它放在所谓的多重时间和共时性之间。我觉得最重要的时间意识,在欧洲是 19 世纪——因为工业革命和法国大革命所提供的基本范畴,成为现代性的基本标记,所有的历史叙述都被 19 世纪重构——但是在中国,我个人认为主要是 20 世纪的出现,使得我们的历史叙述发生了根本性的变化,因为直到这个时候,才有一种新的共识性变成普遍的意识,所有其他的多重历史关系和时间脉络都被组织在共时关系当中。我比较关心的是多重关系当中的差异问题。当然还有一点可能跟人类学家主要关心的有所不同,我特别关心政治的形成。一个过程它总是政治性的,那么政治的形成是怎么发生的?事实上,我认为这也是人类行为在这个时期最重要的特征。

举个例子。20 世纪 90 年代去贵州屯堡时我发现,尽管经历了那么多,这个地方基本的生活状态 600 年都没变化。可是 90 年代到今天,却发生了根本性的变化。屯堡源于明朝屯田戍边,那里的穿着、建筑都是明朝遗存。我一开始辨别不出他们是哪个民族的,结果是(来自)应天府的(汉人),离我家乡很近。我们以为他们是少数民族,可他们眼中的我们则早就是"假洋鬼子"了。当时,我问两位老人:在你们的生活中,什么事情对你们来说变化最大?一位 80 多岁的老人跟我说,只有两件事情对他们影响最大:一件是抗日战争,日本人从广西要进贵州的时候,独山阻击战打响,震动整个贵州,一直影响到山里面。他当时步行出了屯堡,去成都参加了黄埔军校,黄维兵团在淮海战场被打散后,他又步行回到屯堡,再也没有出去。抗日战争影响太大了。另一件则是"文化大革命",知青的到来比原来的土地改革影响还要大,突然有一个外部的生活样态出现,对他们的生活造成了极大的影响,那到今天当然就完全变了。在那么漫长的时间中,独特的时期——20 世纪出现的这些战争,后面还有革命(知青也是革命的标记性产物)——导致了这个地区发生持续的变迁,一直到这一轮新变化。我觉得所谓时间性的意义就在这个当中。谢谢!

庄孔韶

我也非常受启发。人类学经常用小社群这个单位。我记得，莫里斯·弗里德曼（Maurice Freedman）看完林耀华先生《义序宗族的研究》译稿后曾感叹，原来有宗族这么一说，那么中国这么大的地方，它的多样性如何，人类学家真应该到更多的地方看一看。于是，十几年间，我们在中国福建以外选择了 14 个田野点——包括没有宗族的地方——研究各地多样性的变迁，其中一个是关于区域社群之间的比对观察。我们对传统人类学强调的生境、组织、信仰与精神生活的整体过程进行观察，这当然包括汪晖教授关心的各地相同和不同政治的过程。在众多不同社区横向的观察中，我们明显发现作为文化的组织的空间置换状态。人类学小型社区的多样性就类似于自助餐拼盘不同的搭配，也一定是地方人民的智慧。那么，内外政经的过程是由什么决定的？我的分享和您的研究都出现了时空置换的问题，所以这两个只是单位大小的差异，解说虽然有大有小，但是在解释原因时是很相仿的。

另外，最近我们与法国学界的联系比较多，其中包括法国国家科学研究院的瓦努努（Nadine Wanono）教授。她是让-鲁什（Jean Rouch）的弟子，关注电影和艺术的人类学诗学，虽然 70 多岁了，却很注重技术。她批评学界有些学者不关心技术，提出对技术史的关照应该与对思想史的研究放在同等的地位。进一步而言，文学、电影、艺术包含在技术变革的时间和空间中，应该得到关注。您的发言中提到了文学艺术，但没有作为重点。那么文学艺术作为产出思想的领域，它与思想以及政治的过程如何结合？换句话说，技术、文学、艺术等在一个地理区域中长期存在，而政治的过程也始终在这里发生，在您看来，这两个关系在同一个研究中应如何把握？

汪晖

好的，谢谢庄老师。第一个问题，我以宗法为例，恰好呼应一下这个话题。在很早时，严复翻译了甄克斯（Edward Jenks）的 *A History of Politics*，译为《社会通诠》，在晚清社会影响非常大。《社会通诠》中有一个很重要的讨论是关于宗法社会的。当时一个很重要的潮流——特别是在义和团运动以后——是批评中国排外，其中一个原因在于，中国是宗法社会，所以带有排外性。后来章太炎写了一篇很重要的文章批评《社会通诠》，同时也批评严复对《社会通诠》的解释。章太炎的解释有几个：第一，他认为甄克斯包括严复的错误在于，他们把欧洲 patriarchal society（宗法社会）这个概念移用到中国时，忽略了中国宗法社会和欧洲宗法社会的区别。第二，他研究了中国从周代到宋明这个时期，发现宗法社会在不同地区持续发生变化。换句话说，宗法在中国也并不是同样的一个结构。因此，在以欧洲宗法社会作为原型的背景下所看到的中国，不是中国宗法社会的实际状况。第三，他说实际上甄克斯对于欧洲宗法社会的叙述源自他自己所处的那个时代，也就是 19世纪 20 年代，是对于这一历史时期的再总结。章太炎通过一些材料——我不知道材料的来源——研究宗法和家庭在欧洲不同国家、不同地区和不同历史阶段的差异性，以这个多重的差异关系指出移用同一个范畴再简单归纳中国的命题所存在的问题。但是他并没有否定这个范畴的使用，范畴还是可以用，关键是如何建立 patriarchal（父权）和宗法之间的对应关系。如何建立这个对应关系，同时就等于如何理解置换的关系，我们如果不理解当中每一个描述的具体性范畴、每一次变化，就很难去理解这个社会现象，也很难形成新的政治。为什么说很难形成新的政治？因为如果用宗法社会来归纳中国，那么对当时中国的民族革命如何进行描述，这是有重大争议的，包括对于义和团运动的解释、当时洋教在中国的存在形态的解释等都存在争议，其中的政治内涵都不一样。可见同一个范畴，它在置换过程中会产生不同的政治性，这个就像您刚才说政治的发生，它是即时的、不断的、持续变化的。

　　文学艺术呢，我自己当然是从这儿出身，一直在研究文学和艺术。我有时候也会混淆问题，用文学的方式来研究辛亥革命，或者是用别的方式——譬如历史的方式去看文学。我觉得这两个之间的确是密切关联的。历史学如果没有基本的史料和证据作为支撑,就很难开展,因而近代的史学完全是被实证主义所限定的。尽管历史学对实证领域做了很多批评,但在很大程度上,没有实证就没有历史学了。但是人类生活的一个最重要的形式是不断地忘却,让很多生活的内容消失,你永远找不到它在哪,你不知道发生过什么,它就在历史当中消失了,进入文献的其实只是人类生活很少的一部分。这个时候,文学和艺术所提供的解释力常常是超过了历史学的。我自己招历史学的博士生,也招文学的博士生,我有时觉得文学系的学生会容易有 sensitivity(情感),他们面对文本会想到文本之外还会有什么东西。我以鲁迅先生的《阿Q正传》为例。传是中国传统史学的形态,历史学讲究写传就要有姓、有名、有来历。阿Q全然没有优势,既没有姓,也没有名,也没有来历,更不知道他到底归属于哪儿,所以只好在"言归正传"当中取了"正传"这个词来描述。《阿Q正传》却成为了20世纪中国文学的经典,而且可能是20世纪在全球传播最广的一个文本。而对于它所描述的一个时代某一种农村的状态是否真实,有很大争议。当年,鲁迅很不满当时的评论家对《阿Q正传》的解释,他去世前还与郑振铎先生发生过一场争论:郑振铎说,阿Q这种人也能去革命? 这是不可思议的,完全不真实的。鲁迅说,中国要是没革命,阿Q就不会成为革命党,但要是有革命了,阿Q就会去革命。由此看来,文学对一个时代的变动、对不同人所产生的作用的敏感度,是很难在一般的历史学,甚至是社会学当中描述的,也许在人类学之中有可能。文学、文本包括影视,将人类行为里面能动的,或者自己不能完全控制的那一部分提出来,所以它们的寓意常常不是创作者自己清晰意识到的,而是他的镜头所至带出来的可能性。而史学研究则一定是史学家自己能够把握得很清楚才能找到的,所以这也是为什么史学会提出一些假设性的问题,不断地重构,根据有限的东西来重构整个图景及其可能性,即所谓的反事实的方法(counter factor approach),这在史学当中是重要的方法,我相信人类学方法里面也包含了这个。这就是我觉得文学、艺术、影视不可能成为完全不相关学科的原因,我记得人类学家阿帕杜莱(Arjun Appadurai)有一篇文章,讲印度的认同,其中一个很重要的部分是分析当代印度民族的一些种族意识怎么被好莱坞影视复制的过程。这些东西原来已经完全没有了,不存在了,因为谁也没有意识到;但突然有一个电影使他们意识到了,然后竟然越来越多地积累起来,这就变成了一个非常真实的认同积累形成新种族的过程。像这样的一些例子,我觉得在一定程度上可以回答这个问题。

丹增金巴

谢谢汪老师! 我不久前才开始正式接触您的作品,但是对我的启发不小,而我也对它们有了自己的一些解读。我想请教您两个问题,第一个是您认为人类学可能给您的研究带来些什么样的启示。不久前赵鼎新老师讲评我的讲座时,他似乎就费孝通先生对自己以往的研究当中"只见社会不见人"的自我批评或者说对中国社会学的批判不是那么认同,但是从我个人的角度来看,这种反省是很有意义的。比如在我看您的作品时,感觉您在某种意义上可能是从民族本位主义的角度出发探讨东方和西方的关系和互动问题,而在这里面可能看不到具体的人,比如不太看得到不同的知识精英究竟是如何思考这些问题的。具体来说,您刚才谈到有关置换的问题,这就涉及了概念和时空的置换,而在这一过程当中又可能出现了知识生产的某种置换以及社会中的某些群体或者个人如何进行国家认同的置换。比如,在西藏纳入现代民族国家体制的过程当中,包括社会精英在内的不同群体和个人,他们究竟是怎么想的? 而他们国家认同的置换又是如何完成的? 同时,在这个过程中不同的人又采取了什么样的态度和策略来应对这种变化和置换呢? 总之,这些都让我想到了费老"只见社会不见人"的批评。我的第二个问题,更像个请求或者倡议。萨义德(Edward W. Said)一直对人类学有某种"暧昧"的看法,这种"暧昧"实际上反映了他对人类学所持的某种批判态度,比如人类学挥之不去的东方主义情结以及它与西方殖民主义错综复杂的历史纠葛等等。在 1987 年美国人类学年会上,萨义德受邀宣讲了一篇与人类学进行"对话"的文章。他以相当高超的文字技巧阐释了对人类学"暧昧"的批判。所谓的"暧昧"在于他的文字能力较为成功地掩饰了他对人类学的"不满",不过从字里行间还是能够看到他的这种态度。于是,我就想,在中国的语境当中,能否也请汪晖老师给人类学"上一课",把您对人类学的"不满"和期待系统阐释一番。有时候连我都怀疑国内是否存在真正意义上的人类学。不管如何,人类学的振兴和发展尤为关键,所以希望能从您那里得到一些启发和反思。

汪晖

我觉得最重要的研究当然是能够见人为好。虽然我也不排斥社会分析,比如统计,或者说其他的,但确实关于人类社会的这些研究,包括知识的形成是要关注人的活动的。我在这讲的时候,确实没有从个体的角度考虑。人类的行为有结构性,也有个体性。举几个简单的例子,具体的没办法在这展开。比如葡萄牙的传教士徐日升和法国的传教士张诚(奉康熙之命参与《尼布楚条约》谈判时),他们两个人是怎么介入这个过程的,他们是怎么想的,他们为什么要用这样的方式去做这件事情?康熙是怎么想的,他是怎么做这件事情的,或者他是如何考虑这个事情的后果的?当时涉及的移民,他们是怎么想的?当时的移民,其实就是逃人,我们今天讲的非法移民。边境地区打来打去,他们要在边境来来往往,从这头跑到那头,从那头跑到这头,逃到一边,另一边就不能追了,因此一定要列一个边界,而且边界内的管辖权要变得很清楚。实际上这是条约当中逃人法的一项内容。我们能不能找到当时那些逃人,在这个关系当中,他们怎么叙述自己的历史?现在濮德培(Peter C. Perdue)做的准噶尔研究,其实就有一点类似的叙述方式了。他从国际法的角度出发,研究准噶尔主体是怎么发声的,把知识跟这个过程进行联系。所以从这一点来说,人类学、历史学,更不要说文学和艺术,当然都是关于人的。

(汪晖、项飚部分未经发言者修订)

解释的层次与诠释圈

赵鼎新

　　值此纪念著名体质人类学家吴定良先生之际,我准备围绕"解释的层次与诠释圈"这一题目介绍人类在面对各种自然和社会现象时所采取的七种解释范式、每一种解释范式的诠释圈,以及包括人类学在内的自然科学和社会科学的各个学科在当前各自偏重于哪个范式。在此基础上,报告的最后部分将针对以下三个问题做出讨论:人类学的性质,当前西方人类学的问题根结,人类学在当前中国应该怎么发展。我这里所说的七个解释范式分别是:相关性/魔术解释、法则解释、覆盖法则/机制解释、结构/机制解释、机制解释、特殊解释以及定性(作为)解释。

　　诠释圈(hermeneutics circle)是现象学的一个核心概念。在社会科学中,诠释圈指的是通过文献、考古、观察、访谈、抽样和大数据等方法所得到的资料,对于我们所分析的某个案例或者对某一类所要研究的复杂社会现象而言总是局部信息,因此我们所建立的概念、叙事和理论都只是基于这些局部信息的提炼。问题是:如果说一个概念、叙事或理论只是建立在局部信息之上,我们如何保证该概念、叙事或理论是整体或者说整体的一个主要侧面的准确体现? 或者,如果我们无法保证从局部信息中提炼出来的概念、叙事或理论是对整体或整体的一个主要侧面的准确刻画,我们是否有办法保证某一概念、叙事或理论在经验上更为可靠,或者说诠释圈要更小一些?

一、相关/魔术解释——一个前现代视角

在前现代社会,"占卜""算卦""星相学""神创"往往是人们解释各种自然和社会现象的依据,"天命""先知""卡里斯玛""神助"往往是人们解释成功的依据,而像"红豆补血""芝麻补黑发"等等则是在各种文化中都很普遍的民间智慧。换句话说,神秘力量和关联逻辑在前现代社会往往是解释的依据。古希腊时期哲人的思维方式具有较强的因果性,但这在前现代只是一个例外。17 世纪之前,相关性/魔术解释一直是世界范围的主流解释范式。相关性/魔术解释与诠释圈的关系可以说是一个信仰和现实之间的张力问题:你对某种宗教或价值观的信仰越纯真,与你信仰有冲突的信息就越有可能被你的认知所屏蔽,你就越会认为你所信仰的某种宗教或者价值观能解释世界的一切。简单说就是,你的信仰越纯真,对你而言,你的信仰的诠释圈就越小。一个"真信仰者"(true believer)会认为他所信仰的东西能解释一切,这时诠释圈就会归零。但是一旦该人失去了某一信仰,他也许马上就会发觉他所信仰的东西什么都不能解释。

相关性/魔术解释在现代科学兴起后逐渐走向边缘。现代统计学,虽然统计方法能找到的也只是各种"相关",但是以统计方法做研究的学者的目的则是寻求这些在经验层面可验证的"相关"背后的"因果"。在今天,我们许多人仍然会把一个人的成功归因于一种具有神秘性的超常能力,仍然会相信一个人的生辰与其性格和命运紧密相关。但是至少在科学界,相关性/魔术解释已经被彻底否定。我因此对这一前现代解释方法不加以进一步讨论。

二、法则解释和覆盖法则/机制解释
——两个自然科学视角

(一)法则解释

法则解释范式适合于如下一类经验现象:研究对象构成了遵循着某统一法则的系统,该系统中的其他各种规律都只是该统一法则的不同表达形式,或者说这些规律都能从该统一法则出发通过推理获得,而解释的任务就是在经验观察和理论建构的互动中找到该统一法则。法则解释在物理学中获得了巨大成功。比如在物理学中,任何宏观(大于基本粒子)、低速(不接近光速)的物体,其运动规律都服从牛顿定律。其他物理学定理,比如自由落体定理(Free Fall Law)、胡克定理(Hooke's Law)、伯努利定理(Bernoulli's Theorem)、麦克斯韦方程组(Maxwell's Equations)等,都只是牛顿定律在不同条件下的体现。由于我们人类能直接感受到的物理现象大多数符合宏观/低速这一条件,牛顿定律就成了经典物理学中的统一法则。对于经典物理学现象来说,牛顿定律的诠释圈是零。

法则解释是这个世界上出现的第一个科学解释范式。它在经典物理学的成功给科学发展带来了广泛的影响。自古以来,哲学家一直受到如下问题的困扰:通过经验归纳总结出来的"规律"完全可能是错误的,而通过演绎得出的"规律"却又可能与现实完全不搭。但是,牛顿定律与我们能观察到的绝大多数物理现象完全相符。这就是说,在经典物理学世界,演绎和归纳取得了统一。这为实证主义哲学,即一种认为任何合理的论断都可以通过科学方法(归纳)或者逻辑推理来加以论证的哲学观点,提供了基础。牛顿定律的普适性也给了一种强系统思想——认为某一类自然或社会现象(比如物理现象、化学现象、生物现象、社会现象等)所呈现的各种规律的背后总是存在着总体性规律;这些总体规律一旦被揭示，原来已知的各种规律就会成为这些总体规律的具体表现形式或组成部分——以很大的市场。该思想与基督教思想相结合就成了从马克思主义到自由主义等各种世俗进步主义线性史观的基础；而在中国这一具有法家传统的地方，再加上现代技术的诱惑，该思想促进了各种无缝隙政府管理方法的大力发展。从老子的《道德经》到贾谊的《过秦论》等名篇中所体现的中国古人的各种真知灼见不断被遗忘。可以说，中国这次对于新型冠状病毒肺炎疫情防控的整个过程，既体现了这个体系的优势，同时也暴露了这个体系的许多短板。

总之，牛顿力学的出现标志着现代科学的诞生，是一个了不起的事件。但是同时，直到今天，我们仍然在消化着这一遗产给我们带来的各种在理论和社会实践层面负面的、有些甚至是灾难性的后果。这是因为大多数自然现象及任何社会现象都不具有经典物理学系统的性质，因此也不能套用法则解释的框架。

（二）覆盖法则/机制解释

覆盖法则/机制解释范式针对的是以下一类经验现象：研究对象构成了遵循着统一法则的系统，但是该系统中同时存在着大量的机制性规律。虽然这些机制的作用原理都不违反该法则，但是它们并不是该统一法则的不同表达形式，也不能从该统一法则出发通过推理来获得。在这个时候，解释的任务不但是要从经验和理论出发来找到这一覆盖性法则，还同时要找到各个不同的机制。覆盖法则/机制解释范式在生物学中取得很大的成功。进化论（翻译成"演化论"会更准确）是生命系统中任何物种都得遵从的法则，但是进化论的性质与牛顿定律有着根本性的不同。在经典物理系统中，其他物理学定律与牛顿定律之间有着一种确定性的数学转换关系，或者说它们只是牛顿定律在不同领域的特殊体现；但是在生命系统中，大多数生物机制与进化论之间并没有确定性的数学转换关系，也不能从进化论原理出发通过推理获得，因为这些机制都是在具体生命现象中所产生的涌现性质。生命系统的这一性质使得对于生命现象中各个层次大量涌现机制的深入了解成了生物学研究的重心。

我们之所以说进化论是生命系统中任何一个物种都得遵从的法则，是因为生物机制的作用方向都必须有利于该物种作为个体或者群体的存在和繁衍。例如，面对食物稀缺，动物世界形成了许多能减低物种种内竞争的机制，有些机制能使一个物种的幼虫和成虫吃不同食物，有些机制能促使一个物种在种群密度过高时进行迁徙，有的机制则能促使某一物种的个体在完成繁殖任务后马上死亡（为子代提供更多的食物和空间），等等。再举一个例子，我们吃饭后血糖浓度就会随之提高，高到一定程度后体内就会产生胰岛素压低血糖浓度，一旦失去这个机制，我们就会得糖尿病。广义地说，生命系统中大量负反馈机制的存在是任何一个生物物种得以生存和繁衍的必需。不符合进化原则的生物学机制一旦在某一物种的生存策略中取得主导，它们会迅速地把一个物种的演化带入死胡同。在这个意义上来说，进化论就像是一把大伞，把所有的生物学机制全都覆盖了，每个机制可以互不隶属，但是它们都必须符合进化论原则。

我需要把法则和机制这两个概念做个介绍。关于这两个概念，西方学者多有探讨，但是却制造了大量的误区。在我的分析框架下，法则和机制指的都是一组关系固定的、原因清楚的因果关系，因此可以用同样的逻辑语言来表达：如果条件 C_1，C_2，……，C_n 成立，总是 E。在这儿，E 既可以是法则，也可以是机制。这两个概念的区别仅仅在于 C_1，C_2，……，C_n 能否成立的程度。我们可以对牛顿第二定律做如下表述：如果宏观（C_1）、低速（C_2）两个条件得到满足，F＝ma 总是成立。我们也可以对刻画单种群增长的马尔萨斯方程 $N_t = N_0 e^{r(t_n - t_0)}$ 做如下表述：如果食物永不短缺（C_1）、种内不存在密度制约竞争（density-dependent competition，C_2）、种间不存在密度制约竞争（C_3）、不存在捕食者（C_4）、不存在密度制约疾病（C_5）、不存在迁徙（C_6），马尔萨斯方程总是成立。显然，我们之所以把牛顿定律称之为法则，是因为我们在日常生活中能感受到的绝大多数物理现象都满足宏观（大于基本粒子）和低速（低于光速）两个条件。我们之所以把马尔萨斯方程称之为机制，是因为让它能完全成立的六个条件在自然条件下一般都很难得到持续的满足。因此,牛顿定律是个法则,马尔萨斯方程则只是个机制。

我们把"供需关系决定价格"这一价格规律称之为价格机制(price mechanism),而不是价格法则,也出于同样的原因。价格规律也可以做如下表述:如果运输没有成本(C_1)、信息完全畅通(C_2)、人完全理性(C_3)、不存在任何提高交易成本的社会因素(C_4),那么价格规律总是成立。显然,以上任何一个因素在现实世界中都不可能完全成立,因此价格规律只是诸多社会机制中的一个机制。从我的方法论出发,我们可以从两个方面来理解自由主义经济学:它首先是一个意识形态,其核心就是"一个以价格规律作为经济运作主体的社会将是一个较好的社会"这一论点。只有对这一意识形态有强大的信念,人们才会不遗余力地通过法律、制度、教育、基本建设和强制等多种手段来降低运输成本,提高信息流动,增强理性文化,并且对各种能提高交易成本的社会因素进行打击,以加强价格规律这一机制在社会中的重要性。其次,它还是一个介于"地心说"和"日心说"之间的学问。天体力学中出现日心说后,地心说就垮了。但是,即使经济社会学家对新自由主义经济学的批判再有力,以价格规律为核心的经济学仍然不会倒,因为价格规律毕竟是人类社会中一个十分重要的机制,更何况人类还可以通过多种手段来维持价格规律在社会上的主宰地位。一般来说,市场经济运转得越好,新自由主义经济学就越像个"日心说";而当市场经济出问题时,新自由主义经济学就体现了其"地心说"的一面。

我还需要介绍一下涌现机制(emergent property)这一概念:如果一些更低层级的现象在叠加后出现了叠加前所没有的性质,这种性质称为涌现机制。一般来说,涌现机制产生是因为出现了叠加前所没有的机制,即一些只有在更高层面才会呈现的因果关系。生物学领域存在着大量的涌现机制。比如前文所提及的马尔萨斯方程就是一个涌现机制,因为这一规律只有在种群层面才会呈现。在社会科学领域,大量的机制是个体意识和行动的直接结果。比如,某商品供不应求,大家就会抢着买,该商品就会涨价;反之,某商品供过于求就会滞销和跌价。

社会科学领域也有许多机制,虽然与个体行为有紧密关联,但是却与个体行动时的意识没直接关系。比如,组织社会学中有如下一个机制:在其他条件相同的情况下,两个组织性质越接近,它们之间的竞争就越激烈,而长期竞争会使得同类组织在性质上逐渐趋于不同。这就是一个涌现机制,因为无论组织中个体怎么想和怎么做,这一机制都会存在。

由于大量涌现机制的存在,进化论在生物学中的重要性就要比牛顿定律在经典物理学中的重要性小得多。在经典力学中,一旦有了牛顿定律,我们就会发觉,其他经典物理学定律其实都能从牛顿定律出发,通过推理得出;或者说,对于任何经典物理学现象来说,牛顿定律的诠释圈是零。但是在生物学中,即使对进化论有再深入的了解,绝大多数生物学机制也不能从进化论出发,通过推理得出。对于绝大多数生物学机制,我们只能通过实验来一个一个加以了解,或者说进化论只能缩小诠释圈,而不能关闭诠释圈。此外,大量涌现性质的存在使得许多生物学机制,在实验和活体条件下有着非常不同的表现形式。在生物学领域,在控制实验条件下对某些机制性质的了解并不见得总是能加深对整体性的生物现象的理解。

在这儿,我想插入一下我对理科和工科思维方式区别的理解。理科是探索未知的,因此,一个优等的理科生有可能在本科结束阶段就会清楚知道自己领域的知识局限,就会产生谦逊感(humility)。但是,工科是利用已知科学知识来解决具体问题的,因此,工科出身的人往往会把他们对一些在实用性目标下的"工程"问题的解决能力,转化为自信,甚至世界观,从而会把复杂社会的管理类比为条件和目标都很明确的工科性系统工程,试图通过各种方法来进行"优化",到头来往往是在折腾社会。近代以来,中国一直以在器物上赶超西方为导向。这就使得我们的教育长期重理轻文,重工轻理,重应用轻理论。这也同时使得我们的大学,特别是一些原本以工科为重心的大学,生产了一批又一批在知识面和常识上都有重大缺陷,但是同时又充满自信的学生,以及大量完全没有知识分子样子的教授。中国如果真想搞软硬实力齐头并进的大国教育,这种情况必须彻底改变。

三、社会科学的复杂

人是动物,受到所有的包括生殖、死亡、饥饿、疾病等生物学特征的限制。最近新型冠状病毒(COVID-19)传播给人类带来的重大危害再次提醒了我们这一点。但是人能计算、讲策略并且有强大的组织和论证能力。人的这些不同于其他动物的特点给社会科学的解释带来了很多困难。

第一,长嘴是为了取食,长翅膀是为了飞翔。对于生物来说,绝大多数结构都有其相应的功能。但是在人类社会中,某个社会结构的存在既可以是出于正面社会功能的需要,也可以是出于有权势者的私利,当然也可以两者皆有之。再加上人类有很强的把私利论证为公心、把主宰论证为功能的欲望和能力,这就使得在生物学中普遍适用的结构功能解释,在社会科学中的重要性大大降低。如果说经典物理学给社会科学留下了系统解释的误区,生物学则给我们留下了结构功能解释的误区。

第二,生命体的首要"任务"是存活,因此主宰着生命系统的大多数机制,都是有利于个体和群体存活的负反馈机制。但是人类的目标是"成功",因此主宰着人类社会的机制,主要是大量的不具有稳定性的正反馈机制。这就是为什么我在多种场合中说过,动物是没有智力的,但是任何动物种群作为一个整体却是有智力的;人是有智力的,但是人类社会作为一个群体却是没有智力的。

第三,动物不能理解自己,也没有通过策略改变体内和体外机制的重要性和作用方式的能力。人类有能力改变某些生物学机制在生命系统中的重要性和作用方式,但是改变能力相对有限。比如,无论是否理解胰岛素会导致血糖浓度降低这一机制,我都知道饭吃多了一定会瞌睡,而我只能通过减少进食进行调节,以确保我能清醒地做完这一报告,如此而已。反观社会机制,不但人的行动能产生出大量的机制,而且一旦人类懂得某一机制的作用后,该机制的重要性和作用方式就可能会发生根本性的变化。比如,在"干多干少都一样"的计划经济体制下,搭便车机制在社会上占据着十分重要的地位,但是在市场经济体制下,该机制在社会的许多方面都失去了其重要性。

第四,自然科学的概念和分类一般都有很强的本体性。一个概念或分类体系一般对应于一种实际的存在,并且有较为清晰的内涵和外延。因此,概念和分类体系,比如化学的元素周期表和生物的分类体系在自然科学中本身就具有很强的解释意义。但是,人不但能把社会搞得无比复杂,并且还有面对同一社会现象创造出不同概念和分类的能力。这就是说,在社会科学中概念和分类的本体意义大大下降,它们往往只有具体问题意识下的意义,并且也不再具有很强的解释意义。

人类巨大的策略性行动能力和自我论证能力导致了结构和功能在人类社会中大规模的脱节,导致了不具稳定性的正反馈机制主导了人类的个体行为和整个社会的发展,给了人类巨大的创造社会机制和改变这些机制的重要性和作用方式的能力,也降低了我们建构的社会概念和分类体系的本体意义。这些特点严重地削弱了人类社会的生物系统性质,使得自然选择不再是人类个体和社会发展的唯一压力,有时甚至不再是主要压力;也使得人类社会不再受到唯一法则的主导。

从解释学的角度,社会科学与生物学的最大区别在于:生命是具有一定总体性性质的结构现象。这总体性性质就是进化论。但是人类社会的背后却不存在像进化论这样的覆盖法则,或者说覆盖法则/机制解释范式在很大程度上不能用来解释社会现象。面对这些问题,社会科学发展出了四种不同的解释范式,那就是结构/机制解释、机制解释、特殊原因解释和定性(作为)解释。与从自然科学中发展起来的法则解释和覆盖法则/机制相比,这四个解释范式缩小诠释圈的能力依次递减。

(一)结构/机制解释

人类社会变化的背后没有一个统一的、像进化论这样的覆盖法则,但我们却能在社会中找到大量的使得某些机制变得重要的宏观社会结构。比如,在市场经济宏观结构下,价格规律就会变得很重要,而搭便车机制就不怎么重要。反过来,在计划经济这一"干多干少都一样"的宏观结构下,搭便车机制就会变得十分重要,但是价格规律的重要性就会大大下降。宏观社会结构在这既可以指对某种有形或无形社会差异的概括,如人的贫富、建筑的空间结构、观念等等方面的差异,也可以指国家或机构的行为所造成的结构性的影响(比如"上山下乡"运动对一千七百万知青所产生的结构性影响,网络公司的逐利行为对网民追星文化所产生的结构性影响,等等)。如果研究对象的背后没有统一法则或者覆盖性法则,但却存在着大量导致某些机制变得重要的"宏观结构性"现象,那么解释的任务,就是针对各种具体经验问题来找到导致这些问题产生的宏观结构性和相应的机制。这就是结构/机制解释范式。

结构/机制解释与覆盖性法则/机制解释至少有三点不同。第一,在生物学领域中,结构一般都对应于真实的存在,并且对结构及其功能的了解构成了学科的基础,比如对细胞结构功能的了解是细胞学的基础。但是在社会科学领域,结构往往是针对学者的学术倾向或者具体问题意识而言的。比如,对法国革命为什么会发生并且取得成功这么一个经验问题,马克思主义者会从法国社会的经济基础和相应的阶级结构中找答案;国家中心主义者会从路易十四后法国国家的性质层面上找答案;而一个文化论者却会从革命前法国的政治文化结构中找答案。即使是一件看上去微不足道的事情,比如在计划经济体制下为什么某工厂的工人工作很不认真这么一个经验问题,我们也同样能找到多个在逻辑上都是合理的结构性答案:搭便车机制的力量在计划经济结构下作用太大,该工厂管理混乱,该工厂领导思想工作抓得不紧,等等。此外,在社会科学领域,针对一个案例的不同侧面,我们常常需要提出不同的社会结构。比如,李静君在她2007年出版的那本关于中国劳工的书中批评我在《天安门的力量》中对中国的国家和社会关系的界定有片面性。这类批评在自然科学意义上肯定能成立,但是在社会科学中却没有任何意义。从方法论角度来说,中国只具有不同具体问题意识下不同的国家—社会关系,而没有抽象意义上普遍性的国家—社会关系。不同国家—社会关系理论的优劣,只能通过它们在对经验事物解释能力之间的差别加以比较。我在回应郦菁对我的《东周战争与儒法国家的诞生》(简称"《儒法国家》")这本书评论的时候,用的也是同样的逻辑:一个有效的批评不能只指出《儒法国家》忽视了什么历史事实(因为任何一部历史著作都不可能包含该段历史的所有信息),而需要提出另外一个理论,那个理论不但能解释我所提出的一大堆问题,而且还能解释那些被《儒法国家》所"忽视"的历史事实。可见,对于这简单的逻辑,绝大多数社会科学家居然都不能掌握。

第二,控制实验在社会科学领域,一般只能用来验证和精确化一些较为简单的常识。像世界宗教的兴起、科学革命、工业资本主义和民族国家的诞生、革命和社会运动、信息社会的到来、妇女地位的上升、全球化等大量重要社会现象只会发生在不能通过实验重复的真实社会中。而对于任何一个发生在真实社会中的经验现象来说,即使是一个比较简单的现象,我们都能找到多个在逻辑上自洽的解释。我在前面所举的那个关于解释法国革命的例子,和那个解释为什么在计划经济体制下某工厂的工人工作不认真的例子,应该已经说明了问题。我想说的是,就其本身的逻辑结构而言,结构/机制解释缩小诠释圈的能力是很有限的。面对这一困境,社会科学家提出了不少解决方法,比较重要的有:(1)宏观结构和微观机制互证,即通过论证与某个宏观结构相对应的一些社会机制的普遍存在性来证明该宏观社会结构在一定问题意识下的重要性。(2)宏观结构、微观机制和时间序列互证,即把所提出的结构和机制放在经验事件发展的时间序列中进行考察。其逻辑基础就是,如果我们强调某些社会结构/机制 A 是导致事件 B 发生的原因,那么 A 的形成在时间上就必须发生在事件 B 之前。(3)排除其他可能解释,即把其他在逻辑上也讲得通的结构/机制解释逐个列出来,并逐一论证为什么这些解释在具体的经验情境中不可能。(4)反事实推理(counterfactual),即一种通过对已经发生的事件进行否定,并且在此基础上建构各种假设性可能的推理。反事实推理与"排除其他可能解释"方法在逻辑上有很大的一致性,但是排除其他可能解释的目的,在于证明一个论点的正确性。在这一方法之下,推理者需要证明其他因素在经验案例中或者不存在,或者不重要。反事实推理的逻辑起点是反事实的,因此该方法不能用来证明任何事实性的论点,而只能用来反思一个因果解释在某个经验案例中的可能性。(5)加大被解释问题的信息量,或者加大单一问题内部的信息量,或者加大提出问题的数目,并对被解释的问题在同一理论框架下进行解答。该方法的逻辑基础非常明了,即一个能解释更多经验现象的理论就肯定是一个更好的理论。这是我个人非常推崇的方法。

第三,以上任何一种方法,即便是我所推崇的第五种方法,都只能在不同程度上缩小诠释圈,而不能关闭诠释圈。更让我感到不安的是,我所推崇的第五种方法,对于一个学者在经验感、提问艺术和理论素养上都有很高的要求。就目前世界社会科学发展现状来看,还很少有社会科学家有能力掌握和用好这一方法。但是,被解释经验问题的信息量越小,针对这些问题所能给出的在逻辑上是合理的答案就会越多,或者说一个错误理论自圆其说的能力就会越大,这就给了各种其实是在论证某种意识形态正确性的社会科学理论大行其道的机会。

19世纪以来,社会科学在世界范围内有飞跃性的发展。可是,近代西方的社会科学理论多多少少都带着基督教思想的一些底色,并且社会科学在诠释学层面也的确有许多难以克服的难点。两者结合就导致了不少近代社会科学理论在本质上都是基督教思想的某种世俗版本,并且某理论所揭示的规律越接近于基督教思想的以下两个逻辑,它在社会实践中给人类社会带来的危害就越大:(1)人类社会在朝着一个终极性的美好目标发展;(2)推动人类社会走向美好目标的是一些总体性规律。这些总体性规律当然可以是法则、覆盖性法则,或者说某种能把人类社会推向某个确定性美好未来的宏观社会结构,比如英格尔哈特(Ronald Inglehart)的后工业化文化理论和迈耶(John Meyer)的世界社会理论。讲到这我不得不说,如果说苏联的垮台是教条的马克思主义宏观结构理论所带来的后果,那么20世纪八九十年代伴随着"第三次民主浪潮"发生在许多国家的战乱、族群冲突和原教旨主义宗教的复兴等乱象,则是教条的自由主义宏观结构理论所带来的后果。

（二）机制解释

近代社会科学理论，特别是那些背后有着某种法则性或者覆盖法则性原理支持的宏观社会科学理论，给整个世界在实践层面带来了巨大危害。西方社会学家从上世纪六七十年代后开始，普遍采用在美国发展起来的一种轻视甚至是忽视宏观社会结构、只注重机制的中层理论，即所谓的机制解释。在当前西方的社会学界，机制解释是一种主流解释范式。我们可以对机制解释范式做如下定义：研究对象不构成遵循着统一法则或者覆盖法则的系统，也很难建立起一些可信的结构性现象对研究对象进行解释，但是研究对象中却存在着大量的机制性规律。解释的任务，就是针对具体的经验问题来寻找各种机制在经验层面的作用。

机制解释有许多优点。第一，它能引导习惯于大而化之看问题的人文社科学者，关注微观和中观层面的社会现象以及各种机制性规律，加强对社会多样性和复杂性的敏感度。第二，它能帮助我们发现和了解方方面面的大量社会机制，以及这些社会机制在不同场合中的不同作用方式。可以说，如果没有机制解释的发展，今天的社会科学离哲学不会太远。第三，它会迫使我们反思学术概念和现实之间的差距，对具体问题做具体分析，进而认识到从观念出发看问题和分析问题的方法，往往是靠不住的。第四，机制解释强调实证和注重寻找在逻辑上具有可靠性的归纳方法，它还因此推动社会科学发展出了一套基于科学认识论的定量方法，比如统计、网络分析、博弈论、计算机模拟和大数据分析。第五，也许是最重要的一点，机制解释直接把我们引入微观领域，它近于琐碎的结论也许解决不了什么根本性的问题，但绝无把我们带入大规模歧途的可能。

从诠释圈角度来看，机制解释最大的问题就在于当我们通过各种"控制"来增强在微观层面缩小诠释圈的能力的同时，大大降低了我们在宏观层面上缩小诠释圈的能力。这一困境也可用大家可能更为熟知的方法论术语来表述：机制解释在加强了研究结论的信度（reliability）

的同时,严重地减低了其效度(validity)。

与宏观结构/机制解释相比,机制解释基本上或者至少是严重地失去了宏观结构和微观机制互证,宏观结构、微观机制和时间序列互证,以及加大被解释问题的信息量这三个缩小诠释圈的手段,因为这些手段多多少少都需要有宏观结构理论背景作为支持。我曾经在不同场合对西方社会科学近几十年来的发展做出过批评,这儿我想再次复述一下:在教育社会学领域,大量的美国学者致力于通过精细的实验设计和复杂的统计,分析中小学教育手段与教育质量之间的机制性关系。但是稍微了解情况的人都知道,美国中小学教育质量低下的主要原因并不在于教育手段,而在于穷人集中的街区的学校没钱请好教师,而联邦政府和州政府不能也不愿出钱解决这个问题。在实验社会学和实验经济学领域,学者们到非洲和其他经济欠发达国家做了各种实验,以证明在这些国家中影响经济发展的高交易成本问题可以通过一些极其简单的方法得到解决,比如鼓励经商者加强相互信任,或者让经商者接触到各种先进理念。殊不知,对于大量经济不发达国家来说,制约它们经济发展的最大问题,在外是国际政治制约,在内则是国家建构和民族建构的滞后,而不是什么商人的观念或者商人之间的信任。在社会运动研究领域,学者们的关注点主要集中在诸如网络、组织、资源、机会和策略性话语这些似乎能给社会运动带来直接正面效应的、在逻辑上属于中间变量的因素,从而忽略了如"为什么同样的策略性话语,在不同的情境下会产生完全不同的效果?""为什么在有些情境下某类社会运动能获取社会的广泛支持,而在另外一些情境下同类社会运动就得不到广泛支持?"这类更具有根本性的问题。在宗教社会学领域,西方社会学家往往会从宗教组织所处的社会网络、一个宗教的组织制度性特征来分析宗教势力的消长。殊不知,解释任何一个宗教的消长并不能仅仅看其本身的组织和制度,而是要看宏观的政治环境如何让该宗教的组织和制度特征发挥出来。

在机制解释范式的指引下,西方社会学家首先想到的是如何找到更可靠的具有实证性的机制来解释社会现象,而不是去分析各种机制在具体情境中的不同重要性以及它们与宏观结构之间的关系。在这种情况下，随着社会科学知识积累得越来越多，我们对整个世界的理解却变得日益碎片化和多元化。这个问题不仅仅对于机制解释是如此，对于我以下介绍的特殊解释来说更是如此。

（三）特殊解释

我们可以对特殊解释，或者特殊原因解释（ad-hoc explanation）的范式做如下定义：研究对象不构成遵循着统一法则或者覆盖法则的系统，也很难建立一些可信的结构或者机制对研究对象进行解释，解释的任务则只能是针对具体经验问题来寻找具有转折点意义的特殊人物/特殊事件/特殊原因或者偶然因素的作用。我们每天都会碰到诸如以下的问题：为什么某人能去世界一流大学上学？为什么在中国以外的国家中，COVID-19 在韩国、意大利和伊朗有飞快的传播？对于这类差异性社会现象自然会有不同的答案，但是总结起来其叙事逻辑应该跳不出以下两个类型：其一为结构解释，比如此人父母有钱，他从小就受到了良好的教育，因此能去世界一流大学上学；其二是时间序列解释，即通过时间表的建构来找到某人成为好学生的转折点，比如某人初二时遇到了一位好老师，从此爱上了学习，因此上了一个世界一流大学。如果说法则解释、覆盖法则/机制解释、结构/机制解释和机制解释都属于结构性解释范式，那么特殊解释则可以被称为时间序列解释范式，它们是人类面对各种经验现象所持有的两大类最为基本的解释范式。

以上对于特殊解释范式定义只可以被看作是一种理想型，因为很少会有专业人员在进行社会分析时只采用这一方法。但是不可否认，在当今社会科学领域，时间序列解释是历史学家最为常用的分析手法。这并不是说历史学家的叙事中不存在结构和机制，但是历史学主流叙事所围绕的主要是由一个至数个大事表贯连起来的事件/人物，而不是结构/机制。自上世纪六七十年代以来，西方主流历史学家对各种宏大结构性解释以及相应的进步史观，在经验事实面前的明显错误以及它们给当代社会实践带来的大规模危害，有了越来越清醒的认识。在这样的大环境下,时间序列解释就成了西方历史学的主导解释范式,在解构西方中心主义和各种进步史观方面有十分积极的意义。同样重要的是,与时间序列解释范式相呼应的多元史观,引导着历史学家去研究各式各样的历史,为我们积累了大量的知识。但是,时间序列解释范式以及与之相应的多元史观,在诠释学上至少存在着四个问题。

第一,也是最直截了当的问题:既然历史没有任何结构/机制性规律,我们研究它还有什么意义? 毕竟,虽然历史没有什么终极目标,各种结构/机制性规律在人类社会还是大量存在的。

第二,如果你阅读过大量的历史学著作,你就会发觉历史学家的优劣大不相同:优秀的历史学家有驾驭大问题、多视角以及不同材料的能力;优秀的历史学家的著作不但引人入胜,并且会给你带来许多智慧;优秀的历史学家运用材料时只会出现软伤,而很少有硬伤。但是,虽然我认为依我的读书经验和人生阅历,我很容易就能看出不同历史学家的功底、常识感,以及他们对当时历史情境和不同社会阶层人士的生存条件的体悟能力,我却很难给出一个统一的评判标准。即使我给出了一个标准,我想大家也不见得就会认可。因为我们都有不同的"品味",品味(而不是客观方法论)在评判中的重要性是特殊解释范式的另外一个诠释学弱点。

第三,我们当然可以用各种"家法"(可以理解为对各种文本阅读和理解的基本功)或者时间表来衡量一个特殊解释的质量。比如,时间表要求我们遵从以下逻辑:叙事和分析中出现的人物、事件、证据在时间表上必须符合各种顺时逻辑,就好像我们一般很难拿一个人的所作所为来解释他出生前的各种社会现象。但是,"家法"和时间表方法只能保证微观层面的叙事和分析中不出硬伤,而无法缩小一个特殊解释在整体上的诠释圈。就时间表方法而言,即使是对于一个在同一研究问题意识下较为简单的案例,我们也可以建立起多个具有冲突性结论的时间表,而我们又没有任何可靠的方法来检验不同的、都符合顺时时间逻辑和其他学术规范的特殊解释之间的优劣,"公说公有理,婆说婆有理",因此这就成了特殊解释方法的一个困境。

　　第四，我们可以说，虽然单个特殊解释没有任何可靠的缩小诠释圈的能力，但是针对同样案例和同样问题所产生的不同的特殊解释加在一起，仍然会加深我们对某个案例，乃至对社会、历史和人生的理解。这种说法在一定程度上是有道理的。比如，我在美国和中国给本科生和研究生同时开课的经历告诉我，与美国学生相比，我们中国学生在大量的社会和政治问题上的看法要幼稚和极端得多，原因之一就在于我们的学生所接受的信息过于单一。但是，从诠释学角度说，知识多样性的提高也不见得就能增进大家对于某一案例的总体把握，因为知识的多样性同时也会加强一个相反的机制性力量：随着历史知识的日益丰富，我们对历史的理解就可能会变得日益琐碎，从而导致一种"只见树木不见森林"的局面。这一点在当前历史学专业领域表现得尤为充分。当然话也要反过来说，我们对历史理解的复杂化和微妙化本身就很重要，因为这会使得我们作为个人变得开放，作为一个整体走向成熟。总之，多元史观共存给社会带来的负面后果肯定要比单一史观主导小得多，但是这已经不再是本文的议题了。

　　（四）定性解释

　　定性（作为）解释范式可以做如下定义：如果研究对象不构成遵循着统一法则或者覆盖法则的系统，也很难建立起一些结构或者机制，甚至一个特殊因素来对研究对象进行解释，解释的任务就只能是针对具体经验问题提出旨在解构或者细化现有理论和观点的概念。显然，我们也必须把该定义看作是理想型。除了极端的后现代主义者以外，采取定性解释的社会科学家都不会认可定义中那些强烈的假设条件。此外，对主导性研究视角和概念进行解构、细化，乃至提出新的概念，应该说是每一位社会科学家都需要掌握的基本功，因此这一方法在经济学、心理学、社会学、政治学、历史学等基础性社会科学学科中都有广泛应用。但是在文化人类学领域，一种目的重在解构的定性解释在近几十年来一直占据着主导。以下我先介绍几个从各个学科中挑选出来的例子，以显示定性解释应用的广泛性。

科斯（Ronald H. Coase）的"交易成本"概念对真实社会中的经济过程做出一个新的定性，从而解构了传统的只建立在价格规律基础上的自由主义经济学。萨义德的"东方主义"指出了西方学者在研究"东方"伊斯兰文明时的各种误区及背后潜藏着的各种政治目的，解构了西方社科学术客观性的迷思。该理论与当时趋于上升的新左派学术和政治相结合，成了"非欧洲中心主义"的文学理论、文化批评理论、后殖民文化研究和中东研究的起点。魏昂德（Andrew G. Walder）的"共产主义新传统主义"概念指出了包括传统人际关系在内的各种文化和制度在毛泽东时代中国工厂运行中的重要性，从而解构了在"全权主义"概念下对中国的理解。早在 1994 年，我就发表了两篇分析中国和世界经济发展的文章，文章中提出了"有限自主"（bounded autonomy）和"防御性政权"（defensive regime）两个概念，强调了一个具有有限自主的防御性政权是后发展国家取得经济成功的关键，旨在批评新传统主义、自由主义以及其他西方的和中国的后发国家经济发展理论，并且指出中国经济必然会有个大发展。

在社会科学领域，任何解释范式最多也只能缩小诠释圈，而不能关闭诠释圈，这就使得片面甚至是错误的理论在社会科学领域实属正常。此外，在社会科学领域，一旦某个错误理论取得了主宰地位，它带来的不仅仅是理论层面的误区，有时甚至是社会层面的巨大灾难。在这个意义上，各种新视角和新概念的提出有利于揭示过往视角的各种"盲区"，能增进我们对世界复杂性和多样性的理解，解构各种社会权力所带来的误区，给我们带来谦逊和成熟，阻止或者至少是减缓了社会朝着一个错误方向一路走到黑的危险。以上这些都决定了定性解释在社会科学中的关键地位和具有本源性的合法性。

但是话又说回来，采用其他解释方法的学者也都会提出各种新的视角和新的概念，那么文化人类学家的特殊性在哪呢？从诠释学的角度来说，我们此前讨论的各种科学解释方法，都具有一套相应的缩小诠释圈的准则。即使是特殊解释范式，它的叙事和分析的可靠性至少可以用时间/情境逻辑来加以检测。但是，目的在于解构的定性解释，其本身却几乎没有任何缩小诠释圈的能力。文化人类学家当然会认为我的观点不公正,甚至是对文化人类学缺乏了解,因为他们会说缩小诠释圈从来就不是文化人类学的目的。可是,当一个文化人类学家在批评他人观点以及展示自己"厚描"能力的时候,他其实同时也在宣称自己对于某一经验现象的理解和分析是可靠的。我的观点是,除非你公开声称自己讲的一套纯属虚构,否则你的叙事就不得不受到诠释圈层面的检验。

同样重要的是,提出新视角和新概念是任何社会科学学科都具有的手段,但是其他学科的学者提出新视角和新概念的目的,往往并不仅仅局限于揭示过往视角的各种"盲区",而更是为了通过"破"来试图获取一种新的"立",或者说通过艰难地探索各种能缩小诠释圈的方法来降低我们的失误概率,并且发展出各种对经验现象有更强的解释能力的理论。可是,在当前的主流人类学中,所通行的定性解释方法却有两个明显的倾向:第一,只有解构和批判,而很少有建构;第二,失去了对某一经验现象给出一个更接近事实分析(即缩小诠释圈)的兴趣。我这儿想拿儿童的拼图游戏(jigsaw puzzle)打个比方。当有些小孩在努力进行拼图的时候,虽然都犯了各种错误,另一些小孩却热衷于指出这拼图板块中有红色,或者指出那些提出有红色板块的小孩忽视了绿色板块的存在,诸如此类。以下是接近我这个比方的一个具体例子:当其他的学者都在经验层面艰难地研究着革命、社会运动和反叛等现象的发生和发展形态及其背后的复杂原因,或者这些现象背后的历史意义的时候,斯科特(James C. Scott)却在长达 14 个月的田野调查后指出,有不少处于社会下层缺乏资源的人士,其实只能通过磨洋工、阳奉阴违、假装无辜、搞一些小破坏、进行些小诽谤、打些小算盘等方法进行些所谓的日常性抵抗(everyday resistance)。我这拿斯科特开涮可能会让许多人不舒服,毕竟斯科特是许多人心目中的学术大明星,而且绝大多数人所提出的概念和视角的确还要更无聊些。因此我想做一个强调:我并不认为此类研究没有意义,就如我在前面就说过,定性解释有很多正面作用,但是我想指出这类看似是在分析田野,其实却是在表达自己个性的研究,实在是因为太简单而不好玩。此外我还要强调,此类学问一旦加上故弄玄虚的"解构"和"反思"、程式化的"理论对话",以及各种复杂的概念和难懂的语言,它就会对摇椅上的左派、懒惰的人士、缺乏想象力的学者、无法走出个人人生困境的真诚者,以及不谙世事的年轻人都产生巨大无比的吸引力。

四、中国人类学的未来

作为总结,我想结合今天报告的内容,就人类学的性质、当前西方人类学的问题,以及中国的人类学应该怎么发展这三个问题简要分享一下我的看法。社会科学基础学科可以分成两大类:第一类学科根植于它特殊的分析视角。比如,社会学是一门探索不同的社会结构/机制和各种社会现象之间联系的学科,而历史学则是一门探索人类作为社会行动者在时间进程中如何创造各种具有历史后果的转折点和分水岭事件的学科。这两个学科各自关心的问题都很多,但是视角相对单一。第二类学科则根植于它所关心的议题。比如,政治学是一门人类试图对自己的政治行为的内在规律及其后果不断加深了解的学科,而人类学则是一门人类旨在对自己作为"人"的过去和现在不断加深了解的学科。换一句话就是,政治学和人类学都有很大的跨学科性质。人类学应该具有的跨学科性质还在于,作为动物,我们人类受到大量的来自基因、遗传、生理、灵长类动物特征,以及各种自然条件的约束,同时,又受到个体的健康和疾病、认知和心理特征、个体间的互动规律、宗教/价值观/美感/集体记忆、各种社会权力结构等条件的约束。作为一名合格的人类学家,我们必须对以上领域的相关学科都得有一定的了解。可以说,人类学所关心的问题横跨了自然和社会科学的多个学科,因此其研究视角必须高度多元。也正是从这个意义上来说,人类学应该是社会科学诸基础学科中难度最高的一门学科。

当然,以上是我在学科本源层面对于人类学的理解,而不是人类作为一个学科的真实发展历程。自人类学形成之初直到上世纪六七十年代,西方人类学的研究基本上都基于两个本体承诺:其一可称之为进化/进步一体论,具体讲就是认为人类发展是一个从猿到人、从低级社会到高级社会的进化过程,并且该进化过程同时也是社会进步的过程。这个本体承诺给了人类学家通过研究各种"原始"社会来探索人类进化/进步规律的动力,并且使得生物/体质人类学、认知人类学、古人类学和文化人类学在传统人类学领域多多少少能形成一个整体。这个本体承诺也使得一种从生物学延伸出来的覆盖法则/机制范式和相应的结构/功能主义一直指导着人类学的发展。其二可称之为田野本质主义,简单讲就是认为我们学者有能力通过多年的田野观察,加上对于地方文化和语言掌握的不断深入,来建构一个不断逼近真实的经验叙事。用现象学的术语表述就是,他们认为人类学叙事的诠释圈是能够不断缩小的。

但是我们都知道,上世纪六七十年代后,这两个本体承诺在西方主流人类学界都逐渐被抛弃。此后,以解读和解构为主旨的文化人类学成了绝对主流,而生物/体质人类学、认知人类学、古人类学则被挤压到学科边缘,并且与文化人类学几乎彻底脱节,似乎人类行为不再有生物学基础。同时,一种既排斥感知的可靠性,又特别强调主观感受的正当性的文化人类学,在格尔兹(Clifford Geertz)和萨义德等人的著作成名后,在西方世界大行其道。首先必须强调:人类学是具有主观感受的人的实践。在今天,如果有学者仍然坚信我们能在人类学实践中把人的主观感受完全排除在外,这背后不仅仅是无知,更可能还有虚伪。更要强调的是,从主观感受出发的文化人类学在解构各种权力的正当性、解构各种西方中心主义、创造和庆祝多样性、帮助小人物发声、加强学者个人以及整个民族的反思能力等等方面都有着重要的作用,这些我们绝不能忽视。但是,从主观感受出发的文化人类学的弱点也非常明显。总之,我认为当今的西方人类学面临着一个危机,而这个危机的根源就是:在西方占据着绝对主导的文化人类学家,过多地放弃了早期的人类学传统,把人类学发展成了一门局限于解读和解构的学问。

基于以上的观点,我现在对"中国本土的人类学应该怎么发展?"这一问题提出三点不成熟的,都与本体论有关的建议。首先,西方人追求片面深刻,中国人讲究折中中庸。如果把中庸原则作为本体承诺,我们根本就不需要像西方人一样把文化人类学与人类学的其他分支完全割裂开来。最近几十年,生物/体质人类学、认知人类学和古人类学在世界范围内都有飞跃性的发展。这些学科在人类进化、基因/环境关系、遗传/文化关系等方面的研究和发现不但早就已经走出头颅学时代,并且也大大超越了威尔逊(Edward O. Wilson)与萨林斯(Marshall Sahlins)辩论的时代。在今天,西方人类学其他领域都在分析基因、遗传、疾病、环境和人类社会行为之间的复杂互动关系,并且取得了较大的进展。但是主导着西方人类学的文化人类学家中的大多数却居于一隅,对这些发展基本无视,有的甚至还抱有一种不屑,这对人类学的整体发展有很大的害处。

在今天的报告中我指出,人类面对各种差异性现象共产生了七种分析框架,而以下五种与当下的社会科学多多少少都有关系:覆盖法则/机制解释、结构/机制解释、机制解释、时间序列(特殊因素)解释和定性(作为)解释。但是,当代西方人类学在方法论上则主要集中在覆盖法则/机制解释(生物/体质人类学、认知人类学、古人类学)和定性(作为)解释(文化人类学)两个层面。结构/机制解释、机制解释和时间序列(特殊原因)解释等分析方法在人类学家这里处于很边缘的地位,这很不正常。我在前面说过,我们作为动物受到基因、遗传、生理、疾病及其他各种自然条件的约束。同时,作为人,我们又受到个体的认知和心理特征、疾病特征、在各种社会心理和社会网络原则基础上构成的各种微观层面的互动规律、宗教/价值观/美感/集体记忆、各种结构化的社会权力等条件的约束。更重要的是,这些生物和社会因素有着十分复杂的交互关系。因此,如果人类学家的目的是不断增进人类对其自身的了解,那么以上这些被忽略的解释方法就必须进入人类学的分析框架。

在打破进化/进步一体论后,与西方主流历史学家一样,西方人类学也一直秉持着一种多元历史/时间本体。这种本体承诺为以解构和概念化为核心的文化人类学提供了发展空间,但是同时正如我芝加哥大学的同事休厄尔(William H. Sewell)所言,当历史学家"愉快地把结构决定论扔到一边的时候,这个世界已经随着世界资本主义结构的改变而发生了根本性的变革"。简言之,虽然进化不等于进步,历史没有什么终极目标,人类社会的发展也不会在任何意义上使得人类作为一个整体能在地球上生存得更长,但是历史/时间仍然是有规律的。我在多种场合建议中国社会学应该建立以道家时间为核心的时间本体,我认为中国的人类学也应该有自己的时间本体论。

　　总结起来就是,强调解构和概念化的文化人类学在中国不但要发展,还需要进一步发展。但是同时,中国的人类学还应该建立自己的本体论和认识论。我所建议的中国人类学本体论有三个基础:第一是中庸本体,即把人类学的各个分支有机地整合起来;第二是多元方法本体,即把社会科学的各种解释框架都引入人类学分析;第三是时间本体,即建立一个不同于西方的新史观,而这三个本体论的认识论基础就是我今天报告的要点。缩小诠释圈在社会科学领域是一件非常难的事,尽管如此,缩小诠释圈的努力绝不可以被放弃,而发展各种旨在缩小诠释圈的叙事和分析方法,应该是中国人类学在认识论层面的努力方向。

　　最后我要说明,鉴于篇幅关系,此报告略去了引用文献,同时对许多方法论和概念的讲解也都比较粗略和抽象。如果读者想对本文中的有些观点有更多了解,我的以下作品也许会有帮助:《论机制解释在社会学中的地位及其局限》《从美国实用主义社会科学到中国特色社会科学——哲学和方法论基础探究》《时间、时间性与智慧:历史社会学的真谛》《社会科学研究的困境:从与自然科学的区别谈起》《论"依法抗争"概念的误区:对李连江教授的回应》《哲学、历史与方法——我的回应》《解释传统还是解读传统?——当代人文社会科学出路何在》《社会与政治运动讲义》。

　　谢谢大家。

（作者单位:芝加哥大学社会学系、浙江大学社会学系）

讨论与回应

丹增金巴

　　谢谢赵老师,您讲的这个主题信息量太大了,我一时半会儿还无法消化。我想请教您另一个性质的问题——昨天我也以相似的问题请教了汪晖老师,然后也与项飚交流了——人类学的出路,特别是中国人类学的出路问题。具体的一个例子就是项飚昨天所讲的"从感觉出发",而上次我在浙大社会学系做讲座讲的是 subjectivity(主体性),即便当时我没讲"感觉",它实际上也是一种感觉。从我个人的体验和思索为出发点来讲,既然社会学或者其他学科可能会猛烈抨击人类学的这种 subjectivity,那人类学索性就把 subjectivity 直接亮出来,不再"犹抱琵琶半遮面"似的将其半隐半藏了。所以我现在正在做的一件事,就是对 subjectivity 做一个方法论的探讨,目前的一个主张就是从后殖民批判的角度进行解读,其中就涉及一个所谓的"本土人类学发展路径在哪里"的问题。如果以浙大为例,浙大人类学学科体系究竟应该如何建立和发展呢? 它的路径不仅要与北京大学和其他的国内高校有所不同,也要与西方高校区别开来,要做到这点是很有难度的。借用(梁)永佳对我提出的中国需要后殖民批判观点的批评——他的批评是有些委婉的,不是那么直接——我妄自猜测他大概是在说我的这个观点只破不立;我个人认为其实"破"是极为关键的,因为"破"的前提是必须知道症结所在,而现实的情况是我们不是总会知道问题究竟出在哪里。话又说回来,您今天的发言,似乎给我们提供了一个中国人类学尤其是浙大人类学该如何去"立"的方向,所以我希望听到您的高见。

赵鼎新

我认为讲 subjectivity，以及讲 intersubjectivity（主体间性）的文化人类学在中国都需要发展，应该说还需要进一步发展。从总体上说，中国学者在知识论方面尚没有受到现象学、后结构主义、后现代主义、后殖民主义、非线性史观等现代思想的猛力冲击。中国学者因此往往都有一种"自在的"自信，会比较自然地认为自己所看到的、所坚持的以及所写出来的东西，都代表着某种"客观"事实，甚至是"真理"。但是从今天来看，17 世纪以来西方人在面对各种近当代问题时所创造出来的大量社会科学的观点和概念，特别是那些曾经在世界范围得以盛行的观点和概念，几乎无一例外都有非常大的问题。虽然这些观点和概念在西方学术界已经受到了严厉的批判，但是在中国以及其他非西方国家中，这些观点和概念仍然占据着重要位置，并且继续在社会的方方面面产生着巨大的影响。从这个意义上来说，中国也应该像西方国家一样有一个现代认识论的洗礼。没有这个洗礼，我们的学者永远达不到西方学者作为一个整体所具备的反思能力，对各种复杂社会现象的把握能力，以及对不同观点的合理性的理解能力，我们这个国家作为一个整体也不会获得真正的反思能力和一种"自为的"自信。从 subjectivity 出发的人类学，在这方面可以发挥很关键的作用。

但是，过度强调 subjectivity 也会导致另外一种倾向。从认识论角度说，它会使得一个学科失去任何可以依据的客观标准。今天我报告的内容可以做多种解读，但就你的问题来说，我报告的一个主要目的就是想从现象学出发，指出建立在 subjectivity 解读基础上的经验叙事的诠释圈既关不住，也不可能缩小。① 然而，一旦一个学科不再以关住或者缩小经验叙事的诠释圈作为努力目标，那么这个学科就失去了评价

① 在我的回答中，诠释圈指向局部和整体之间的紧张关系。具体来说，诠释圈的问题主要有以下几点：如果说一个理论只是建立在局部信息之上，那么我们如何保证该理论是整体或者是整体的一个主要侧面的准确刻画？或者，如果我们无法保证从局部信息中提炼出来的理论是对整体的准确刻画，我们是否有办法保证理论 A 要比理论 B 在经验上更可靠，或者说理论 A 的诠释圈要小一些？

某个经验叙事与现实之间差别大小的客观准则。在这种情况下,我们看上去是在提倡尊重每个人的 subjectivity,其实在一定意义上却是在"忽悠"大众。我用"忽悠"这一醒目的提法是想强调以下两层意思。第一,在当前的世界,哪怕是十分讲究平等的西方社会,我们每个人既没有为自己的 subjectivity 发声的同等权力,也没有同等地表达自己 subjectivity 的能力。在这种情况下,一些看上去是在讲主观感受,其实却是在忽悠,看上去在为边缘群体说话,其实却是非常精英主义的,"坐在摇椅上的"假左派知识分子的声音就会在学术界和社会上大行其道。当然,这种人在西方的有些学科中早已占据主导。第二,当我们一个劲在"玩"subjectivity 的时候,全球化工业资本主义和高度军事化的国家机器却以其极其现实的方式在日新月异地发展,这些发展所造成的后果同样也是非常现实的。用高度精英主义的、高度多元的和缺乏强制性力量的 subjectivity 来抗衡全球工业资本主义和军事化民族国家的集中和具有强制性的方向性发展,这不是忽悠是什么?

从以上角度来看,我认为西方人类学并没有找到一条能给自身提供进一步发展的道路。人类学是人类旨在对自身不断加深了解的学科。我们是社会动物,受到大量的来自基因、遗传、生理、灵长类动物特征,以及各种自然条件的约束。同时,作为人,我们又受到个体的健康和疾病、认知和心理特征、个体间的互动规律、宗教/价值观/美感/集体记忆、各种社会权力结构等条件的约束。在我看来,一名合格的人类学家,必须对以上领域的相关学科都得有所了解。从这个意义上来说,人类学是社会科学诸基础学科中难度最高的一门学科。

张亚辉

我自己是学物理出身的,整个听下来确实很有感触,因为整个解释机制的变化是我经历过的非常痛苦的过程。其中很有感触的一点是:我在进行物理学实验的时候,控制条件基本上全被锁死了——我在比如做量子力学的实验,或者做核结构的实验——实际上就不会有变化。

进入人类学之后，我发现自己能控制的东西特别少，而且一旦真的控制了，麻烦也会随之而生——脱离情境，我做的就是个"假玩意"。但是如若完全不去控制，那么描述就会变得漫无边界，毫无规律可言。那么这里我想提出的一个问题是，当我用人类学去观察不论是别人的生活还是自己的生活时，总喜欢将之与一种叫作文本的东西对应，不论是散漫的，还是精致的，总想去对应这个东西。不对应它，我就觉得不科学，但当我去对应的时候，就会发现自己在"造假"，这个问题怎么解决？这是我自己的切肤之痛。

赵鼎新

你问的是一个非常核心的问题，其要义就是不同学科和不同解释方法在缩小诠释圈方面的能力是非常不同的。当代西方历史学和文化人类学讲求的是叙事自洽和视角新颖，但是社会学还要加上一个限制，那就是需要在所研究的案例中提炼出一些具有一般性的规律。这就迫使社会学家走向覆盖法则/机制解释、结构/机制解释和机制解释。问题是，从机制解释、结构/机制解释、覆盖法则/机制解释，再到法则解释，越往后我们缩小诠释圈的能力越强。但是把相应的方法用在社会科学研究时，得出你所说的"假玩意"结论的可能性就越大，这是我们人类在认识论方面所面临的一个困境。

需要指出，强调 subjectivity 的学问也并不能把我们引向你所说的"真玩意"。从方法论的角度来说，我们必须同时防备两类不同性质的"假玩意"：一类是在实证主义方法指导下的脱离情境的理论，一类是只来自某一学者具体感受的理论。我还想指出，虽然以上所指出的困境无法全面克服，通过努力进行部分克服还是有可能的。比如，在我的方法论体系中，我不会简单说你是错的我是对的，但是我可以通过一系列方法保证，在面对一个具体的研究对象时，我的理论能解释更多的该研究对象所呈现的各种特征，或者说我的理论缩小诠释圈的能力要更强一些。我在经验研究方面的三部专著（《儒法国家》《合法性的政治》《天安门的力量》)在认识论上都采用了这个方法。

此外,我们也不能完全忽视实证主义者的努力和低估实证主义方法的潜力。比如在社会学中统计、网络、博弈论、行动者模拟、大数据等偏实证主义的方法都有明显的局限。在面对我们关心的人类所面临的一些重大问题时,这些方法的局限性就更大,不小心就会得出类似你说的那些"假玩意"结论。但是,我们也千万不要忘了,这些方法能解决许多质性方法所不能解决的问题。比如,这些方法能为我们提供一些准确把握社会所必需的指标性数据,以及帮助我们做质性研究的人对某些局部论点进行更准确的论证。同样重要的是,这些实证方法本身也都在发展。有些我原来以为很难解决的问题,现在已经得到不同程度上的解决。所以,我认为一个学者还是应该什么都要懂一点,知识面和学术基本功对于中国学者来说是一个很大的问题。许多教授,说实话,只能算是略有点知识的人。他们不但知识面高度残缺、严重缺乏常识,并且在自己的"专业"方面也就是个半吊子。竹篮打水,篮子上来后水还会慢慢往下漏,而这些学者做学问可谓是空桶打水,什么实质性的东西都没有。

除了方法和认识论方面的保证,常识、见识和智慧也是做学问的关键。我记得姚大力教授在一次报告中指出,做学问就是凭"手劲",同样一块布(他这里指的是历史资料),你拧不出水了,我还能拧出水,那么我就能做出比你更好的学问。我完全同意他的这一说法,但是想做个补充:做学问还要凭"心"。当你的常识、见识和智慧都提高了之后,你就有可能在一块大家眼里的"干布"中拧出滔天之水。材料的方向感常常要比材料来得更为重要。优秀学问家的治学始终应该是一个理/心的交互过程,或者说是唯物和唯心的交互过程,年轻时更靠"理",夯实知识面、材料和方法等方面的基本功。年长后更靠"心",依赖的更多是常识、见识和智慧这些偏于本体范畴的东西。只有这种心/理互动的学问才会接近你说的"真东西",或者说才有可能缩小叙事的诠释圈。

徐永洲

赵老师我想问两个问题:第一,您个人觉得什么时刻最有创造力?这是一个有点私人化的问题。第二,您的研究中,有没有一些关于个人创造力与其思想所产生的社会影响之间关系的研究?

赵鼎新

关于创造力的问题,我可以从个人和集体两个层面来回答。从个人层面来说,自然科学领域最有创造力的时刻肯定是在青年时代,但是在社会科学特别是质性社会科学领域,创造力往往要到 35 岁甚至更晚的时候才会显示出来,因为只有到了一定年龄后,学术基本功、知识面、笔力,以及常识、学识和智慧等其他各方面才会都慢慢丰满起来。此外,在社会科学领域,只要你能保持高度的反思能力,保持着一种对自己不满意的状态,保持着高度的好奇心,保持着一种在认识论意义上的高度怀疑状态,保持着对学问的敬畏心,你就始终会有创造力。这就是为什么许多人文社科的大学者在退休后仍然能继续写出经典。

关于一个集体,比如一个国家或者一个大学的创造力问题,西方许多研究科学史和知识社会学的学者都有过探讨,各种理论可以简单归纳为:社会需求论、文化论、制度论、知识网络论、天才论等等。但是这些学者中的大多数都忽略了从理论框架中可以引出两个重要的结构性因素:第一,集约型技术(比如,建造长城、大运河、埃及金字塔、罗马斗兽场等工程,或者进行一次大规模战役所需要的各种组织性的技术)的创造和发展主要靠集中性的政治力量,但是思想和科学技术的发展主要得靠弥散性的社会力量。第二,集权在方向适宜时可以加快学习和追赶速度,但是思想和科学技术方面的原创只能靠自由,或者说要靠一个社会能给予不同的生活方式、不同的思想,以及学术团体的自主性多大的制度化空间。

关于个人创造力与其创造的思想产生的社会影响之间的关系,我的回答是：人文社科思想虽然能产生巨大影响，但是它们的影响力大小主要取决于是否有像国家、教会、政党、学校、报刊、网站等等带有强制性或者半强制性的组织或者这些组织中的重要人物的支持。没有宋朝及以后各朝统治者的力推，新儒家就不可能在中国取得统治地位。没有康斯坦丁大帝及以后的罗马统治者和此后日耳曼人的力推，基督教也不会在欧洲取得统治地位。没有苏联垮台后美国在世界上的一国独霸局面，"第三次民主浪潮"也就不可能在上世纪八九十年代取得世界性的主宰地位。我并不认为社会科学的学问等同于像新儒学、基督教、共产主义和自由主义等等这些属于意识形态范畴的思想。但是我们必须要懂得，即使是像进化论这样的对于生物学家来说早已经是常识性的事实，对于有些虔诚的基督徒来说仍然只是一个错误观点。我这里想说的是，科学思想特别是社会科学思想，在一定程度上也遵循着意识形态的性质，即它们在社会上的影响力主要取决于某些强制性或者半强制性的组织或者制度的推崇。先秦中国哲学家都懂得这一点，因此他们著作的对象基本上都是国君；毛泽东深谙这一点，因此他用"皮之不存，毛将焉附"这一成语来形容知识分子和现实社会之间的关系；当今中国的有些学者也非常清楚这一点，否则他们不会那么热衷于制造出各种意在当"国师"的学问。但是我想指出的却相反，意识形态权力的内部性质是高度多元的。因此，随着某个社会科学思想在社会上的影响增大，推动该思想所需要的强制性力量势必就会成倍地增加，压制其他声音所需要的成本也势必需要成倍增加。一个社会科学思想的社会影响越大，其负面的非企及后果也越大。

学者当然有权利希望自己的思想产生较大的社会影响，但是一个有着清醒头脑的学者，或者一个正直的学者，更应该不希望自己的思想在社会上产生太大影响。

（张亚辉部分未经发言者修订）

主旨发言

从《人类学研究》谈起[*]

庄孔韶

主持人阮云星教授引言

下面我们有请庄孔韶老师来做主旨发言,讨论人类学的跨学科研究与实验的问题。其实庄老师我们都已经很熟了,原本可以不用怎么介绍,但他作为我们人类所(浙江大学人类学研究所)复所的首任所长,此次再度回到这里,所以我想再介绍两句。

吴定良先生是浙大人类学所的创始人,2010年人类学所复所以来,吴先生的建所理念和想法依旧对我们现在的工作产生影响。庄先生是改革开放以后,浙大人类学所复所的首任所长。今年(2019)学校研究机构换届后,由梁永佳教授担任第二任所长,从第一任到第二任,整个环境条件发生了挺大变化。现在虽然仍很艰难,但是跟庄老师领军的时候相比,情形还是很不一样的。在那种情况下,庄先生带领我们——来自社会学系、政治学系的所员五人,以及校内的一些具有国内外人类学博士学位的老师参与部分工作——还是做了不少事情。庄老师在复所以后,为人类学所基础性的学科建设的方方面面殚精竭虑,多有建树,所以我们还是要借此机会再表感谢。学科建设除去一些"硬件"方面,还包括"软件"的方面,其中学者的特色研究就是非常重要的内容。庄老师今天的报告主题就是他特色研究的一个方面,那我就不再赘言,让我们欢迎庄老师。

---

　* 根据录音整理,题目由编者添加。

庄孔韶教授发言

诸位下午好。先说《人类学研究》这个杂志。人生的每一个时间断面都可能会有个事,像《人类学研究》第一卷是《汉人社会研究专辑》。2010年我跟杜靖还有编委会上几位仁兄说,知识产权出版社石老师跟我们关系不错,给我们很便利的出版条件,要不就出一本《汉人社会研究专辑》吧。等我们用一年时间准备了第一卷的文章之后,大家忽然想,尽管是以书代刊,却是一本难得的同仁刊物,于是就真正办了一个同仁刊物。这是第一卷。那个时候也没有落在哪个大学。到第二卷的时候,我就已经在浙大了。罗卫东校长当时给予极大支持,后来的每一期都是罗校长通过各种办法筹措出版。自20世纪20年代欧风美雨的时代开始,中国学人也很努力,新杂志办了不少。但是社会变故等各种原因,导致差不多一个杂志两三期、三五期就没了,这种情况非常多,各种原因、背景也很复杂。所以我们最开始就想着,办这个杂志,咱要么长远办下去,要不宁可别办了。虽然有各种问题,但是最后还是出了十多期。现在我转到云南大学应聘,这个杂志还是留给浙大,交由很优秀的学术同仁来主持比较好。(当时)刊名的"人类学研究"这几个字是从1935年林耀华先生《义序宗族的研究》的手稿本中挑出来的林先生手写的蝇头小楷,最终形成了这个杂志封面题字,算是个纪念吧!以上是这本杂志的来龙去脉,希望(梁)永佳及现在人类学所的同仁,还有各位实力强大的顾问,将它越办越好。

杂志自从落地浙大,阮老师及多位同仁每人负责一期,就这么办了下来,一晃过了这么多年。当时大家没有精力关注C刊的问题,现在是时候思考一下升级为C刊的可能性,以及今后还能有什么新的主意来更好地发展这个杂志。永佳说人类学的好几个杂志——至少列举了三个——都是很短暂的。所以100年前和100年后的中国学人都面临同样的问题,是政治、是文化抑或其他什么原因,大家可以讨论。然而我们还是有机会努力把这本杂志办好,所以今天的会除了纪念吴定良前辈以外，还要进一步讨论我们如何把握杂志未来的发展。

接下来，我将分享人类学的跨学科研究跟实验，这里没用实践，而是实验。跨学科先说学科，大概几个时间断面：从 19 世纪到 20 世纪 20 年代，西方大学的学科框架差不多定了。至于中国，1912 年到 1913 年，开始废除读经讲经；1922 年，则发生了影响中国现代教育至今的"壬戌学制"改革，这是比较重要的，我六爷庄泽宣是起草人（他直到 30 年代才转到浙大当教授，现在杭州吉安路还留有蔡元培为他题的"逸庐"的三层美式小洋楼）。1922 年，清华准备办大学部，庄泽宣被电召回国筹备，参加 11 月"壬戌学制"的起草。在清华，他与梅贻琦等九人作为"课程委员会"成员，分别草拟学校制度和大学部课程。作为哥伦比亚的博士、普林斯顿的博士后，他负责教授教育心理学、比较教育和职业教育。他拟的改革框架基本都是美式的。从小学到高中是"六三三"，加上大学课程设置，一直延续至今，100 年来都是这样，不过课程内涵有一些更新。原先的课程建设出自早年留洋的中国教育家，平民化的出发点非常强烈，加上他们国学造诣很高，对古典中国的理解是有历史烙印的，所以并不生搬硬套。因此，特别不一样的是，他们那一代人的课程名称是西式的，但内容适应了中国国情，即在内容中加入了一些跨国情、跨文化的理解。庄泽宣编了不少大学教科书，我都看过，虽然是西洋课本的名称——教育心理学、职业教育等——可是内容上已经釜底抽薪，将中国化跟平民化都放进去了。这是很有意思的，今天的年轻学人如何与老一辈比较呢？研究教育史时可能就需要关注这个。不过从 1922 年"壬戌学制"改革算起，当时中国的学制已经和欧美教育接轨了。

学科的分化无疑有益于深入研究，近百年来，传统的大学学科不但增加至数千门，还因学术的积累各自形成了自己的理论、惯用的术语和研究方法，形成独立的学科身份和建制；并且随着上世纪科学与技术的快速进步，现代学科种类得以扩张。同时，为了弥补独立学科的局限性，跨学科的大学教学与研究也几乎同步出现。从 1923 年的美国社会科学委员会促进学科之间的交流，到 20 世纪 30 年代开始的"区域研究"和综合课题的研究，都是跨学科需求的表现。从战后到本世纪初的跨学科研究涉及自然科学的急速发展，历史性问题反思中发现的综合知识体系不足，职业培训出现的政治、经济与技术交叉的问题，学科专业的互补性交流，以及全球化和国际交流的需求等要素。于是欧美大学普遍出现了侧重跨学科的高校教学与学术活动等。比如华盛顿大学，1989—1992 年我做博士后研究的时候，杰克逊国际研究学院每星期三都有经济学、历史学、人类学和社会学的教授聚会，另外，只要是关于中国研究这个主题的，大家也都在这里开会，这实际上就是区域研究的跨学科学术交流，有益于学科之间取长补短。但是这也存在另外一个问题，即一个学科持续的时间越长，它形成了自己的理论方法体系，又占据了特定的社会地位与资源之后，就越难以撼动。

于是，这便出现了如何跨学科的问题。一般来讲，跨学科发生在两个或两个以上的不同学科之间，其互动是从认识论到方法论，从初步了解，到术语与关键词，再到研究方法和组织，以及研究是独狼式还是团队式，解决问题还是提升认知等。然而如何展现学科之"跨"，是采用交流并行、互不统领的合作，还是致力于解决问题的交叉和整合，又或是更高愿景的超学科等，都是需要具体问题具体协商的，并不一概而论。至于人类学，其学科本身的形成就是跨文化、跨学科的成果，例如游耕文化理论的形成就是生态学和人类学交叉的成果。此外，教育学与人类学、历史学与人类学、医学与人类学、写文化与艺术诸门类都逐年扩大了跨学科的态势，部分已经形成了分支人类学。近年来，随着中国对外学术交流和综合课题、区域课题与特定专题的国际合作的扩大，中国人类学的跨学科研究、应用实践与实验都取得了很多成果。

那么，学科之间的合作与"跨"如何做得更好呢？2004 年，中国人民大学跟北卡罗来纳大学的社会医学系教授联合申请了一个美国国立卫生研究院的项目，涉及影视、社会医学、公共卫生、人类学、社会学等多个领域的研究人员。项目申请成功之后，大家在主持教授家庆祝，酒过三巡，开始开玩笑，而玩笑的内容有时就是对学科之间差异或特征的相互奚落，尽管大家已经将这些领域结合在一起，取得成效。所以说，跨学科说起来简单，但是真正做起来非常困难。如此说来，国际上的跨学科,至少已经知道存在哪些麻烦,怎么克服,有些是我们都能想到的,有些是还没想到的。实际上这些年,中国人类学的研究成果也不算少,只不过没有怎么传播出去,这也许是受限于英文发表。另外,你要找到这两个学科交叉的这片灰色地带,如何去做呢? 早在 2000 年,中国和英国就开始了中英性病艾滋病合作防治项目,当时中国疾控中心的公共卫生专家和很多中国的人类学家、社会学家都加入了。我参加了第一次会议。会上争执不断,那边说这边没数理统计,而这边又说那边数理统计的根据错了,这种情况下很难合作。后来我们发现,原因在于中国的文科学者没有机会去修自然科学的课,自然科学的也不修文科,只有少数人可能两种都关切、都学习。于是,在合作人员知识缺失的情况下,我们选择合作团队的成员时必须注意挑选那些医学公共卫生界和人类学界互相欣赏对方知识的人,这样就减少了困难,否则一上来就是矛盾,合作就没法推进。

这是合作团队人选的问题。这个问题,国际上有诸多尝试:一种是以综合的问题带出的跨学科;一种是文科这边,不总是问题导向的,而是以问题为切入点,随着研究的推进,逐步走向更好状态的认识论。这是人类学可能跟有的学科不一样的地方,它不一定是问题意识,认识论层面可能更重要。一般来讲,认识一个人,认识一个社区,认识一个群体,可能有一个永远也达不到的终极认知。可是如果跨学科做得好,可能会改善这种认知的研究状况。那么无论是解决综合问题,还是推进一个综合认知的努力,都需要率先融通两个不同学科之间共同关心的问题,这是跨学科疏通的关键。例如为了解决流行病学和人类学之间交叉的衔接问题,我的博士宋雷鸣在做过许多医学人类学的调研课题后,到中国疾控中心的汪宁教授那里去做博士后,目的是找到医学公共卫生和人类学共同关注的术语。一般来说,两个学科术语不一样,表述内容不一样,研究的向度不一样,是没办法继续合作的。所以我希望雷鸣去发现哪些术语可以成为共同的衔接点,这样跨学科合作才有共同的基础。几年后,汪、宋师徒俩人合作出版了一本书,这是跨学科合作多么难能可贵的开端! 我觉得这是很好的建树。他们找到了公共卫生流行病学的 population（人口），以及人类学这边的 organization（组织）两个术语作为衔接点。population 以疾病人群的特征为出发点，例如内蒙古的肺结核，研究这一片地域的肺结核群体，这就是它的特征。但是参与调查的人类学者抓住了另一要点：这里是两个部落，历史上这两个部落之间不断通婚，而蒙古包内外的分布与部落各级亲属组织相关。于是就会发现，两个部落的通婚的过程与发病传染亲属的组织链条相关联，患者的 population 就进一步打上了部落亲属 organization 的烙印。我们的人类学通婚过程的研究连接了两个学科之间不同内涵的两个术语。通常的公共卫生专家可能不会考虑部落问题，只要这个群体是有肺结核的，就都拉到镇里去检测和医治。现在人类学家与公共卫生专家在这个问题上，已经找到一个大家共同关切的相关术语，并使生硬的术语变得鲜活生动，这样跨学科才能够形成。跨学科交叉共同的灰色地带，恰好是跨学科人员互相关注的焦点问题和焦点术语，这或许是跨学科合作关键的第一步。当然这本书不只提到这一对术语，中国学者的跨学科研究贡献还有很多，各种医学公共卫生问题，都能够找到很好的跨学科案例。这种案例如果总结得好，其实就是跨学科能成功的一个基础。如上所述，跨学科团队的人选和发现学科的学术与术语交叉点极为重要。

另外，还有一种。1999 年，我在跟一个彝族年轻头人的聊天中了解到：他们当地的鸦片、海洛因等毒品问题比较严重，头人们就组织起来，把白粉认定为敌人，模仿历史上战争的仪式，用盟誓、牺牲、喝血酒等办法充分调动精神的力量来戒毒。这种戒毒法最后获得了很大的成功，1999 年跟 2002 年的两个年龄组，戒毒的成功率一个是 64%，一个是 87%，这放眼全世界也是属于高的。当时这个头人还没学人类学，他后来成了我的博士，在追踪调查中起了重要作用。那么，这个盟誓戒毒仪式的意义为什么重要？

在此，地方性知识出现了，我们可以看到以地方文化的力量战胜人类生物性成瘾之方法论意义。不同于科学的方法——第一个是手术，第二个就是美沙酮替代，这两个暂不论伦理的问题，在本质上都是科学的方法——宁蒗县的彝族却是以盟誓的精神力量战胜成瘾性,说明这个人类学发现是一个方法论的胜利。这就是人类学的学术点,等于抓到了方法论级别的意义。我从 1999 年追踪到 2002 年,经过了两年多田野工作的积淀,此时有一个地方又准备要用盟誓仪式,我们就拍了一个"虎日"戒毒盟誓仪式的电影,很顺理成章,因为跟他们已经混熟了。拍出来之后,一般的人类学的仪式研究就结束了,因为论文成果有了,也点出了精神力量有多少种、其集合的力量是怎样等问题。然而,我们并未止步,而是把这部电影在丽江电视台放了 7 天,彝族地区的头人们差不多都看过了。他们的反应是什么?头人们说,"他们能做的我们也能做!",因为这个仪式是这些老人、地方头人们都知道的,程序他们都非常清楚。这样做的结果就是这部电影促进了盟誓仪式戒毒方法的推广。1993 年,我带了一本书叫《影视人类学的未来》,现在已经翻译成中文,当时就预见到影视人类学应用的可能性。所以这件事情之后就等于有一个转向,即不是所有的人类学理论都能应用,但是有些理论在恰当的时候,能够起应用作用。我们把《虎日》纪录片看作是一个应用的影视人类学的定位和转向。这种将电影的作用和人类学论文写作的作用综合起来,已经是跨学科了。

然而,这个调研并没有停止。1999 年跟 2002 年的行动,到现在差不多也 20 年了。这 20 年间,我们以虎日戒毒为主题,不断进行回访研究,团队成员包括人类学的写手、摄影师、画家等。本次研究产生的各种人类学作品——电影、绘画等,在前两周云南省民族博物馆举办的跨学科策展中,通过多感官、多模态的方式得以呈现。本次策展是以绘画人类学为出发点的多学科展览。一方面采用触摸屏电影作品展现流变,人们若想知道电影主人公 20 年前和 20 年后的下落,只要按触摸屏即可。另一方面,还用绘画来表现。我在 20 年前开始接触绘画人类学,当时是因为我的一个学生绘画技艺高超,并且即使在国际上也鲜少有人做绘画人类学,我就跟他商量可不可以尝试一下?所以我们就在 20 年前悄悄地开始了这项工作。这次展出的几十幅油画和丙烯画,除了中国古今绘画、民族绘画,还包括挪威的、英国的、非洲的人类学绘画。

　　一般的调研,有一个写手,去一个拍电影,就已经算是跨学科,但是扩大了的横向的跨学科会更有意思:当你没参加进去的时候,你可能什么都不知道;当你拍了电影,才知道对于动态电影来说,论文仍不可替代;而画了画,才知道写作和电影为何难以替代静态的绘画;只有参加,你才能知道跨学科跨专业的互补意义及其不可替代性。虽然我们在讨论百年来著名的人类学家时认为,他们基本都是独狼式的写手,文字的写手;但是大概到玛格丽特·米德(Margaret Mead)时就开始增添新的形式了,她跟贝特森(Gregory Bateson)共同合作的成果,是胶片、研究报告、书并列出版的。在文字系统与电影图像系统的讨论上,我们认为文字系统是有它的限度的。影视人类学大家澳大利亚的麦克杜格(David MacDougall)指出,文人的文字写作限度,正好为电影提供了展示的空间。他的意思是,文字系统与图像系统是不可互相替代的,因为不可替代,所以最佳的办法是互补。上个世纪50年代至今,纪录电影和人类学的跨学科发展应该是越来越不错的。国际上纪录片的制作与人类学结合有很多的问题,但是中国电影人和人类学家合作得很好。记得1995年中国召开影视人类学国际学术讨论会,当时随便一个拍法都会受到抨击,一边说你这是摆拍、镜头运用不好,另一边又说你的电影看不到人类学,完全是难以合作的一个状态。二十多年后的今天,通过电影人和人类学家双方的交流和努力,情况扭转了。所以此次昆明策展期间,我与应邀参会的后现代学者马库斯(George E. Marcus)和费舍尔(Michael J. Fischer)教授交流时提到,中国学者先是互相看不起,然后是互相学习,到最后不少电影人都能自己拍出有人类学意义的很不错的电影,同时人类学家的镜头语言也都得到改善,这是两个学界或者两个专业非常好地进行沟通的结果。现在,欧洲一些影视人类学协会,也认为中国的人类学和电影的结合是不错的,例如我们联系的法国学者让-鲁什的弟子,远东学院的范华(Patrice Fava)教授和法国高等科学研究院的瓦努努教授,这次都来参会了。范华教授是传统的拍法,而瓦努努教授是新派的,强调要用新手法。

　　因此，这不得不让我们思考一个问题：在未来的发展中，人类学家的独狼式的研究仍是必要的，然而，由于学术已走向一个合作的时代，包括跨学科、跨专业和跨方法的合作，那么在后现代的写文化以后，如何改善？如何建立一个新的大家都认可的研究理念和实践？虽然现在还没有公认的作品，但是尝试的人已经很多了，比如费舍尔教授在新加坡跟艺术家的合作；或者让-鲁什的师生团队——他们的特点是写论文、论著加电影——在非洲马里的多贡人地区完成的作品，这个田野点已经超过 80 年了。在中国，我们也进行了类似的尝试。以林（耀华）先生的金翼山谷为例。这个田野点也已经超过 80 年，关于它的长时段的研究，既包括纵向的研究，比如我写的书《银翅》就是《金翼》的学术性续本；又包括横向的跨学科研究，比如 30 年前我在金翼山谷周边的闽江拍了《端午节》，当时我把这部电影拿到华盛顿大学的郝瑞（Stevan Harrell）那去，作为我的博士后课题。郝瑞说，"文化大革命"之后还没有这样的中国纪录电影出版，他马上找两个研究生配了英文，并在华盛顿大学出版社出版。他可能没太注意到，电影是出版了，但这本书华盛顿大学出版社并不予以出版。当时编辑要求改写法，但电影里的人物和书里的人物都是配套出现的，这种写法里包含了区域文化的思维方式，我没答应。这次与费舍尔教授讨论直觉的认知时，谈到人类学运用文化的直觉问题，提到先前出版社不予出版的原因。马库斯听到这里插话说，"一定是认为你'不科学'"。的确如此，不过那是 20 世纪 80 年代后期，现在对写文化的理解已经变化了。二十多年后的今天，南加州大学的沈雅礼（Gary Seaman）教授，他是研究中国台湾地区农业社会的，研究人的，所以他懂得这一套，他就说一点也不必删，到 2018 年花了二十多年的时间终于出版了。总而言之，人类学认识论的谈资已经扩充了。在跨学科的时代，电影跟文字捆绑在一起，文字撰写的直觉的思维过程，可以用电影在田野中捕捉到。《端午节》中有一个几个人物眼神的连续镜头。当地龙舟赛时，会有打架的事发生，每年都要打架。但是，这里打架的过程其实是个仪式，把锦旗扔到河里，不服输，然后第二天又送锦旗，又和了，这是一个仪式性的东西。因为在过去，龙舟就是宗姓的旗帜,1949 年以后变成了地域的旗帜。我就清楚记得,裁判是来自湾口一个小地方的,有湾口的船,也有其他乡镇。我跟他们生活了三年,深知他们之间的关系和矛盾,所以在不同地域和派系争吵的时候,我就用镜头把他们直觉的眼神之间的串联给拍下来,也就是《银翅》提到的如何复制直觉的过程。大家都知道胡塞尔(Edmund Husserl)[关注对实证的反抗],其实中国的哲学基本上是直觉的传统,很少有逻辑的。由于直觉的展现缺少过程的认知,那么如何将这种感觉、这种在场景下文化的识别表达出来? 我可以在文字里面写,也可以用镜头捕捉,让不同的问题尽可能有不同的展现。这正是在《银翅》专著和电影《端午节》里交叉呈现的,现在也成了当代人类学合作与多学科实验的组成部分。二十多年前欧美已经使用《金翼》和《端午节》做大学教材,现在扩充到了《银翅》以及新拍的《金翼山谷的冬至》,因为这两部书和两部电影里的主人公是一再出现的,在教学和研究中很好用。现在在新西兰、南加州有一些大学已经开始用新的著作和电影系列。这是属于中国长时段田野点研究的跨学科研究与试验系列,同时还有费舍尔在新加坡的试验点、让-鲁什团队在非洲马里多贡人的试验点以及中国云南虎日的试验点,都属于多学科人类学合作实验的学术活动。

1995 年,我开始倡议“不浪费的人类学”。就是说调查完,写一本书、写一篇文章还不够,还要去拍一部电影,还要再做一些别的角度的研究,各种手段都可以用到,对于说明一个事,全方位的展现会比单一的写作效果好,这叫不浪费的人类学。现在,文字写作仍是非常重要的,但是电影呢? 这些年有人曾向教育系统申请让电影作品也可作为成果,但是屡屡没有成功,这实际上与教育部对文字系统和图像系统重要性的认知和态度不同有关,其至今仍只重视一方面,而忽略了另外一方面。这样,我们就想到一个问题,这种跨学科、交叉学科,在多年以后,它还会有些什么好处呢? 比如电影促进了文字的理解、文字的详述、解释的功能——这是文字的长处,这两者的结合在写完一本书时,我们还没有感觉,等到又过了些年才能感觉到它。多少年以后回访,如果中间间隔很长时间,就是长时段的,比如刚才说让-鲁什团队对多贡人的研究和林(耀华)先生家乡的研究都超过了 80 年,而只有这种长时段的、跨学科的、交叉的、互相补充的研究,最后才能鼓励提出一些短时间内根本提不出的问题。如果没有长久时间的回访,不可能提出这样的问题:比如 20 世纪 30 年代林耀华家兴旺起来,经过四五十年代的政治变故后一蹶不振,但是为什么到 1986 年又是他们家异军突起? 我们跨学科的多种作品,在纵向的理解之上,扩充了多种横向的研究成果。因此,多学科互补的横向成果在不同的研究向度上,获得了触类旁通的进一步的深度见解,这就是深度认知和理解的意义和效果。权威主义的时代过去了,触类旁通的时代来临了,跨学科研究与实验显然是一个美好的前景。

　　绘画我就简单说一点。绘画一般很少有人玩,然而我们与画家已有 20 年的合作,那么有什么新的体会呢? 画被创作出来,它与电影不同的是,电影是一个过程性的、线性的记录,它记录着客观世界的镜头陈述;而绘画可以把不同时空的同一个人的感觉复合在一幅画中,所以绘画有一个特别的地方,就是可以把复合性的思想展现在一幅画中,这是写作和电影难做到的。比如“虎日”戒毒盟誓仪式克服了戒毒中非常难以解决的复吸问题,那么当论文和电影作品都完成了,接下来还有什么可做的呢? 我们画了一幅在云南虎日戒毒地区的田野写生,这幅画体现了一个成功戒毒的吸毒者的内疚和他对未来的希望这一复合型思想。另外,论文只给出了直接的答案,经过长时间的回访我还发现了直接结论背后的间接答案和解释,即原来论文中写的一些要点,实际上它背后的动力还有什么,于是又画了一幅油画进行表现。这幅画中牧羊女放牧的三只羊——一看就是宁蒗品种的羊,没有过田野工作是看不出来的,它不是新疆细毛羊,也不是澳洲的羊,这羊就是宁蒗的黑花白羊——其中潜藏了文化的隐喻,黑花白羊刚好是他们的哲学,黑羊是严重的,白羊是轻微的,而花羊则是介乎于二者之间的各种过渡态,虎日的一些帮扶工作就运用了这种哲学,这只有通过长期的田野研究才能发现。这幅画很好展示了这一来自民间的哲学,这显然是论文难以替代的,所以绘画的研究和论文的解说一样。的确在第一次写论文的时候,往往会给出直接的结论,笛卡尔不也是让我们至今都要得出清晰无误的结论吗? 论文不都应该实现这样的过程吗? 进一步的回访就需要找到更多间接的更为复杂的解释,绘画和论文可以互补而各得其所。换句话说,文字与电影不可互相替代,同样文字与绘画也不可互相替代。我们还会罗列出更多的不同,比如诗学的、戏剧的、新媒体的等各方面的研究,这些都是属于横向的研究。这些横向的研究累加在一起的好处就是触类旁通。如果你不玩这项,你没有发言权;你玩了两种,就有两种的实验体验;但三种、四种跨学科碰撞时,只有亲身参加的人才能说得出来,比如绘画的复合性思想。另外,人类学经常探讨不同文化的隐喻,包括直觉里也有这种情况,文化的隐喻也可以透过绘画呈现。

最后,这次请到了后现代的两位大咖马库斯和费舍尔,另外还有一位来自法国、关注技术影响人类社会的女专家。德国和中国的人类学绘画都参展了。这次交流有一个什么好处呢? 刚才说了,人类学独狼式的研究是依然存在的,这是没有问题的,但是横向的研究做得不够。马库斯和费舍尔他们在新加坡与艺术家的实验,我们在林先生家乡和云南的实验,还有让-鲁什师生的实验,国内还有一些学者在进行实验,这些都不是一个人,而是一个团队,是不同学科的学者共同参与的。现在大家在进行的实验,一部分是以人类学家为主导的多学科合作,另一部分是以艺术家为主导的跨学科,所以大家都在跨学科。我们是以人类学的思想为主导的——这是一种类型——它的好处是明显存在,比如有时候如果文字表达不出来,那就画出来,或者以电影、歌谣和戏剧等形式表达出来,各种形式都可以。我们这次还有表演,表演也是有主题的。我跟他们交流的内容,有机会也可以跟大家分享,材料很多,他们写的东西也很多。最后我体会到的是,他们提到了一个问题:目前如果不是独狼式的研究,而是跨学科合作式的这种研究,应该是一个什么样的状态展开? 那就是合作与实验。谁也不要说,你做得不对,你做得不好,这是一个实验。后现代这些年,大量的艺术家参与进来了,为什么艺术家能进来呢? 因为文学艺术是产生思想的,他们进来之后有助于各种思想的迸发。当然学者之间也会有分歧，但是不管怎么说，这个团队式的实验性的方式，未来也是一个方向。所以，我们也在思考这个问题，不知道大家有何见解。但合作的团队，多学科的合作团队如何主导和组织——这就又回到前面提到的需要那些互相欣赏的、有多学科合作建树的成员共同参与——何以呈现合作对象的互动关系？马库斯认为回访是那种保持长久联系的人类学事业。

最后再多说两句。2017年，我在林先生家乡拍摄了《金翼山谷的冬至》，有一个中文版，一个法文版。这部电影，获得了两个国际奖、一个国内奖。我想民族志电影离不开长时间的调研。原本拍年节就是把这个年节过程拍完就好了，但长时段的调研或许能提供更多的学术信息，当然电影技术也是重要的。如何把三十多年前第一次到金翼山谷调研的老照片用上，以及如何表达和村民长时间互动的友情呢？团队中有人提出一个新想法——插播。于是我选择了七个学术点，采用网红的插播法，把这七个学术点全展现了出来。这是一个新的镜头构想和新数字媒体运用。近年来中国普及手机和多媒体的速度快于欧美，在国际纪录片界还几乎没人这么玩，率先并恰当的使用是重要的。不仅如此，林先生家乡有一个神话传说：那边多丘陵，历史上猿猴比较多。一个农人到山里干活时病倒了，让一只母猩猩给救了，然后他们情好日密，就有了后代。后代离开森林回到民间，努力耕读做了大官。他想起自己的猩猩母亲，于是命人搓汤圆，丢到森林里或者黏在大宅门上，使饥饿的猿母最终能因汤圆而找到大宅门，全家团聚。这显然是一个关于孝道的故事，流传至今。这样一个神话传说，纪录电影怎么拍出来？很难。我们运用了数字新技术，把电影和戏剧无缝衔接（戏剧家参与了理论探讨，灯光师参考了冷暖光的象征意义的讨论等），并进一步把戏剧演到森林里。最后这出戏是在林先生的祖厅里结束的。而演戏的人——金翼之家、村民——都是乡村的人，所以戏剧跟社会戏剧混为一团的说法，在这个电影中也能够得到体现。这是数字技术的创造。

这次云南省博物馆的绘画人类学研讨和人类学绘画展，实际上只是一个引子，是把长期调研点上的研究活动扩大为多学科的写作、诗学、电影、新媒体、戏剧和表演、绘画以及网上直播的学术和公众活动，这已经不只是回答问题、解决问题，而是进一步导向横向提升的触类旁通的认知意义。那么如何做文化的展示呢？我们借助了当今最新的博物馆人类学的"多感官转向"，这不仅是博物馆内部馆藏在新技术上的表达，还是借此把人类学多类型的田野合作研究实验成果汇集到博物馆会展中，形成一个从戈夫曼的"面对面的互动"，到网上直播的立体全息互动，这就是此次绘画展的人类学跨学科意义所在。最后，我的意思是说，可以开放一个新的讨论，纵向独狼式的和横向的跨学科式的研究早已有之，并不是后现代才有的跨学科，然而如今后现代的合作与实验性的努力和跨学科又交叉在一起了，所以这是一条新路，看看诸位有什么见解，我们可以讨论一下，谢谢。

（作者单位：云南大学民族学与社会学学院）

讨论与回应

阮云星

庄老师的演讲内容丰富，颇具张力。医疗人类学、影视人类学以及绘画人类学的跨学科研究与探索，在国内外都产生了一定的反响。也许更为重要的是这些实践后面的学理，甚至包括认识论、方法论的探究。下面我们还有 20 分钟的时间，大家可以提问、讨论。

梁永佳

我先借这个机会向庄老师请教。庄老师刚才的发言，同（与会的其他）三位演讲者（一样）似乎都在表达一种不要将生活过度理论化的主张。汪晖老师提出置换这个问题，指出 19 世纪形成的社会科学话语，被过度地或者不合时宜地放在了 20 世纪的中国经验上，并有力地生产出一套社会实践。那么，我们怎么理解 20 世纪？我们是延续 19 世纪奠定的有严谨逻辑的社会科学，并以此来理解生活？还是像项飚兄说的那样，回到感觉，回到对周遭生活的触摸和理解？或者像潘天舒老师说的那样，在现实中看到学术内部的张力？庄老师今天对我的启发在于，我们可以有另外一条路径，走出独狼式的研究，加入其他学科和其他表现方式，展现这种感觉。庄老师多年前提出的"直觉主义"，已经在人类学界引起了很大的共鸣。我想请教庄老师，这种直觉本身在什么意义上既可以与社会科学发生有效的沟通，又不至于丧失我们自己对于生活的感受？我们是继续只写文章，还是应该去参与其他学科的对于直觉的共同表达？换句话说，理论是否还应该谦抑一点，以便给行动留下空间？

庄孔韶

　　《银翅》第18章讲文化的直觉,并没有太多谈胡塞尔对实证的反抗这样一个出发点。实际上,直觉,从数学的直觉、几何的直觉到文化的直觉,都包含着略去过程、径直认知的意义。二十多年前引出文化的直觉尚不合时宜,因为那时权威主义和科学主义在出版界势力强大——至今我们仍能在多学科合作中感受到。但时代的确不同了,这方面的研究也大大开放了——当时有一本书叫作 *The Process of Education*,是从文化和教育的角度来谈这个问题的,但是在人类学著作中却被建议删掉,因为乍一看似乎与前文不相关,比如《银翅》的第18章。其实,这一章总结了不同章节里呈现的文化的直觉的个案,道德的直觉、场景的直觉等多种直觉的表现。场景性的文化直觉经常在田野工作中呈现,但只有跟他们混熟了,才能够捕捉到直觉的眼神,这实际上就是一个重拟直觉的过程。不止如此,诗学的性灵、情感的发露都属于不清晰的问题,因此笛卡尔所谓的“清晰无误的结论”不可能出现,如果你的论文把不清晰的问题清晰化,那就是故意用汽车零件说明书代替泼墨山水画。今天的人类学应该说开始有了实验性,不仅是人类学的合作实验,也是跨学科的合作实验。实证的工作总要提出一个问题意识,这不错,但不够。人类学和其他实证科学研究的问题导向不完全相同,人类学还有一个过程研究,不一定是直接追索问题,而是要实现不断改善的综观。综观是个哲学名词。跨学科就是为了实现不断改善的综观,因此不只是解答一个设定的问题那么简单。为此,我在《人类学概论》一书中,特别突出了人类学的这个研究特点,写上了两个概念,即问题意识与过程研究,强调在可以清晰回答的问题以外有人类思维与行为的“泼墨山水画”的范畴,这些大多不在科学的解释范畴之内。因此,这需要人类学家的主体性的互动判断,同时,这也意味着在论文写作中也需要新的实验做法,留有实验空间,例如我们尝试复述有四个场景的文化的直觉时,结合前面的田野工作过程,能够自圆其说即可。这次跟费舍尔教授谈了很多,他特别喜欢这类问题,相信大家都喜欢进入新的空间,因为这是一个探索的难点。我再进一步说,跨学科的合作研究,也包括不同向度的各自体验,那又会出现何种学科之间复杂互动的空间呢?

丹增金巴

谢谢庄老师,今天是我们第一次见面,但是我知道庄老师是很好玩的一个人。今天听了以后,更是觉得很好玩。我有一个问题想请教您,新加坡国立大学也有影视人类学,但是我的同事们不会去特别强调它,而回国一看,在好多学校,比如云南大学、中山大学等,一些人很"积极"地把自己的研究方向定义为影视人类学。这个现象让我很是好奇。我不知道为什么会出现这种情况,是因为中国地域文化丰富多彩、人类学的素材太多,所以值得那么积极地去拍影视人类学影片? 或是还有其他什么样的原因? 您接受了很系统的人类学教育,并接受了一些新的理念,然后通过影视人类学的视角把它展现出来,这是您的做法。但是我感觉当今国内的影视人类学似乎有些走偏了。我认为"影视"不过是一个形容词而已,它是"人类学"的定语,影视人类学理应以人类学的理论和方法作为基本前提,不能把这个主次关系给颠倒了。所以我在担心如果过于强调所谓的影视人类学,会不会使其蜕变成影视学,而把人类学给搞没了。

说到这儿,我想到了既相关又无关的一件事。哈佛大学的人类学教授赫兹菲尔德(Michael Herzfeld)——当今世界影响力最大的人类学家之一——几年前我们和他一起在中山大学开会。他与几名人类学博士生聊天时吃惊地发现,这些学生虽然是在研究新疆和其他少数民族地区,但是他们当中竟然没有一个人能够熟练使用当地的语言。当他询问学生们具体原因时,得到的答案却是当地人能够熟练使用汉语交流,所以没有学习当地民族语言的必要。然后,赫兹菲尔德问我"How is it possible?",因为欧美会在人类学研究生训练过程中,把学生们能够掌握所研究群体的语言作为基本前提。我的回答是:"您过去几年经常访问中国,难道不知道 Everything is possible in China?"显然我说这话是"带刺儿"的,但确实表达了我对国内人类学的担忧。所以,回到刚才的影视人类学的问题,我担心的是在我们连人类学的理论和方法基础都没有打好的情况下就去提倡影视人类学,会不会把人类学带偏了?我不是指您本人,您有很好的人类学和综合知识背景,但是我们的很多学生可就没有那么扎实的基础了,这包括一些很好的学校的学生。总之,这让像我这样相对年轻一些的人类学者,既看到中国人类学的希望,也预感到了灾难。当然,我还几乎没有去谈"希望",可能的希望在于中国人类学将会开辟出不同于西方和其他地区人类学的一条崭新道路,但是因为我的危机意识较强,看到的更多是危机,不好意思!

庄孔韶

我当然觉得必须学好人类学才能拍电影。一方面,过去有人说,影视人类学又不是专门拍电影,拍得又不好看,影视学那边不是嫌弃你拍得不好吗?事实上,从 1995 年至今的二十多年里,这两个学科的互动还不错。另一方面,有些人自称是做影视人类学的,我也不能说他不是,只是会以其中是否包含人类学学术点为标准进行筛选。我在编两本教科书时,都选用了电影作为材料,这些影片是经过精心挑选的。有的电影说是影视人类学影片,但是我在里面找不到人类学的学术点,就不用,即使是获奖影片;但如果我在某部纪录片中找到了三个人类学的学术点,这三点和教科书第 3 章、第 8 章和第 12 章的内容相关,观看这个电影可以加强大家对教科书不同章节理论的理解,那么就用上。所以论文和电影的人类学原理是一致的。玛格丽特·米德之后,强调论著和电影的搭配和互补,但论文中如果找不到人类学学术点,那么拍的电影也很难找到。所以年轻人必须学好人类学,否则即使你自称在做影视人类学,也还是不会得到认可的。另外,有些电影人其实他们的确学了一些人类学,有些拍得好的作品也受了人类学的影响,或至少有一些人类学色彩。努尔人没被拍成人类学影片。上课讲努尔人的时候配合一个旅游片,就能够让我们看到现场,方便直观理解,但是并不能说这部片子的创作者是影视人类学家,更何况我们还要参照作者的论文论著背景加以评估。当代影视人类学的作品引入了数字技术,更新了诸多手法,但人类学的原理还是不离其宗的,除非我们有机会进一步讨论现代数字技术已经如何影响了人类学的拍摄和作品类型。谢谢!

潘天舒

我这边想就丹增说的内容,表达一些想法,做一些补充。在一定程度上,我们要做的是不要被带偏。不知道庄老师的电影《端午节》大家看过没有? 如果看了,就一定会发现,它绝对没有被带偏,非常中规中矩,是很经典的一部影视人类学的作品。不过,我倒是觉得人类学家适当有点娱乐精神,也不要紧。凯博文(Arthur Kleinman)的两个学生就是非常成功的例子,他们拍的 *Bending the Arc* 貌似已获得好几个奖项,差一点获得奥斯卡短片奖的提名,看的时候我没觉得有什么不好。再倒退约半个世纪,有一本写老年问题的书 *Number Our Days*,书名取自《圣经》,作者写了民族志,顺便拍了一个电影,获得奥斯卡奖。我觉得人类学在这方面做得太少了一点。我的老师赫兹菲尔德,有点自娱自乐,他倒是没准想做不浪费的人类学。在遇到写作局限时,他便去拍影片,其中一部影片是在罗马拍的,关于当地老人对那个地方——马上要消失了——过去的回忆。他是随意拍的,虽然不太专业,但是看下去就觉得也不错。影片还展示了意大利罗马多元的饮食文化,不过并不是风光片,而是让你看到旅行风光之外的罗马的另一面。

庄孔韶

赫兹菲尔德在希腊克里特岛的民族志,已经翻译完了。我在景军家见过他。酒馆里边男人们互相隐喻的那些话,是很有趣的,刚好需要老男人们之间的文化的直觉。我喜欢这样的作品,他和老男人们玩得特别熟了之后,才能识别出来,不然写不到这个层次,所以我愿意翻译他的书。权力的研究快让人烦了,尽管人们还在做,但我们要开辟新的空间。

潘天舒

我倒是期待庄老师和媒体合作得再多一点,各种不同性质的。项(飚)老师是一类,庄老师是一类,这样的人类学也挺好。

专题一　跨越人类学边界

上海都市体验研究的三条路径

潘天舒

　　(梁)永佳老师请我来参加这次大咖云集的盛会,其实我是不够格的,尤其是他把我放在我们现在最优秀的一些人类学家之前,对我更是一个大的挑战。这个题目印上去的时候有副标题,但主标题更有意思。我愿意配合项(飙)老师"从感觉开始"的内容,从"想象"开始,然后再引出研究魔都(上海)的三条路径。"魔都"这个词是 20 世纪二三十年代日本一个不算太出名的作家村松梢风提出的。黄剑波老师也用了,好多年前华东师范大学就在做"魔都人类学"。当然魔都人类学会,还是要设立在主校区,感觉更对,到了"闵大荒",魔都的边界就过了。我今天利用这个机会想做的事情,实际上更像是一次工作汇报,一份心得的分享,与阮文星老师做的有点像,只不过我是从个人出发,是个人的个体研究体验。这三个范畴是用我们大家接受的范畴,但其实很难用这些边界来限定我们的想象力。

　　我说的这三条路径,第一条是在做博士论文过程中形成的。当时是二十多年前,上世纪 90 年代末期,上海的"下岗潮"时期。我想去看起来有边界的社区做田野,利用这个机会做一个既是 the anthropology of the city(针对城市的人类学),但同时又是在几个特定的社区里做的研究。五里桥就在此时非常意外地被我发现了,而且这个社区,是我们张(海国)老师的童年所在地。由此做了研究以后,我又扩展出了一些个人的兴趣,但至今还没有形成太多的文字。接下来两部分是 2006 年我从海外回到复旦大学之后逐渐形成的,当时学校要进行学科发展——在一个有着很强的体质人类学基础,而且是在自然科学的学院里发展文化人类学。考虑到我所在的一个很小的团队——朱剑锋老师,两个青年副研究员,以及我的研究生——的兴趣,决定由我以组长的身份(如果运气好拿到资金则是以主持人的方式)开始做一些项目。一方面是与应用人类学相关的内容,我们在上海市里还有个基地,也是上海人类学会应用人类学的所在地。我们主要做的是商业和技术人类学,同时还进行教学,有的课程获评示范性课程——上海留学生的示范性课程。另一方面我自己最想做的不仅是个体,而且是未来。这也是一个缘分,我和自己的一位博导——凯博文,现在还健在,身体挺好,暂时还不会退休——在 2007 年的时候一起成立了复旦-哈佛医学人类学合作研究中心,我们从精神卫生开始做到老龄化议题。这就是我今天跟大家分享内容的大致脉络,但并不是严格按照时间顺序,中间也有穿插。

那么先说一下我的博士论文。事实上,我最初想做的并非这个题目。一开始我想用 National Science Foundation(美国国家科学基金会)的资助去做上海的票证文化、票证经济,最主要的原因是我结识了当时上海温州商会的会长,然后突然看到了一幅图景——毛泽东时代的上海其实还存在"灰色地带",有相当一部分是票证的交换。这就需要一个固定的社区做研究,我在普陀区找到了一个社区,1997 年的夏天全部都安排好了,结果到了 1998 年,这个社区全部没有了,原先那些居民说不会拆迁,但还是很快就没有了。然后,我非常意外地发现了上海东南边的一个社区。这个社区位于现在的世博会所在地,当然也因为世博会的举办,我研究的社区差不多 2/3 的地标建筑全都消失了,旧的一定要像张海国老师这种(老上海)才能够认出来。他上次来参加我们复旦"人类学日"时说,童年走过的那些路,他还能够认出来。在做这个研究的时候,我本打算用各种方法,最终能够用的还是中规中矩地写 Neighborhood Shanghai;同时也运气比较好,我毕业的那一年,贝斯特(Theodore C. Bestor),就是写 *Neighborhood Tokyo* 的老师来到我所在的学校工作,是他就给我起了这个题目,写"Looking Forward to

Neighborhood Shanghai"。当然我没有完全模仿他的写法来写上海。

这个过程中留下了一些照片,基本上就是田野的瞬间,抓住之后其实很难重复,现在想想还挺珍贵的,当然做得其实还可以再好一点。那时候不认识项飙老师,认识的话可以再做,尤其是可以用像再版的《跨越边界的社区》那样的方法,再来一遍。我田野笔记里是有的,但是最后写的时候,很可惜并未收录最有意思的部分,因为想的东西太多,也为了赶时间;后来复旦大学出版社出了一个比较干净保险的版本。我还记得当时下岗工人和居委会干部之间的互动,一位居委会老太太——她已经不在人世了——坐在一角非常骄傲地回顾她的人生。当时小区还有老龄化的初现,但不像现在深度的老龄化。当时的这些老人其实还挺活泼的,你要是走进去,他们的眼睛就像探照灯一样看着你。前三个月田野基本上就不做什么事情。第四个月开始做。五里桥这个地方还有一点挺有意思的——我不知道张海国老师是不是知道——当时一些国企和集体的工厂倒闭之后,最好的方式就是转让给房地产开发商,但是这一块,一直造不起来。后来才知道,这个地方如果要挖下去,马上就会挖出死人骨头。因为 1937 年日军轰炸上海之后,大量无主的尸体就堆在这。90 年代这里都是菜地,坑坑洼洼的,小河很多。我最近又回到这个地方,特地去看发生了什么。非常有意思,看样子虽然好些人都已经迁走了,但是很显然对于这块地方的"风水"是有记忆的。它的确还是个停车场,一层层都是车库,始终没有造楼。这意味着那个时候的空间开始重构。

我写完这个博士论文时,好多材料都没用上。像庄(孔韶)老师说的不浪费的人类学,我就没有做到。相当一部分没用上的材料是关于上海怀旧的,就是记忆,我在那个社区时用了好多他们记忆的东西,但是到了写博士论文时,却觉得都是以前租借地的这些小资的人在想的东西,好像和我的论文不是很有关系。其实这个想法也不完全对。现在我一直在关注这个事情,因为这个故事一直没有完,它始终在重复,更与我个人生长的环境有关系。比如,当我刚开始读书识字的时候,有两本东西要看,一本叫《旧上海的故事》,一本叫《新上海的故事》,是关于 1949 年到 70 年代那段时间。《旧上海的故事》我倒是记住挺多的,虽然我妈希望我多记住《新上海的故事》——很显然不是特别成功。我现在经常觉得《新上海的故事》有意思的是封面,里面的故事我只记住了两个:一个是断手再植的故事,上海有一个医生,并不是名牌医学院训练出来的,做出了世界上第一例断手再植手术,那个故事我看了好多遍;还有一个关于上海的 24 小时商店,名叫星火日夜,其实 store 24 在国外有很多,但是国内那时候可能很少。它的封面确实给了我的研究很多的启发,就是当上海要建设成一个社会主义城市的时候,这些地标或者说标志性的符号很有意思:起重机,新公房。新公房好像看起来跟我们现在上海小资意淫的石库门洋房相差甚远,但其实真正的普通上海市民,最想住的——至少在上世纪 90 年代中期之前——就是这些新公房。因为新公房意味着两个字“独立”——独立的美味,独立的歌,意味着生活得到改善,他们并不愿意住在弄堂,更不用说棚户区了。《旧上海的故事》也挺有意思,都是带有高度政治化倾向的一些故事,一些记忆传授。喝醉酒的美国士兵把三轮车夫打死,怎么判? 同时也包括复旦剧社的洪深教授——当时复旦大学教授,在放辱华电影时,怎么进大光明电影院去捣乱,把银幕撕下来的故事。可能各种各样几乎“丑恶”的事情全都被记住了,所以我想上海的怀旧是挺有意思的。

我进一步做的事,其实是受到了很多学者的鼓励与影响的。最近每年来上海的赫兹菲尔德教授,他在克里特岛上研究的内容,他叙事的模板,尤其是两种时间的运用,给了我很大的启发。我活学活用,想把它搬来。虽然 A Place in History 这本书,并不是赫兹菲尔德希望大家关注的,尤其是现在,但是我觉得对我的田野仍非常有指导意义。因为世博会的举行太与之印证了。这里有两种时间,社会时间(social time)以及纪念碑时间(monumental time):纪念碑时间就是国家希望大家都要记住的、看到的记忆;而上海小市民的日常生活,甚至于不上台面的一些事情是社会时间。那时赫兹菲尔德还没有提出 cultural intimacy(文化亲密),但是 cultural intimacy 我反而觉得不是太好用,还是二元论比较好用,尤其是对照上海特别明显。我在田野中看到了这两种时间的重叠。至于石库门的故事,这个我还没有完全写出来。

我现在说最后一个,两个我以团队的方式来做的内容。一个就是商业和技术人类学,这也是因为在 2006 年和 2007 年运气比较好,与两家大公司进行了合作。虽然是运用应用人类学的方法做的,但我对方法论进行了反思。我们应用人类学的内容是在上海市中心由同学自己创业来做,后来也和不同的来访人类学家合作,比如对世博会的观察就是和包苏珊(Susan Brownell)合作的。另外一个,其实是在未来,从现在开始起到即将退休之前,我希望可以做得更好一点的事情——因为我觉得凯博文会活得很长,当然还希望能够得到他的两个弟子,算我恬不知耻地说我半个师门的金墉(Jim Y. Kim)和保罗·法默(Paul Farmer)的某种指导——消除污名化。如果将这个事做好了,精神卫生建设也会初见成果。我曾在(黄)剑波那里做过一个不像样的研究,现在希望我的学生以此为出发点,进一步找到实实在在的区一级的精神卫生中心进行观察,为消除污名化做一些事情。当然消除污名化,政府也在做,但是我们做的这些事是希望能实实在在看到变化。第二个是养老科技,我也希望能够实实在在看到我们的研究对这些老人——我生命当中遇到的老人,我田野里遇到的老人,包括我的亲戚、我的朋友、我的同事——有意义,这是一个目标。那么在理论上,我们计划要重新想一想 social technology(社会技术),因为一般都是想高精尖的东西,比如 genomic technology(基因技术),但其实我们应该想的是老年人日常的生活。这件事情最后是要到江苏去做的。另外,我们还继续在做一个医学人文的课程教学,这是我年轻的同事和我两个人接下的任务,差不多进行了 10 年。

最后说到魔都的意义,这是比较有趣的事情。我就是生活在这个环境里,但是就像刚刚汪(晖)老师说的,好莱坞来一下之后,会让你完全重新想象。也就是说魔都有意义,所以做田野的挑战和乐趣也在这里。为什么是上海?当然最好是我们走出国门去做。但是在上海这个地方,有时候一些我们习以为常的东西,经过好莱坞的改变,就很难再辨认出来。有一部很有名的电影,讲的是人工智能,其中出现了陆家嘴,当时很容易被人误认为洛杉矶,我给各种各样的人看过,他们都猜不出。实际上这个地方离复旦大学只有一公里,就是旁边的五角场。这是五角场进行完全影视化改造以后的形象,但是在我读大学的时候,它其实是和一个县城差不多的样子。对上世纪 80 年代的留学生来说,五角场就是一个他们可以换到毒品大麻的地方。换句话说,我们在研究这个的时候,还要带着某种好奇心。也许我们可以用各种各样的后殖民等理论去批判;但是做田野的时候——尤其是我现在既带上海的学生,也带来自其他地方的学生,有时候对于后者而言,因为上海是他的他者,发现的东西反而比较有意思——我们还是要始终保持好奇。先说到这儿,抛砖引玉了。

(作者单位:复旦大学社会发展与公共政策学院,未经发言者修订)

从感觉开始

项 飙

可能讲得有点乱，因为思考还在形成当中，主要是针对（梁）永佳提出的"办《人类学研究》这个杂志，我们具体希望推出一些什么东西"的想法。我的一个简单建议——我个人作为一个读者，可能今后也会成为一个审稿人——是希望看到我们这个杂志能够刊登一些"从感觉出发"的文章。

首先在解释"从感觉出发"之前，我们应该要关注两个背景。第一个是中国的社会科学界现在可能面临一个比较有意思的悖论：一方面，对中国话语的强调，作为一个主旋律，对中国话语、中国理论、中国道路的强调可能是空前的；另外一方面，从对中青年学者实际工作成果的要求以及他们的工作方式来讲，他们要获得西方学界的认可，要融入与西方学界的对话的热情也是空前的。所以，这就使得一边是中国话语作为很大的旗帜存在，另外一边是以西方学术为标准的指挥棒，这两个同时高举。这造成的一系列实际的后果，可以另行讨论，我们今天只探讨在这个时候怎么突破。第二个问题是作为一个很"边缘"的学科，对一般的社会科学和社会来讲，人类学究竟能够做什么贡献？这个也需要展示出来。

"从感觉出发"的意思就是说，作为中青年学者，在没有达到像汪（晖）老师这样能够大规模地对信息和材料理论进行综合的层次，但还是要做自己具体项目的情况下，面对这样一个双重困境，我们怎么开始启动？我觉得"从感觉出发"算是一个探索。

　　那么,什么是感觉? 感觉大概有两重,我们可以从这两重开始。第一重就是我们的研究。我们的文章应该要体现这个社会基本的感觉:今天中国社会如果是一种很焦虑的状态,那么这个研究及其发表物应该体现出这种焦虑感;如果是个困惑的状态,你的文章应该有这种困惑感;或者说兴奋,那你的文章应该表达兴奋的感觉。当然这种感觉,它本身是一个很主观的东西,当你去把握感觉,你不可能是用一种非常科学主义的方法,而是要通过你作为研究者本人的感觉去把握大的感觉。所以第二重研究者的感觉是在概念化之前的,基于个人生命经验的,对事情的一个比较直观的、比较完整的、比较总体的,但同时也往往是比较模糊的一种判断,这个感觉也是非常重要的。

　　我们经常讲"我写这篇文章有感觉""我做这个课题有感觉",当我们这样讲的时候,其实是达到了最高境界。我们有感觉了,文章就写得快,把这些写出来,不在乎在哪里发表。越没感觉的文章,写得比较苦,然后就越是希望一定要在什么 SSCI 上发表,就要通过这种方式找感觉去补偿。当我们说"有感觉"那样的话时,我觉得其实是在这两种感觉之间找到了一种共通,觉得自己直观的判断符合被研究者对生活的感知。当这两个碰到一块的时候,研究者就会有感觉,这是我们想追求的一个境界。这当然也受到胡塞尔现象学的启发,就是从你自己的意识出发,然后开始做。因为这个是你自己最能把握的,不管我们的知识积累有多弱,我们的研究有多不成熟,但这感觉是你自己知道的。

　　其实"从感觉出发"的研究,非常珍惜概念化之前的这种感知判断,这是社会科学里面的常规,而不是例外。那些经典研究,基本上都是在这种感觉下推进出来的。最近我在看两本书,一本叫《道德经济学家》(*The Moral Economists*),讲了三个人,第一个是托尼(Richard H. Tawney),这个我们一般不太熟悉,第二个是波兰尼(Karl Polanyi),第三个是汤普森(Edward P. Thompson)。这本书很有意思,我觉得非常符合现在很多人对他们三个人的理解。这是综合了当时的历史、文化、哲学知识,然后对资本主义进行最深刻、最有力批判的三位学者;在马克思政治经济学传统之外,他们从更综合的社会文化的角度去评判它。这三个人,你从这本传记里看——不仅是这本书这么说,现在很多其他文献也这么说——是非常"从感觉出发"的。波兰尼对资本主义的去嵌入性市场的那种焦虑,源自他本身的一种焦虑不安,这种不安很大程度是来自他对资本主义之前那一种生活状态的感觉。汤普森也是非常明确的,他就有一种感觉,觉得这种经济生活的安排不对。在这本书里面,特别是波兰尼,其实有一种很强的宗教性。在我看来,这种宗教感受和他所采用的马克思主义框架,一点都不矛盾。特别是从人类学的角度看,正是因为他受了宗教的影响——原来基督教影响下,对社区、对家庭生活形成的那种对生活的期望和感知——才觉得现在的情况需要批判,从那里开始,我觉得他有机地接受和应用了马克思主义。如果没有这一块,马克思主义就是外在的理论体系。汤普森就更加接近了,街区里面人们怎么组织、日常生活里面包括性别关系等,这些东西都成为他非常重要的素材,也正是因为这样,他对当时资本主义的批判才特别有力,特别到位。他不仅仅重在政治经济学的推理,更在意的是人的经验。如果没有"从感觉出发",也就看不到经验的意义在哪,正是因为这种感觉,他们的批判才让我们觉得很有力。

第二本书,书名叫 *Critical Theory and Feeling*,讲的是法兰克福学派如何 thinking through affect(循情而思)。法兰克福学派很重要的观点是——这个跟刚才前面汪(晖)老师讲的很像——文化怎么作为一个重要的批判性范畴。法兰克福学派就是要解释为什么简单的政治经济学逻辑不能解释法西斯主义的兴起、工人阶级当时的选择,这些都要从一种对当时心理的解读、对生活方式的理解出发,都是要通过一种感觉完成的。法兰克福学派就是一个非常 melancholy(忧伤)、blue(忧郁)的学派,通过一种情绪来思考,所以很多玩音乐的人就是法兰克福学派,也跟文化批评、文化研究有直接的联系。

那么,为什么"从感觉出发"比较重要呢?第一点是因为"从感觉出发",它能够使我们从当下占主导地位且已经固化的概念中脱离开来。感觉是鲜活的,它有一种潜在的创新性,感觉能让我们和现在的固有说法保持一种距离。第二个是因为感觉是一种味道,这种味道,这种总体性的把握，也是人类学能够做出独特贡献的一个地方。第三个重要原因在于，"从感觉出发"会使我们的研究更有机。是什么意思呢？对感觉的重视、对情绪的重视，是这二十多年来西方人类学一直强调的，或者不止二十年，甚至可以追溯到对所谓主体性的重视。不仅在人类学里有，在社会科学里面也有。作为一个 affect（感受），就是情绪转向，讲到人的情绪，thinking through affect。但这里有一个好玩的东西，我观察到越来越多的人类学家讲到人的情绪，讲到人的主体性，但是老百姓越来越不爱听。最近奥特纳（Sherry Ortner）讲黑暗人类学，讲受难人类学，搞得大家都挺烦，包括我在内。她老写这些矿工，写他们的情绪如何苦难，然后写他们怎么样 miserable（悲惨），那为什么这些人会觉得这些文本对他们无用呢？他们悲惨，他们自己当然是知道的，因此不可能从这样的文本里获得力量。所以出现一种什么情况呢？就是一个人类学家"talk about subjectivity, but not able to talk to the subjectivity"（大谈主体性，却无法对话主体性）。回到马克思那里，我们谈论说马克思那里没有个人了，基本上没有什么太多个人，虽然他写得很丰富、很生动、激情澎湃，但是他的分析看起来应该都是在很抽象的体系上进行的这种辩证。老百姓、工人听不懂，但能感觉到他的讯息（message）对他们来讲非常契合。工人不希望你向他讲他的苦难，因为他要光亮，要对他自己的生活世界有一个新的分析，要有一束光照到他自己的田园里，让田园变得生机勃勃。所以"从感觉出发"的意思是说，如果你的感觉和社会的总体感觉有一种契合，你不仅是要讲这个社会、关于这个社会，而且要可以对这个社会直接讲，这个是有机性的一个意思。

　　"从感觉出发"不是很容易的，我们至少面临三重挑战。第一重挑战是，学术职业化之后，人类学也学别的学科，不把我们最初要做某个研究时的那种感觉当作一个很重要的东西，而是强调自己的研究是为了跟某个理论对话。首先，人为建构一个小传统，将自己在小传统里摆一个位置，然后好像你主要是生活在所谓的学术传统里面，而不是生活在实际的大千世界里面。如果想要比较快地发表，就更要把感觉压抑。第二个挑战是讲内部的，如若将感觉本质化、碎片化，即非常个体性的这种感觉,就会有一点感觉崇拜化。意思是说,把这个感觉孤立起来,让感情本身变得很重要,而忽视感情、感觉本身体现了一系列的关系,看不到真正的感觉。其实老百姓是想对他们自己的生活有一个大的理解的,有一种大的批判的要求在那里,而那些人只看到每一天他们的一个小感触。这看起来很重视感觉,但其实是把它孤立化、片面化。那么第三个挑战是对我们自己,来自第三世界的学者来讲的,如果我们去看最重要的研究,比如马克思、韦伯,他们自身的感觉也是很强烈的。看那些理论的时候,理论是比较容易懂的,但如果要真正去捕捉他们当时的感觉,对我们是一个很大的挑战。我们经常在理论中遇到对话的困难,是因为我们不能够找到它的感觉,那么该怎样去解决呢?我觉得这是一个问题。举一个现在的例子,脆弱就业(precarious labor)这个词大家都在用,当然好像中国和印度有更多的 precarious labor。又回到汪(晖)老师前面讲的"概念的描述功能、解释功能以及动员功能",每一个概念可以做三个工作。从解释上来看,中国和印度绝大多数的劳工是 precarious labor,中国现在越来越是这样,开展灵活就业等等,但是你若细品它的味道,那个意味,就会发现它与北美、欧洲讲的 precarious(脆弱的)完全不一样。北美、欧洲的 precarious 是指原来已经有非常稳定的政治地位的工人阶级,受到非常好的国家福利保护,在后福特主义的情况下,现在那一套没了,它变成 precarious。所以 precarious 是对原来二战之后建立的福利国家和工业、对 industrial citizenship(工业公民)的一种反动。所以它造成的 precarious 就是一个非常具有生气、在政治上非常活跃的群体,以至于出现 occupy(占领)一类的社会运动。发展中国家、第三世界的 precarious labor 完全是不一样的情况。我们的农民工怎么样?他们感受到的不是对原来的失去,不是被剥夺,所以这解释了为什么第三世界的 precarious labor 的根本在政治运动、政治行为上,和西方完全不一样。它的"味道、感觉"是不一样的,所以这样也就导致了他们的行为不一样。显然这会影响我们思考应该提出什么样的问题,在研究当中应该注意哪些是我们的研究重点,哪些不是我们的研究重点。

最后，对于应该怎样做，我没有什么建议，只是简单地提几条想法，看看是否应该作为我们今后工作当中给自己的一个提醒或者启发。首先，我觉得很重要的是要珍惜自己的初始感觉，思考最早自己为什么对某一个问题感兴趣。这种直观的观察非常重要，不能够轻易将它抹杀，尤其不要在研究过程当中、在发表过程当中，把它作为噪音处理掉，然后生硬地把自己的研究和现有理论接轨。

其次，要把这种感觉、反思明晰化。因为这种最初的感觉是非常重要的，没有那种感觉，你不会对某个问题感兴趣，你不会去研究，但是做的过程中你又把那一块给丢掉了，所以这也是一个悖论，我们需要反思当时为什么会有这样的感觉。这里面我觉得位置感非常重要。要注意到，我们的感觉是有多重性的，包括了我们的研究对象的总体感觉，当然也包括我们对感觉的把握，还有很重要的是包括了我们对现有理论的感觉。有时候我们做一个研究的动力，是我们对某种现成的说法很反感，想对现有的理论做一个冲击。当时那一种反感，其实也是一个很重要的思考的资源。如果要把这感觉变成一个有效的理论化资源，我觉得位置感可能是一个中介型的变量。位置感的意思是说，作为研究者的我们，处在现成的理论和观察到的现实、我们个人的生活经验以及所处的学术环境等等不同要素之间，是特定位置给予我们某种感觉。如果从这种感觉开始，思考这些位置，然后再从位置推出，当时这些理论为什么让我们觉得有差距？思考他们当时提出这个的背景是什么？是由谁提出的？他当时要解决什么问题？跟我要面临的问题有什么不一样？这样就可以把感觉具体化，并同时可以开始一个可能的理论化过程。

最后，不要把感觉本身当作一个固有的研究对象，这是对前文的呼应，也是对现在人类学当中的一个取向，即要把感觉和问题化联系起来的呼应。我们要找的感觉应该是有一种潜在的批判性的感觉，这个感觉不难找，我觉得是很自然的，就是我们对于现在的生活不满意，认为这个生活有问题。这也是法兰克福学派这种批判性理论的起点。不要把这个问题用一个清晰的框架进行解释，而是要揭示出它内部矛盾的东西。其实每个人都有这样的感觉,所以我们要从这样的感觉出发,不把它简单地还原为个体的情绪,而是对事情、对现象问题化,通过位置感的手段,同时也把现有的理论问题化。在这样多重的互相参照过程中,可能我们慢慢地能从感觉中获得一个好的研究成果。

总而言之,理论分析是一个很漫长的过程,现在做不了没有关系,做得很粗没有关系,但不要把感觉丢掉,因为感觉丢掉了以后,一切都停止了。谢谢!

（作者单位:牛津大学人类学院）

讨论与回应

丹增金巴

　　我针对潘老师和项老师各有一个问题。首先，针对潘老师提的问题，您刚才的发言提到魔都人类学，我就在想这个"魔都"到底"魔"在哪里？好像您的报告中提到的"魔都"，只是指代上海那个特定地点的概念而已。我觉得是否可以对其进行理论化研究，未来您可以和（黄）剑波一起推进这一点，这在方法论上有很大的价值。相似的例子就是新加坡，我思考的一个问题是如何将新加坡本身作为方法（Singapore as method）？同样，你们是否也可以将上海作为方法，从而将其"魔都"的特性更好地展现出来。其次，我想分享一下 2018 年凯博文教授到新加坡国立大学演讲时我个人的体会。他当时已 70 多岁了，我能感觉到他很 depressed（沮丧）。他觉得自己年纪大了，想做很多的事情，却有些力不从心，而且他认为社会科学总体来看是一个大的失败，因为它没有很好地研究和解决有关 aging（老龄化）的问题。老龄化的问题已经超越了种族还有民族国家的界限，当今世界不同地区和国家大多被老龄化的问题所困扰。而遗憾的是，人类社会的这个如此重要的共同问题，竟然没有引起社会科学界的足够重视。此外，他个人的经历和讲述的故事也给我很大触动。即便像他这样一位著名的哈佛教授，最终也会面临年老体衰的一天。那天讲座时，他提到为自己母亲"养老"的经历时，有些伤感，这也让我开始更多地思考老龄化的问题。基于此点，我觉得你们所做的研究有很大价值。

　　下面的问题是提给项飚老师的。我在上一次讲座的时候讲了一个有关 subjectivity 的问题，从自己的经历，还有我研究的一位藏族传统知识分子的人生经历入手——实际上我们两人的经历是相互交叉在一起的。我知道像赵鼎新老师或者其他的社会学家、政治学家，会觉得我把自己的和研究对象的 subjectivity 不断地往上"抽",最后竟然"抽"出一个后殖民批判的分析框架,这似乎"抽"得太远,"抽"得有点过头了,于是产生了很多批评;但是对我而言,我觉得你今天所讲的"从感觉出发",与我对 subjectivity 的处理有些相似之处,也对我有很大的启发,希望能再和你交流。抱歉,我说的这些更像评论而不是问题。

汪晖

我也有两个问题。第一个问题是针对潘老师的,从方法论的角度出发,你区分了纪念碑时间和社会时间。我们都知道,对纪念碑时间的批判非常多,但是我一直觉得区分纪念碑时间和社会时间之间关系的关键在于,到底什么事情构成了真正的事件? 这些事件会渗透在所有人的日常生活里,这个不是一般意义上民族国家要建立一个纪念碑式的事件,这是两个不同的事。海德格尔著有《存在与时间》,此后阿兰·巴迪欧(Alain Badiou)写了《事件与时间》,后来发展出 eventology(事件学),指出一个事件发生了,使此后的发展发生了重大的转折,这是个人没办法回避的。社会时间跟这样的时间不会是孤立的,所以如果只是一般地对纪念碑时间加以批评,而省略了对于事件的了解和再分析的话,可能很难真正地构成对社会生活实际进程的理解。因为很多所谓的事件,最基本的一个意思是,一个事情发生,此后的历史变迁都跟这个事件有关系。建一个大的纪念碑、开一个 APEC(亚太经合组织)会议可能对个体以后的生活未必有多少直接的影响;可是浦东的整体开发一定会产生巨大的影响,因为它构成了事件,插入了时间,所有的历史叙述都要跟它建立起联系才能发生变化,日常生活世界的时间是被它重组、重构的。在这个意义上,如果人类学只是一般性地讨论社会时间,而没有用一个 eventology 视野去理解的话,它就会变得零碎,就不能够解释整个历史变迁的进程。我想,区分纪念碑时间和事件时间是必要的,可是人们经常把这两个东西混为一体。这是我想说的第一个问题,想听听您的看法。顺便说一下,有一个纪录片叫《从〈中国〉到中国》,是一位意大利导演根据安东尼奥尼的《中国》,重新寻找当时的拍摄对象、其他相关联人员进行再采访,很有意思的一个片子。

项飚老师的发言,我觉得很有意思、很有感觉,但我只是把感觉的问题稍微理论化一些。前段时间跟卡罗·金兹堡(Carlo Ginzburg)做一个讨论,他的讲座让我做评议人,他也运用了人类学和语言学的一对概念:etic(客位)和 emic(主位)。etic 就是客观的,emic 则是主观的,二者是主客观的一个区分,人类学强调一个是行动者的视角,一个是观察者的视角,要在两个不同的视角之间转换。事实上在这两者之间,一般来说在传统的人类学里,过去提出这些问题的人类学家会认为只有 etic 一个视角,只有观察者的视角才能构成真正科学的研究;否则你去一个村庄,你用本地人的视角,那到底构成的是一个什么样的东西? 但是,人类学或者历史学也经常会通过客观的观察来复建、重构主观的视角。布克哈特(Jacob Burckhardt)对于文艺复兴或者启蒙运动的研究,提出两个视角,一个是 renaissance as period(作为时代的文艺复兴),另外一个是 renaissance as moment(作为时刻的文艺复兴),moment(时刻)的意思里面就包含主观的视角。但是感觉的问题中还包含一点,就是人类学经常说的从格尔兹以来的空间转向,因为有独特的一个空间,那个行为总是跟时间有关,所以就刚才项老师提的这个话题,我们需要思考在空间转向的批评里面,如何重新带入时间? 换句话说,"从感觉出发"一个真正有意义的问题在于,我们不是简单地复建它的主观性,而是要把我们自己的主观性带进去。如果没有我们自己的主观性,我们也很难理解我们构筑出的另外一个主观性。因此,这两者之间的对话关系成为一个叙述的主要部分。所以空间转向对于人类学和历史学的主要批评在于,它们不仅仅回避感觉的问题,更是回避了思想的问题。对一个主题的把握,我们总是带着自己本身的问题,关键在于如何与我们的对象构筑起对话性的关系,不只是把他们贬低为被观察者,而是要作为能动的对话者。但这个前提是,我们充分地自觉到我们正在用自己的思考介入到与对象的关系当中。所以在 etic 和 emic 之上,或者之间,实际上有一个构筑能动的对话关系的问题,也就是怎么说话的问题。我们感觉一件事情的目的是要同更广阔的社会说话。我的感觉告诉自己，这样的事情不能继续下去，这其实是我的思想在运动。而这个思想能不能有效地传达，在于我自己有没有能力构建起对于对象的能动的视野。在这个意义上，我把你所说的感觉稍微做一个理论性的表达，也就是说，在行动者和观察者之间，一个思想性对话的关系的构成，几乎是包含在所有研究中的，不管它呈现的方式如何，即便马克思说他很客观，但其实仍带有不断的、持续的召唤性。这个是我觉得带有方法论意义的。

黄剑波

我觉得以上的讨论很有人类学感。其实我对项老师所讲的很有感觉，有很多的共鸣。我自己的困惑在于，在这里，能不能思考出一些新的可能性。一般中文讲感觉的时候，对应的好像经常是一种 feeling（情感），是一种非常碎片的、个人的、捉摸不定的东西。但是我认为你在讲这个词的时候，对应的英文应该是 affect 吧？还是说这两个其实是不分的？那么当我们在讨论从感觉开始时，到底是在讲 feeling 还是 affect？这是第一个问题。第二个问题是，在中文里，如果用"感觉"这一词，是比较容易让人产生误解的，我们是不是有可能用别的词汇来表述？我相信中文资源库是有可能帮助我们实现的。这样一来，可能会产生一个新的词，让我们进行讨论。比如回到这个主题，假如《人类学研究》要做一期专题，我们就可以把这个词作为一个主题词，共同处理这个问题。其实，我们可以处理的问题不仅仅是一些具体的个案研究，还可以是刚刚汪晖老师试图要讨论的方法论的问题，这是一个非常重大的问题。这就是我的想法。

徐永洲

各位专家，大家好，我叫徐永洲，我是一个创业者，意外闯入大会。

我今天恰好经历了"从感觉出发",就想回应一下这个主题。刚才听(吴)小庄老师分享她爸爸、她先生的故事,从她的叙述中,我能感受到她作为个体的命运和经历与刚才汪晖老师所说的社会的命运交织在一起。尽管我是 80 后,没有经历过"文化大革命",但我仍能感知到那个叙述中社会的政治化进程与个体的命运紧密相连,所以她才有动力为吴(定良)先生出书,才会思考筹建纪念馆的可能性,等等。当她在与我对话时,我能感受到她的意愿。但是怎么来定义和传承吴先生的这种精神和意义?在座的学者身上可能已经有所继承、也有闪光,但是它在我们普通人这如何传承?人类学到底怎么活生生地走进每个普通人的生活?我有一个很大胆的设想,是否有这样一种可能性,我们既能共同感觉到社会的焦虑,但同时又能回应社会的问题,成为能动的共同主体,共同产生一些变化;而不是说有感觉,但感觉又卡在那里,只是困在里面。这是我的感觉。具体化为两个问题:一个是通过今天这样一个纪念会,或者筹划给吴先生建纪念馆等活动,我们该用怎样的形态去传承他的精神。第二个问题更具体化一点,像我这样对人类学挺感兴趣的创业者,很意外地闯入之时,我要学习什么,该怎样跟大家交流,这是我比较好奇的问题,谢谢。

项飙

　　这个回复主要是针对(黄)剑波的问题:如果要翻译成英文,这个感觉是什么?首先,我觉得感觉这个中文词很好,我们用的那么多,特别是我们经常说。我写这篇文章的时候是有感觉的,这个是非常高的境界,也非常真实,这个东西一定要抓住,不要用别的词去替换它。那么有人会说用 xx 一词讲不清楚,但是要的就是那讲不清楚的东西,像波兰尼、汤普森这些人,他们都是从讲不清的东西开始讲,到最后也没有讲清楚,但给我们创造了一个很大的空间。如果一定要跟一个英文对应,倒不是 feeling、affect、emotion(情绪),可能更直接面对的是 intuition(直觉/直感)。因为这有一个理论基础在那里,与现象学的理论有关。这个既是理论问题，也是汪老师刚才提的方法论问题，就是说观察者和被观察者之间是什么关系。现象学是要突破这个东西，因为你不能说就有个外在的客观，也不能说就没有，你的起点是你的 intuition。intuition 导致的是一个总体性的 image（意象）。这个 image 对我们人类学来讲太重要了，因为我们就是需要 configuration（形貌）一类的图景，这种图景应该是综合性的、意象性的、总体性的，更多可能还是模糊性的。模糊的意思就是说不能够用一个因果关系这样的陈述句来表达，而必须是要跟多个陈述句叠加在一起，才能呈现出的一个 configuration。所以可能是 intuition—image—configuration 到最后连成一条线。另外一条线可能是 problematic（问题意识），然后理论。这两条线之间什么关系，我一下子讲不出来，但是我觉得思维过程可能是这样，所以确实突破了 etic 和 emic 的这个关系。这是在理论方法上我的一个回应。

潘天舒

有关魔都的事情，暂且先不说，我先说刚才提到的凯博文讲的这个事情，我觉得它对我们今天有意义。他的新书主要讲他怎么照顾妻子，但是在这之前他和一个社会学家合写的一本书更有意思，其中就表达了这个观点。他说整个社会科学的失败在于，当你回到社会科学最初出现的时候，它全是为了改善社会，但是如今的社会科学已经不是那么回事。联系到我们今天说的这个事，吴定良先生来做这件事情的时候，虽然他是一个自然科学家，用了很多自然科学的知识，但他的目的非常清晰，就是一定要改造中国的社会。当然在不同的语境里，大家面对危机都要想出一个方法。到了今天，我们的人类学——如果在西方的话——虽然不是强势学科，但是至少它是一个 cool major（酷专业）。

企业家同志，你可以想一下，企业里面一定是有 cool major，但是在cool major 里面，你要接受会有一些是说不清的东西。如果一定要说清楚：在 20 世纪 60 年代的时候，美国公共人类学家玛格丽特·米德和鲁思·本尼迪克特（Ruth Benedict），她们都是女性，在美国人类学黄金时代下都找不到工作,但是这反倒使得她们没有压力,可以向公众宣传人类学是怎么回事。鲁思·本尼迪克特写了《菊与刀》,麦克阿瑟(Douglas MacArthur)都看了。虽然《菊与刀》在人类学内部是可以批评的,任何一点都成问题,几乎没有什么价值,是人类学训练中可以忽略不计的一本书;但是对于普通的美国民众来说,对于日本,尤其是怎么跟日本人搞好关系,它还是一部"圣经"。不管怎么样,她们想与普通人对话。玛格丽特·米德就做得特别好,各种节日例如万圣节等她都会提及。你不妨先去看看这一类人类学家的作品,再慢慢往前走。与你直接相关的,可能是两种思维的方式,太简单化是有问题的,但是不妨从二元论进去。玛格丽特·米德在 20 世纪五六十年代说,未来的世界,希望都要有人类学的思维和数码思维,很有前瞻性,当然有些简单,但是我觉得目前对于你创业可能还是有帮助。中国到了这样一个阶段,你不可能全部听信有些强势学科说的那些鸡汤话语,尽管你已经知道这个鸡汤话语没有用。那么人类学存在的一个价值是什么呢? 给你带来问题。人类学其实是很不鸡汤的学科,因为它都没有答案。即使你没有答案,那也是它存在的价值。

　　简要回应有关时间的事情,汪老师说的完全对,只不过石库门这个事情距离我太近。上海小资,包括作家,用普通上海人不说的上海话来演《繁花》,这完全是一种小资意淫的石库门。我有一种感觉,这个感觉很不舒服,所以促使我做了这个事情。大量的上海人,包括我的朋友在内,凡是住过石库门的,都不想再住。但是,这两个时间的确相互影响。我现在在做老人的研究——和合肥工业大学跨界合作,采用编码等方法——这里面时间很重要,尤其我们是从精英老人开始做。这些精英老人虽没有达到吴定良院士的级别,但也都是自然科学界的一些院士、资深的教授,他们回忆的时间经常共同包含社会时间和纪念碑时间,例如国家重大工程,修地铁,等等。

专题二　吴定良与中国人类学

继承吴院士遗志，做好表型组研究

张海国

　　这篇发言，我和谭婧泽副教授是共同的第一作者，她是复旦的一位同事。简单介绍一下我自己。我是肤纹学的深度爱好者，这一生一世就在肤纹学里面摸索了。退休以后，我在复旦大学，在肤纹学上进行了深度的研究、教学，还进行了平台建设。可以说是深陷其中，要想跳出这个"深坑"是不可能了，但要完成一项工作，陷在里面也很好。

　　我今天的发言是纪念吴院士逝世 50 周年，另外要谈一谈我们的表型组的研究。对我而言，表型组的研究，实际上是肤纹学的研究。在这里，我用一两分钟的时间科普一下什么叫肤纹学。人的指纹有三种类型：弓、箕、斗。弓、箕、斗是肤纹学上面最基本的三种类型，也就是说在指纹上面是这三种类型，在掌纹上面是这三种类型，在脚纹上面也是这三种类型。我们在复旦开展肤纹学包括指纹学的研究，都是属于表型组研究的内容，属于体质人类学的学科范畴。讲到体质人类学，它的鼻祖、祖师爷，就是吴定良院士。从 1935 年开始，吴定良院士就在贵州当地进行少数民族的血液、指纹研究。今天上午，吴小庄女士拿出来的一个手纹的表格，捐献给浙江大学档案馆的，就是 1941 年 8 月份或者是 1935 年进行手纹研究时的一个捺印图。所以，中国学者进行的第一个关于中国人的肤纹学研究，不是现在教科书上所说的 1964 年复旦教师董悌忱提呈的研究，而应该是吴定良 1935 年的研究。借今天这个会议，我想纠正这一个历史事实。

一、为什么要纪念吴定良院士逝世五十周年？

我们目前从事的表型组研究、人类学研究，都是沿着吴定良院士走过的道路进行的。吴定良院士接受了很好的教育，有着深厚的学术积淀，他曾是浙江大学的教授，而且是人类学研究机构的负责人。后来，在 1952 年的院系调整中，吴定良院士、谈家桢院士等众多知名院士都被调任到复旦大学。因此，人类学研究在复旦大学得到发展，这是有历史原因的。我们今天纪念吴定良院士，就是为了要把我们的研究做得更好。吴定良院士实际上是做田野工作的，就是做现场的工作，到乡下去收集第一手资料。不像 DNA 样本，规模只有十几个、几十个，人类学的样本都是成百上千，一做就是几十天。我们去年（2018）在广西做的一个广西汉族的民族研究就进行了两期，第一期花了 49 天，第二期又花 15 天，才完成了所有采集工作。

浙江大学是人类学的重镇，我们今天在这里共同纪念这位人类学大师具有非常重大的意义，同时也对我们目前的工作、对国家给我们下达的任务有所激励。我们一定要走吴定良院士走过的道路，学习好吴定良院士的精神。

二、吴小庄女士艰苦奋斗的作风

接下来我就谈一谈这次本来要出的两本书，一本是《吴定良传》，一本是《吴定良著作补编》。什么叫补编？就是把以前没有收集的东西收集整理后，再编出来。因为一些原因，可能得稍微推迟一点了，但我们希望这两本书最终是能够出版的。那么今天要讲的第二个内容，就是关于图书出版实属不易。吴小庄女士费尽了千辛万苦，为什么？因为出一本书很难，我们既面临要靠钱解决的问题，又面临靠钱不能解决的问题。吴定良院士的女儿吴小庄女士既是主编，又是作者，超标编成了这两部文集,在文献的真实性和可靠性上有了更进一步的证实。因此,我们要学习吴小庄女士艰苦奋斗的作风、坚韧不拔的品质。

三、继承吴定良院士遗志,做好表型组研究

接下来,我要讲一下关于继承吴定良院士的遗志,开展表型组的研究,重视"人类表型组国际大科学计划"(简称"表型组计划")。这个计划,涉及王久存老师的人类表型组研究,她接下来的分享将提及人类基因组计划和表型组计划的关系,因此我就不再赘述。这里我想提醒大家的是,在 20 年以前,中国科学家加入国际人类基因组计划的时候,争取到了 1% 的份额。中国科学家做人类基因组研究是从 1% 开始的,换句话说,这 1% 开创了中国人类基因组研究的工作。提倡人类基因组研究的 4 位科学家,后来都成为了中国科学院院士,他们分别是吴旻、强伯勤、陈竺和杨焕明。这 1% 的份额给予了中国在人类基因组领域一定的发言权和参与权。关于这个计划的详细内容,大家可以上网搜索。

我这里重点要讲的是表型组计划当中的肤纹学研究。体质人类学包含了肤纹学的研究,指纹、掌纹、脚纹研究组成了表型组研究的一个很大的项目,被列入了这个计划。近些年复旦大学已开始进行初期调查研究,一些学生组成了一个肤纹学采样组。从 2014 年起,复旦大学承接了国家科学技术部的专项研究,对中国 10 个民族进行肤纹采样。当时的肤纹采样,若要采集掌纹,需要在整个手掌上涂满黑油墨,把手按在白纸上,留下手印;如果要采集指纹,也要在手指上涂满黑油墨;如果要采集脚纹,需要在玻璃板上涂上黑油墨,让采样对象先在玻璃板上踩一下,再到白纸上踩一下,留下脚印。在这种非常艰苦的情况下,2014 年,我们在泰州收集了 3000 多个样本。当时国家卫生部就提出:以后在生物学的采样当中,需要一个伦理学的管理。什么叫伦理学的管理?就是采样时不能把对象弄疼、弄脏、弄得不舒服。否则即使你对样品进行研究,取得成果并准备投稿的时候,人家也不接受。从 2015

年开始,卫生部就提出来了知情同意的伦理原则,各类编辑部也一定要求伦理学上的知情同意。

因此,我们复旦大学的肤纹研究组进行了采样平台的革新,用采样不疼、不脏、不麻烦的扫描方法替代原来的方法。当时的扫描方法需要扫描仪,但一台扫描仪要 50 万元,这些钱还不包括高频的维修费用。于是,我们不断寻找性价比较高的扫描仪,终于找到了 5000 元一套的设备,打脚印、手印用一台机器,打指印用另一台机器。对于找到性价比非常高的仪器,王久存老师非常高兴。后来我们用这两台仪器采集了将近 2 万个样本,例如河南郑州的汉族、江苏泰州的汉族以及广西壮族自治区的汉族等等,打印出来的效果非常好。让原来在纸上进行的个体分析,变成了用计算机扫描得到的图像进行分析。由于进行了伦理学上的改革,我们在伦理学上符合国家规定的要求,也具备了日后走向国外、走到"一带一路"沿线地区开展研究的基本条件。迄今为止,我们在复旦大学进行了 10 年的肤纹学平台技术的创新,也得到了北京科学技术出版社的青睐,我们把这个平台的创新成果汇同肤纹的基础理论、基础方法整理编写成一本书,即将在 2020 年初出版。该书得到了"2018 年度国家科学技术学术著作出版基金"的支持。这里可以跟大家分享的是,这本书已经确定由两位院士写序,一位是陈赛娟院士——原卫生部部长陈竺院士的太太,还有一位是现在复旦大学的常务副校长——金力院士。

我们国家的肤纹学研究在世界上的地位可以这样说:有专家评论,复旦大学民族肤纹学的研究,领先世界同行至少 10 年! 这是一项极高的赞誉。肤纹研究有个体研究和民族群体研究两种形式。肤纹学在个体研究上是为公安服务的,世界上的每一个人肤纹都不同,因此可以用于侦查。什么是肤纹群体研究呢? 肤纹在群体上的研究就相当于用群体遗传的原理来进行肤纹学的民族研究和群体研究。举例来说,我是一个汉族人,我对个体的指纹观察有一个频率,但是我如果有 1000 个个体,都是汉族,且一定要三代都是汉族人,那么其群体的肤纹学的频率,跟具有同样个体数的其他民族群体的完全不一样,例如 1000 个苗族人、1000 个维吾尔族人、1000 个哈萨克族人等。有的专家说北京科学技术出版社出的这本书,代表了中国在民族肤纹学研究上面领先世界 10 年;即使我们现在把表型组研究推向世界各国,他们要达到我们现在的水平也得是 10 年以后的事。所以作为复旦大学的一个外聘兼职教授——主要在负责肤纹学的研究——对于这样的一个成就,我感到非常高兴。进行一项研究,能够领先世界 10 年,这是一个非常高的荣誉。

四、一些提议

最后我希望能给人类学重大基地——浙江大学人类学研究所提供一些可供参考的提议。

第一个想法,浙江大学人类学研究所一定要参加国家重大计划,参与人类表型组的研究,与世界接轨。这个研究是 2018 年刚刚提出来的,还是一个新领域,就像 20 年前进行分子遗传学研究一样——当时进行 DNA 研究,进行分子研究,就已经代表了很高的研究水平。同样的道理,若现在进行表型组的研究、体质人类学的研究,我们就能达到国家要求的水平,甚至能达到世界要求的水平。所以我希望浙江大学人类学研究所能够进行一些表型组的研究。

第二个想法,要开设表型组相关的课程。我记得复旦大学有许多专家,包括王久存教授、金力院士好像曾在浙江大学开设过人类学的课程,讲授人类的健康和进化,每星期一次课。但是我发现这个课程里没有肤纹学的内容。这是复旦非常顶尖的课程,反倒没有在浙大教授。我认为开设牙齿、肤纹的课程,或许可以培养学生的兴趣。

第三个想法,是我个人的想法,我认为复旦大学可以负责浙江大学体质人类学教师的培训,免费提供课件。因为若想培养一个教师授课,就需要有课件。课件我们可以免费分享,授课老师觉得课件可用就用,不可用就改。

最后再多说一句。复旦大学把人类肤纹学课程当作博士生、硕士生的选修课程，不管学生来自哪个院系，都可以选这一门课。2019年9月到12月期间，共有36位同学选课。第35位和第36位同学来自浙江西湖高等研究院，也就是新成立的西湖大学下设的高等研究院，这里的博士生是西湖大学与复旦联合培养的，他们可以选复旦的课，每星期从杭州坐高铁到上海，听完课再坐高铁回来。所以以后如果浙江大学开设这样的体质人类学课程，学生们就不需要去上海上课了。因为时间关系，我就讲这些，谢谢大家！

（作者单位：上海交通大学医学院，未经发言者修订）

复旦大学人类遗传学与人类学研究

王久存

尊敬的吴小庄老师，您好！谢谢梁（永佳）老师的邀请！我代表金力老师，以及复旦大学人类遗传学与人类学系、人类表型组研究院，以及现代人类学教育部重点实验室，向各位老师汇报一下复旦大学人类遗传学与人类学的研究成果。我原先提交梁老师的题目是《复旦大学的人类遗传学与人类表型组研究》，但因为人类学更宽泛，而且我们的系名为人类遗传学与人类学系，所以修改了题目，想把整个系的情况，包括人类表型组的研究，向各位老师总体汇报一下。

我们都知道人既有社会属性，也有生物属性，因此我们研究人时，会从生物学和社会学两个方面进行。我们所认为的人类学，就是从生物和文化的角度对人类进行全面研究的一个学科群，使用的方法涉及生命科学、医学、人文科学等领域，因此给它取名为"现代人类学"，它本身就是一个高度交叉的学科。

人类学在复旦有很长的研究历史。从 20 世纪 20 年代开始，复旦大学就开设了人类学的课程。我们发展的黄金期是 1952 年的院系调整后，吴定良院士从浙大调任到复旦，全国的体质人类学学者都集中在了复旦，并开设了唯一的一个以体质人类学为主的人类学专业。当时招收的人类学专业的学生中，张海国老师就是其中的一位，他可以说是吴定良院士的嫡系学生。很遗憾，70 年代由于非学术的原因，人类学专业停止了招生。不过幸运的是，粉碎"四人帮"以后，谈家桢院士依托我们遗传学科，恢复了体质人类学的研究，并且成立了现代人类学研究中心,重新开始了人类学研究,而且是运用了文理交叉的研究方法。尤其是 1997 年,金力院士在美国求学时,受谈家桢先生的邀请,回复旦建立了一个实验室,我们又正式恢复了人类学的研究。2005 年,教育部批准我们成立了现代人类重点实验室,并在 2008 年通过了验收,2010 年评估时获得了优秀。2018 年 1 月 20 日,复旦大学人类遗传学与人类学系正式成立,我们的人类学研究又进入了一个新时代。关于人类学系,吴定良院士从浙大过来后,本打算成立人类学系,可惜当时一直没有如愿。不过人类学系的牌子,那时谈家桢先生已经写好了放在那里。去年(2018),我们终于实现了两位老先生的遗愿,成立了人类遗传学与人类学系。苏德明老先生是苏步青先生的儿子,也是我的硕士导师,他在谈家桢先生之后担任了复旦大学生命科学学院的院长。去年,他也参加了我们系的成立仪式,不过很遗憾,在今年(2019)6 月去世了。我想那次活动应该是苏先生参加的最后一次大型活动。

我们人类遗传学与人类学系成立以后要做什么研究? 实际上,人类学是复旦大学的一个优势学科,而且是非常具有特色的学科。它的特色在哪里? 第一,体现在各种各样的学科交叉中,在 1952 年院系调整以后,它成为全国唯一培养人类学专业学生,并进行相关研究的地方。在吴定良院士带领下,为我国培养了一大批体质人类学专业人才。此外,人类遗传学又是复旦大学遗传学一个很重要的分支,由刘祖洞教授建立,他的教学和研究在我国处于领先地位。他编写了两本黑色的 32 开本的《遗传学》,成为各高校主选的遗传学教材之一。近年来在金力教授的领导下,我们在人类的复杂疾病,东亚人群的遗传结构、出生缺陷的分子机制等方面的研究,取得了好成绩,其特色就体现在学科高度交叉。

第二,人类学和人类遗传学两者并重。将人类学和人类遗传学有机结合,建立人类生物学,成为复旦在全国高等院校学科建设中既独特又鲜明的一个旗帜。它使生命科学和数理科学相结合、医学科学和人文科学相结合、基础研究的发展和应用相结合。人类遗传学与人类学系集成了医学、遗传学和人类学,现在还引入了一个工科专业,占领了人群研究的高地,包括精准医学、队列研究、表型组学、群体大数据等。我们总体的定位是通过解决"人类多样性如何形成与进化"这一问题,来揭示人群间和个体间的体质、生理、病理和文化的差异及其形成机制。换句话说,世界各地的人群各色各样,我们通过分析人群的遗传结构,可以揭示人群间和个体间的表型差异,以及这些表型差异形成的分子机制和它的生物学过程。我们的目标是将我们的系建设成为人类学创新研究的发源地、杰出创新人才的培养基地和国际知名的学术高地。

契合我们的研究目的,目前的研究方向如下:第一个是分子人类学,主要研究人群的遗传结构和进化机制,包括基因研究、基因组研究等;第二个是体质人类学,主要研究体质特征的遗传和发育机制,包括刚才张海国老师说的那些肤纹的遗传及其机制;第三个是文理交叉,这是我们很重要的一个特色,涉及遗传和文化特征的交叉研究。下面是两个应用,一个是人类遗传资源的开发,另一个是人类学理论的应用。我们近几年的成果有人类遗传多样性形成的新机制、人类表型特征形成的复杂机制、出生缺陷的遗传学机制、人类演化史的文理交叉探索等四个创新性成果。我们五个研究方向的老师们都进行了互相的交叉研究,所以我们整个学科群的老师都在各个方向密切合作。

我来简单介绍一下我们系的几个代表性成果。第一个代表性成果是关于人类遗传多样性形成的机制。金力教授通过关注人群的迁徙交流与混合,比较不同时期走出非洲的人是否通过某种交流混合来影响现代人的遗传的多样性,再通过突变重组、群体扩张、自然选择等多种组合手段进行解释。基于这些研究,他获得了国家自然科学二等奖。他通过东亚人群和混合人群基因组的连锁不平衡研究,阐明了迁徙和混合对于人群多样性特征形成的一个影响机制。混合人群的一个典型例子就是新疆维吾尔族人群,该人群既有东亚人群的遗传成分,也有西亚人群的遗传成分。实验室也研究了拷贝数变异,这是除序列变异外的另一个变异形式,我们提出了一系列的拷贝数变异的新机制。拷贝数的变异使基因可以扩增或减少,对人群的多样性也提供了很好的解释。此外,古人和现代人是如何交流和混合的?我们的基因里面有没有掺杂着古人的片段？通过对比约 70 万年之前走出非洲的古人(如尼安德特人和丹尼索瓦人)的基因,我们发现包括在座的每一位可能都包含约 2.4% 的古人的基因片段。因此推测约 5—7 万年前走出非洲的现代人和古人在欧亚大陆相遇,并进行了基因交流。有趣的是,我们发现这些古人的基因片段可以帮助我们的祖先适应欧亚大陆的环境,如面对较低的紫外辐射,它们可以帮助黑肤色变为浅肤色。通过对于肤色的研究,我们发现现代东亚人接受到的那些古人的片段,跟我们的肤色以及抗紫外线的能力都具有相关性。而另外一个基因片段可影响叶酸的吸收。上述这些基因都受到了正向选择,即好的突变使携带者可更好适应当时的环境,并把这些突变一代代传下去,在人群中固定下来。因此,金力教授提出了一个新理论:交流获得适应假说,即现代人走出非洲后,通过与古人进行基因交流获得遗传变异,从而适应欧亚大陆新环境的挑战,来弥补他们自身遗传多样性的不足。

我们通过遗传多样性理论和技术的研究也可以服务于国家安全,如刚才张(海国)老师说的那些肤纹的研究,因为每个人都拥有不一样的肤纹。此外,DNA 也具有个体和群体的差异。最近我们发布了一个汉族人群全外显子组测序图谱,即"华表"全外显子组公共数据库。刚刚张老师说的河南的汉族属于北方汉族,广西南宁的汉族属于南方汉族,这两个群体的基因在主成分分析图上可分为两块,而且从北方到南方的各个人群的基因在外显子组上呈现梯度的变化,所以分析我们的基因就基本可以确定属于汉族的哪一块,是在南方、北方还是中部某一个地方。

第二个代表性成果是人类表型特征形成的复杂机制。我们长得各不相同,也就是表型特征不一样,从外到内的各种特征也不一样。通过集体的研究发现,基因型是通过多种的遗传机制来影响表型,比如有的是一个基因可以影响很多表型,有的是好多基因才能影响一个表型(比如高原适应),还有就是一堆表型受一堆基因影响(比如肿瘤)。

一个基因的一个位点变化就能影响我们很多的表型,比如头发的卷曲度(是直的还是弯的),还有下巴的突出程度,耳垂的形状以及门齿的形状,等等。那么为什么会这样子呢?我们发现实际上 EDAR 基因属于外胚层——胚胎发育时有内中外三个胚层,它是一个外胚层基因——如果它在很早期的时候发生一些变化,那么外胚层所有相关表型就会产生变化。中国人和欧美人长得不一样,就是因为中国人多数的位点是 A,欧美人多数的位点是 V,就是 370 位,是两个不同的氨基酸;而且通过比较发现,维吾尔族人是 V 和 A 各占一部分,正好是一个混合人群。这就解释了这一问题。我们的研究获得了国际同行的高度认可,成果发表在 Cell 杂志上。再比如高原适应——到了高原地区,有些人感觉非常好,有些人非常不行,我自己就属于那种非常不行的,但是我的好多学生没有什么感觉——个体之间不一样,那么到底是什么原因使人们对于高原反应不一样?我们发现核基因组以外,线粒体的基因组实际上也在发挥作用。当然,线粒体的基因组除了对高原适应有影响,还对人群的扩张——比如从小到大扩张的方式——以及自然选择,个体的肥胖、衰老,还有其他等等都有影响。我们的工作就是发现了有影响以后,通过在机制上进行一系列功能研究,说明它为什么会影响高原适应?为什么会影响肥胖?为什么会影响衰老?比如肥胖,我们会看到肥胖的人的线粒体基因的突变很少,而瘦的人的线粒体基因的突变就很多,那么突变多就会使它倾向于节约能量供应,而突变少则会选择放松能量供应。这是从进化和功能的角度去解释。

第三个代表性成果是关于人类的发育和出生缺陷。我们都知道中国曾放开过婚前检查,可是之后出生缺陷大幅度上升,所以现在又严格了,一定要进行婚前检测。婚前检测与我们人类发育的好多过程相关,如果不能提前预知、避免这些缺陷,就会生出具有出生缺陷的小孩。为什么存在这些出生缺陷的小孩能够出生?因为有一些选择不是胚胎发育所必需的,比如缺胳膊少腿,对胚胎的发育其实没有太大影响;大脑发育完好,也并非胚胎发育必需的。王磊教授发现了罕见突变是导致出生缺陷的一个重要原因,比如叶酸代谢酶异常可能会导致神经管畸形,女性的卵子减数分裂异常、不孕不育,以及先天性心脏病等等一系列出生缺陷的发生。所以在怀孕的时候,孕妇要补充叶酸,也是同样的道理。还有张峰教授,他发现罕见的拷贝数的变异加常见的一个 DNA 的多态性,联合起来导致了先天性的脊柱侧凸,也获得了很好的评价。基于上述出生缺陷研究的范例,我们建立起一些遗传学研究的新策略,在金力老师的带领下,形成了一个国家级创新群体。

第四个代表性成果就是我们很重要的一个方面,我们的一个特色——文理交叉。人类演化史的研究是文理交叉的,李辉等几位老师以理科为主,而韩昇等都是文科的老师,他们进行了一系列研究,比如东亚人群非洲起源说如何进行验证?李辉老师提出汉藏人群的北方起源说,表明不管是汉族人,还是藏族人,5000 年前大概都是起源于北方。

有一个语言学的证据表明,农业的起源和我们文明的起源是能够匹配起来的。李辉教授通过对于全球近 600 种语言的分析发现,语言起源于 4 万年前中东里海的南岸。接下来他用汉藏语系的谱系树支持了北方起源说的假说,结论是:汉语、藏缅语在汉藏语系中是构成一个二分类的,汉藏语系的初始分化年代大约是在距今 5900 年前,藏缅语族分化大概是 4700 年前,汉藏语分化和新石器时代的仰韶文化以及红山文化的发展密切相关。汉藏语分化与西北及西南地区的人口的增长和扩张也密切相关。那么汉藏语的分化符合语言伴随着农业扩散的假设,有了人,语言才能够分化。这个结论发表在 2019 年的 *Nature* 杂志,第一作者是张梦翰青年研究员和金力教授,这是由中国学者独立完成的,标志着以中国语言研究为核心,交叉融合生物学和人类学的中国语言人类学研究,取得了一个阶段性的成果,为中华文明探源工程提供了重要的语言学证据。这是目前已知的全世界唯一一棵如此大规模的汉藏语系谱系树——之前其他欧美人也做过这个东西——也为今后的汉藏语系群体和语言的协同进化提供了一个研究基础,就是群体和语言一定是协同进化的。

在语言方面的研究,还包括语言结构的差异和群体遗传的差异有密切的相关性。比如语言词汇的使用与 Y 染色体(也就是父系的差异)有关;线粒体在遗传上是母系的,它的差异和语音(就是你怎么说话)有关。一个是词汇的多少,一个是与声调、腔调等有关。因此,我们提出了一个新的假说,试图将语言人类学中父系语音假设和母系语音假设的二元对立调和起来,这个新的假说突显了语言学和遗传学进行文理交叉后的学科发展优势。最终经过研究发现确实如此,父系、母系和语言是协同进化的,也即一个群体的父亲和群体的语言词汇的系统变化相关,而母亲与音系的系统变化相关,那么这种相关性就为我们提供了这样的假设——父亲决定说什么,母亲决定怎么说。

此外,在历史人类学上,我们的研究又赋予其新的内涵——基于家系的样本和家谱的分析来重构历史。目前许多史实实际上是备受挑战的,我们无法判断其真伪,例如曹操是否为曹参的后代。我们通过DNA的研究推断,他是家族内部过继而来的。这既重构了一个历史的事件,同时又提高了分子测年的精度,因为以前都用碳14测年,现在是用Y染色体进行测年。除了曹操的千年身世之谜以外,我们还揭示了爱新觉罗皇室以及其他超大型家系的来源,比如福满、努尔哈赤等。

我们还进行了考古人类学的一些研究,发现人群的扩张其实是早于农业的。在农业产生之前,人群就已经开始扩张。人群的扩张促进了农业的发展,而农业的发展又促进了人群的进一步扩张,所以存在农业文明之前的第一次扩张和农业文明之后的第二次扩张。

我们的四个研究方向——实际上是五个研究方向,现在将遗传资源的开发利用和人类学的应用合并在了一起——由48位成员共同承担,其中教授研究员24人,不少具有院士头衔,入选“千人计划”,并具有一系列荣誉称号。人群遗传结构和进化机制的研究,是由金力老师带领的研究团队共同开展的;体质特征的遗传与发育机制、遗传资源的开发与利用的研究人员主要来自生命科学学院、医学院,部分来自于文科方向;而文科方向的老师主要集中于遗传与文化特征的交叉研究,除李辉外,还有纳日碧力戈、韩昇、潘悟云、姚大力、陈淳、高蒙河、陆建松和陶寰,获得了一定的成果。不同方向上都有学科带头人领军,金力老师是我们的首席科学家,昨天(2019年12月25日)被任命为常务副校长,我自己是人类遗传学与人类学系的主任,李辉是现代人类学教育部重点实验室的主任。除此之外,还有“杰青”王红艳。尤其值得一提的是安德烈斯（Andrés Ruiz-Linares）教授，他是 UCL（伦敦大学学院）的全职教授，现任复旦大学的特聘教授。我们之所以能够做那么多不一样的事情，主要得益于采用文理交叉的方式促进了学科发展。人类学偏重于文的方面，除了生物人类学，还有历史人类学、语言人类学、考古人类学和社会人类学；而遗传学的方向侧重于理的方面，除了有典型的人类遗传学以外，还有群体遗传学、医学人类学、遗传流行病学以及计算生物学。成立系以后，我们也加强了教学，强调研究生和本科生的教学并重。根据生命科学学院的总体规划，开设了一系列相关的课程，包括吴定良院士时期就有的体质人类学，以及人类生物学、进化遗传学、考古学、古人类学、历史人类学等等课程。我们在教学方面也获得了很多肯定，尤其是"人类进化"课，获得上海市教学成果一等奖。科教融合促进了教学的发展，这就是基于中华民族形成史的文理交叉人才培养模式。

科研的发展上，我们已有一系列的突破点，尤其是在人类表型组的研究方面，我们将其视为具有国际意义的一个竞争热点。复旦大学于 2017 年成立复旦大学人类表型组研究院，获得了上海市的市级科技重大专项"国际人类表型组计划（一期）"；今年又成立了上海国际人类表型组研究院，这是一个新型研发机构，一个 NGO。首先，我们在大型队列研究中倾注了很多心血，因为如果没有大型队列研究，大型的人类表型组研究就不可能实现。其次，为了重构历史，必须进行古 DNA 的研究，它是人类进化方向的一个突破点。再者，出生缺陷及其机制的研究也是人类遗传方向的一个突破点。那么，基于之前的文理医学，我们又增添了工学，文理医工的交叉促进了我们学科的发展，推动了人类学与人类遗传学的发展，为表型组学的研究奠定了坚实的基础。因此，有了我们现在的人类表型组学的研究。

为什么要研究表型组？张海国老师前述已提及，吴定良院士一开始的体质人类学就是"测"。测什么？就是测我们看得到的这些表型，而这些表型实际上是人类生命密码的另外一半。我们了解较多的一半是基因组，基因组研究已发展多年，但并不能完全解读人类生命的密码，因此我们要研究人类的表型组，只有将基因组和表型组结合起来，才能为精准医学奠定一个坚实的基础。因此,我们提出表型组计划就是想建立人类表型组测量的国际标准,绘制人类表型组的参比图谱,为国家的和人类的健康提供中国方案,体现大国的担当,为共建人类健康共同体贡献力量。

那么,表型到底是什么? 表型就是我们自己内在的、父母遗传给我们的基因和环境互相结合后形成的性状特征,身高、体重、肤纹等等都是表型。表型组就是个体从胚胎发育到出生、成长、衰老乃至死亡的过程中,它的形态特征、功能、行为、分子组成规律等生物、物理和化学性状的集合。简要来说,物理类的表型就是结构性的一些特性;化学类的表型就是组成性的一些特征,比如体检时血液检测的那些指标,血糖、血脂等等,这些都是化学的;生物类的表型就是功能性的一些特征,比如心脏好不好、大脑好不好等。基因组时代,遗传学的范式推动了生物医学的发展。大家可能都听说过孟德尔的遗传学规律,从豌豆到后来的果蝇,遗传学引领了整个生物医学 40 年的发展,包括人类基因组计划、国际千人基因组计划等,几乎已经穷尽单个基因和简单表型之间的关联。但是,我们发现实际上从微观到宏观——微观是指基因,宏观指表型——的解释困难重重,基因能够解释的表型问题非常少。因此,研究的范式要改变,如何才能将基因和表型关联起来,并且如何通过中间的一个分子的机制将微观的表型和宏观的表型——微观的表型是我们测的那些细小的指标,包括血液的指标等;宏观的表型就是看得见的那些东西——联系起来?

要进行研究,首先要测量,全面测量各个尺度的表型,包括微观的和宏观的表型,例如各项血液的指标,组织的、器官的,然后体质的,还有心理的、中医的,等等。只有先获得测量结果,才能进行计算,计算之后方可发现它们的关联,而不同尺度间的关联可以帮助我们在某些问题上进行精准的干预,对预防、预测有很大的作用。举个简单的例子,狐臭与耳屎的干和湿有关系,二者受同一个基因(ABCC11 基因)的控制,多数有狐臭的人的耳屎是湿的,欧美人居多,而汉族人有狐臭的相对比较少,其耳屎也以干的为主。另外,耳朵上的折痕与是否容易患冠心病密切相关,耳朵上有折痕的人患冠心病的概率会大幅度提升。因为这两个表型同受 MRPS22 基因所控制。所以对同一个人和同一组人进行全面测量,你就能发现不同尺度的表型之间的关系,然后就可以通过一个简单的表型来预测另外一个复杂的表型。因此我们提出的"人类表型组国际大科学计划",首先就是要测准,同时对不同的人群进行测量,互相比较,或者对同一个群体进行不同时段和不同状态的测量,年幼的时候、年老的时候、生病的时候、健康的时候等都去测量,才能对一个个体、一个群体和多个群体形成全面的了解,最终形成人类表型组的参比图谱。然后通过模拟的方式,让我们可以有一个更为深入的认知。比如模拟一个功能性的虚拟的人,通过破坏其某一点来找寻另外一个点随之而坏的原因,帮助我们对健康有一个更好的了解;而且还可以对其进行环境模拟,了解其在不同的环境下——例如高原或外太空——会有怎样的反应。所以,人类表型组的计划是分步式的,先在上海开展,推广到全国,再推广到全球。为了做好这个,首先就要建立一个大平台。目前,我们已在复旦的张江校区,建成了世界上第一个跨尺度、多维度、跨时空的人类表型组精密测量平台。跨尺度是指有微观、有宏观;多维度是指我们可以测量人体的各个器官,包括中医表型和心理表型;跨时空当然是指我们的这些志愿者来自不同的地域、处于不同的年龄阶段等,整个研究思路是多维的。我们需要采集临床的、体质的、解剖的、行为的、功能的、菌群的、免疫的、分子的、中医的等等表型。

　　大家肯定会有疑问,这么多东西,这么复杂,能测吗? 实际上我们之所以现在才能够进行人类表型组的研究,是因为技术的进步已经可以支持实现一些系统的、大规模的、精密的测量。我们已有遗传学研究作为基础,以及测序技术、蛋白质组学鉴定技术、代谢物组学技术、医学成像技术、人群队列研究等一些低成本、高效、大通量的技术,以及大数据的网络构建技术。那么,到底最先应该测什么,怎么测? 伽利略有一句话非常好,"测一切之可测,并使不可测为可测",就是说我们现在把能测的都测了,如果有不能测的,就一定要想尽办法使之能测。吴定良先生的体质人类学一开始就是测量,测量是做人类学和做人类遗传学的一个基础。至于测量内容的选择,要根据重要性和通量的高低以及成本的高低来计算;而测量的方式,讲求精确、深入和连续,比如从生到死,不停地在多个时点进行测量。测量所得数据使得我们能够解构不同的表型的网络。我们的表型是分组的,比如这一堆表型与心脏有关,那一堆和肾脏有关,等等,它是有构造的。举个简单的例子,仍然是张老师辛辛苦苦做了一辈子的肤纹学研究。我们只能看到肤纹是不一样的,如果我们想发现它的关联,还是要靠遗传学的帮助。例如一个人的10根手指,当我们将其看作10个表型时,无法看到它的人群之间的关联,具体来说就是这个人群和那个人群是由什么样子的遗传决定了这个人和那个人不一样。但是当我们对其进行一个复合表型的提取,再将之与基因关联,就会发现其中的联系。指纹可分为弓、箕、斗分布,比如两个大拇指的表型是关联的,两个小拇指是关联的,中间6根手指的表型是关联的,那么就变成了三类。将这三类表型和基因进行联系,找到遗传关系,具体来说是找到哪一些遗传与大拇指、小指还有中间的手指有关系,决定它们的弓、箕、斗的形状。此外,后来还发现了很有意思的东西,指纹的表型其实是与力相关的,发育过程中所受力的拉伸大小不同,最终形成的弓箕斗的表型也不一样。这个是在张老师测的那些表型的基础上,王思佳教授课题组通过遗传性的研究把二者串联起来发现的,所以非常感谢张老师。

　　整个人类表型组有三个目标:第一要测准。第二表型要分布,这个分布是说一个个体的多次追踪,还有多个个体之间的差异,然后多个群体间的差异的分布。第三,形成一个表型组的关系的图谱,一个导航图。导航图是说这些不同的表型是有结构的,知道了它们之间的关系是什么之后,绘制出一个类似于地图一样的图,那么其他人测量某一些表型后,就知道应该在导航图的哪个地方去找,这些表型的类型应该对应什么样的东西,它的变化是如何引起其他变化的。所以三大行动就是先在上海预演,再推到国家,然后再推到全球。目前看来,我们的预演是成功了,因为上海市觉得这个计划非常棒,于2017年批准该计划作为首批上海市级重大专项予以立项,拨款近5.57亿元,分5个大的项目来对整个大项目进行预演。在此基础上,金力院士、系统生物学之父美国的莱诺·胡德(Leroy E. Hood)、代谢组学之父英国的杰里米·尼克尔森(Jeremy Nicholson)这三位科学家一起推动了表型组计划。去年的 10 月 31 号,上海召开第二届国际人类表型组研讨会,成立了中国人类表型组研究协作组和人类表型组计划国际协作组,涉及 17 个国家的 22 家科研机构。这么宏大的计划,平台已经搭好了。我们志愿者的招募要求非常严格,因为他们要一个个连续地测,这就要求我们需要先做一些示范性的项目,提供先期的一些成果。我们做了一些应用性的、示范性的课题,比如与我们每个人的健康密切相关的原创降糖药的研究,中老年人群的衰老表型组学研究,高原适应表型组学研究,早发冠心病的表型组学研究,儿童难治性癫痫的表型组学研究,以及河南郑州的中原人群多组学参比数据库,等等。先用小人群进行试验。那么有了这些表型,如何知道这些表型到底意味着什么? 到底是什么样的基因形成了这样的表型? 各个表型之间的不同的关联到底是什么? 因此,还需要一些精细的机制研究。

之前提到的高原适应问题,如果到了高原以后再讨论就有点晚了,所以可以先模拟。上海市追加了 3000 多万元,为我们做了一个环境模拟舱。模拟不同的环境,然后在模拟的情况下,观察表型的变化。那么,这些表型组学在生物医学中有何作用? 我认为人类表型组的研究,可以让我们发现很多新知识。这些新知识、新表型的发现最终可作为精准防诊治的标志物,在研究它的机制以后形成药靶进行制药,为我们的健康创造一个动力。

未来我们仍会在吴定良先生精神的指引下,继续推动我们的人类遗传学和人类学,尤其是人类表型组学研究,精益求精。我们也将不忘初心,继续在人类遗传学和人类学的领域,培养创新人才,逐渐形成国际知名的学术高地,推进我们的"健康中国"战略。谢谢大家!

(作者单位:复旦大学生命科学学院,未经发言者整理)

浙江大学人类学学科建设回顾与展望

阮云星

以上的报告让我受益匪浅,也特别受鼓舞。这样看来,上海的人类学前程似锦,吴(定良)先生播撒的种子在复旦已经开花结果。现在特别需要探讨高新科技的生物人类学和文化人类学如何互动、文理跨学科等问题,刚刚张(海国)教授和王(久存)教授的报告也给我们做了科普。其实,吴先生在浙大创办的人类学就包含了体质人类学、考古人类学、文化人类学。四校合并后的新浙大继承吴先生的事业,在筹备复所的时候,我们向学校提交的第一份报告中展望的目标就是,要在 20 年后建成综合实验室式的,包括体质/生物人类学、社会/文化人类学的跨学科整合的人类学前沿机构。现在看到这在复旦大学已经曙光初现,我感到特别兴奋。因时间关系,我直接进入正题。

我分两个部分谈一下今天的主题,首先要缅怀吴先生,他对中国人类学事业做出的重要贡献。其次,浙大人类学所在复所以后主要继承和发展了哪些吴先生遗留的事业,以及对未来的展望。请诸位出谋划策,帮助我们一起探讨浙大应如何继承吴先生遗志,把人类学学科建设得更好。

首先是关于 20 世纪中叶,浙大人类学起步的学科品格。我原先定下的题目是《学术的逻辑与学科的品格:浙江大学人类学学科建设回顾与展望》,讨论什么叫作学科品格、什么是学术的逻辑,但由于时间有限,就暂不展开。特意指出这一点是想表明,我用这两个概念来定题,是想体现从吴先生开始的浙大人类学的追求和努力。

　　20 世纪 40 年代,吴先生首先在浙大成立了人类学系,接着成立人类学研究所。到了 50 年代初,他又参与成立了两个全国性的人类学学会。可以说,在中国人类学史上,吴先生是这种学科体制最早的开创者。此前,自上世纪初以来,我们知道还有很多同仁也在其他机构努力建设中国人类学,如南开大学等高校也曾尝试建设一个组织机构齐备、学科结构方向明确、展开教研实践的人类学学科体系。无论是在民国政府时期,还是新中国成立初期,浙大的人类学事业都得到了国家的支持,这对后来的发展十分重要。我们先看一下竺可桢先生给当时的国民政府教育部提交的报告,这个报告是关于申请成立浙大人类学研究所的,里面提及了浙大如何进行高水平的学科定位。当时已明确要招聘近十位专家学者,涉及生物人类学、考古人类学和社会/文化人类学等分支,同时明言要成为“全国领导斯学之中心”。同时也具备了一定的学科建设的内外条件:校长非常支持,还有国民政府,以及其他一些由吴先生的个人社会资本所形成的体制性的和社会性的支持。相关的筹资方面也很了不起,虽然 30 亿这个数字是伪币,但对于一个学科的建设来说,已经是一个非常大的份额。可见当时吴先生、竺可桢校长花费了不少心力。另外,当时的学科建设保障是颇有力的,报告提到了两点:一是通过三个学期的摸索,浙大人类学系的教研实践所形成的局面,以及为什么要成立人类学研究所;二是建所开展教研育才所具有的设备等情况,共罗列了六条,可以看到当时的浙大人类学系所做的准备,包括人员、图书资料、仪器实验室设备、创办的刊物等,确实是一个非常像样的、目标明确、各方面相关要素都配合得很好的研究所规划。

　　进入 21 世纪,浙大人类学所复所,庄(孔韶)老师来浙大领军,当时人(引进人才指标)财物资源几乎为零,着实不容易。这与庄先生去中国人民大学时相当不同,人大的人财物资源较齐备,短短几年内就让人大人类学初具规模,有了很大的长进,成为了科研产出量较高的研究所。说回浙大,我们特别要感谢分管文科的罗卫东副校长,如果没有他对人类学的理解和支持,在浙大文科建设战略总布局中对人类学做出安排,浙大人类学所的道路将更加艰难。我们知道,四校合并以后,新浙江大学是以理工学科为重的大学,很难为人类学学科建设配置足够的资源。尽管如此,我们在庄老师的带领下,仍尽心竭力地推进学科建设。复所后的浙大人类学,大约经历了三个发展时期。2010年,浙大人类学复所后,进入起步期。接着2013年研究所换届,庄老师继任所长——同时受聘为讲座教授,进一步保障了庄老师全职来校工作——虽然人类学所其他的资源配置还未能到位,但人类学学科建设的背景变得不一样了,因为它被提上了学校的工作议程。诸如2009年在云南召开的国际人类学与民族学联合会第十六届世界大会,是国家领导人层面第一次提到人类学;2010年,教育部出台对口支援西部高等学校的计划,浙大对口支援贵州大学,支持贵大的民族学学科建设,至此在学校层面将人类学学科建设与国家的相关战略结合起来;随后还有"双一流"建设目标的提出;等等。2016年,学校确定重点扶持社会学系,人类学学科建设也迎来新契机,梁永佳教授也到研究所任职。因此,我大致这么区分发展三阶段:2010年开始为起步期;2014年以来开始探索、推进学科建设、社会学系扶持发展期;今年(2019)研究所换届以后应该是迈向发展时期。今天的会议,我们看到社会学系的老主任也来到会议现场,赖金良主任,他也始终在主持相关工作。在此之前,我们结合全国的非物质文化遗产保护运动,建起了浙江大学非物质文化遗产研究中心,由赖老师任中心主任。我们将中心建设和人类学、民俗学学科建设相配合,还请北大高丙中教授担任中心的学术委员会的主任。高老师研究人类学和民俗学,也是国家非物质文化遗产保护工作专家委员会成员。当社会学系进入公共管理学院以后,在毛丹副院长的分管和支持,加之罗副校长、社科院(浙江大学社会科学研究院)袁清副院长等领导的关心支持下,虽然资源有限,我们还是努力内联外引,推进学科建设。

那么,我们再看看人类学所主要做了哪些事,在大家的努力下,获得了哪些成果。首先,开设人类学的相关课程。社会学系原有的一些人类学课程,仅限于系内学生选修。2011年,我们衔接学校开展的核心通识教育资源,申请开设了"文化人类学"和"人类学"两门核心通识课程,由庄老师、刘朝晖老师、刘志军老师、董绍春老师和我承担教学工作,得到学生们的欢迎和好评。其次,是研究生教育。我们依托相关学科博士点,庄老师和我共招收了八位博士研究生,现在有两位已经毕业了。人类学所的几位老师还招收了一批硕士研究生,依托校内有关硕博点开展了一定的教研育才工作。我指导毕业的硕士研究生就有十几位,他们大多都修读过有关人类学课程,用参与观察的人类学田野工作方法做研究,完成了硕士论文。其中一些还参加过云南大学等高校举办的暑期人类学训练营,参与校核心通识课程"文化人类学"的助教工作。

再者,在科研方面,我们编辑出版了《人类学研究》学术辑刊,由庄老师任主编,浙大社科院资助出版。这个刊物原来是一个同仁刊物,庄老师认为这个刊物应该继续留在浙大,我也力主留在浙大。现在梁永佳教授有一个很好的规划,策划中英文怎么合刊、编辑、出版等等。今年,我们还成功申报到浙大高水平期刊的资助项目。不过任重道远,希望诸位赐教驰援。

最后,在人类学资料库建设方面,我们与浙大图书馆合作,在2015年设立浙大当代人类学多媒体资料库——"民博文库",这可能是目前全国唯一的、采用国标的多媒体人类学资料库,其特色之一是藏有日本国立民族学博物馆(简称"民博")捐赠的该人类学民族学研究机构上世纪70年代建馆以来、迄今为止出版的四套日文、英文人类学学术期刊。之所以称其为"民博文库",是因为这个文库建立的初始资料,主要的一部分由民博这所带博物馆的世界级著名人类学研究机构所捐赠。这些资料以日文为主,其中有一套半是英文的,还有一套期刊允许刊发多语种论文——哪怕是非常小的族群,即由本土人类学家用自己本土的语言写成的,仍然可以在此刊发,具有十分鲜明的特色。浙大与民博是国际合作签约机构,我们现在还在继续互相交换学术期刊。目前"民博文库"正面向全球征集人类学家代表作,包括这一次项飚老师来给我们做报告时所赠送的一本书,也将收入文库中。同时,我们也会向项飚老师颁发捐赠证书,一会儿请梁所长颁发。通常接受捐赠仪式会结合着我们举办的讲座进行。其实我们在做的这些事,有的看上去是很微不足道的,但我们的目标是要把有前瞻性的多媒体、当代人类学的资料库办好,所以包括刚才庄老师说的跨学科,我们几次和学校提起,浙大这样的大学没有多媒体或者叫作影视人类学的研究中心,是个很大的问题——当然资料库应包括像张老师、王老师现在接着吴先生做的,体质人类学、生物人类学的内容——当代是图像的、数字的世纪,无论是人类学还是博物馆、图书馆,今后的资料收集、储存、展示、传播都是需要多媒体的,浙大这样一个综合性高端大学,多学科的研究,为什么不把它做起来? 所以我们还得推动。

刚才提到和捐赠仪式相结合的讲座,特指浙大人类学所和浙大图书馆联合主办的"浙大人类学系列讲座"。这个活动于 2016 年正式独立立项,每年面向校内外师生及市民听众举办数次以"文化人类学"为主的讲座。我们与图书馆合作举办,所以传播力也特别强。虽然申报审批等手续比较麻烦,需要"过五关斩六将"——先要盖上五个印章,最后保卫处也要盖一个章,成本还是蛮高的——但是我们觉得应该继续做下去,因为人类学的内外传播是非常重要的,也是学者学界责无旁贷的社会责任。今年开始,我们还在讲座中开设了"赛博格人类学""影视人类学"等子系列讲座,师生反响热烈,今后也请诸位驰援。

我接着说最后的汇报内容。项飙老师一看到我就问我最近的研究是什么? 我跟他说赛博格人类学。我最近的研究与晚近的科技人类学、"后人类"的学术关注相关,也培养赛博、赛博格研究方向的硕博研究生。我们的项目也被纳入了浙大的"双脑计划",与脑科学(人脑)和人工智能(机器脑)的跨学科研究有关。浙大的吴朝晖校长十年前开始就已经不只是做"AI"研究了,他领衔的团队研究"CI",这个"C"就是"Cyborg"的首字母,研究的就是脑机融合。去年学校推动文理跨学科的"双脑研究"项目,我和永佳以赛博格人类学为题进行项目申报,副标题用了"人工智能+智识生产"。我们这个集体项目想在明年提交一个有关"全球赛博格人类学研究"检视报告,也希望大家给予指导、加盟。这个研究有什么特色? 因为我们团队涵括了五个语种的师生,中文、英文、德文、法文、日文,所以想先以这几个国别语境有关的研究为主做一个检视,综述这几大学术语种里的相关讨论,看看全球学界在这方面到底在讨论什么,才知道后面接着怎么做。从这一点来说,学校这个计划也是具有前瞻性的,而且契合吴先生当时定下的人类学规划。所以我也一直鼓励年轻中坚的才俊接着做下去。

梁永佳所长在我们社会学系的年会上说,之后浙大人类学可能有这三个方向:一个可能是"science, technology and society"(科学、技术和社会),或者叫作科技人类学;第二可能就是与相关的应用相结合,做好文化遗产人类学等研究;还有一块可能暂时先用"亚太人类学"来称呼。当然我们在听取大家的各种各样建议之后会再做调整。总的来说,我们会依据现有的研究力量,再规划引进人才。此外,学术交流互动和合作也很重要。刚才张(海国)会长有很好的建议,我们也有一些构想,看看日后能否请诸位同仁来浙大,同台做一些有趣的"大人类学"讲座报告,提高人类学的吸引力,把我国的当代人类学学科建设向前推进。

(作者单位:浙江大学社会学系)

吴定良的研究与收集的标本

李东升

各位老师，下午好。感谢吴小庄老师和浙大人文高等研究院提供这样一个机会，让我能在这里同大家分享一些吴定良院士的历史。

我来自中国科学院古脊椎动物与古人类研究所，我们单位成立的初衷是，1929 年我国发现了北京人头盖骨，需要有一个机构去研究这些东西。我们单位成立以来，在长期的研究中收集了很多标本，但很多历史原因导致部分标本的信息缺失——这些信息缺失会导致研究的基础信息不牢靠，且部分信息不能得到很充分的利用——其中有一批人类头骨，大概 300 多件标本，基础信息几乎都没有了。后来机缘巧合之下，我们开始寻找这些标本的信息，找完之后发现，这些标本其实与两个关键词有关系，一个是中央研究院历史语言研究所，另一个就是吴定良院士。由此便展开了相关了解，这里就大概分享一下我了解到的一些历史信息。

首先，中央研究院是中华民国时期成立的一个国立学术研究机构。该机构从 1927 年 5 月开始筹备，然后到 1928 年 6 月正式成立，由蔡元培任第一任院长，先后成立了 14 个研究所。其中，历史语言研究所成立于 1928 年 10 月，当时由傅斯年担任所长，并下设了史学组、语言组和考古学组。这三个组分别由陈寅恪、赵元任和李济担任主任。其中考古组的董作宾院士，在 1928 年到河南安阳调查当地的一些甲骨文，由此发现了殷墟这个著名的地点。因为这个地点很重要，所以历史语言研究所就对这个地点进行了长期的发掘，一直持续到 1937 年抗日战争爆发才被迫停止。在这期间,挖掘工作一共持续了十年,大概发掘了十五次,出土了大量的甲骨文、青铜器以及陶器,然后还出土了非常多的人骨标本,这个事情先讲到这里。

然后,我要介绍下吴定良院士。吴定良院士于 1924 年考取了公费留学的名额,到哥伦比亚大学深造。三年之后,他转入英国伦敦大学学院,师从当时特别著名的数学家卡尔·皮尔逊(Karl Pearson),进行体质人类学和统计学的研究。毕业之后,他便继续在英国和瑞士开展体质人类学和统计学的研究。到了 1929 年,因为北京人头盖骨的发现,这是国际上比较重大的一个事情,吴定良院士也读到了一些当时国际上的相关报道,在震惊的同时也觉得很遗憾,因为他看到这些标本是由国外的人拿去研究的,总觉着这些东西应该是由国人自己去做的,与当时留学在外的很多著名专家的想法可能比较相似。然后他就一直在寻找机会,中央研究院这时候就提供了这么一个机会——当时正赶上殷墟出土了大量的人骨,需要招聘相关的人才。后来他通过丁文江的介绍,在 1934 年 7 月受蔡元培的邀请,受聘于中央研究院历史语言研究所,并于 10 月份正式入职。同年 12 月 24 日,他所在的历史语言研究所就成立了一个单独的研究组,也就是第四组,叫作人类学组,由吴定良院士任主任,目的是为了研究这批当时殷墟发现的很重要的人类骨骼标本。吴定良院士在受聘的这段时间内,大概有 13 年,对殷墟的这些人类骨骼标本进行了大量的测量和研究工作,专门写了很多关于这个方面研究的文章,但是最终没有发表。结合其他材料的研究,比如他以这批材料和其他一些产地的标本进行一些对比,做了中国人的肱骨、眉间崤突以及锁骨的研究,同时他还基于商代人的头骨和近代人的头骨的容量做了一个计算公式。但这些全部都是和其他各个产地的标本结合起来进行的对比研究,真正关于殷墟标本的研究文章却很少发表。就像吴小庄女士所说的,很多的文章其实是在没有发表的情况下后期就已经遗失了。后来到了 1985 年,李济根据吴定良之前采集的一批测量数据,在《安阳殷墟头骨研究》这本书中发表了一篇关于安阳侯家庄殷墟人头盖骨的一些测量特征,这可能是唯一一篇我们能找到的仅限于殷墟人头盖骨研究的文章。关于这批标本的去向,大家的说法也比较多,其中比较肯定的一些说法是,当时中央研究院历史语言研究所撤台的时候,带走了大概 400 多个头盖骨,也就是殷墟比较重要的头盖骨。其他一些标本的去向,现在说法也不是特别确定,具体流向哪里也不是特别清楚。

　　吴定良院士在中央研究院做殷墟人头盖骨研究的同时,也注重标本的收集。比如在 1936 年,因为南京绣球山附近有个公墓要迁,然后大概花了一个月的时间开展挖掘工作,发现了 1928 具人骨。这些大部分是当地人的,很多尸骨已经被亲人认领走了,其中有 230 多具人骨没有人认领,他就把这批标本收集起来了。这些标本后来就一直随他到了很多地方,他撰写的很多文章也都是与这批标本有关。1937 年,因为抗日战争,历史语言研究所包括整个中央研究院都开始撤退到昆明。1938 年,吴定良应该是受到当时云南大学熊庆来校长的邀请,去云南大学做了一个讲座。在此次讲座间隙闲谈时,他听说云南大学当时因为校址的原因,在扩充新校址过程中,发现了 1 万多具人的尸骨。然后他当时就找中央研究院联系,写了一些公函去申请是否能得到一批标本。得到允许后他于 1 月 12 号去捡取了大概 500 具人骨和相关的头后骨标本。这批人骨是云南当地一些贫苦百姓的遗骸,生活时期大概属于晚清以及民国时期。这批标本后来可能分为两部分:一部分是随着吴定良院士到了浙江大学,之后又可能到了复旦大学;另一批标本也就是我刚最开始提到的,去了我们单位的那批,大概有 300 多件。关于这批标本,虽然吴定良院士写了很多文章,但它的重要意义可能更大程度上体现在对我们所日后的研究上,比如吴汝康院士、吴新智院士他们做的很多工作,一部分基础工作都是基于这批标本,这个可能对于我们来说是吴定良院士最重要的一批遗产。

　　战乱时期,搬家也是很常见的一个事情。研究所在 1938 年搬到云南之后,又遇上各种空袭,于是他们在 1940 年又搬去了四川的南溪李庄。然后在 1941 年,吴定良院士兼聘于贵州大学,这时他开始去做一些活体的测量,比如去贵州当地测量苗族的分支,还有对仡佬族人的一些体型信息开展收集工作,像张(海国)老师刚说的一些指纹、身高相关信息的收集;同时 1942 年,他再次前往该地区进行收集,最终发表了《贵州坝苗和华南其他居民的体质》这篇文章,这也是我们见到的唯一一篇相关的文章。同时,他在四川南溪李庄也特别注重标本的收集工作,陆陆续续在南溪李庄附近收集了大概 500 多具人骨,后来也带去了浙大。我刚看到阮(云星)老师 PPT 里边写到浙江大学的"六个基础",其中一个基础是标本,主要是 2000 多件标本。这 2000 多件标本中有很大一部分都与收集工作有关系,应该是吴定良院士他自己从中央研究院拿来的。吴定良院士在历史语言研究所工作时,可能因为一些人际关系或者其他原因,导致人类学组总体不受重视。他总想自己成立一个单独的研究所,这样他就可以有一定的行政权。然后有一个契机,在 1943 年,中央研究院提出了一个"研究提高民族素质案"。基于这个大背景,吴定良院士他们于 1944 年成立了"体质人类学研究所筹备处",他任第一任所长,但是"筹备处"这三个字却一直没有被划掉,也就是说这个所一直没有真正成立起来。具体什么原因大家也有比较多的猜测,比如有经费原因,有人事关系原因等。最终也可能因为这个事,导致吴定良院士对历史语言研究所和整个中央研究院心灰意冷。最后他接受了竺可桢校长的邀请来到了浙江大学,成立了浙江大学的人类学系。

在浙江大学期间,吴定良老师依旧注重标本的收集,比如他在浙江的松木场附近进行挖掘,发现了 200 多具标本。当然也有基于此标本的研究,例如《下颌颏孔的类型与演化》。1952 年院系合并调整后,吴定良院士被分配到了复旦大学。1955 年到 1956 年期间,南京博物院发掘出大量人骨,因为保存条件较差,他去取样时仅取出 20 多个头骨,还有下颌,在对这 20 多个头骨的下颌进行了一部分研究后发表了《南京北阴阳营新石器时代晚期人类遗骸(下颌骨)的研究》。同时在这一时期进行了大量的人体骨骼、人体活体的信息测量。

这些便是我现在了解到的一些关于吴定良院士收集标本,以及他所作文章的情况,谢谢大家。

（作者单位:中国科学院古脊椎动物与古人类研究所）

讨论与回应

潘天舒

阮老师的演讲内容，可以办个"人类学日"。我和金力老师大概在10年前办了个"人类学日"，告诉大家19世纪人类学是怎么回事，然后21世纪人类学如何展望。

阮云星

谢谢！在这方面我们非常期待复旦先行，你们已经是生物人类学与文化人类学两个机构都有设立了。我再补充一句，其实在我2010年第一份提交学校的人类学学科建设规划报告中，第一项是长远目标：要在20年以后，办成综合前沿实验室式的人类学先端研发基地，团队规模能达到六十人，涵括生物、考古、语言、文化等人类学分支。现在回想，那个时候简直是开玩笑，什么东西都没有，提这个干什么！但是，没有一个目标和展望，能有前景吗？所以如果我们真的请诸位老师前来支援，也要先研究通识核心课怎么开，怎样进行跨学科教研和整合。其实，从某种意义上来说，我们是与复旦同门的，都是吴先生事业的继承者，而且都在长三角地区。还有黄剑波老师领军的华东师范大学人类学研究所也是很强的。如今我们有了一定的规划和展望，需要脚踏实地、一步一步来做，把事情做好。总而言之，非常感谢大家，也希望借这个机会听取大家各种各样的高见。

董绍春

我有个简单的问题，想请教一下张老师。中国民间有这样一个传统，根据人的指纹和掌纹预测人的性格和命运，那么这种做法到底完全是无稽之谈，还是有一定科学性的？

张海国

能否通过掌纹来预测个人的前途、个人的性格、个人的健康，到现在为止都还处于研究之中，还没有最后的结论。从指纹是否可以诊断疾病来说，世界上目前公认的可以通过指纹诊断的疾病只有一种，就是21三体综合征。大家用肉眼就能判断一个人是否患有21三体综合征，判断正确率可以达到70％，甚至达到80％；而用指纹、掌纹、脚纹来诊断的正确率则可以达到81％，最近复旦大学用指纹、掌纹和脚纹进行21三体综合征的诊断，诊断率达到了96％，相关文章即将发表。为什么目前只有这一种疾病（21三体综合征）是世界上所有医学家、医学界都承认的可以用肤纹诊断的疾病，其他的疾病都不承认？因为证据不足。从测性格来说，国内权威机构、国际权威机构都不承认通过肤纹可以看个人的前途，因为做出来的相关指数或比例太差了。但这种预测方式现在仍然存在。杭州虽然不多，北京或者北方某地地区却有很多这种预测机构，预测小孩子的未来前途，收费很高，几千元预测一个人。若要我对这种（预测）情况发表评论，我只能说还在研究当中，未有定论。这些机构现在去做，是把商业化的步骤提前了，提前意味着什么？真理往前走一步就变成谬论了。

有次上海市一个电视台，请来一位比较有名的通过指纹来算命、预测个人性格的"专家"做广播、做宣传，希望我去做嘉宾。我回复电视台的人，如果我做嘉宾，肯定和他抬杠。电视台的人请我不要和他抬杠，因为电视台花了很多钱把"专家"请来，当然是希望大家来捧"专家"，可以回本、盈利。我不同意，也就没参加那个活动。这说明一个问题，指纹算命是中国自古留下来的一个现象，而且这个现象在今天的中国仍有很多人相信，这个市场很大；而说指纹不能算命，这个市场很小，说话的力度不如他们。中国青年报进行过指纹算命的调查，中国有3亿多人——实际上可能有一半的人口，就是说有7亿多人，相信指纹算命；

但是中国相信指纹不能算命的人口不到 7 千万。一个是 7 亿,一个是 7 千万。另外,这个市场有着几千年的历史,而且信徒也有很多,这个势头可能还要延续几年或者几十年,造成劣币驱逐良币的后果。这就是我们人类学家所处的一个位置。

丹增金巴

我有个问题想请教王老师。我一直对费孝通老先生提出的高原议题有个人的想法,费老主要是从人口互动讲民族研究,而王老师刚才有提到汉藏,所开展的研究中也涉及一些中国的民族人种和基因的研究。那么今天中华民族的各个民族,是否都可以通过基因来进行研究呢?

王久存

对的,因为刚才张老师也说了,我们有一个研究承担了科技部的专项课题,就是测量采集 56 个民族的样本及其体质,所以我们做的工作实际上就是溯源——中华民族溯源。最终通过基因我们发现,东亚人是来自非洲的,来自非洲的基因也是这样的,所以我们不是源自本地区。但是我们走的路是弯弯曲曲的,那么从哪起源,然后怎么走,走的过程,每一个点,我们也要通过基因的研究将其捋顺。比如,关于中国人是从南方进来还是从北边进来这一问题,我们发现实际上是先从南边进来,到了北边,北边人又回过来,所以人口的扩张是从北方到南方的,一路像打仗一样,谁胜了谁就开始扩张。所以这实际上是可以从基因上去解决的。

丹增金巴

这中间出现了一个悖论。如果这样算的话,东南亚的人也可以被算入"多元一体"当中,实际上成了中华民族的一部分。

王久存

所以要看如何划定一个界限，就是从哪拉一条线，比如从 5000 年前来判断，藏缅原来是同源的，然后再分化；而从 10 000 年以前来看，这些基因都是一样的。

项飚

这可能是一个非常小学生的题目。我们能否通过基因研究，发现 56 个民族确实有民族间的基因界线？因为我们都知道对 56 个民族的划分是依照比较主观标准进行的。现在民族基因研究的图景是怎样的？

王久存

现在还没有完全弄清楚，所以我们才要采集样本，要去处理他们的关系。

民族的划分是主观的，但是我们可以看到，这一群人若按地域划分是两族人——我们现在是按照以前我们国家的民族划分方式——但按基因来说，我们发现这两族人其实本来是一起的。我们做的是回归客观，说明其在基因上到底什么样。

刚才提到实际上我们已经知道很多汉藏缅的情况了，我们通过各种包括考古的、基因的等在内的方式，做了很多研究。其他民族，比如回族的汉族基因是多少，维吾尔族的汉族基因以及东亚、西亚、欧洲的基因分别是多少，我们都有一个明确的研究。但并这不是所有的情况，所以仍要采集，尤其是对于很小众的少数民族，如果没有足够的样本与它的表型和外表信息，就没办法开展好相关研究。

进行一个民族群体的调查，需要调查这个群体的个体、他们的父母、父母的父母，即同一个民族的三代人。他们自己在这个地方居住了很长时间，知道自己的三代是谁。每一个民族所做出来的群体的资料，和另外的民族,或者距离远一点的民族资料是不同的,群体也是不同的。我们使用最多的是多元分析中的聚类分析方法,把它分为非常明显的两大类。

梁永佳

我有另外一个问题想问王老师:迁走的人该怎样划分?关于民族的迁徙,我们现在的民族构成里是不是会忽略掉一些人,这些人在远古的时候还在东亚,但是现在已经不在这里了?

王久存

迁走的人,其实是可以追踪的。我们对四个地方的人群做了全基因组测序,包括郑州、南宁、泰州,还有上海。通过对将近5000个人进行研究,我们发现了一个很有意思的现象。从北往南依次是郑州、泰州、上海和南宁,它的分布是先后有交叉,中间几乎没有交叉,所以我们采集的南宁的南方汉族人和郑州的北方汉族人是完全分开的;泰州和郑州离得近,而且在南北交界的地方,会有一部分重合;上海又和泰州有一部分重合;但是在上海的人中会看到有零星的个别情况。这是因为我们在其他三个地方采集的人,要求必须是三代居住在本地的;而我们在上海采集的是自然人群,只要本人在上海居住5年以上即可。然后因为我们同时要研究环境对个体表型的一些影响,所以就要去查看这些人的籍贯,结果发现他们的籍贯正好与我们的研究很吻合,如果他来自南宁附近,在上海待了5年以上就落户在那里,他虽然离开了家乡,但是他的基因没有变,只是生活环境变了,所以仍然能够追踪到他。这就是我们实验室能为国家安全做贡献的其中一个非常重要的原因,我们能够对个体溯源,如果一个人在上海作案,我们可以根据他籍贯来自郑州还是来自南宁,缩小侦查范围,也就能更快地把他抓住了。

这个就是刚才张老师说的,他的语言、说话的方式、语音和说话本身的构成是不变的。然后现在我们也看语言方面的信息，一个人语言的构成、语音和表达的方式和他的喉部的结构其实也有关系，所以我们仍然能通过溯源去找到他。

庄孔韶

王老师，我有一个博士生，他来自山东，但是他到云南后天天头疼，这种高原反应的有无是存在地区分布特征的吗？比如有的人是天天都头疼，有的人两天就不头疼了，这个现象有差异吗？几代人以后会有变化吗？

王久存

是这样的，我们初步发现，如果一个人本身来自海拔比较高的地方，比如重庆、甘肃这种海拔一两千米以上的地方，就不容易在高原头疼；而山东就属于平原地带，它的海拔很低，所以山东的人到高原上就容易头疼，这是因为他本身的基因没有很好地适应位点的存在。

高原反应是有不同程度的。比如我上去以后基本上要吸氧，虽然过两天以后确实是好多了，但是稍微一动就不行了。每个人是不一样的，因为我们每个人都由不同的基因组成，基因里面的一些关键位点不一样，很多位点的组合就决定了能不能接受高原反应。

汉藏两族原来是一起的，后来藏族上去了以后，为什么藏族人现在基本上能比较好地适应高原状况呢？实际上我们发现藏族人里面也有不适应的人，但是那些不能很好地适应环境的人，他的基因就被淘汰了。第一如果他不适应，他的个体发育肯定不好，而在他生存状态不好的情况下，寻找配偶就是一个问题。即使他结婚生子，孩子的情况可能也不会很好，除非夫妇俩孕育的小孩获得了新的基因突变，那个突变如果能适应环境，那么孩子能存活下来且活得好，长大后再寻找新的配偶，然后使好基因能够传下去。这就是达尔文提出的"适者生存"，适合的突变基因能留在环境里面,然后再传下去,这也就是为什么现在基本上藏族人多数情况都是很适应的。

庄孔韶

还有就是,家族短距离过继与否我们会比较清楚,但是再往上走是否过继,我们就不清楚了。

王久存

所以我们一定要找到他前人的骨骼去做 DNA 研究,如果每一代的人都有,从 DNA 里面的 Y 染色体中,我们就可以追踪他这一代人的变迁过程。我们之所以能做出来曹操的研究,就是因为找到了曹操叔叔的骨骼。曹操后代的我们也找到了,所以还能从后代研究。然后还有现代的基因样本,这项工作要求一定要溯源,所以要有样本才行。因为 Y 染色体有一个特点,就是它只有一条,是不重组的,我们身上的其他基因都有两条,这些基因会自己重组然后交换,换过去又换回来,比较难以追踪它的源头。所以新的测年方式,就是通过 Y 染色体变一个位点大概要经过 150 年这一特征,通过观察位点变化,数一下过去与现在样本的变化实现测年。

李东升

这是一个中性的值还是经验的值?

王久存

我现在也不知道它到底是什么类型的值。反正根据这么多比较下来,可能是经验的值。

张亚辉

王老师，我有个问题要请教。因为体质人类学最开始在欧洲研究的时候，在德国实际上是与所谓的"民族精神"概念紧密结合在一起的。那么今天你们怎样去处理这二者之间的关系？因为就像刚才项飚老师的提问，我觉得你们是在很艰难地画一条很脆弱的线出来。你们现在提出的比如体质上的某种共享的特征，或者基因共享的东西，其实会塑造一种像当时德国人讨论的那种"民族精神"的东西，换言之，我觉得这背后的民族学的假设其实还是很强的，但是你一直没有讲。

王久存

其实我们不研究这个东西，我们研究什么？就是一个客观的人。我先撇开这个不谈，讲个很有意思的事例。刚才提到出生缺陷，我们针对那么多有出生缺陷的孩子，要做一个很重要的工作，就是对于不孕和不育去做研究，把不孕和不育两者的原因找出来，然后使不孕不育的夫妇再受孕。这里包括各种类型，包括试管婴儿后面的一系列东西，最后就让那个看起来本来应该要被自然选择淘汰掉的孩子出生了，或者是说本来一堆胚胎里有五个都不好，就只有一个好，我们把好的这一个拿过来，也让它出来，所以实际上在追求一个人人平等的原则。

张亚辉

在优生学的意义上，我没有什么疑义，我的疑问是，这后面是不是有一种民族学的假设？您刚才讨论的 56 个民族，我觉得它的概念过于脆弱，那你找这个概念的意义是什么呢？

王久存

我们不做民族,我们是做溯源。民族是人为划分的。大家都知道它是人为划分的,有时候会有一些这样的情况,例如有一个人他说是土族的,但其实应是汉族,至于为什么要划成土族,是因为划成土族就可以高考加分,或者有其他政策,这种情况下,他也会结合需要标榜民族身份。家中有两个汉族和一个少数民族的,其实好多都是人为因素造成的,我们的溯源就是在做这样的工作。

所以我们学术委员会的一个委员提出,不应该划分这么多民族,应该就是一个族,叫"国族",或者就叫"中华民族"。我觉得他说的是有道理的。这样还是一个民族大一统,大家还都是在一块。汉藏两族的基因实际上 5000 年前是同源的。

(除丹增金巴部分外,均未经发言者修订)

专题三　中国人类学与本土化

批判的人类学与人类学"批判"

黄剑波

　　谢谢！首先这确实是一个难得的机会，这样小范围的一个研讨会，我非常喜欢，在此也要祝贺浙大人类学，应该说这是一个复兴的开始了。刚刚赵(鼎新)老师高屋建瓴做这样一个讲演，给我们留下很深刻的印象。我大概是从一个人类学从业者的角度，根据自己的一些研究困惑，做了一些思考。既然是个人研究的困惑，所以带着一点痛感。赵老师提到的对于整个学科，当然包括人类学的一些观察，我觉得都非常到位。我今天讲演的内容，因为是一些初步的思考，所以并不成熟，拿出来主要是为了向各位老师、前辈还有同仁请教。

　　稍微做一个小小的澄清，我们的会议手册上可能写的是"批判的人类学与人类学的'批判'"，我记得我交的稿子应该没有后面一个"的"字。一字之差其实差别是蛮大的，希望我后面能够说清楚。第二个是关于后面一个"批判"的。我们日常使用批判这个词，汉语词汇有的时候被我们用坏了，一说批判就只是那一个意思，所以想做一点说明。尼采在他的《道德的谱系》里面有一句话很有意思，我们都很熟悉，他说"The will to truth requires a critique"(追求真理的意志需要批判)，实际上就是我后面所说的打引号的批判是一个 critique(批判)而不一定是 critical(批判的)。因此就引出我的思考，这个思考是在阅读和自己的研究当中的感受，我们会发现有两种意涵：一个是 critical anthropology(批判的人类学)，另外一个是 anthropology of critique(人类学"批判")。其实可以看到，人类学和社会学相关，相关性很大，有很多重叠，尤其在社会理论的使用上，有很多共享的思想资源。所以我们可以看到两种路线，一个是马克思/马克斯·霍克海默（Max Horkheimer）的批判理论（critical theory），它强调的是"free from captivity to an ideology"（摆脱意识形态的束缚）。另外一个可能在如今的社会科学中仍然是主导性的范畴，尤其在 20 世纪 90 年代以后，有相当一批人读福柯，然后通过福柯回溯到尼采，就是 genealogy（谱系学）。这个和前面讲到的有很多相似之处，但是强调点确实不太一样。与前一个不同，它是"free from captivity to a picture or a perspective"（摆脱图像或视角的束缚），我们常常说它是一种视角主义。从这两个角度出发，我希望我今天的一些思考是一个"towards a critique of anthropology"（对人类学的"批判"），我所理解的人类学理当如何，或者可能如何？因为这样一个思考，其实从某种意义上来讲，主要是想要回应（梁）永佳邀请我来参与讨论的问题，也就是我们如何更好地办《人类学研究》这一刊物的问题。

所谓的 criticism、critical 以及 critique，事实上就是我们所看到的像康德讲的三大批判。这个批判，我们很多时候只是把它理解为批评，或者说我对你的一个完全的否定。事实上，critique 的一个最根本的意涵是"a serious examination and judgment of something"（对事物认真的考察和判断），所以是对它理当或者本当如何的一个考察。我在思考的时候，正好看到 2017 年一篇挺有趣的文章，名字是"The Endurance of Critique"，发表在 Anthropological Theory 这本杂志上，读它的时候，产生了很多共鸣。它就提到了这个问题，所以我在这对概念的使用上，其实是采用了相同的一个用法。这就是我自己在人类学界，从受训开始至今二十多年的感受。同时，我也对奥特纳 2016 年发表在 HAU: Journal of Ethnographic Theory 这个杂志上的一篇引发蛮多争论的文章，有很多的共鸣。虽然有的观点我并不一定同意，但是她确实指出了一个问题，即从 1980 年以后，实际上在那之前很长时间也是这样，存在所谓的 dark anthropology 的问题，dark 在中文里有"黑暗"或是"暗黑"两种译法。其实这里面就提到一个问题，似乎就像刚刚赵老师提到的，人类学或者西方学界的思想资源，很多时候在相当程度上是一种很左派的、批判性很强的思想资源。因此它带有一种很强烈的对黑暗面、对人生的痛苦、对苦痛经验、对不平等的感受，以及批判。当然在这篇文章里面，奥特纳尽管注意到人类学关于良善（anthropology of good）讨论的一些新进展，但她最后的落脚点仍然是，人类学总体来说还是要保持一种很强烈的——对社会现实也好，对于认知的既有的固定框架也好——critical thinking（批判性思考），在这个层面上我是完全同意的。这篇文章后来好像被翻译成中文了，在网上也可以看到。奥特纳除了她自己的研究以外，在人类学理论界的另一个知名之处就是她写过两篇理论性综述文章，一篇是《20 世纪 60 年代以来的人类学理论》（"Theory in Anthropology since the Sixties"），以及我刚才提到的这一篇文章。

实际上回看过去 30 年，特别是以美国人类学为主要思考对象的话，你会发现人类学确实成为了做文化批评的思想资源，甚至在一定程度上变成人类学干什么——文化批评。特别是 1986 年开了两个重要的后现代会议，并出版了 Anthropology as Cultural Critique 一书后。这本书很早就在国内出版，并成为现代人类学的标志性成果之一。这是其中一种路径，而且我也基本同意，现在美国人类学至少是其产出的知识产品很多都落入很碎片的、很个人的、带有批评性声音的窠臼，很难形成一种真正的知识性冲击力，和早期的经典人类学关怀有较大的偏离。这是我们都能够感受到的，而我自己作为人类学从业者，这种痛苦更是明显，所以希望接下来对此能有一点回应。

再回到刚刚提到的奥特纳的那篇文章。罗宾斯（Joel Robbins）私下和我讨论，他说他特别不喜欢奥特纳那篇文章，他觉得奥特纳的文章完全误解了他的意思；他讲的 anthropology of good 和奥特纳讲的 dark 完全不是一个相对的概念。当然学者之间有时候确实存在某种误读，但有趣的点可能在于误读产生了新的含义和新的可能性。不管怎么样，罗宾斯只是其中一位。事实上在我的印象当中，Current Anthropology 曾经在 2016 年、2017 年分别组织了一系列文章，专门讨论人类学如何研究happiness，即所谓的"幸福"，当然不是像社会心理学那种对所谓幸福感的测量。虽然我看了文章后有点失望,这一系列文章的质量并不尽如人意,但是这个题目很有趣,至少可以显示出人类学界开始去处理一些过去认为不能够处理,或者不必要处理,或者某种意义上来说也许没有能力去处理的问题。其实 anthropology of good 与人类学界最近,也与赵老师刚刚提到的本体论问题相关。我们都知道在过去 20 年人类学有两个所谓的转向非常令人关注,一个是本体论转向,另一个就是伦理转向。我对这两点都有关注,但从我个人的角度或研究关怀来说,我更关心后面一个伦理转向。当然,其实我们也发现,这几个所谓的转向之间本身有很深的内在关联,很难脱离彼此。

anthropology of critique,人类学本当如何? 简单来说,我想用这两对概念表达的一个基本意思是,我们不能只把人类学当成一种 critical culture critique(批判性文化批判),这不是说要放弃人类学的批判性,而是指要进一步强调批判之下或者批判之后的一种关怀,换句话说,人类学最终的指向是什么? 人之可能,即人性之可能。最近学界不同的朋友可能都在做一件事情:从不同的方向努力,分头寻找一些古典文本或者经典文本。我们当然不是希望能在经典文本里面找到可以解决今天问题的一些所谓的答案,没那么简单,而是试图去看这些经典研究,特别是在 19 世纪中后期人类学作为一个现代学科兴起的过程中,为什么曾能产生那样一种知识冲击力? 而这种知识冲击力实际上与其生存处境、问题意识及其要回应和处理的问题有关系。当然这是很简单的或者说甚至是简化版的一个处理。虽然看起来是研究文化的差异,或者还包括体制的差异,但最终的指向在于透过这些差异去理解人性——作为人或者人性的普遍之可能。这与我们后来所看到的人类学有所不同,后来的人类学把有关人、人性等问题的处理完全遮蔽,甚至忘掉了。我们现在很多的研究,就像赵老师刚刚非常精准地指出来的那样,最后伦落为自娱自乐——一个是个人的自娱自乐,另一个是小圈子的自娱自乐,或者稍微大一点,可能是人类学圈子的自娱自乐。到一个程度,你会发现没有别的圈子、没有别的人觉得你有一个真正的知识贡献,那么你就不能和别人有一种真正的 engage(相互吸引),那种可以产生关联的、学理上的知识性讨论的能力和可能性。这是我作为在这样一门学科当中训练出来的一个人,觉得非常痛苦的一件事情。因为我们回过头来看的时候就会发现,在过去的几十年当中,所谓的后殖民(过会儿丹增[金巴]还会继续猛烈地批判。他是"真的批判",我其实不是"真的批判",我的"批判"是另外一个含义)、后现代、后结构在权力批判方面得到了长足发展,也出现了一些影响重大的研究成果,而且我们也看到确实对现代主义、理性主义甚至也包括所谓的科学主义那种狂妄的自信形成了非常深刻的批评,产生了极大的影响,但是也一直存在一个问题,那就是批判之后的图景是什么? 这似乎没有得到足够的关注,我觉得这样的探讨是不够的。

因此从这个意义上来讲,我们要去理解或者说处理这些年来关于道德、关于伦理、关于幸福、关于良善这些议题的讨论。在我看来,这种讨论其实是对过去很长一段时间内,所谓的暗黑面或者是单方面批判的人类学进路的一种反思,或者某种意义上的反动。就我阅读所感知到的,这些探讨指向的正是经典人类学的根本关怀——何以为人,以及我们如何成为一个可欲的人? 进一步而言,不光是我个人成为一个可欲的人,我所生活的社会或者环境是否也是或者可以成为一个可欲的社会? 这是我们试图去追寻的,或这一类的研究路径所希望的指向。回过头来看,这种批判性的路径,其实也是希望通过批判找到这样一种可能性。我们可以看到这两种路径,实际上存在一个共同的想法,但在着力面上有很大的不同。所以,我们需要深刻地揭示暗黑的现实,需要直面惨淡的人生,但同时也要追寻良善,如何可能? 这种可能,一个是个人意义上的好。最近我和几位朋友一起在做的事情就是在这个意义上切入的。我们从宗教的角度切入,探讨所谓"修"或"修行"的问题,分析"个人"(注意不是 individual,而是 person),如何成为一个更好的person(人)? 这种宗教性的视角,包括佛教、道教、基督教,包括新儒家的那种抄经典,等等。扩展一点来看,我们可以看到很多通过一种行动、行为、实践促使一个人成为 better man(更好的人类)或者说 better person(更好的人)的这样一种过程,昨日到明日,我从昨日的我成为今日的我,今日的我成为明日的我。所以刚才已经提到,不仅是在个人意义上的"好"甚至是"更好"(better),还有如何成为一个社会意义上的一个"好",其实也应该在这样一个过程当中得到体现。尽管我们目前做的研究主要还停留在个人的层面上,但人类学其实还需要问与社会意义上的"好"相关的问题(因为这原本更多是社会学可能关注的问题),我觉得人类学需要有一个更大的关注,即人类意义上的"好"。这不仅仅是一个社会结构、社会制度的问题,它包含的可能是人类作为种群的问题。

最后一点,关于所谓的"造物"意义上的"好"。造物打了引号,这就是说当我们在处理这个问题的时候,不仅要考虑人,还要考虑非人。2019年6月我在杭州参加一个关于人类学伦理转向的会议,会上有位年轻的学者分享了一篇很有趣的文章,讨论人类学可不可以研究动物,或者说如果我们研究动物,如何去研究? 这又回应了刚刚所说的人类学,整个国际人类学界所谓的本体论转向中的一条路径,就是我们的研究可以跳出只是对人的关注的传统人类学,看到更多的主体,看到更多的可能性,包括非人或者动物。所以在这个意义上,造物意义上的"好",甚至不仅是非人,可能还包括自然与超自然。在过去,作为现代理性主义产物之一的现代社会科学,人类学是不处理这种所谓超自然问题的,虽然我们也有宗教研究,但是我们基本上是先排除超自然的可能性之后再进行处理,现在我们要思考重新拾起它的可能性,这就是为什么(张)亚辉在评论我时会说我其实是在做神秘主义研究,是希望能够把超自然这个维度作为我们的一个 proper subject(适宜的主体)放入我们的讨论里面。因此在这个意义上来讲,这一点其实我比较同意昨天项飙所说的,我们的研究一定要有经验和现实的切肤之痛。你有一个问题,你觉得这个问题不解决,没有办法睡觉,没办法吃饭,这个问题是有痛的。没有痛感的学术是没有根基也没有指向的。当然除了对经验现实有感知以外,还要对经典文本的论述和例子有感知,就是我们要去找思想资源,所以当知道赵老师在这边鼓励读《老子》时我很开心。我也在做一点努力,最近发了一篇文章讨论日常生活与人类学的中国思想资源，也是出于这方面的考量。在做这个的过程中，我一直在想一个问题，就是我们如何不落入东西方的二元陷阱。我非常敬佩王铭铭老师十几年前写的《西方作为他者》这本书。我虽然没有写书评，但是和王老师私下交流时同他提到过，这本书涉及一个严重的问题，他只是做了一下转换，把西方换成东方，在这个意义上来讲，实质上就是没有做转换。这是一个很重要的贡献，但可能也不过是另外一种知识体系的霸权而已。当然，这至少比我们今天说的民粹主义、民族主义的东西要强很多，但还是不太够，这种批判性还是有所保留的。我希望这种批判性可以更进一步拓展为：一个是所谓的域内知识的丰富性，天然的批判性；另外一个是域外知识的丰富性，我们需要做更多很扎实的民族志研究，无论是国内的还是域外的。我们可以看到，这不光是地理空间上的一种拓展，其实还包含时间维度上的扩张。这方面我也有一些自己的感受，但来不及展开了。刚刚提到，我们在物种或者生命意义上拓展，人与非人；在存在维度上拓展，从自然到非自然，甚至探讨有没有可能把超自然纳入到我们的思考范围之内。

　　这是目前一些不成熟的想法，拿出来和在座各位老师、前辈、同行一起交流，谢谢大家！

（作者单位：华东师范大学人类学研究所）

中国人类学与后殖民批判

丹增金巴

大家好！我的个人风格有人可能已经了解，说话没有深浅，也不知道如何委婉表达，请原谅。今天的报告对刚才（黄）剑波提到的 anthropology of good 的理念有一定的回应，同时也想利用这个机会深化这几天与（梁）永佳关于"只破不立"问题的探讨。永佳认为当今国内外学术界包括中国人类学在内，批判性的文章和观点其实不算太少，但是在批倒以后如何重新再"立"起来这个方面解决得不甚理想。我的看法与永佳略有不同。学术批判背后是有一定关怀的，即理论的关怀抑或社会（人文）的关怀，比如汪晖老师和赵鼎新老师的研究当中就折射出这样一种关怀。当然，世界上值得关怀的事情有很多，那这就涉及究竟应该去关怀一些什么以及该如何去关怀的问题。今天的报告就是对这个问题的再思考，它是有关学者自我反省与其社会责任的问题。也就是说，私以为我们不可以简单地使用"破"和"立"的对应逻辑关系去评判批判性研究的价值，而是要重点先看到底是"破"什么、如何"破"的问题，以及这背后是否涉及理论关怀和社会（人文）关怀的问题。比如最近在浙大社会学系的一场演讲中，我提到西方（美国）人类学出现所谓的本体论转向，虽然这个转向还未脱离某种"原始主义"的情结，但是也看到了人类学学科一直在为走出民族中心主义乃至人类中心主义做持续不断的努力。那么，国内人类学又是怎样一番情形呢？它究竟是脱离了海外人类学的发展轨道还是实现了对后者的一种超越呢？在此我不做详细评论，只是想说国内人类学界在自我批判和"关怀"方面还做得远远不够。

对西方霸权主义的批判固然非常重要,但是如果缺乏对学科深刻的自我反思,国内人类学也就不外乎是处于一种"自娱自乐"的状态而已。一句话总结我想表达的中心思想,"破"本身也可当作"立",国内学术界和人类学需要"自破"才能实现真正的"自立"。我所理解的"中国特色的人类学"或"中国人类学"不是说以国内人类学通过脱离海外人类学的发展脉络分庭抗礼作为前提,而是需要强调国内人类学的知识生产究竟应该如何更好地贡献于整个人类学学科的发展,这个贡献包括对西方学术霸权的挑战,以及对如何通过挖掘源自中国各民族的思想文化资源和社会实践去丰富和完善人类学学科的探讨。要做到这点,我认为找到国内人类学的症结所在尤为关键。换句话说,我们还是先从自我反省开始比较好。

接下来,我就正式进入自己报告的主题,即有关中国人类学与后殖民批判的问题。为什么会选择这个主题呢?在正式回答这个问题之前,先为大家讲讲我的一些观察和体会。我有时会想为什么赵本山的小品那么好笑(我承认我自己也笑了),当中有没有涉及对农民、残疾人等底层人的某种嘲弄?其次,在座各位或者我们周边的人,在言语行为中存不存在一定的性别歧视,比如我们当中可能就有人在不假思索地使用"剩女"这种说法,包括浙大社会学系某教授也曾说过"女性不适合搞科研"。我们又是如何看待海内外某些边缘文化群体的?有没有把他们看成是 exotic(有异域色彩的)、落后的、原始的、野蛮的抑或是把他们当作一种 noble savages(高贵的野蛮人)来看待?我们有没有在这之中表现出某种意义上的"种族/民族/文化优越感"?这种例子可以说是信手拈来,那需要思考的是在座的学者是否也有同样的问题。抱歉,这种说法打击面实在是太大,但是我想强调的是,我不光在批判别人,也时常在自我反省。前面就提到过,批判他人或者西方相对容易,但是不仅对个人而且对国内学界而言,能进行深刻的自我反省和"关怀"提升,才是实现突破的关键所在。

言归正传,请大家先听一下下面这首流行歌曲的歌词,我为大家念一段:"黄种人走在路上,天下知我不一样。越动荡,越勇敢,世界变更要让我闯。一身坦荡荡，到四方，五千年终于轮到我上场。"这首歌叫什么，大家听过吗？这个是本人去年（2018）才听到的《黄种人》，这首歌被不同的著名歌手演绎过。我当时的感觉就是震惊，但是震惊之余也就这样毫不费力地找到靶子可以打了，这个靶子就是那种在海外会被轻易定性为"种族主义"或"种族优越感"的东西竟然在国内可以大行其道。"黄种人"这个概念是在 19 世纪前后由西方"发明"并固化，专门针对中国和日本等东亚人群的种族标签，所以它体现的是西方殖民主义扩张的一种后果。而当类似这样的种族标签在后殖民的语境中已被当作"政治不正确"的观念批判的同时，在中国，这种西方的舶来品和殖民主义的产物竟然能够获得如此旺盛的生命力，这不能不说是一件匪夷所思的事情。至于原因，我们自然也可以做一番"理性"的分析，特别是有关中华民族的复兴之梦。不过在这里，我只想重点谈论另一层次的问题，即中国需要当代世界有关公平、公正、种族平等等多方面的"公民教育"。

但是首先必须强调的是我做这样的倡议并不是为了"鼓吹"欧美社会的"公民教育"模式，抑或想当然地认为他们在这方面做得相当成功，而实际的情况往往相反：在今天的西方以及世界很多地区出现了右翼和民粹主义势力上升的局面，种族主义者和排外主义者也随之"兴风作浪"，特别是特朗普上台以后的美国社会种族割裂、贫富悬殊和社会不公的问题亦愈演愈烈；但是我们也应看到在美国的高等学府和白人文化精英当中形成了一种反种族主义的基本共识，即便其中大量的精英可能是"货真价实"的种族主义者，只是基于"政治正确"的压力，不过很多人至少在形式上会避免较为显性的种族主义论调和行径。总之，我想表达的中心思想是两重：第一，在看到欧美种族主义重新上升的同时，国内学者和民众也不该忽视与此对应的反种族主义的声音；第二，西方出现的类似种族主义和社会不公的问题，不应成为我们的借口，如果依照中华文化多元、包容和平等的精髓，我们完全可以做得更好。正所谓"有则改之，无则加勉"。也就是说无论是处于何种情形，一定程度上的"公民教育"确实是有必要的。

　　不过当提到"公民教育"的时候,很多人感到这个概念太为空泛,甚至似乎很"西化",不符合我国国情,我不就此展开具体论述。简单来说,我个人认为上面提到的有关种族(民族)文化和其他方面的歧视性问题,在国内还是不能说是不突出的,由此特意提倡中国学术界的后殖民批判,希望提请国内学者首先要正视、其次要修正这样的问题。基于个人的体会,国内很多学者还没有充分认识到这个问题的严重性和紧迫性,而这些学者当中也包括人类学学者。我有时会遇到一些国内做人类学研究的学生或学者,会对在诸如西南和西北等地听到看到的"奇风异俗"津津乐道。固然这与萨义德所批判的人类学学科本身的、难以抹去的东方主义情结不无关系,但是与海外的人类学界比较而言,我感觉国内的人类学学者不仅东方主义情结(包括"自我东方主义")未必少得到哪里去,而且更为糟糕的是还未对此进行系统而深刻的反思。由此,针对国内学界特别是人类学的这种情况,我强调首先应该对学界和学者进行后殖民批判的"再教育"。作为学者,批判性的反思尤为重要,如果连我们都无法正视自身的问题,还如何通过知识生产在社会大众中积极推动以尊重差异和追求平等为前提的当代"公民教育"呢?而作为人类学学者,我们应该担负起更为艰巨的任务,即便无法改变社会层面的各类歧视,也应该给中国学术界和学者们敲响警钟。也就是说,中国人类学应该当仁不让地承担起至少是对中国学术界后殖民批判的重任。

　　下面就谈谈我所讲的后殖民批判到底指的是什么? 从最基本的意义上讲,后殖民批判通常是指二战以后在前殖民地和前宗主国出现的对西方殖民经历和后果进行深刻反思和批判的社会和知识思潮。其中最核心的人物包括对东方主义进行开创性、批判性研究的萨义德,"庶民研究"的代表学者斯皮瓦克(Gayatri C. Spivak)和霍米·巴巴(Homi K. Bhabha)等。很多国内学者对后殖民主义或者后殖民批判采取一种否定或者未置可否的态度,当然还有更多的学者其实根本不了解后殖民主义究竟在干什么。我认为导致这样结果的一个主要原因就是,这些学者忽视了后殖民批判有着众多的认识论源头和多元的以及"与时俱进"的视角。也就是说后殖民批判不光是有关"后殖民"的批判,它也从各种不同的社会政治力量、社会运动和理论视角中获取了新的学术滋养和视角,比如民权运动、全球化、新自由主义、国族主义、后结构主义、后现代主义、精神分析法、女性主义、新马克思主义等等。这样一来后殖民批判的内涵和外延都在继续扩展,囊括了多种多样的新的、旧的"后殖民情形"(postcolonial conditions),比如新殖民主义或新帝国主义,公司殖民主义(corporate colonialism),与东方主义相对的西方主义,本土主义或者是破除人类中心主义的"永久的精神去殖民化"(permanent decolonization of thought)过程。

接下来,我想讨论是否后殖民批判同样适用于中国,或者说中国是否正处于"后殖民情形"之中?我的初步结论是后殖民批判需要中国,而中国也可能更需要后殖民批判。开篇提到的有关性别、民族、种族和阶级差异方面的歧视在中国社会层出不穷,这就成为本人提倡先从知识界着手开展后殖民批判的最根本原因。但是,这没有完全解释为什么中国也置身于"后殖民的情形"当中。这有历史和现实的考量:(1)中国曾经陷入半殖民地的境地,对西方和日本的侵略和殖民经历有着深刻的体验和历史记忆。所以,不能简单地认为中国不是完全意义上的殖民地,就否定后殖民主义和后殖民批判在中国的适用性。(2)中国是后殖民批判思想的重要产生地。毛泽东有关反帝国主义、平等主义(egalitarianism)、平等观和第三世界主义的观点在后殖民的"南营"和西方(比如法国)有很大的影响。在一定范围内成为"南营"革命实践的指导方针以及西方(法国)思想界的理论来源。其次,当代中国产生了汪晖这样的思想家对世界后殖民批判体系的发展和转向,即"中国转向"(the Chinese turn)做出了重大贡献,由此我倾向于把汪晖看作是当今中国和世界最重要的后殖民批判思想家之一。(3)中国在思想和实践层面上进行的"反帝国主义"教育以及中国崛起背后的民族复兴和爱国主义热情,无不反映出中国去殖民化和打破西方霸权的持续努力,而这种去殖民化和反西方的激烈程度比南亚、拉丁美洲和非洲等很多地区的去殖民化运动还要强烈得多。(4)与此同时,我们还须思考的是,中国崛起对新兴世界格局的形成和发展到底有着什么样的影响。首先，由于错综复杂的历史关系，中国的东北亚邻居（如韩国）和中亚、东南亚、南亚以及内亚（外蒙古国）对中国的崛起都掺杂着一种较为复杂的情感。他们担心这是不是意味着"中华帝国"的卷土重来？其次，发展中国家和地区大多都经历过被西方或日本殖民的经历，二战后又继续被"美帝国主义"和"苏联霸权主义"操控或影响，而日益加剧的全球化和新自由主义的盛行又突显了以美国为首的西方霸权主义的持续影响。那么我们又该如何去说服这些国家，中国的崛起是和平的崛起？中国没有称霸世界的野心，而他们会从中国的崛起中受益？值得关注的是，国内的学者为中国的崛起和新世界格局的形成试图寻求一种合理的解释。汪晖在这一方面属于集大成者；而其他的学者比如许纪霖等人提出了所谓的"新天下主义"来"安抚"我们的邻居和整个世界。"新天下主义"是否正如他所描述的是一种"去中心、去等级化的新普遍性"，我对这种带着"去政治化"倾向或"政治天真化"的"准乌托邦"式的主张深表怀疑。哪里来的什么"新天下主义"，"新天下主义"连东亚都走不出去，何况走向世界？

总之，基于上面四点，我们可以认为中国正处于"后殖民的情形"当中，这也就意味着后殖民批判也应该同样适用于中国。当然，中国发展模式和政治路径自有它的独特性，我们是不是可以因为这些独特性的存在而否定后殖民批判的适用性？抑或，我们是否可以将中国的这些特殊性看成对后殖民理论和思潮的丰富和发展？这个问题是比较复杂的，不是三言两语能说清楚的。我相信包括汪晖在内的国内很多学者有各自的解读方式，而本人基本持后一种观点。

最后，我想谈谈中国人类学和后殖民批判的关系问题。不过首先说说海外的人类学或者广义的人类学学科与后殖民批判之间的关系问题。一方面，由于人类学研究常常集中在非西方的传统社会，这样人类学和东方主义之间存在着一种错综复杂的关系，为此容易成为后殖民批判的对象。萨义德就曾经对人类学的东方主义情结进行过批判（当然人类学家也认为萨义德忽视了人类学的贡献而导致了对其进行带有偏见的解读)。而另一方面,人类学成为后殖民反思的重要学术阵地之一,特别是随着非西方人类学的崛起,更强化了这一后殖民反思的重要学术阵地的突出地位。比如来自"南营"的人类学家:在中东出生、在巴基斯坦成长的纽约城市大学教授塔拉尔·阿萨德(Talal Asad),曾经在芝加哥大学、目前在哈佛大学任教的来自南非的科马洛夫夫妇(the Comaroffs),以及来自印度的"庶民研究"的代表人物之一的帕沙·查特吉(Partha Chatterjee)等都位于后殖民批判的主要学者之列。

而相比较而言,我个人认为中国人类学在后殖民批判方面收效甚微,包括对广义人类学学科的可能的东方主义情结,特别是中国人类学自身的内部东方主义情结也未进行认真严肃的反省。其实人类学学科本来就具备极强的批判性,包括后殖民批判,这种批判性之强烈,几乎都要把人类学学科自身的"命"革掉了,所以在西方学界经常会有关于人类学学科是否或何时"终结"问题的探讨。而在王铭铭等中国人类学学者身上固然能看到对"自我—他者"关系以及"大民族主义"等的反思,但是种种原因导致中国的人类学总体缺乏深刻的后殖民反思,包括对前面提到的各类歧视和社会现象都没有做出足够的反思和批判。当然,这是众多因素综合作用的结果,无法在这里一一展开剖析。尽管如此,我还是呼吁中国的人类学也同样应该走在这个时代和中国社会科学的前列,在挑战西方的政治和知识霸权的同时,也应对种族主义、民族中心主义、内部东方主义,以及针对地域、性别、性取向和职业等各方面的歧视进行深刻的批判和反思。为此,我对汪晖老师和其他一些学者的一个简单回应就是,既然西方的东方主义都产生了那么严重的后果,是否应该回过头再去想想内部东方主义的后果会不会有可能更为可怕呢?总而言之,我觉得国内学术界确实需要进行这方面的深刻反思,而这种反思和其折射的"关怀"不仅对国家内部的长治久安,而且对在中国崛起的语境中及其在新的世界格局形成过程中如何更好地与其他国家和不同人群打交道也是大有裨益的。

(作者单位:新加坡国立大学社会学系)

费孝通的两种共同体理论的张力及其解决

张亚辉

首先感谢浙江大学的邀请,前面两位讲者都是比我年长一点的兄长,他们讲了很新锐的题目。我可能是会上比较年轻的一个,但是我要讲一个很老范的题目,这主要与我自己这些年的田野调查有关系。为什么要重新回到这么老的题目?因为我在藏区的一个部落里遭遇到了完全不同的一种社会组织形态和法权形态。这些东西激起我对于判定边疆上的这种基层社会组织差异的兴趣,即对于理解中国来说,它的意义是什么?这个是这两年比较困扰我的一个问题。

当我重新回到费孝通的这些经典论述时,我发现了一个特别有趣的问题,即中国所谓基于社会学的基层社会研究,它和印欧人的共同体的概念其实有很密切的联系。大家知道"社区"这个词就是从"共同体"翻译过来的,但实际上广泛应用这个词的中国汉人地区并没有这样的东西,我等下会讲为什么没有。同时我们在做边疆民族地区研究时发现,所有的民族话语实际上是和通古斯人有关系的,中国的民族话语是通过两条线从通古斯人那里挪用过来的:一条线是从史禄国转到当时苏联的那套民族话语然后进来的;还有一条线是史禄国直接交给费孝通,然后由费孝通在他所谓的第二次学术生命阶段放大为一个关于中国的整体表述。在藏区做研究,你如果在一个部落里待着,就会非常敏锐地意识到,它好像既是一个印欧共同体,又可以被纳入通古斯人的范式,那么这个事情该怎么办?这是我在处理自己田野材料时遇到的一个很现实的问题,所以今天这个报告算是对我自己田野的一个反思。

　　研究的背景是这样的。史禄国在 1932 年发表过一篇文章,非常激烈地批评了燕京学派关于社区研究的这套方法,他的意思是把中国缩减成一个用乡村研究堆垒的东西,实际上没有意义,不能这样来理解中国,因为中国幅员辽阔,民族众多,基层社会形态变化非常大。他用了一个与利奇(Edmund R. Leach)一样的非常嘲讽性的隐喻,利奇说的是蝴蝶收集术,而史禄国说的是邮票收集术,还不如蝴蝶呢,蝴蝶还会飞。采用邮票收集的方式,这实际上在整个方法论层面上就错了,而不是收集多少类型的问题。这个批评其实非常直接地体现出印欧式研究和通古斯人式研究在燕京学派前后两个阶段上,遭遇了一个巨大的理论张力。那么这个理论张力到底该怎么理解? 我今天也没有办法完全解释,就只是把问题提出来。

　　我要提两个特别具体的问题,"社区"或者是"共同体",实际上是一个词,它们的印欧背景以及民族问题的通古斯背景怎样影响了费孝通对中国社会的判断。这是我觉得一个特别有趣的问题。第二个问题是,这两个背景之间的矛盾被史禄国揭示出来了——史禄国在写《通古斯人的心智丛》的时候,直接批评印欧研究,说他们这个东西都是不行的——那这个挑战对费孝通来说,或者对整个燕京学派和中国社会学来说意味着什么? 我觉得这是我自己特别感兴趣的一个事情。

　　我就具体讲两条。一个是乡土中国与印欧共同体的比较。费孝通在写《乡土中国》时非常直接地说,乡土中国就是机械团结,就是《共同体与社会》里面的共同体,也就是"从身份到契约"时的身份,这三个(概念)他都用。可是你要知道除涂尔干之外,滕尼斯(Ferdinand Tönnies)和梅因(Henry Maine)的——其实他指的是梅因的身份团体和滕尼斯的共同体——严格意义上来说都来自日耳曼经验。这个日耳曼经验是有它自己的特色的。在这个比较的过程当中,你会发现费孝通的比较策略是双重的,他一方面把中国乡村和所谓的现代美国社会去比,因为他写这个的时候刚从美国回来;但是另外一方面,他实际上还在和传统的印欧社会去比,因为他提到了所谓的草原上的荒原部落和荒原英雄问题。后面的比较策略,在过去的理论分析当中一直被掩盖掉,所以一直在说费孝通研究的是传统,他的比较对象是现代西方社会,这样的比较,实际上是因为没有人会真的这样去比,意义不大;重要的是我们的传统和别人的传统之间该怎么比较,这是一个比较麻烦的事。印欧共同体最基本的特征是家父长权力,同时它是一个法团共同体,不是一个亲属制度。亲属制度在那里面是一个框架,但是社会学实质是法团的,有高度发达的家父长权力,这就是韦伯后来的讲法——为什么韦伯讲家父长权力,也和这个印欧背景有关系,它不是一个普遍性的问题,不是有父亲的地方就有家父长权力,等一下我会讲到这个事。

费孝通在研究中国乡村时说氏族和家庭要分开,家庭是双系,氏族是单系,但是家庭转变成小家族时要变成单系,因为这样才能保证男性支配,于是他提出了双重主轴,我觉得这个很特殊。印欧社会是父子主轴,许烺光完全照搬了这个,他把中国社会讲成父子主轴,但是费孝通指出了其中存在的一个张力,还存在婆媳主轴,这在后来影响非常大,今天没有时间就不讲了。在氏族和家族的分辨当中,氏族被认为是一个法律团体,这在全世界都一样,但费孝通说中国农民就没有实现所谓的亲属制度的第一重扩展,没有到法律这个份上,就停留在了家庭的基本结构上。于是他把家庭作为一个基本单位,向外拟制形成了全部的所谓乡土社会的东西,地缘在其中没有办法发挥作用,但是氏族一定要和地缘发生作用。

对法权的这个判断特别有趣,至于它是否为真可另当别论,我现在先说其在思想史上的情况,即在思想史上,费孝通认为汉人的村落组织是什么样的。第一,法权孱弱。整个社区是没有法权的,因为只有小家庭,家庭内部是不发生法权问题的,只有在印欧人那里家庭才发生法权。第二,家父长权力实际上是不发达的,与罗马家庭和日耳曼家庭去比。在费孝通看来,这是中国乡土社会一个非常重要的东西,然后他把家父长的权力转变成一个叫作教化的权力。教化的权力在印度的联合家庭中同样可以看到,但是在印度的联合家庭中,大家长实际上仍旧是有法权地位的,它不是一个完全的教化权。教化有很多,比如像爱尔兰的布雷亨群体,那可能是一个非常发达的教化群体,但是并不因此和法团对得上。所以经过分析就可以知道差序格局和团体格局的差异，不是共同体与社会的差异，而是一个完全不同的问题，亲属制度的第一层和第二层之间的差异才是核心。

团体格局在费孝通的分析里面有三种形态：初民社会形态、基督教会形态、现代西方社会的法团群体形态。在费孝通看来，初民社会主要是因为英雄——就是草原英雄或者荒原英雄——的出现挑战了家父长权力，把整个社会变成了一个法权的社会，这个过程在中国是没有出现的。在中国，能够出现这种试图扩展或者说发展到单系继嗣的是城镇，在乡村里面是没有的。法团扩展的失败会导致以家庭为拟制原则对法权系统有一个入侵。它不会停留在乡村，而是作为一个原则，不断向外扩展，一直扩展到天子，对法权系统形成入侵。这个入侵其实是在论述中国社会所谓私人性时一个关键的问题。潘光旦对"伦"有一个考证，通过这个考证，你会发现这种入侵出现在战国秦汉的转型过程中。战国秦汉之前是封建社会，具有私人性，但是它的私人性是由契约保证的。战国秦汉转型之后，封建制度本身没有了，但是封建的私人性被留了下来，并且被送入了乡村。所以乡土和乡土社会当中差序格局的私人性，与封建社会封土和封臣的私人性，其实是一脉相承的。在这一过程中，封建共同体的法权被国家剥夺了，这也就是法家的崛起原因。法家的崛起和印欧人的方式完全不一样，印欧人是从下往上不断积累权力使之变成法制社会；而中国的法家是从上往下改革，这种改革反而把基层社会的法权全部抽走了，集中在皇权的一个人身上。因此，差序格局不是一个自然和文化的进程，它应该是与封建社会的解体有关系的。

一旦整个社会解体，整个封建体系解体、村落散掉之后该怎么办？通过礼来重建整个系统，但这个礼实际上是抽掉了封建制度的封建礼仪，当它被放到一个已经没有封建的社会当中时，这个礼和社会事实是不对应的。克己复礼实际上是一个永远完不成的事，因为它想让一个在郡县社会当中的村落执行那种封建社会里面的父子关系，这个永远不可能完成。所以克己复礼是一个无穷无尽的过程。我们可以看到绅士在这里面是发挥作用的。英国绅士是反封建的，他们是从封建社会末期向前走的一个力量,而中国绅士——包括在费孝通的论述里——的时间是往后倒的,他们一直想回到战国、秦汉之前的礼仪状态里面去,所以二者的时间性很不一样。费孝通做过一些法权共同体的研究,他指出中国不是没有这个,花篮瑶的石牌长老制度就是。当然还有一个比较特殊的例子,谷苞做的化城乡,是在汉人地区找到的一个基于会议的法权团体个案。这种汉人地区的个案非常少,我目前知道的只有这一个,少数民族地区比较多。

然后讲一下 ethnos(民族精神)这个问题。我觉得史禄国是一个非常独特的人,他的 ethnos 理论是以基础制度和区域政治变化为核心的,讨论地理、经济体制、社会组织和政治系统的平衡变化。他认为这个平衡变化系统可能是进化论机制的一个补充,是进化论之外的另外一种动态的形式,因为它强调所有这些东西都是共变的。他对印欧研究非常不满,不满的点就在于印欧研究一直在强调法是高度稳定的一个东西,这个东西不能变。家父长的权力在不断地发展,以各种各样的变体形式存在,但是它的实质一直是不变的,史禄国认为这个不对。印欧研究同时还给予了民族性一种无时间性,从德国的民族主义和种族主义发展中可以看得很清楚。比如为什么叫印欧人?因为其认为到了印度、伊朗和欧洲之后,民族性就不变了,意识形态是稳定的。这种无时间性也让史禄国觉得很烦人,所以他要去挑战这个东西。费孝通使用过类似的解释方式,在托尼请他在伦敦做讲座的时候,他采用了所谓的中国的农业社会怎样导致乡村共同体的变化这种讲法,但是史禄国对这种讲法是非常批判的。他对《江村经济》和燕京学派的批评是——他是民族治学的研究逻辑,跟社会学不一样,当然他指的社会学是欧洲的社会学——燕京学派用从欧洲拿来的基于印欧共同体的这些理论来解释中国可能是有问题的,而这个问题不在于这个理论是否适用。因为理论适用有偶然性,有可能偶然地就适用,比如我觉得拿来分析西藏可能有些地方确实适用。但是史禄国说的不是这个事,他说的是一个民族的思想和社会事实的变化应该有一个共变,这样理论才会有意义。费孝通也不是不理解,他在花篮瑶的结论中讨论瑶族的那个村寨,实际上有一个 ethnos 的过程。他在做民族研究时——他有几篇文章讨论民族社会学，其实就是在民族地区做过一段时间研究后，尝试通过民族地区的微观研究解决怎样完成邮票收集术，并且使得邮票收集术变得有效的问题——的方法与讲江村和讲乡土中国时已经完全不同，他意识到即使是最小的村寨也有 ethnos 的过程。所以反过来推是有效的，而在此之前他没有注意到，那么此时就会变成一种关系主义民族学，因为 ethnos 是讲不同的民族之间的相互挤压共变的问题。

　　最后讲多元一体格局，这个也比较好玩。中华民族多元一体格局并不是一个周严的论述，但是这里面有些事情值得我们去琢磨。史禄国当时在对中国的考察中——大家知道他实际上也是体质人类学大师——讨论体质怎么样在 ethnos 的过程中发生变化，讨论基础制度，讨论基本的社会政治制度和国家，讨论很多东西，但是他对中国的基本判断为，中国是一个复杂的族团，他原话是说中国不只是一个国家，还是一个复杂的族团。这个判断先放在这，我们再来看第二个论断，费孝通的学生谷苞的三篇文章讨论了中华民族共同性。这三篇文章的前两篇被全文收录在了《中华民族多元一体格局》一书当中，而且谷苞也知道此事，谷苞写第三篇的时候说了，自己的前两篇已经被费孝通全部都拿走，然而大家在讨论多元一体的很多思想来源时，没有注意到谷苞在这里面起了一个很重要的推进作用。他进行了将作为一个政治概念的中国转向一个文化共同体的尝试，其中使用了大量的民俗学材料，用以讨论各个民族精神上的勾连性，这给了费孝通一个很大的启发。费孝通实际上是把史禄国复杂族团的想法、谷苞的想法，还有下文会提及的另一个人的想法放在了一起。若将其与史禄国的 ethnos 理论进行对比，就会发现他做了一些特别微妙的调整，比如完全忽视了中国的外部边界，即所谓国界上的离心力。实际上费孝通相当于是经历过外蒙古解体分离过程的，但是他完全忽略了离心力的部分，就好像这个国家只能有向心力，不能有离心力。内部的边界，各个民族之间有着复杂的相互挤压关系，他把这种复杂的挤压关系变成了一种锁定机制，就是说只要你们产生关联，你们在内部就会被锁定在一起。这个方式就是一种调整,在调整的过程当中,你会发现,国家的法权被固定化了。在 ethnos 理论当中,国家的法权是不能被固定化的,它一定要服从推动和变化的机制,现实中也是这样发生的,但是费孝通把法权固定化了。那么我们要问的是,在这里面理论上的思路是怎么走的?我自己的观察是,中华民族显然不是一个由差序格局所构成的概念,差序格局的解释一旦遭遇到法权群体概念就无效了。中华民族是被建构成了一个法权共同体,而且这个法权共同体与其内部任何民族的实际经验无关。不像印欧人,是你可以在一个日耳曼的家族和罗马的家族当中看到整个罗马的政治原则,中华民族是你在其内部任何民族的经验当中都找不到的。所以中华民族的产生有一个史禄国和谷苞所说的不断凝聚的过程,当然在这个过程中有很多东西被忽略了;同时还要有一个从外部给定的法权,这个东西是被隐藏起来不说的,但被建构成了一个法权机制。所以我们所说的中华民族是由两个东西构成:一个是民族之间的关系,一个是从外部给定的法权界定。那么费孝通对顾颉刚的回应就会变成一个本质问题,因为如果这是个法权共同体,其内部的所有成员之间就要变成"黑彝脑壳一边大",否则内部法权就会有差异,这个共同体就会解体。所以在逻辑上要求民族平等,每一个民族不论大小被平等赋权,这一定是一个必要的条件,在逻辑上就可以推导出来。他和顾颉刚当时的争论也发生在这,即民族是否要被平等赋权。要建构法权共同体,就一定要有"黑彝脑壳一边大"或者是说日耳曼的家父长平权这样一个基本机制才行,而这件事情一旦完成,就会在边疆上推动一个大的变化,以赋权取代联盟和封建。一直到清朝,边疆地区实质上都是联盟制度和封建制度在起作用,但是平等赋权一旦完成,这个东西就会被取消,所以多元一体格局趋势处理的完全是个现代问题。

最后一个,卓尼的案例。这个案例很特殊,一个村子中如若有十户,这十户都是藏人,当有两家藏人破产了之后要卖土地,而你买了他们的土地,你就会变成这个村子完全意义上的村民和法权主体。包括上门也是这样。这个案例提示了一个问题,即有可能出现这样一种状况,整个社会的层面上高度稳定,而其内部的 ethnos 过程一直在推进。

比如,一个男人上门去找一个藏族寡妇,ethnos 过程就在家里发生了;可是对整个村子甚至对卓尼土司来说,这个事情是不重要的,因为他只管个人是否完成自己相应的义务,那么这实际上就是一个税收帝国。在这样的一个项目中,法权共同体可能是确定的,内部的 ethnos 却可以一直进行,并行不悖,那就变成一个国家可能它的国家是印欧式的、法权性的,但是它的民族是通古斯式的,这两件事总是搞不到一起去。我们总是要把我们的国家也伪装成通古斯式的,因为只有这样,我们的国家好像才会有一个伦理基础,实际上我们的国家不是,这个是做不到的。可是你从实际的情况来说,在刚才所说的意识形态,ethnos 过程是不会放过这个国家的,我们在 20 世纪看到了很多边疆变动的消息,直到今天边疆也没有真正稳定过。那么怎么办? 就是要从意识形态上或者是通过战争,把国家从 ethnos 过程当中解放出来,变成一个超稳定体。但我觉得这都是一些意识形态的花招,而这个花招是有效果的,就和昨天汪晖老师讲的问题一样,这种意识形态有时候具有高度的有效性。

另外一个问题就是在整个法权共同体的内部,其实它的差序格局没有完全消失,所以大民族中心主义实际上还在。平等赋权没有办法完全实现,这就变成多元一体理论中另外一个比较大的漏洞。那么费孝通的用心就是要模糊 ethnos 过程中国家的非稳定性,然后将外部力量强加的国家解释成 ethnos 的必然结果。重新回到差序格局和乡土中国的稳定性问题,就是乡土中国的制度和传统的稳定性问题,在传统时代其实就是以民族层面的高度变动性为前提的。如果大家关注过宫廷史,你会看到那个里面其实是不断变化的,这些变化在上层被过滤掉,所以在底层看起来是稳定的。但是这个机制在现代已经逐步走向崩溃,最近是崩溃得比较快的时期。在崩溃的过程当中,我们就会看到汉人和少数民族群体,这里所指的少数民族群体主要是有法权共同体的,在崩解之后所面临的状况确实有复杂的多样性。以上就是我的发言内容,谢谢大家。

(作者单位:厦门大学人类学与民族学系,未经发言者修订)

讨论与回应

梁永佳

　　我先抛砖引玉。还是针对与丹增讨论的问题,希望丹增能多说一点。我觉得这个问题,就是后殖民的批评在中国的适用性问题,可能和昨天汪(晖)老师讲的置换问题相关。我想也借这个机会请教汪老师。我觉得置换的问题有一个层面可能是要回到置换的源头和置换的终点。在源头上,19 世纪社会科学的形成,实际上有很强的神学基础,所以在这个意义上与汪老师昨天讲的教派之争在东方的结构化有很大的关系。但是另外一个问题就是置换在 20 世纪——之所以这些外来的概念能够在中国产生那么强大的生命力,很大一部分原因可能在于受到中国当时主流意识形态的儒家的乌托邦想法的影响——一定有当地的根基,才可能会产生那么强大的力量。那么在这个意义上,我觉得后殖民这个问题就需要被提出来了,其实那些后殖民的南亚学者——我不知道有没有这样的研究——我觉得他们共同拥有一个大的意识形态,即他们的印度教哲学。印度教哲学非常强调极其细微的辩论,这种极其细微的辩论,导致他们可以形成众多的彼此从来不同意对方的学派,但若从外面反观,他们其实非常之像。而他们所谈的那些问题的方式,以及他们谈问题的本体,在我的印象中都是印度教的——只不过,我不知道有没有这样的研究,如果没有的话,那应该要有这样的研究——后殖民批判之所以在南亚那么强大,那是和南亚本身的思想基础有关系的。所以当我们说中国的学者、中国的人类学做的东西很有自己的本土意义时,我们是不是可以把它称为后殖民批判? 还是我们应该想个更好的提法来解决这个问题? 这个是我的提问。

丹增金巴

谢谢永佳提出问题,我的第一个回应是我当时提出的后殖民批判,特别是"庶民研究"与印度文化和社会的语境息息相关,所以我不知道把汪晖老师放在中国后殖民批判大家的位置之上合不合适,可能汪晖老师在这个位置上感觉不太舒服。我做的其实就是一个有关置换的问题,涉及是否可能或者如何将产生于某种特定 conditions(条件)或情形下的理论方法置换到不同的社会当中去。"阶级""国家"和"民族"这些概念都涉及一个置换于中国社会实践或"本土化"的过程。所以,这就意味着我们不能因为后殖民主义或"庶民研究"植根于印度的社会文化体系当中,于是理所当然地认为把它放到中国的语境中就不适用了。这一点从毛泽东对马列主义和苏联经验的"重新加工"而使其符合中国社会和革命实践的经历中就可以看到。而在当代中国社会,我们也可从汪晖老师那里看到对这种"置换"所进行的持续努力和再思考。这就是我第一个层面的回应。第二个回应是什么,不好意思突然卡壳了。

梁永佳

就是能不能想一个好的办法,不叫它"后殖民批判"。

丹增金巴

嗯,就是有没有必要使用一个不那么敏感的词语来置换"后殖民批判"。这就又涉及汪晖老师所提到的置换问题。置换的类型和方式多种多样,而我看到的置换至少就有 replacement(取代)、displacement(移位),以及一些不同形式的时间、空间以及概念的置换。这意味着不是完全没有可能把"后殖民批判"重新置换成为符合中国国情和现实的一个新的概念体系。

接下来,我想谈谈自己是如何进入后殖民批判的情境中的。我们系(新加坡国立大学社会学系)接待了一批来自国内某高校的访问团。

其中的一位访问团成员,问本人和同事是如何给学生上课的。听完我的介绍后,她说你们的学生来自不同的种族,他们各自的理解方式可能不太一样,而你们又是如何给这么多元的学生群体上课的。她这一席话着实吓了我一大跳。国内连社会学专业教授的言语都有这么强烈的种族主义色彩,这还了得? 本人在欧美待过7—8年的时间,也在新加坡待了4年左右,很难相信在这些社会或中国以外的其他地方,这种"政治不正确"的言论可以如此轻松、不假思索地脱口而出。更难以想象的是,说这种话的人还是学者,一名社会学教授。这件事对我的震动是相当大的,所以我才真正开始思考中国学术界和后殖民批判的关系问题。这个过程还不到3个月的时间。即便这次我是仓促上阵,我想这与本人一直坚持的学者应有一定的理论和社会(人文)关怀的立场是分不开的。感谢永佳,是你让我重新思考你提出的"只破不立"和有关置换的问题,即如果我们在国内的语境中无法使用"后殖民批判"的概念,那又该使用什么样接受度更高的"本土概念"将其置换掉呢? 或者说如何实现既破又立的目标呢?

汪晖

这三个报告对我来说都很有意思,我有一点点相关的问题,先从丹增的问题出发。我也没有想到自己会被命名为后殖民(批判思想家),不过确实不是第一次,因为帕沙·查特吉也这么说过,他认为我和他有接近之处,但我也知道我和他的不同之处在哪。我想提一个问题,当年后殖民在美国争论起来的时候,比较激烈的批判来自于马克思主义的两位学者,一位是印度的马克思主义者,一位是土耳其的马克思主义者。大家都知道最著名的这本书叫《后殖民的光环》(*The Postcolonial Aura: Third World Criticism in the Age of Global Capitalism*),它当然与美国学院之争有关系,印度的知识分子进入美国之后,从 subaltern (庶民)到 postcolonial(后殖民),这是有重大区别的一个问题。但它背后还有一个历史性的争论,这个争论在于到底承认不承认经历 20 世纪革命的中国社会和通过去殖民化赢得民族独立的后殖民印度之间在全球化当中存在境遇的差别。这毫无疑问是有重叠的，你说中国有很多后殖民现象，我完全同意。但是另外一方面，这涉及最后答案是什么的问题，比如你批评的很多"政治不正确"的说法，这些"政治不正确"的说法，到底是一个后革命现象还是后殖民现象？这确实是一个问题。

刚才亚辉提到了多元一体和民族平等问题。中国革命中有关于民族自决权的论述，今天关于民族自决又有一大堆的讨论，但是民族自决权当年被提出时最核心的问题是民族平等，你今天重新讨论多元性、重新解构这个关系的时候，如何处理多样性和平等的问题？在这个意义上是典型的后革命问题，所以我们怎么去讨论？尽管都是相关的，中国同印度当然相反，可是我们也的确知道，从乡土社会的土地改革、社会构造来说，没有经历过土地革命的印度和中国的结构性差别有多么大。第二个问题，后殖民研究与第二代 subaltern studies 的密切关系其实也蕴含在后革命的内容之中，也就是说我们也可以从后革命的角度描述印度，为什么？对 subaltern studies 的第二代学者斯皮瓦克提出的"Can the subaltern speak?"（庶民能否发声）这样一个问题，我曾写过批判的文章，这是第二代的经典性问题，它取代了以农民运动、民族运动为中心的第一代 subaltern studies。这个时候把知识分子和底层之间的关系、精英和大众的关系彻底地分离开。我们都知道这个论述斯皮瓦克最早是针对福柯和德勒兹（Deleuze）的。福柯、巴迪欧、德勒兹，把西方知识分子同东方与其他非西方社会之间的关系，在运动的意义上彻底扁平化了。斯皮瓦克批评福柯等人，认为这样就抹除了在殖民境遇当中的人和他们这些在西方的批判的知识分子之间的差别。他反了过来，从印度内部提出精英和大众的关系问题，而这样的一个批判，对于第一代 subaltern studies 类似的批判，恰恰和中国革命的模式有关系。因为如果我们读一读《湖南农民运动考察报告》《中国社会各阶级的分析》就会发现，其中关于敌我的论述、关于社会运动的论述彻底打破了精英和大众的一般对立关系，这个结构性的改变只能在 20 世纪独特的历史条件下发生就是因为有巨大的社会动员和社会重组。而第一代

subaltern studies 确实是非常羡慕中国有过这个,尽管中国革命有很多问题,不过只要将南亚和中国的改革做对比研究,两种改革之间,不论后果和后殖民的相似性,一个最大的差别在于南亚这些社会无一例外没有经历过土地改革,所以没有平等的前提。南亚在社会构造上没有平等的前提,这是整个研究的一个基本出发点。这样带来的一系列价值问题,就是第二代对第一代的质疑本身,缺少一个 20 世纪革命的维度,使得它不能够进行另外一种自我理解。所以在我看来这是后殖民研究的弱点,事实上在中国社会里面解决平等这样的问题,离开 20 世纪这个遗产,在我看来几乎是不可能的。所以倒过来说,你分析和你认为的后殖民现象、在中国发生的后殖民现象,在一定意义上确实是一个后革命现象。这是一个问题。

除了这个问题之外,我想再回到黄剑波老师的那个话题,因为他在关于宗教精神和后人类的关注这一部分的论述中好像很简练地提到了历史,我又忽然想到这也和南亚有关。阿希斯·南迪(Ashis Nandy)有一篇很著名的文章,是当时给某个历史学会写的,关于历史的概念。他认为整个历史的范畴是被新发明出来的,垄断了我们对于过去的所有的掌握,我们对于过去的知识完全建立在历史的范畴之上。过去可以有无数种存在的样态,也可以有无数种把握过去的不同样态,但是在 19 世纪以后,只有历史这一个范畴才能够有所作为,它垄断了对过去的解释。他这篇文章针对的是当时一个印度神庙事件,好像是一个清真寺建在一个神庙的地基上,或者可能是反过来,具体细节我有点忘了,总之结果就是互相拆,最后造成一个大惨案。因为这个事情的发生,当时两方面的学者——伊斯兰学者和印度教学者,都在用历史学的方法论证,用实证主义的方法来考证,这地基原来的基础到底是谁的。所以南迪对于历史概念的否定,一定程度上是非常现实的。我提到这个事情是因为今年(2019)夏天,我同一位印度的伊斯兰学者一块讨论这篇文章的时候说,我蛮喜欢他这篇文章的,也觉得要从历史解放出来。天天和历史接触,跟各位批判人类学一样,天天跟历史打交道,有时候就想从历史当中解放出来,因此我觉得他的这个解构有意思。可是这位伊斯兰的学者和我说，他的另外一个意思，可能又有战争的感觉，不一定是论断有关系。对于历史的把握，一个时间性的东西在伊斯兰传统里面一直是有的，并不像他说的印度东方就没有，这是倒过来的论述，它还是有的。所以我们可以看到这一类解构的模式背后知识上的限度，就是 invisible border（隐形边界）永远在那，只有它呈现的时候，你才会碰到，你才能知道你的困境。我没有一个答案，这样的一个问题提出来，涉及这个知识的限度，依然是你说的超社会体系的范畴。我们打破实证性的社会的范畴，提出超社会体系的范畴，但在今天，由于我们每一个社会共同体都是由多样性的、具有多样性信念的人在一起，所以 invisible border 之间的关系，对历史学依然是一个极大的考验，我相信对人类学同样也是一个极大的考验。

旁听人员

我想问一个问题，今天听了各位人类学前辈讲的题目，感到很有趣。我自己没有半点人类学的背景，是复旦大学计算机系的客座教授，正好也在做一些研究。我想问，关于人类学的研究——之前也讨论了一些像东西方文化的历史过去的一些事情——这里是不是包含了一些将来的事情？现在在人和机器的关系中，机器的智能性越来越高，所以在人类社会扮演的角色也越来越重要，其实可能在可预见的、不久的未来，可以取代大多数人的工作，取代人的各种各样的东西。请问人类学界的几位专家，对于这方面的课题、研究或者预见是怎样的？

赵鼎新

我稍微回应几句。第一，现在肯定是计算机起来了，人工智能起来了，高级人工智能对人类学肯定是挑战。因为很可能以后有一天，计算机人类学真的起来了，那将不是动物问题，而是算法问题。AlphaGo（阿尔法围棋)与人下棋能取胜,但是它至少没有情感技能,计算机的情感转化是没有的。第二,计算机发展目前是 uneven(不均衡的)。比如之前上海有一所大学引进了一位西方的、在美国读过几年计算机专业的学者做首席专家,在一次人工智能大会上,他说上海在信息上落后于杭州了,我们在人工智能上要超过杭州市,这是一个弯道超车。他当时说人工智能可以看肺片,两秒钟识别肺癌。但实际上如果给的是一个征兆——血尿两个"+",你让人工智做,血尿两个"+"背后几百种病都有可能,这时候怎么办?

人工智能最怕搞计算机的,有点像 19 世纪教会向中国人推广上帝的时候,专门找中国最弱的外科,让大牛医生看出来病,然后说上帝伟大。但实际上有些东西,西医直到今天还是非常弱,在当时都不如中国。所以人工智能下一步能走到哪里,我们还真不知道,需要再看。也许有一天,有 emotionality(情感技能)了,那就说明机器开始自我生成知识,自我生成 ambiguity,自我生产 attachment,不是现在有按钮供人按,那是假的人工编码机器。目前在 emotionality、ambiguity 和 attachment 这三个层面上,人工智能非常 baby age(幼稚)。人工智能对我们目前的影响,原来是替代蓝领,现在很可能是替代低端白领和中端白领,对社会的挑战主要是在这个层面。以后人怎么办? 也就是说以后我们制造出机器,通过人工智能生产产品,然后机器负责生产产品,我们大家负责玩,这个社会如何运转? 这个时候的社会福利、老年保障等各方面都将受到全面挑战。在此意义上,实际上我们都没准备好。好多大家所想得到的那种东西,我刚才说那三个 emotionality、ambiguity 和 attachment 三点,目前人工智能还很有模糊性,至少还完全没有突破。我们人类还没准备好接受上面说到的挑战。

庄孔韶

我补充一点,就是关于技术的影响。一个是新技术的影响,包括新的媒体数字技术等。前一段时间我和法国学者瓦努努讨论,她是研究技术的改变对于学术研究的效果有何影响的学者。我们都关心社会技术的改变，比如影视的技术，从 8 毫米的电影一直到现在的新媒体。学者在做人类学研究所采用的展现方法、解释方法，也要随着新的技术改变有所改变，所以这也是一个更需要讨论的话题。她认为，学术上对技术史的关心和对思想史的关心应放在同等重要的位置。我们不管怎么想，最后都是要在效果上、在学术的推动上改变的，特别是影视人类学等受技术影响大的学科和专业，这会是一个很大的改变。

我听了赵老师还有诸位的发言后，也很有收获，所以最后有几点我想说一下。前一段时间我和后现代两位大咖交流了很久，他们现在也在做这种改善的努力。其中有一点，关于解构以后的重建，他们分成了"独狼式的研究"和"未来的合作"两种研究。昨天我讲的也是这个问题，跨学科早已有之，在后现代以前就有，现在后现代的改善和跨学科的努力有合流的地方，那么合流的过程如何，谁也没说。他们几个人各自有试验点，我自己也在福建、云南有这种试验点。合作和实验，您今天的讲题里边提到了一点，扩大研究问题的信息，这是未来的一个努力。还有一点是增加更多的研究向度的问题。仅仅就扩大研究问题的信息这一点，我觉得就有很多可以延伸的研究领域。您还提到说不要按照西方的发展来弄。我思考的一个问题，就是人类学有的时候讲的是框架，把问题都层层基本网罗了，但是人类学还有很多实证以外的问题，这些问题这两天也都提到了，像今天的演讲提到的良、善、恶的人性。因为人类学的研究有文化的根基，特别是区域性文化，文化概念是有区域性的，人性是有差别的。中国几千年的文化联系，它是不中断的，即使有跳跃也不会中断，所以我们一直强调古今关联的问题。我们最近讨论关于文化的直觉的问题，这是中国传统思维重要的特点。直觉的问题也是无数文化遗产中一些很难弄的问题，比如性灵的问题，诸如此类。现在这些问题都是非常难以琢磨的问题，怎么给它定量化？当然是不可能的。不定量化，如何去做呢？一个直觉的过程不能用逻辑的过程来推演，我们也复述不出来，但是直觉发生了，这个发生过程在人类学的田野工作里边是能够发现的。

　　所以基于这些问题,我觉得未来的一个发展,像今天后殖民的有些人类学的作品和见解,那是和立场没有关系的,要按照香港目前状况,如果写成论文,可能有八九种写法。各个学校大概都在发展人类学,所以您提到的还有刚才我特别提及的几个见解,要进入细部。我们向学生提出"无细节,不文化",空说也可以,但是真正进入到细部时,我们要有些什么样的想法? 赵老师有什么新的看法?

赵鼎新

　　谢谢。实际上细部是这样子,以直觉为例,对我们来说直觉没什么意思,谁没直觉,但是直觉怎么 commutable(替换)? 比如伊斯兰教文化,如果是不同的教派,它对应的直觉很不一样。你发现直觉本身很难描述,但直觉的差别相对好描述。目前人类学方法就以为把这个资料"打死",像历史学那样走向细致,真理就能打理出来。但就像刚才你说的,针对香港的写作可以有 8—10 种,我估计这是少说的,其实也许可以有几万种。比如我之前做的婚宴的案例,开始想用几种说法就把它说全,但是我自己最多一次就联想了几十种,还没有说全,放在完全不同角度说的。所以直觉也好,其他什么也好,它都是对个人经历的直觉,每个人没那么多创意,比如宗教的起源基本上都和当地的灾害、当地的(环境)和当地的人有关系。其实必须要知道人是个非常无聊的动物,很没想象力。再怎么直觉总是和 context(背景)有关。

黄剑波

　　谢谢几位,特别是汪老师刚才的指点。我可能没有直接回应(您所说的知识限度的问题),我想说如何从这种(批判)视角(重新进行思考),或者说我的出发点,是因为觉得简单地置换一种所谓的东西方、中国或者其他地方,似乎有点过于简单化了? 但是这个东西从哪里来? 我想借用刚才赵老师讲的,在您的框架里面一个很小的点,不断涌现的

问题。我们曾经以为 reality(现实)是一种很恒定的东西,但后来发现
reality 是不断涌现的。涌现的意思就是它既有时间的限度,也有个人
经历的限度。既然有涌现的现实,那就更有不断涌现的经验,而且由于
它有不断涌现的新的现实,于是就有了一种新的可能性,这是一种新的
涌现的现实。所以在这个意义上来讲,我目前能想到的是,既不要停留
在后现代批判之前的那种实在论,但是又不能够落入后现代导向极致
之后所产生的对实在论的完全否定。所以,我们得承认有一个现实,这
个现实不是我们简单观察到的现实,而是一个可以部分经验到的现实,
而且这个经验的现实可能是被涌现的。多说一句,在这个意义上来讲,
我们对任何东西的测量或者研究,不应是用我们的方法去套这个东西,
而应是这个东西要求你需要去用新的方法、新的可能性进行测量。这
是我的一个感受,现在正是我的困惑,而且我也感受到,现在我能够读
到的东西,其实基本上都落入了这个"陷阱"之中。我希望看到一些新
的可能性,或者说我希望能够有更多的同仁可以加入我们,一起来做。
从这个角度来讲,综合我自己的困惑,其实还是想要回应永佳的期待,
希望这次会议能够帮助我们更好地办《人类学研究》这个刊物,并且希
望借这个刊物工作,找到一些可能性的发展。

丹增金巴

　　谢谢各位,特别谢谢汪晖老师的反馈。不久前我在浙大社会学系
讲座中所做的报告是自己正在创作中的新书,当时提到创作此书的一
个缘由:我曾经一直希望做所谓的"客观研究",把个人的经历和态度从
自己的研究对象中抽离出来。后来发现做不了,一方面是受到自身所
在的人类学学科研究方法和对象的限制,另一方面更多的是因为我觉
得有必要讲述自己的故事,即"主观性"很强的个人生活经历。我曾经
反问过自己,我的故事有什么必要讲给别人听吗?藏族历史上有一套
自成体系的传记传统,但是一般而言,主人公都是高僧大德或显赫的政
治人物,像我这样无足轻重的小人物,还有什么必要讲述自己的故事?

即便如此,我还是希望分享自己的经历,因为这不光是个人化的经历,更是深深刻划上了时代印记的,它可能代表了生长于藏边社会、如今已经成为"知识人"的一代人的经历,抑或它也在不同程度上代表了我们这一代中国普通百姓特别是学者的集体性经历。本人从小没有接受过藏文教育,对藏族历史文化传统几乎一窍不通,后来也没能考入综合性大学接受较为全面的教育,这导致自己的历史和人文知识基础相当薄弱。再后来去北京读研究生,由于个人专业和既有教学模式的限制,历史文化知识薄弱的问题照样没有得到解决。结果到了美国攻读博士学位,接受了西方那套理论和方法后,也可以说几乎完全被"洗脑"了。固然被西方理论"洗脑"有个人的原因,但是我在思考这是否与国内的教育体制也有一定的关系? 也就是说国内过于专业化的本科教育是否导致了历史人文和综合性素质教育的缺失呢? 换句话说,国内成千上万的大学在校生和毕业生也同我一样可能有类似的问题。如果没有深厚的中国历史文化的涵养和训练,出国留学(特别是针对人文社科的留学生)被"洗脑"就在所难免了。

接着,我在博士毕业后回了国,很天真地以为可以靠自己的所学去"报效祖国"的时候,遭遇到了"深水",即所谓的"学术江湖"。我在这里不是为了去"揭露"或指责谁,而是作为一个人类学学者,我所关心的是这种"江湖"视角有没有代表性以及究竟代表着什么,或者说我比较希望去探讨这种"学术江湖"与知识生产之间究竟存在着什么样的关系。由于时间关系,我不再去具体阐述。不过至少我希望在此表达的是国内学术界问题多多,需要更多的自我反省。虽然这些问题远远不是后殖民批判能够独立解决的,但是也不妨借鉴后殖民的视角来反思自己的部分问题。当然,正如我在发言中提到,后殖民主义和后殖民批判的内涵和外延其实相当丰富,也可将在当今国际社会"政治不正确"而却在我国屡见不鲜的种种现象,以及"去西方化"和"去殖民化"的"学术本土化"等各类情形包含其中。总之,后来我在这种"学术江湖"的压力下重返美国做博士后研究,再接着受邀去法国做访问研究员,此后就来到了新加坡,一个有着浓厚的后殖民色彩的"国际化大都市"。

　　这样的经历和过程在某种程度上不仅反映了我自己多元的经历和从中获得的多维度视角,而且也体现了个人努力超越自己和不断进步的过程。连赵鼎新老师都在不久前评论到,现在的我与数年前与他初次会面时的我相比进步了不少。听到这样的评价我很高兴,但是这种高兴与骄傲自满无关。我越来越意识到自己汉藏文水平不高、历史文化知识欠缺,而同时又被西方理论"洗脑"过,所以过去好长一段时间都在努力弥补自己的不足,得到赵老师这样的评价就意味着我的努力见到初步成效了,日后需要更加努力、更多进步才好。但是话说回来,我这样的经历似乎受其特殊性限制,它究竟能在更广泛的意义上代表些什么吗? 这就是目前我在学理上试图努力解决的问题,即我个人的经历和遭遇的问题代表的不光是自身独有的或特殊性的问题,而是反映了某一类更具广泛性和普遍意义的问题。那么,此类问题以及我的反思是不是反映了某种 postcolonial conditions,或者说是否适合使用后殖民批判的视角来剖析呢? 关于这个问题,三下两下讲不清楚,那我就用个人经历中所谓的"accidents",即"意外",来简单阐述自己的观点。

　　到新加坡以后,我发现了这个城市国家有一种奇怪的 postcolonial conditions,即在如何"清算"自己曾经作为殖民地的历史以及如何在东方和西方之间寻求平衡的过程中,呈现了一种"非东非西"但却又"既东又西"的一种看似较为"分裂"的奇特的组合方式。与此同时,我在这里结识了阿拉塔斯(Syed Farid Alatas),与他有很多的互动和对话。他是东南亚地区具有较大国际影响力的社会学家之一。而他是子承父业,他的父亲侯赛因·阿拉塔斯(Syed Hussein Alatas)曾经是东南亚地区影响力最大的社会学家和知识分子之一,据说对萨义德东方主义观点的提出产生过一定的影响。而我的同事阿拉塔斯就在他父亲的基础上继续推进有关后殖民批判的研究,为此发展了影响深远的"学术依附理论",对"学术帝国主义"进行了猛烈批判,提倡对社会理论从事"本土化"的改造以及推动亚洲乃至"南营"的学术自主。在这种情形之下,我开始对后殖民主义产生了浓厚的兴趣。此后,我又开始了自己新书 *Small People*, *Great Things*: *Being Human in a Dehumanizing World* 的创作,在对本书主人公即一名边缘化的藏族知识分子的生命历程进行解读的过程中，联想到了本人自身作为小人物的经历，这时我发现后殖民批判的视角虽然问题不小（这里不具体剖析），但还是有相当力度的。然后，不久前又听到了前面提到的来自国内访问团某位成员的、在其他地区被普遍当作是具有种族主义色彩的"政治不正确"论调，这让我更加意识到，无论我们是使用后殖民批判的概念体系，还是将其置换为某种符合中国国情的"当代世界公民教育"体系，中国学界和社会都太需要后殖民批判所倡导的"政治正确"的"再教育"了。

这一切看起来都是一个意外与一个意外的叠加，其实我并不认同"纯粹的意外"的说法，这些意外最终将我带到后殖民批判的情境中，所折射的更多是一种自然而然或者说水到渠成的过程。换句话说，本人的人类学背景以及与社会学同事较多的接触，使得我一直试图对个人的体验和观察进行一种理论化的"抽象"和概括，同时希望在特殊性和普遍性之间寻找一个平衡点，而后殖民批判的视角就成为本人阶段性的成果，这也就意味着随着自己经历和阅历的不断增加，我又会持续不断地寻求新的研究方向和视角突破后殖民批判的局限。很幸运的是在目前这个阶段能够获得与汪晖老师交流的机会，您看到了很多来自印度的后殖民学者没有体验到的，相比印度和世界其他地方具有相当独特性的中国历史和现实经验，这也可以看成是您对后殖民批判的丰富和发展。而目前我对这些独特的中国历史和现实经验以及人文思想资源了解得还不够多，所以暂时不打算正面回应您的问题。等我花些时日把您的作品系统研究以后再与您做进一步对话，到时希望能让您看到我的努力和进步。同时也希望能有机会让您与赵老师一样，在相隔数年后的下一次见面时对我说"丹增，你进步了"，这又会让我拥有新的奋斗目标，谢谢！

张亚辉

我没有太多要回应的问题。汪老师刚才提的也没问题。确实我做研究的一个出发点就是,我自己在汉区和藏区都做过田野,然后发现汉区是土地革命,藏区是民主改革,二者所面临的情境和它产生的后果完全不一样。那么这个事就变得非常古怪:费孝通早年做花篮瑶研究的时候看到的是一个完全意义上的共同体现象,他把它说成是通古斯;到了汉区,他看到的是一个发育残缺的、实际上被历史阉割掉的村落,他说这是共同体;然后等他重新回到边疆又看到了共同体的时候,他又说这是通古斯。这中间有很多绕来绕去的东西,我觉得其中有一些是思想上的混乱,也有一些是 20 世纪中国特有的问题。我们和印欧人之间的比较带来了种种混乱,还有现代国家也产生了一定的混乱,这些混乱太多了,我们可以无穷无尽地追下去。通过将这些概念和我自己的经验做比对,把它澄清之后,我是希望能够通过调查材料,更清楚地看到三者之间的关系,要把这三者之间的关系慢慢地清理出来,这样人类学的民族志写作才可能心里有谱。

科技人类学专题

杨德睿（南京大学社会学院） 组稿

流动的收割机
——收获期南京市郊外农村的即兴分工[*]

川濑由高　著

颜行一　译

序

本文是对现代中国农村中"流动收割机"现象的调查报告,并借此对产生了此种收获期景象的社会背景进行考察。

自 2014 年春开始的大约两年时间,笔者居住于江苏省南京市郊外的农村,并实施了基于人类学参与观察的田野调查。虽然在调查过程中了解了当地的农业生产情况,但是自报道人处获知的"如今收割全靠机器"这一信息当初却让笔者深感困惑。困惑的原因在于笔者所在的村落其实并没有人拥有收割机。

然而不久后这个疑问便解除了。因为笔者得知每当到了小麦和水稻的收获期,大批的收割机就会从各处而来协助收割工作。这些收割机的主人全部是来自外地的进行"流动作业"的人们,并且从已确认的情况来看,收割机全部为日本的农业机械制造商"久保田"旗下的产品。这些人与当地人并没有任何事先的约定,他们只不过算准了时机来到此处,并被当地农民偶然地叫住,用久保田收割机为当地人提供收割服

---

　*　本文翻译自川濑由高于 2016 年发表的日文论文《流しのコンバイン:収穫期の南京市郊外農村における即興的分業》。译者在本文翻译的过程中参考了瞿思缘、党蓓蓓、戴宁、李婧、伍洲扬、郝雅楠等六人的建议,在此表达由衷的感谢。

务（久保田服务）。

被这种奇特的现象勾起兴趣的笔者尝试调查了其起源，并了解到实际上在大约十几年前出现的流动收割机已经大大地改变了调查地春季的景象。现在，调查村施行的是轮作，但在过去农作全靠手工的时代，秋季种植的不是小麦而是油菜。然而，自从只须在一旁看着，就能一次性快速完成收割和脱粒作业的流动收割机登场以来，比起油菜，调查村的人们就开始倾向于栽培不再需要耗费劳力进行脱粒作业的小麦了。流动收割机把春天的景象由黄澄澄的油菜花田转变成了金色的麦浪。

虽说这是一个在相对较短的历史跨度内出现的现象，但在当地利用流动收割机已经成为惯例。将农业生产中极为重要的收获这一工序依赖于来访的外来者的帮助，这着实让人觉得奇特。当地的村民与偶然相遇的"外人"们在进行农作的同时，两者之间建立了怎样的关系？如果继续深入聚焦，那么使得这样的分工（division of labor）形态成为可能的社会条件是什么？这就是本文试图解答的问题。

一、背景

（一）调查地概况

本文的舞台位于南京市区南方约 80 公里，与安徽省交界处的高淳区。高淳是南京市最南端的行政区域，人口约 42 万人，其中大部分为汉族（高淳县地方志编纂委员会，2010：133—136）。根据当地居民的看法，高淳与南京市区分属不同的方言区域，甚至高淳内部也可以依据方言差异和生态环境区分为东西两大区域，即拥有湖泊且水产业兴盛的西部地区和以水稻种植为中心的东部地区。[①] 笔者于 2014 年 3 月至

---

① 高淳西部的"圩乡"与东部的"山乡"在民俗方面有一些不同，此外每个村子的方言也都有些许差异（川濑由高，2015a：179—180），更为宏观来看，可以说与高淳相邻的南京市溧水区（北边）、安徽省郎溪县（南边）与常州市溧阳市（东边）的一部分区域，在语言和民俗方面与高淳构成同一文化圈。关于高淳的民间信仰，可以参考拙稿（川濑由高，2016）。

2016 年 2 月之间的 23 个月居住于东部地区的一个拥有 5000 左右人口的自然村 Q 村。笔者被从事水稻和小麦种植的吕叔叔和吕阿姨一家收留，并于调查期间参与了一家人的农业生产。

　　与现代中国大多数农村一样，如今高淳的农村平日里能见到的多为老人和儿童。年轻人外出打工逐渐常态化，返乡通常只会发生在春节之类的长假期间。[①] Q 村也不例外，村中进行农业生产的主要就是那些留在村子里的 60 岁以上的老人们。本文在提及农民时，基本上是指这一群体。[②]

　　直截了当地说，造成上述的各年龄层人口失衡的原因在于农业生产无法换取足够的现金收入。在属于水稻种植地区的 Q 村，虽然村民们一日三餐都能食用自己种植的大米，[③]但是从一家人生计的角度来看，即使是丰年，农业收入也不及外出打工收入的 1/3。[④] 年轻一代大多缺乏农业生产的经验，再加上收入的低下，导致他们大多不愿意从事农业。因此，在如今的 Q 村，休耕田逐渐增加，[⑤]同时，将农田废弃并改建

---

　　① 中国研究中，"移动"的观点对于理解村落是不可或缺的（例如西泽治彦，1996：1—37）。此外，关于移动与近年以外出打工常态化为背景的中国汉人的家乡之间的关系，杨德睿（2010）的研究可以作为一种参考。

　　② 如今，常住于 Q 村的是老年人、他们还在念小学的孙辈，为了照料孩子而没有离开村子或是回到了村子的儿媳妇一辈的女性，以及住在村中并从事工作（多为建筑类的工作）的中年男性。此外，稻村达也基于 1997 年在四川省的农村调查，指出了"在工作时间外从事农业"的新式农民的出现（稻村达也，2015：208），但是在 Q 村以农业为副业，进行"周日农业"（参见 Kuwayama，1992）的年轻人则不存在。

　　③ Q 村村民基本不吃小麦，收获后几乎全数售出。

　　④ 虽说根据职业种类和年龄不同会有所不同，但以 Q 村出身的大多数人从事的木工为例，一年的报酬约在 5 万元至 6 万元之间。

　　⑤ 根据预测，如果现在的高龄一代不再从事农业，则农业人口将会消失，但是实际上届时可能会有新的移民出现。按照黄志辉的说法，今天的北京、上海、广州这样的大城市的近郊地带，由本地农民进行的农业生产已经看不到了，取而代之的是"代耕农"（即来自更为偏远地区的农民在地方政府的主导下来到那些地方，代替外出打工的当地农民耕种他们的土地，这样一种低端的外出打工农民）的出现（黄志辉，2013）。在调查开展的时间点，高淳尚未出现这种现象，但这已经是整个中国沿海地区的趋势了，此外笔者也听说在江苏省的一部分地区已经开始出现"代耕农"现象。

虾蟹养殖场的情况也时有发生。[①] 休耕田逐渐变成水产养殖场不光是
Q 村特有的情况，更是整个高淳的大势所趋。

(二)Q 村的农业

虽说农业迎来了衰退期，长住 Q 村的人们的生活节律依然被农业
周期所左右。人们在农忙期忙于农业，在农闲期忙于麻将。[②] 在 Q 村有
好几个公共的活动空间，午后和晚上人们聚集在这些地方参与麻将之
类的"赌博"活动，而到了农闲期即使是不从事农业生产的人们也大多
不再现身。由此可见，农业生产对于人们的社交生活也产生了重大的
影响。

在 Q 村，各个家庭的成员平均每人能分配到 1.4 亩农田的使用
权，[③] 人们以家庭为单位进行农业生产，主流的生产样式是小麦和水稻
的轮作，面积较小的农地则被用来种植玉米(用于家畜的饲料)和油菜
(用于制作自家消费用的油)。[④] 对没有选择外出打工的农民们来说，主
要的现金来源还是小麦和水稻。以吕叔叔的情况为例，2015 年的收获
量与历年相仿，小麦的收益约为 4000 元，稻米的收益约为 14 000 元。[⑤]
单从金额上来说，稻米的收益是小麦的 3 倍，所以稻米的栽培更受到重

---

① 笔者在 Q 村居住了一年之后的 2015 年春天，当地有 20 余亩农田被改造成了虾类
养殖场。某个村民把自家农地周边的土地从其他农民处借来，随后用重机摧毁了农田。土
地的使用权(参见本页脚注 3)的交涉，若是在 Q 村村民之间发生，可以相对比较便宜的每
年每亩地 500 元至 800 元的价格完成让渡。

② 横田浩一的研究指出了在广东省潮州市的农村，有一种老百姓的彩票对干部的麻
将这样一种对立在当地成立(横田浩一，2016：153—156)；而在高淳，麻将不分男女老幼和
社会地位的差别，被广泛地用于农闲期的娱乐和对亲戚友人的招待。

③ 根据中国现行的制度，土地的所有权归国家，使用权则属于拥有农业户籍的个人
(河原昌一郎，1999：47—48)。以 30 年为周期，根据作为行政单位的农村的人口流动变化
(包括结婚、出生、死亡)，土地的使用权会被重新分配，比如 Q 村，相关证明书是在 1996 年
12 月 31 日交付的。并且，被分配的土地面积也会根据不同的村子而有所差异。

④ 此外，大多数家庭都会在自家屋子旁边拥有一个小规模的蔬菜园，村民们会在此处
种植自家消费用的蔬菜水果。这些作物的栽培没有农忙期与农闲期的区别，而是按照各种
作物的生长状况，在主要作物栽培的间隙进行照料。

⑤ 这年，吕叔叔的小麦卖了 1 万元，稻米卖了 2 万元，除去各种各样的成本(种子、化
肥、农药的购入和花在雇佣他人代为耕耘、收获上的佣金)后就是这个金额。吕叔叔从不常
住在村子里的亲戚和朋友那里借了合计 17 亩的农田来种植稻米。由于是亲戚，所以没有
金钱上的交易，但是收获后吕叔叔会把日常食用所需的分量送还他们。

视。这正是秋季到夏季的小麦种植期能看到不少休耕田,而相对的夏季到秋季的稻米种植期则几乎看不到休耕田的原因。

当地种植的稻米分为杂交米、粳米、糯米三类,它们各自在栽培上需要花费的精力不同,价格也各不相同,选择栽培哪种米完全由各个农家自行决定。稻米虽说主要是为了换取收入而种的,但同时也要用于自家消费,因此相对美味的粳米尤其得到人们的青睐。

稻米通常需要历经育苗、犁地、注水、插秧、施加农药和肥料、间断灌溉,等结实之后再进行收割、脱粒、去壳这些步骤以得到成品,随后便可封装销售。Q村从前也是以这个流程来生产稻米,但是近年的粳米生产中不事先育苗而直接播种的方式流行了起来。① 而另一方面,收割与脱粒则完全脱离了手工作业,全部由收割机来完成。

二、事例

(一)流动的收割机

在调查的第一年,笔者错过了观察农产品收获的时机,于是在第二年小麦成熟的时节便暗暗下了决心,今年一定要在收获的时候帮上忙。但是这个时机来得有些突然。

2015年5月22日,这一天笔者的寄宿家庭的成员全部外出,笔者一人留下看家。正午时分邻居忽然造访,向笔者询问道:"吃过饭了吗?你们收麦子了吗?(你的)叔叔有没有回来?"笔者答道:"吃过了,还没有(回来)。"听了笔者的回答,邻居便急匆匆地返回了自己家。

下午三点,吕叔叔和吕阿姨回了家。笔者一边吃着吕叔叔捎回来的包子,一边传达了邻居告知的收获已经开始的消息,吕叔叔回答"我知道了"。随后,吕叔叔先去接了还在念小学的孙女,再回到家时已过

---

① 面积小的田会采取移植栽培的方法。如果是这种情况,则价格相对较低但易于栽培的杂交稻更受到青睐。

了四点，随后又马上出了门。没过多久吕叔叔便回到家中招呼笔者：
"由高，收麦子去了！"

笔者驾驶着家里的两台电动三轮车中的一辆紧跟在吕叔叔之后，
并按照他的指示停在了自家背后的一片面积较小的麦田边。在一片金
黄的麦田中，运转着的收割机不断从尾部喷洒出麦屑。

吕叔叔在那一天原本是没有收麦子的安排的。然而当他返回家
中，得知了邻居正在把收割机往自家的田地里招呼后，随即决定也马上
开始自家的收获工作——在把孙女接回家后，确认了收割机还在田里
的这个瞬间，便是吕叔叔下决定马上开始收获作业的时刻。

上午过来打了个招呼的邻居的田差不多快收割结束了。吕叔叔朝
田里的收割机招了招手，收割机便沿着田间小道慢慢靠近了过来。机
身上的型号标识写着"久保田 PRO688Q"。收割机驾驶员问"是这里
吗？"，吕叔叔答道"就是这儿"，收割机便立刻驶入了麦田中开始收割。
稍晚一些，驾驶员的搭档也来了。吕叔叔与其展开了价格交涉，最终以
两亩地 130 元的价格（通常每亩地需要花费 70 元）成交，并随即当场掏
钱完成了支付。

代理收获通常由一个收割机驾驶员和一个助手组成一组的形式完
成，两个成员多为父子或夫妇关系。造访高淳的收获代理人都是远道
而来，其中大多数人都来自距离高淳 370 公里的苏北城市连云港。每
当来到稻米和小麦的收获时节，他们就用卡车驮着收割机在各地"流
动"，靠替农家们做收获工作来赚取酬劳。[①]　出租汽车是"串街揽客"的，
串街（卖唱，揽客）的艺人是沿街说唱艺曲的，与此一样，久保田服务的
提供者也是为寻找拥有未收获稻田的顾客去各地"串街揽客"。

---

①　除此之外，另外还有泰州、盐城、淮安等地的收获代理人来到高淳。

图 1　将收割机收获的小麦装入编织袋

（来源：笔者，2015 年 5 月 22 日摄）

笔者最初遇到的收割机"PRO688Q"是自带贮藏库的型号。[①]一旦贮藏库中的小麦满仓时，收割机就需要暂时停止收割，行驶到路边将库中的小麦先从排出口排出。笔者当时帮助了代理人和吕叔叔，将编织袋对准排出口以接收排出来的小麦（图 1）。装满了小麦的袋子用稻草或布绳捆好后，便被装到自家的电动三轮车上运回家中。吕叔叔评价说收获本身还是挺轻松的：

　　　　以前（因为纯手工作业的缘故）收割两亩地要花两天，脱粒还

---

　　① 这是一款面向中国市场的收割机，根据采访，其购入价格大约是 148,600 元。这个型号于 2010 年投放市场，根据中国农业的具体情况，实现了能够根据小麦、稻米（籼米）、菜种等更换不同附件的功能（日本经济新闻，2011）。这个收割机是以"不需要人工辅助进行谷物装袋"为目标开发出来的（平井良介等，2012：54—55），但是如果观察 Q 村收获时的情景就会发现，这个目标最终并未实现。收获代理二人组中的辅助者除了要和农民交涉价格，还要承担测量土地面积（在感觉到农民自己申报的土地面积过小时），以及将从收割机中排出的谷物装袋等职责。调查时偶尔还可以看到更为老式的型号（PRO588i-G），但其具体的收获流程大致与 PRO688Q 收割机相同。

要再花四天。① 现在轻松多了，你看这不就已经完了，多简单。像这样机器收割已经有六七年了，他们每年都会来。② 你们（日本）的机器性能很好的，中国（厂商）的（收割机）从来没见过。

这段叙述中尤其值得注意的是"他们每年都会来"中的"他们"并不是那些曾经交谈过，互留了电话号码的人。虽说每回都会和当时的收获代理人说"来年也拜托了"这类话，但是实际上无论是吕叔叔还是收获代理人都不认为来年真的还会有合作的机会。自从第一次委托他人代为收获以来，吕叔叔合作过数组代理人，虽说每回都互留了电话号码，然而实际上吕叔叔并没有把任何一个号码存进手机里。③ 每当收获时节来临，流动收割机都会源源不断地经过这里，所以收获代理人和农民双方都是根据当时自身的情况随机选择合适的合作对象。

如果做个比喻的话，流动收割机就好像是日本的烤红薯摊。④ 就像日本人都认为到了秋天烤红薯摊就一定会来一样，到了收获时节收割机也同样会来（农民们也相信它们一定会来）。此外就像烤红薯摊不会接受预约去到特定的客户那里，只为不特定的潜在客户们提供服务一样，收割机的所有者（或使用者⑤）们也是在流动于各地的过程中随机等着被某个农民叫住以提供服务。而对于顾客这一方来说，当他们把某台收割机叫住时，整个收获流程就立刻开始了。对于收获这个一年的

---

① 即使是如今，当遇到农田过小、机械无法进入的情况时，也只能靠人工进行收割和脱粒作业。

② 综合多名报道人的叙述便可以大致总结出，委托收割机代为收获大概是在 2005 年前后开始在高淳普及的。流动收割机本身则是在十几年前就出现了。

③ 其理由为他们"仅仅偶然路过而已""下次再打电话委托（收获）也没有用""（秋天）稻米收获的时候也是，如果对方需要的倒还好说，如果只是我们自己需要的话就没办法了"。在后者的叙述中似乎包含了与中国的"关系"（guanxi）和人格论的讨论相通的耐人寻味的内涵，但是本文无意在这方面多加赘述。

④ 这个比喻受到了阿部朋恒氏（日本东京都立大学）的启发（2015 年 12 月 17 日，私信）。

⑤ 笔者调查时所遇到的全是购买了收割机的独立个体经营者，但是其中一个收割机所有者说他过去是从他人手中借了收割机来做这门生意的，之后攒够了钱才自己买了一台。此外，中国的其他地区还存在隶属于"农业机械中心"与客户约定之后出发完成委托的形式（稻村达也，2015：208），不过笔者没有在高淳发现这种情况。

农业生产活动中最为重要的工程的起始日,Q 村的农民们完全是根据作为外人的流动收割机到来的时机来决定的。

(二)流动的收获代理、搬运代理与村民的关系

接下来,笔者想通过稻米收获期的事例来探讨"流动"的人们与村民之间的关系。正如前一节所描写的,在春天的时候负责进行小麦收割和脱粒作业的流动收割机会出现在村子里,而在秋天收获的稻米因为有尽快进行干燥的需要,于是另一个要素出现了,那就是"流动卡车"。

首先,让我们根据稻米收获的步骤了解一下从叫住流动收割机到委托收获的过程。

2015 年 10 月 12 日,吕家的收获开始了。虽然前一天已被告知第二天要收获了,但是笔者不小心睡过了头,直到九点才出了房门。跟吕叔叔打了个招呼说"叔叔",吕叔叔边说"起了啊由高"①边递过早饭。当笔者问"收获怎么样了?",吕叔叔答道"(收获代理人)还在收别人家的,我们两点左右再过去就行了"。

吕叔叔听说了从前一天开始流动收割机就到了 Q 村附近的消息,于是检查了稻米的成熟情况,决定如果天气不错就开始收割。但是此时具体的行动计划其实是尚未决定的。当天,正如往常的农忙期一样,包括吕叔叔在内的 Q 村村民们早早地起床,在村边的路上招手叫住路过的流动收割机,被叫住的收割机便移动到田里,农田相邻的三四户农家会按顺序共用这一台收割机。这样做是因为收获代理人从效率的角度出发,希望能一次性收获尽量多的农田。这个时候农民们便大概可

---

① 根据中生胜美在南京农村的调查,以亲属称谓来称呼对方成为了一种打招呼的方式(中生胜美,1991:270),这一点在 Q 村也同样存在。也就是说,当地人对于外人也会使用"早上好""你好"之类的普通问候,但村民之间最普遍的打招呼方式是称呼对方的名,一般来说地位较低的人称呼地位较高的人时会使用亲属称谓,相反的情况便称呼名字。比方说,母亲与孩子一起去见孩子的外婆时,母亲会催促孩子说"快叫婆婆",这与日语中的"好好打招呼"(ちゃんとご挨拶しなさい)有着相近的意涵。呼称(address term)与指称(reference term)的关系在考察汉族社会的日常生活时是一个十分重要的论点(参见小林宏志,2016),笔者希望在今后的论文中展开探讨这一点。

以预测出每一家的收获进度和结束的时间点,从而判断自己家的开工时间。

但是,事情并不一定会按照预想的进行。在进行收获的委托时,每个农民都需要各自和代理人进行价格交涉。代理收获的价格是按照每亩的价格乘以该农民的农田面积计算出来的。农民不想农田的面积被多算,代理人则不想农田的面积被少算。当农民对自家田地面积的看法与代理人的计算结果相左时,交涉会被拉长,有时还会交涉失败。[①]当然即使是这种情况也无大碍,因为光是 Q 村在同一天同一时刻就有十几台收割机造访。

以上所述的农民们与流动收割机的互动和小麦收获时的情况大同小异。但是另一方面,正如前面提到的,在稻米收获的时候还有除了收获代理人之外的外人登场,那就是负责用"流动卡车"搬运尚未去壳的谷子的"搬运代理人"。

一旦与收获代理人在当场达成契约,双方就会趁着收割机还在收割的时候坐在田间小道上聊天。当贮藏库被装满了的收割机暂时来到路边排出谷子时,所有人就过来一起把谷子装袋并扛上搬运代理人的卡车。

这里的"搬运代理人"是指小型卡车的司机,他们的工作是把谷子运到进行干燥的地方(详见后文说明)。[②] 他们中的大多数人平时用相同的车做垃圾回收工作,帮助搬运谷子只是作为收获期的副业。如果运气不好没能拦到卡车,农民们就不得不拜托亲戚朋友帮忙准备运输车辆,不过大多数情况下都能通过和收割机同样的方式叫住流动卡车。这些搬运代理人同样也是看准了村子收获的时机聚集到附近的。

与远道而来的收获代理人不同,搬运代理人们住在距离村子不太

---

　　① 虽然正是小麦收获的关键时候,但是吕叔叔由于不满某个收获代理的出价,终止了当天的收获。强硬交涉的背后,是吕叔叔根据这片田里小麦的色泽判断出了"这里的小麦还能再撑一段时间"。

　　② 一个人辅助搬运的情况存在,但有时也会为了更快地运输谷子而交替让两个搬运代理人来协助搬运。此外,笔者调查时获悉搬运辅助的报酬大约是每亩地谷子 30 元。

远的邻近地区。然而重要的是,他们是在此时的收获情境下偶然出现在同一个地方的,而且在当地农民看来两者都是外人,和他们的邂逅也纯属偶然。

一般来说,前文所描写的互动基本就是流动的收获代理和搬运代理与当地农民之间的关系的全部,而了解他们的生活的机会则寥寥无几。但是某一天,由于收获工作拖到很晚才结束,于是仅此一回,他们在吕叔叔家吃了晚饭。

10 月 15 日,当天的来客是做收获代理的三十来岁的夫妇(不出所料都是连云港人)和做搬运代理的二十来岁的男性(河南人,现于与高淳相邻的溧阳市工作),总计三人。在重体力劳动连续不断的收获期,餐桌上总是有比平时更多的菜。这天就有从街上买回来的红烧鸭等菜肴,虽说白天很忙,但是待客的准备没有怠慢。

"酒也喝一些,要啤酒也有""多吃点菜",吕叔叔热情地招呼客人们。大家边喝酒边开始聊起家长里短(主要以吕叔叔问,收获代理夫妇答的形式展开):

> "睡觉是在哪里?"
> "在车上睡。"

> "洗澡怎么办?"
> "车子可以出水(就用这个水洗澡)。"

> "平时怎么吃饭?"
> "有时候是在车上做一些简单的菜,今天这样去别人家吃的时候也有。"

> "明天什么打算?"
> "先把您余下的收完就去梅渚(高淳的南边)。好朋友在那儿有十几亩地,我去帮他收。之后打算去(南京市)六合(区)。"

通过这段交谈,我们可以窥见"流动"生活的一些片段。此外还透露出的一点就是这些收获代理人的流动绝不是毫无计划的盲目行动,而是有一定程度的规划,[1]另外若是有关系亲密的好友,他们也会接受"预约"。

一番交谈之后,吕叔叔对笔者说道:"他们连云港人很聪明,知道用投资来赚钱。"听了这番话,收获代理夫妇中的妻子说:"您也买台收割机不就行了?"吕叔叔答道:"我连本钱都没有的。"

听收获代理人讲,他们每年有大约 7 万元的营业额。乍看下赚的钱似乎是当地农民的 2 倍,但是这种直接的比较无疑没有充分考虑各种费用支出,以及他们与农业从事者之间的年龄层的差距,并且忽略了收获代理人的出身地与 Q 村之间经济状况的地区差距。这天,吕叔叔在客人们离去后对笔者说的一番话并不是什么单纯的客套话,反而更多地流露出了对于这种辛劳的工作的同情。

"他们也是农民。除了收获的时候之外全在自家地里种田。"

"吃饭也是随便解决。"

"澡也洗不了,都睡在车上,真是个辛苦的工作。"

Q 村没有人投资购买收割机这件事有着各种原因,至少从当时吕叔叔的发言来看,这个时间点在收割机上投资是没有什么吸引力的。与流动的收获代理人辈出的江苏省北部不同,与南京、无锡这样的大城市相对较近的 Q 村从 20 世纪 80 年代开始,外出打工就已经相当流行了。与当天的客人差不多年纪的 Q 村人则大多都去了劳动条件相对更好、收入更为稳定的大城市打工。这也在一定程度上使得 Q 村成为了使用流动收割机的一方。

---

① 他们回到故乡后也会收自家的田。他们可能是来到谷物成熟相对较早的南方,然后不断地向北方流动,不过具体的个例尚未掌握,笔者希望将其作为今后的课题。

关于收割机的购入，还有一点值得注意的是流动的收获代理人们起初都不是只为了自家的收获而购买收割机的。收割机从一开始就是为了未来替他人收获农田而被当作赖以谋生的工具而购买的，因此可以说是一种"投资"。在中国农业的语境下，收割机不单单是一种农用机械，它的存在是以与他者的邂逅为前提的。

（三）流动的中间商

接下来探讨的是收获后稻米的干燥与贩卖环节。如前文所描述的，收获工作有收获代理人和搬运代理人这些流动的服务提供者参与，而稻米的贩卖也有"流动的中间商"可以委托。

收割机所收割、脱粒的谷子通过流动的小型卡车或自己准备的车辆转移到有空间进行谷物干燥作业的地方。在当地，谷物的干燥作业（不像日本那样借助"稻米中心"）是通过露天晾晒来完成的。地点通常选在庙前的空地、自家的院子、宽阔的路面等等。这一年，Q村附近新修成了一条宽敞的公路，于是多数Q村村民把谷子搬到了这条路的路肩处。运来的谷子一落地，农民们便不时地用耙子翻动谷子。[①]

收购谷子的是谷物加工厂[②]或个体经商的"贩子"，两者都是根据谷子的总重来决定收购价的。前者只能是农民自行将谷子运到加工厂才能完成收购，后者则由于不需要自己搬运而受到青睐。[③] 这里说的"贩子"们是一些开着大型卡车四处流动的中间商。他们从农民手上买走谷子，随后转移到能以更高价格收购的其他地区出售，从而赚取中间差价。

---

①　使用专用的耙子将谷子摊薄到均一的厚度之后，使用翻耙在谷堆表面从面前向远处推，这样就可以在不翻面的状态下把谷子托起来；然后再用翻耙翻面，未干燥的谷子底部（由于水分较多所以有点黑）就能被翻转到上面。这个工作在水泥路普及之后就变得更加方便了，以前还是土路土院子的时候，干燥需要花相当长的时间。

②　在Q村的附近有两种选择，即拥有能够进行去壳作业的大型机械的个人经营的"粮食加工厂"，以及前身是人民公社时代的谷物回收站而现在变为私营的谷物收购站。

③　通常谷子除了自家消费之外都会卖掉，借助（朋友、熟人等）个人关系出售的情况也存在。

图 2　在公路上晒谷子。高淳全境都可以看到这个景象

（来源：笔者，2015 年 10 月 16 日摄）

被农民们叫住的贩子把卡车停下后就开始查看被铺在公路上的谷子。他们通过使用测量仪器或是把谷子含在口中以确认谷子是否足够干燥。之后便根据谷子的品质（是否长了霉或者混入了杂草等）提出一个收购价。Q 村村民们都在路边一会儿休息，一会儿翻动谷子，一旦贩子来了就停下手头的事与他们交涉这个时间点的收购价格。

交易现场仿佛就是谷子的批发市场一般。作为商品的谷子被陈列在路旁，作为买家的流动贩子则如橱窗购物一般开始选购商品。于是作为卖家的农民就开始夸耀自家的商品（"你看我的谷子多漂亮！"）。一旦对于贩子的出价感到满意就开始装袋（参见图 2 中数量众多的袋子），称量每袋的重量并装上卡车。全部装载完毕后便在现场用现金完成支付。

贩子的出价根据不同的人会有每 100 斤 1 元至 3 元左右的浮动，如果偏离合理价格过多则几乎不会有交涉的余地。无论是贩子还是农民都清楚当地谷物收购站的收购价，农民之间也都共享了谁以什么价格卖出了自己的谷子的情报,并由此在农民们的意识中形成了一个"市场价"。① 因此,即使是擅长交涉的吕叔叔也只不过是以高于市场价 1 元的价格卖出了自家的谷子。此处重要的是,随着流通在市场中的稻米量的增加,收购站的收购价和与之联动的贩子的出价都会不断下降。比如,2015 年秋天的情况是 10 月 16 日的价格为每 100 斤 148 元,而在接下来的 7 天,价格以每天 1 元的速度不断下滑。而且在收获期即将结束的 21 日与 22 日,甚至上午与下午之间都开始出现 1 元的价格差(图 3)。

正如前文所说的,稻米所能获得的收益远比小麦丰厚,其贩卖对于以农业维持生计的人来说,是一年中最为关键的时期。每个人都想着早一点以更高的价钱卖掉自己的谷子,但谷子在充分晒干之前是卖不出去的,而一方面收购价却每天都在下滑。于是谷子一经收割立马就被争先恐后地铺开在了马路上。笔者与吕叔叔选择在一条双向四车道的宽阔道路上晒谷子,而最终这条路除了一个车道之外全被农民们的谷子铺满了。每当在这个路段超车时,车辆就会从谷子上碾过,这个时候笔者也在想这样是不是真的没关系,似乎是不太好。

10 月 17 日,警车来了。吕叔叔和当时在场的人们被警察警告说"晒谷子的时候不准侵占道路"。但在这之后大家照旧在公路上晾晒谷子,并且最终还是有一条车道被占据了。

10 月 20 日 14 时 42 分,这次是路政的车辆外加写着"公路养护"的大车来到了现场。八个工作人员手持扫帚下了车,不由分说便开始把谷子往路肩扫。此时,在自家谷子边的吕叔叔说"马上就卖了(稍微等一下)",试图进行交涉,但却徒劳无功。结果是这条路沿线的所有谷子不论哪家全被扫到路边,被堆成小山的谷子最终直到黄昏也没能晒干。这时候前来收购的贩子检查了吕家的谷子,发现没有晒干,于是答复说

---

① 此处所提及的市场价是基于笔者自身的观察。在《中国粮食年鉴》中全国的平均收购价格仅仅按照月份记载,其中,这些年每年 10 月的稻米平均收购价(每 100 斤)分别为:2014 年 148.53 元,2013 年 148.06 元,2012 年 147.34 元(国家粮食局,2015:521,2014:516,2013:580)。此外,根据国家规定的粮食"最低收购价格"(参见农林水产省大臣官房国际部国际政策课编,2011:37—40),2015 年粳米的最低收购为每斤 1.55 元。但是这个规定是如何具体在调查地得到施行的尚不明确,笔者希望将其作为今后的课题。

因为没干所以不能买。在这之后等吕叔叔最终把谷子卖出去已经是 2
天后的傍晚时分了。[①] 多亏了高超的交涉技巧,参考两天前的行情,损
失被控制在了大约 150 元。

图 3　2015 年 10 月高淳 Q 村附近的收购价变动

围绕着铺在公路上的谷子的这番交锋,不禁让人想起费孝通 1948
年发表的"差序格局"论和其中所描述的"各人自扫门前雪,莫管他人瓦
上霜"。按照费孝通的说法,对西洋人和中国人来说,公/私的存在形式
有着根本的不同。在中国,公共的东西隐含着一种谁都可以随便用的
意思在里面(费孝通,1991:25)。各个家庭对公路的占用在这一次没有
被容忍,但是村民们也没有乖乖认输。就在这次事件的第二天,谷子又
一次被铺开在了公路上。

但是单单把这种行为归结于"中国农民的强韧"之类的说辞就忽视
了一些迫使他们不得不匆忙地晾晒谷子的原因。关于谷子的贩卖,有
意思的是,就在吕叔叔(和绝大多数 Q 村村民)将预定售卖的谷子全部

---

　　① 吕叔叔与贩子交涉的结果是收购价为每 100 斤 141 元(图 3),卖出 5014 斤总计获
得了 7070 元。此外,在吕叔叔身边晒谷子的另一名 Q 村村民由于运气不好错过了流动贩
子,于是只能于当日午后自己将谷子运到谷物粮食加工厂,他的谷子价格最终定格在每 100
斤 140 元。

卖出后的第二天(10 月 23 日),Q 村沿线几乎就没有贩子现身了。吕叔叔对此的解释是"这附近的谷子已经卖得差不多了,没有充足的量(以至于能让贩子赚到钱)了""收购价下降(到运输转卖已经没办法产生足够的利润)了"。这样的情况变化也反映在市场价的波动上。当日,把谷子运到收购站出售的人就不得不接受每 100 斤比前一天傍晚低 5 元的收购价(图 3)。

伴随着收购价的变动与被收购价赶着走的农民们的收获、干燥、贩卖的实践,流动的收获代理、搬运代理、中间商悄然从农村地带消失了踪影。总计 11 天的收获期就这样结束了。

三、考察

(一)没有收割机的村落

到此为止,本文通过具体的经验事例探讨了只能在收获期这个相对较短的时期才能见到的流动收割机现象,以及随之流动的人们的农业劳动。这一章将以俯瞰的视点对以外人的存在为前提从而使得农业生活得以成立的社会机制加以考察。

在探讨 Q 村的事例时,笔者认为日本农村的机械化发展过程可以成为一个参照点。桑山敬己基于 1986 年在日本冈山县农村的田野调查,分析了包括收割机在内的各种农机的普及状况(Kuwayama,1992)。在当地,农业已经不再是生计的基础,农机的购买从经济的角度来看也称不上是好的投资,然而当地人却依然购买农机,进而陷入"机械贫穷"的境地。其理由之一在于当地人大多周末进行农业生产,短暂而重合的劳动时间使得农机的共用难以实现。除此之外,桑山敬己还指出,当地人的农机购买行为背后还有一种别人买了我也得买的"他者参照导向"(reference other orientation)的心理倾向在驱使(Kuwayama,1992:129)。也就是说"如果不买农机就会被人笑话",所以"要和其他人同一个时候"买(Kuwayama,1992:135、137),此外就算利润微薄也要延续农业生产是因为如果把祖传的农田卖给了别人就会被他人在背后指指点点,而若是荒废着不种东西又会生出虫子给附近的人添麻烦(Kuwayama,1992:139—140)。当地农民的这些考量最终造成了当地的高农机拥有率。①

虽说年代上相差了大约 30 年,但是上述的冈山农村的事例与高淳的农业机械化状况产生了意味深长的对比。笔者想要着眼于以下两点,第一点是 Q 村没有一个人拥有收割机这件事。② 在先行研究中,阻碍中国的农业机械化的主要原因一般被总结为小规模家庭经营和人均耕地面积过少导致的经营效率低下等等,③但是日本的"机械贫困"的事例让我们意识到农机所有率的问题未必能够完全还原为经营学式的因素,也不应当以单线式的发展论来理解。

在与冈山农村的对比中值得注意的一点是 Q 村的休耕田一直在增加。"祖上传下来的土地"这种集体式的压力似乎在 Q 村中无法听到。有人为了虾蟹养殖而放弃自己的土地,年轻人虽说有时会协助农业生产,但说到底还是对收益低下的农业提不起兴趣(详见本文第二章)。从这一点可以看出,两者不论是在土地与人的关系上,④还是在村落层级的共同体对个人的规约上都展现出明显的差异。围绕着中国汉族农村的"共同体争论"⑤所提出的一个论点是,中国农民在自身的所有地和收益的处置这件事上不受所在村子的干涉(川濑由高,2015b:59),在 Q 村情形也是如此。此外不光是对于土地处置的规约,不同年龄层之间

---

① 以收割机为例,桑山敬己的田野点农村"新池"的收割机所有率约为 55%,如果算上共同所有的情况则会达到大约 73%(Kuwayama,1992:128)。

② 以事前约定的形式提供收获服务的人,虽然曾经在日本也存在过,但是仅仅只是代为收割自家农田的周边范围(有坪民雄,2006:124)。

③ 例如河原昌一郎,1999:203;丁艳锋、李昆志、曹卫星,2005:104;稻村达也,2015:208。

④ 关于中国农民对于土地的深情(例如 Fei,1939:182—183)与薄情(例如杨德睿,2010)这两种相互矛盾的态度,本文无法充分展开。与日本的情况不同,在中国农村土地通常是兄弟之间均分继承的(例如 Fei,1939:194—196),而且在新中国成立后的集体化进程中,土地不再为个人所有这一点也有纳入考量的必要。

⑤ 虽说不光每个争论参与者的立场与侧重点不尽相同,甚至共同体争论这个框架本身都有需要相对化看待的必要性(川濑由高,2015b),但这个争论通常被理解为如下的模式,即把作为社会单位的村落的凝集性和封闭性、自律性作为争论中心,探讨是否能够观察到日本村落式的"共同性"。

的劳动交换之类的习惯在 Q 村也不存在,农业生产完全是交给各个农家自行规划的,村落对于农业不加以干涉。以此为背景之一,当地产生了不依靠以村落为单位的农业劳动分工或机械化,反而借助村落外部要素协力的独特的分工形态。

(二)即兴式的分工

以上中日比较的意图与其说是像以往共同体争论的路径一样,把一个先验的“共同体”概念作为检验 Q 村是不是一个共同体的标准,[①]不如说描绘出 Q 村的这种收获作业不是在村子内部完结,而是借助与外部的人的分工合作才能得以成立的这一特点,以及 Q 村村民与这些人结成的独特的关系性,这才是本文的关心所在。

正如三个事例中所探讨的,Q 村农民与收获代理、搬运代理、中间商这三者的关系只不过是在个人与个人之间缔结的,且只是一种当时当地产生的一次性的关系。Q 村的收获作业在具体的日程并不透明的情况下就开始了。每个村民并不需要电话预约,只需要随机地叫住路过的收割机,随机地雇佣运输代理,结成只限于那个场合的合作关系。谷子的贩卖也可以根据情况选择利用正好出现的中间商。在稻米的收获、干燥、贩卖的过程中能够看到的是与制度性的、组织性的分工形态完全不同的,与不确定的对象达成的“即兴”(extempore)分工。

表 1　参与收获的各方行动者

农民	流动收割机	流动搬运代理	流动贩子
①	A	a	α
②	B	b	β
③	C	c	γ
⋮	⋮	⋮	⋮

重要的一点是农民们对“流动”的人们会在何时来并不清楚,流动

---

① 参见清水昭俊,2012:105—121。

的人们也不知道哪个农民会与他们合作。正如绝大多数 Q 村村民所选择的，若是把从收获、干燥到贩卖的流程全部委托给流动的人们，则实际的可选项数量将会十分庞大。假如，如表 1 所示进行标号的话，合作关系（农民—流动收割机—流动搬运代理—流动贩子）则可以是①—A—a—α，也可以是②—A—c—γ，而且无论对于哪个立场的人来说，各个角色的总数都是不明的。可以说直到工作开始之前，会委托什么人工作或被什么人委托工作是谁都不知道的事。

在 Q 村，以流动收割机的到来为起点，限于当时当地的一次性的即兴分工就这样发生了。这种分工的存在形式乍一看对于维持生计似乎是一种不安要素，但是对于当地人来讲却是极其自然的情况，可以毫无困难地适应。通过本章考察所得出的洞见，我们可以大致勾勒出使得这样的即兴分工成为可能的社会性条件：那就是当收获季节来临，从中发现了商机的流动的人们自然而然地聚集在一起这一单纯的事实。就像被巨大的漩涡所吸引一样，流动收割机们仅仅只是在收获期中极短的一段时间内一齐汇聚起来。[①] 在那里有着他们对于不特定数量的农民，也就是拥有未收获稻田的潜在客户的期待。虽然不知道会替谁工作，但是流动者们相信总归是能够和某个人达成合作的，也相信存在着大量的工作机会，流动的人们最终以一群人的集合形式出现在了 Q 村的附近。若是这种集合式的现象不存在，农民们也就无法选择合适自家的农作物收获的协助者来完成收获。如果收获代理 A 不行就选择 B，中间商 α 和 β 不行就选择 γ，正是数量众多的备选项支撑起了这种即兴的分工。

即兴的分工不单是无数个人之间偶发的、一次性的协作关系，也是在不确定数目的农民与不确定数目的流动的人们之间才得以生成的集合性现象。而且有的时候，与不确定的某人之间的分工甚至可以超越长达 370 公里的距离。

---

① 笔者曾从民间宗教的视角探讨过汉族社会中人们的集合（川濑由高，2015b，2016），其中反复引用了深尾叶子的漩涡的比喻（深尾叶子，1998）：如漩涡一般的人的集合其界限是暧昧的，根据向心力的强弱其规模也会扩大或缩小。流动收割机也同样，是随着农作物的成熟一同出现，随着收获的结束一齐消失，不存在边界的集合式现象。

结　语

2002 年放映的著名纪录片《麦客》[①]以中国最大的粮食生产地河南省为舞台,描绘了仅仅带着镰刀和很少的一些生活用品,以纯手工方式替他人收割小麦为生的传统劳动者"老麦客"和当时急剧增加的"铁麦客",也就是开着收割机的新式收获代理,这两种人的劳作生活(NHK,2002)。与本文所介绍的收获代理不同,《麦客》中的铁麦客们全都使用中国产的四轮驱动的收割机,一直到 800 公里外的目的地,且全部都用收割机来移动。此外,由于需要服务的一方通过行政介入从而缔结了契约关系,所以铁麦客们并不是以"流动"的方式向远方移动的。但是即使如此,在收获期长途跋涉进行收获代理的情景,与本文所描述的 Q 村的收获期的景象的确有所重合。

老麦客缔结收获代理契约的场面使我们意识到,产生出流动收割机的社会性逻辑不光可以是局部的,更可以是在更为广阔的地理范围、更长的时间轴中得以发现。他们穿越遥遥路途从故乡的农村来到都市,在都市的路旁坐了下来。这个瞬间,那里就形成了一种劳动市场,老麦客被拥有尚未收获的麦田的农民们叫住,与他们展开了交涉并代为收获。即使是在那里,人们也与不确定的某人达成了即兴的分工。此外,类似于这样的劳动市场的形成自身也意味着一种不定数目的人群的集合。

流动收割机的活跃产生于一个由擅长实现充满即兴性的一次性合作的人们所组成的社会,和一个配合着收获季节一群人的集合反复出现、消失的社会。本文希冀可以为记录这种充满特色的现象尽一份绵薄之力。

---

① 第 20 回 ATP 赏电视部门(2003)获奖作品。

鸣谢

本研究自公益财团法人丰田财团处获得了研究资助。在此向丰田财团,在当地对调查给予了无私帮助的人们,以及对于论文的写作给予指导帮助的人们致以深深的感谢!

参考文献

英文

Fei, Hisao-tung 1939, *Peasant Life in China : A Field Study of Country Life in the Yangtze Valley.* London: Routledge & Kegan Paul.

Kuwayama, Takami 1992, "The Reference Other Orientation." In N. Rosenberger (ed.), *Japanese Sense of Self* (pp. 121—151). Cambridge: Cambridge University Press.

中文

川濑由高,2015a,《"这个(西红柿),城市人最喜欢的"——试论以城市为参照概念的农民生活世界》,张继焦、黄忠彩编《新型城镇化与文化遗产传承发展》,北京:中国市场出版社。

——,2015b,《日本关于汉人农村的"共同体"论与"祭祀圈"论——回顾与展望》,周晓虹、谢曙光编《中国研究》第 19 期,北京:社会科学文献出版社。

费孝通,1991,《乡土中国》,香港:三联书店(2001,《郷土社会の中国(其二)》,萧红燕译,《土佐地域文化》第 4 辑。

高淳县地方志编纂委员会 编,2010,《高淳县志(1986—2005)》上册,北京:方志出版社。

国家粮食局 编,2013,《中国粮食年鉴(2013)》,北京:经济管理出版社。

——,2014,《中国粮食年鉴(2014)》,北京:经济管理出版社。

——,2015,《中国粮食年鉴(2015)》,北京:中国社会出版社。

黄志辉,2013,《无相支配:代耕农及其底层世界》,北京:社会科学文献出版社。

杨德睿,2010,《在家、回家:冀南民俗宗教对存在意义的追寻》,《香港树仁大学当代中国研究论文系列》第 2 辑,香港:香港树仁大学当代中国研究中心。

日文

川瀬由高,2016,《渦中の無形文化遺産——南京市高淳における祭祀芸能の興隆と衰退の事例から》,河合洋尚、飯田卓(編)《中国地域の文化遺産——人類学の視点から》,《国立民族学博物館調査報告》136,247—270。

稲村達也,2015,《中国四川省の集約的な土地利用と稲作》,堀江武(編)《アジア・アフリカの稲作——多様な生産生態と持続的発展の道》,東京:農山漁村文化協会,197—210。

丁艳锋、李昆志、曹卫星,2005,《中国——蘇南地域における郷鎮企業の発展と規模農業の展開》,稲村達也(編)《栽培システム学》,東京:朝倉書店,95—107。

河原昌一郎,1999,《詳解中国の農業と農村——歴史・現状・変化の胎動》,東京:農山漁村文化協会。

横田浩一,2016,《農村社会と「国家」言説——広東省潮汕地域における農村住民の日常生活から》,《白山人類学》19:147—168。

戒能通孝,1943,《法律社会学の諸問題》,東京:日本評論社。

平井良介、小宮良介、丹后芳史、堀内真実幸,2012,《中国向普通型コンバインPRO688Qグレンタンク機の開発》,《クボタ技報[＝*Kubota Technical Report*]》46:54—59。

清水昭俊,2012,《戒能通孝の『協同体』論——戦時の思索と学術論争》,ヨーゼフ・クライナー(編)《近代「日本意識」の成立——民俗学・民族学の貢献》,東京:東京堂出版,105—121。

深尾叶子,1998,《中国西北部黄土高原における廟会をめぐる社会交換と自律的凝集》,《国立民族学博物館研究報告》23(2):321—357。

西泽治彦,1996,《村を出る人・残る人、村に戻る人・戻らぬ人——漢族の移動に関する諸問題》,可児弘明(編)《僑郷華南:華僑・華人研究の現在》,京都:行路社,1—37。

小林宏至,2016,《社会的住所としての宗族——福建省客家社会における人物呼称の事例から》,瀬川昌久、川口幸大(編)《〈宗族〉と中国社会——その変貌と人類学的研究の現在》,東京:風響社,137—171。

有坪民雄,2006,《イラスト図解 コメのすべて》,東京:日本実業出版社。

中生胜美,1991,《親族名称の拡張と地縁関係——華北の世代ランク》,《民族學研究》56(3):265—283。

网络

国家粮食局,2015,《2015 年小麦和稻谷最低收购价执行预案(关于印发2015 年小麦和稻谷最低收购价执行预案的通知)》,国家粮食局网站,2016 年 6 月 26 日最终阅览(http://www.chinagrain.gov.cn/n787423/c819879/content.html)。

农林水产省大臣官房国际部国际政策课 编,2011,《平成 22 年度海外農業情報調査分析・国際相互理解事業 海外農業情報調査分析(アジア)報告書》,農林水産省 Webサイト,2016 年 6 月 26 日最終閲覧(http://www.maff.go.jp/j/kokusai/kokusei/kaigai_nogyo/k_syokuryo/h22/index.html)。

日本经济新闻,2011,《日経優秀製品・サービス賞 2010》,日本経済新聞 Webサイト,2016 年 3 月 26 日最終閲覧(http://www.nikkei.

com/edit/news/special/newpro/2010/page_2. html）。

影像资料

NHK，2002，《麦客（まぃか）中国・激突する鉄と鎌（かま）》，NHK 総合
　テレビ，2002 年 8 月 22 日放送。

　（本文原发表于：川瀬由高，2016，《流しのコンバイン——収穫期
の南京市郊外農村における即興的分業》，《社会人類学年報》，東京：弘
文堂）

（作者单位：江户川大学社会学部）

技术的选择与现代物质文明
——对华南农村地区日常厕所实践的反思[*]

江绍龙(Gonçalo Santos)

即使是最简单的技术……呈现一个可以被分析的系统的特征,就一种更普通的系统而言。技术可以被视为一组重要的选择,每个社会——或一个社会发展的每个时期——都被迫做出这样的选择,不管它们与其他选择是兼容还是不兼容。

——列维-斯特劳斯(Claude Lévi-Strauss),"人类学的领域"

就像其他大都市的人类学家在较为偏远的地方做田野研究一样,在我脑海中最为直接的实践质疑就是当我在 1999 年夏天第一次进入和洞(Harmony Cave)地区的"单姓村落"时遇到的关于上厕所的问题。[①] 当地人怎么上厕所?何种技术规程会出现在广东北部丘陵说粤

———————

* 这篇论文的部分内容发表在《人类学与文明分析》(*Anthropology and Civilizational Analysis*)一书中。这本书由 Johann Arnason 和 Chris Hann 编辑,2018 年出版于纽约州立大学出版社。我要感谢几间研究资助机构多年来提供的支援:Fundação Para a Ciência e a Tecnologia (SFRH/BPD/40396/2007, 2007—2008)、Max Planck Institute for Social Anthropology(2011—2013)、University of Hong Kong(Seed Funding Project Grant:201411159201, 2014—2017),以及 The Hong Kong Research Grants Council(GRF Project Grant:17402014,2014—2017)。这一章的早期版本曾在马克斯·普朗克社会人类学研究所、伦敦大学学院和香港中文大学发表过。我非常感谢在这些场所收到的所有评论。我也要感谢 Francesca Bray、Patrice Ladwig、Jerome Lewis、高素珊、张军,以及我在香港大学的学生提出的宝贵意见。感谢 Johann Arnason 和 Chris Hann 的评论和建议。

① 在广东省北部,我研究地区的所有地名和人名都是化名。所选的化名试图抓住当地命名实践的精神。我在 1999 年至 2001 年居住在和洞地区,并且在 2005—2016 年期间断断续续对该地进行回访。

语地区的乡村共同体中？此时，我已经相当熟悉例如省会广州在内的主要城市的日常生活。但是我并不熟知当地乡村的这些挑战，而且我从来没有在中国或其他任何地方的农村生活过很长时间。

我在和洞的第一个房东是一位六十岁的男性。他的妻子、儿子和儿媳都在村外工作。他为我提供了一套基本的说明。他指出有三个关键的地方可以解决这方面的个人需求：周围的田地和丘陵、村庄的公共厕所以及房屋。当一个人远离村庄和居住区域时，周围的田地和丘陵特别方便。至于村庄的公共厕所，他继续说明，无论何时当一个人靠近村落区域就可以使用这些公共厕所。如果不方便，人们也可以在家使用便壶或塑料盆然后将污秽之物倒入公共厕所。我的房东还补充说明大多数村民都使用公共厕所是因为他们的房屋内没有装有抽水马桶的私人浴室（private bathrooms），但是他自豪地指出像他家一样最近修建的现代房屋都配备了这种"先进的"厕所设施。[①] 他告诉我这些卫浴设施与我作为"西方"外国客人的"高级身份"最为相配，但是他坚持强调晚上我可以使用我卧室附近的小塑料桶解小手，避免去底楼使用手动冲水蹲便器的麻烦。

我十分谨慎地接受了这项建议并遵从了房东的提议。然而数天之后，我开始意识到，由我房东设计的、我当作紧要关头的厕所设施——用于夜间小便的桶——实际上是满足人们室内小便需求的一个相当受欢迎的技术流程。我的观察显示，这一村庄的大多数家庭都保留一两个这样的桶，在屋内用于解小手，并不仅在夜间使用。实际上，这种做法在当地仍然十分受欢迎，以至于像我房东这样已经搬进带有私人抽水马桶的"现代"房屋的家庭依然使用这些室内便壶。我最初认为这种行为是与村民没有适应家内有一个私人抽水马桶的想法有关，但很快就发现其中还有其他的原因。

与这些其他因素的最初相遇是在几周之后，当我决定将放在我卧

---

① 本文引用的所有汉语表达都是指广东北部地区使用的粤语。粤语是用简化版的耶鲁罗马字母系统转录的。普通话中引用的所有词语都遵循标准的罗马拼音系统。

室旁边的尿壶拿到楼下的蹲便器中倒空的时候，我的房东看到我的做法，变得非常激动并且示意我停止这样的行为。我很快意识到我丢掉的是他认为非常有价值的东西。正如大多数村户一样，我房东并不会简单地倒掉尿壶中的尿。相反，为了他的菜圃，他想要用水将其稀释用以制作高价值的肥料。这并不仅是省钱；像其他村民一样，我的房东坚信施这种肥料的蔬菜会比施含有农药的较新高科技肥料产品的蔬菜更美味。在他看来，将便壶的尿倒入厕所的做法是一种浪费。

　　一个相似的情况也在每个村庄的公厕里发生——我后来了解到了这一情况。这些公厕——当地称之为"屎坑"——通常位于远离人们住处的地方，且常常临近猪圈和牛棚。作为每个村庄集体努力的一部分，大多数公厕修建于 20 世纪 80 年代（改革开放时期最初的十年里）。这些公厕是用"传统的"黄色泥砖和瓦修建的小建筑（10—15 平方米）。在里面有一个通常不会超过两米深的坑，所有污秽之物都堆积在坑里。使用者需要蹲在坑上方的两块实木板上。公厕内通风良好，因为入口没有门，而且墙上会开有小洞。上厕所的人应该在门口留下一顶帽子或其他个人物品，以表明他们的存在，从而避免任何尴尬的遭遇。

　　我最初认为，这些公厕的主要功能是让村民能在村里找一个安全、隐蔽的地方解决他们的身体需求，而且这些地方需要充分远离人们的住处，以防臭味和与排泄物有关的其他烦扰的传播。但我很快意识到——正如便壶一样——公厕还有另一相当重要的功能：促进人类排泄物的集聚，以便生产农业肥料。一旦屎坑满了，通过简单用水稀释后进行发酵的过程，这些堆积的排泄物就被转化成液体肥料。这种被稀释的"屎坑水"可以被直接用于稻田里的水稻或者旱地的农作物，但这是一个非常艰辛的过程。另一种方法是用石灰、灰烬及如动物粪便和泥块等其他天然材料来处理屎坑内积累的废物，然后日晒这些混合物，以此生产出名为"土杂肥"的一种全新物质。干季在田地里施加这些肥料被认为是可以保持和增加"土力"的一种便宜有效的方式，但这同样也是一种非常艰辛、很耗时的办法。和使用含有农药的施肥程序不同，为了达到可见的效果，需要施加大量屎坑水和土杂肥，而且这些材料需要用竹担挑的桶和手推车运送至田地。这些做法在毛泽东时期（20 世纪 50 年代至 70 年代）非常受欢迎，因为化肥在当地仍然没有被广泛使用，并且人类排泄物在政治上被认为是一种高价值的农耕资源。

熟悉中国技术和文明的历史学家不会为这些人类排泄物处理的地方实践感到惊奇。[①] 这些实践有很长的历史，并且已知在华南肥沃的亚热带地区达到了特别高的技术加工水平。[②] 到了明朝晚期（16 世纪和 17 世纪），人类排泄物的一种集约化趋势出现在淮河和扬子江流域的许多地方。[③] 当时，农户已经依赖高水平的肥料施加以维持他们耗费土壤的多季套种的农耕制度，而且人们还不得不从城镇收集人类排泄物用以补充本地制作肥料的原材料。农民特别依赖购买都市的人类排泄物，因为都市人有高蛋白饮食，这被认为可以提高人类粪肥的品质。

这些乡村—城市的交换曾经是一个先进的农业城市卫生系统的核心。这一体系直到 1919 年最后的帝国王朝崩解，在新"西方"关于公共健康观念的影响下才得以重构（Zhu，1988；Zhou，2004；Rogaski，2004；Xue，2005；Yu，2010；Furth，2010；Huang，2016）。在 1949 年后，共产党对"西方"冲走并排出的人类排泄物管理模式持矛盾的态度，更倾向于通过一种公共厕所和日常夜间粪便收集的集体主义制度来维持传统的城市—乡村的协同效应（FAO，1977；Zhu，1988；Zhou，2004）。只有在 20 世纪 80 年代和 90 年代的改革之后，这种以集体主义为中心的城市卫生基础设施被抛弃，取而代之的是更先进技术的、个性化方法。这一方法是建立私人洗手间以及一个不断扩大的排污管道网络。这是在建设中国当代"卫生现代性"计划中的一个重要转折（Rogaski，2004）。通过这些事物，新兴的城市中产阶级不再满足于拥有老式蹲式厕所的家庭厕所；他们想要拥有设计有"高品质"坐便器的精致盥洗室（Zhou，2004）。

---

① 参见 Bray，1984；King，2004［1911］。
② 参见 Bray，1984：289—298；Zhou，2004：178—214。
③ 参见 Xue，2005；Yu，2010；Zhou，2004：180—185。

本章不是从富有的城市中产阶层的视角讨论中国正在进行的"抽水马桶变革",而是从华南贫困乡村地区的视角出发,重点强调了抽水马桶的核心地位以及更广泛的废弃物水运系统,这一系统支持其建构现代身份以及现代文明进程的运作(Laporte,2010;Bray,2012)。这并不是说现代文明只有一种。正如世界上有许多不同种类的抽水马桶实践和基础设施一样,现代文明也存在许多不同的概念和路径(Kappa,2011;Zhu,1988;Srinivas,2002;Molotch,2003;Szczygiel,2016)。尽管通常被称为现代性的东西的传递已经遍及世界上许多不同区域,但它并不仅仅促进生成某种文明形态、某种意识形态、实践制度上的回应模式,还至少促成了几个基本版本,这反过来又受进一步变化的影响。当代全球抽水马桶实践和基础设施的多样性反映了这些多样的文明形态,其中证明了"技术选择"(Lemonnier,1993)在制造"多样现代性"(Eisenstadt,2003)里的中心地位。

"技术选择"(technological choice)这一术语需要澄清一下。在大多数例子中,它仅仅被类比成一个共同体或社会已经从可能路径的整个范围里选择了一种特定的社会技术安排,这正如开篇题词中列维–斯特劳斯所写的那样。关于这样集体的"技术选择",我的研究路径对普通使用者比对诸如设计者、专家、政界人士以及企业家等更有权力的行动者的观点给予更多关注(Cowan,1983;Wajcman,2016:111—135)。我认为私人冲水马桶在中国华南乡村社区的传播不仅只是如国家发展政策、产业市场营销以及全球援助计划等宏观层面"文明化"力量的一个纯粹副产品。这些宏观层面的力量很重要,但它们自身也被嵌入在当地水平上复杂的使用者-调节的协商中(Santos,2016a,2016b,2017)。正是通过对地方层面的这些协商的观察,人类学家可以阐明"多样现代性"是如何被积极建构的。地方层面的协商包括了以新出现的抽水马桶实践和集合之间呈现的张力。其他地区(Santos,2016a,2016b,2017,待发表),我将这种技术选择的方法称作"亲密选择方法",因为它强调通过特定主体和实践共同体的亲密道德观点的视角来理解技术变化的进程——在这个例子中,是基于华南地区的乡村社区。

除了关注地方层面上技术-道德混合的更大转折之外,我还将指明广东北部抽水马桶现代性的模式并不常见于中国乡村的其他地区。而且我认为这些跨区域的共同性可以被归功于大范围的文明化进程以及在更老的"文化遗产"和更新的"教化任务"之间长时段的历史张力。在理论上,我吸收了由莫斯(Marcel Mauss,1950[1936],1969[1929],2006)和埃利亚斯(Norbert Elias,1994[1939])开创的传统,重新沟通了历史学家布罗代尔(Fernand Braudel,1992[1979])著名的"物质文明"①的内容。正如布罗代尔,我将这个概念用作对文明进程观念维度优先对待的方法的矫正。

一、一种关于配有私人卫生间的"楼"的新型物质文明

和洞地区抛弃人类粪便产品是与配有私人抽水马桶的新式房屋的兴起联系在一起的,但这种转变最初是由农业化肥的引进触发的。农业化肥被宣传为"先进科学物品",于 20 世纪 80 年代开始在当地市场销售,而且从 90 年代开始变得越来越受欢迎。当与人类肥料和其他"传统的"土壤施肥技术相比,农业化肥所具有的吸引力就在于其可以让当地小农家庭以明显更少的劳动完成更高水平的食物生产。这使得农村家庭可以继续在家耕种土地,同时向广州和邻近的珠江三角洲地区输送流动工人以赚取额外收入(Santos,2011)。

直到 20 世纪 90 年代,配有私人抽水马桶的第一批现代风格住房的建设使用的资金大多是通过暂时的劳动力流动所赚取的。我发现这些住房的使用者仍然经常使用公共厕所,即使他们鼓吹他们的新"楼"里装有"先进的"厕所设施。这些楼房的居住者将自己视为一种更优越的"现代物质文明"在当地的第一批代表。然而,这些关于优越性的声称并不代表一种共识。村庄里流传的故事表明新楼并不代表一种优越

---

① 参见 Bray,1997。

的住房形式。据说新楼在夏天过于炎热,因为它们的墙壁和窗户都被过度隔绝,而且还因为它们的位置过度受到日晒——它们修建在山谷中间的开阔田野里。这些问题通常使用"风水"的术语来描述。例如,不好的"风水"有助于解释为什么这么多楼房滋生蚂蚁,或者为什么它们的地下水的味道并不好。尽管有这些反叙述(counternarratives),关于新楼代表最"先进"的住房形式的观点成为一种支配的表述。

新楼实际上和当地称为"泥砖屋"的更早的住房形式在实质上有很多差别(Santos & Donzelli,2009)。后者看起来更"老"是因为它们使用的建筑技术可以追溯到更早的时期,但如果不会更晚的话,它们绝大多数修建于20世纪80年代。这些单层房屋使用从当地田野里提取的泥土制成的黄色砖筑造而成。盖在屋顶的瓦片也是用当地泥土制成,但它们的颜色要比砖更深一些,因为它们在一种木的窑炉里烧制而成,以增加其耐磨性和防水性。当地的泥砖屋很少作为独立单位建造;它们在空间上聚合于一个紧密的住宅区内,组成了整个村镇或村庄。因为每一间泥砖屋单位很小(15—25平方米),当地普通家庭会使用几个单位,包括一个厨房、一个卧室、一个稻米谷仓以及更多的单位,这都取决于家庭规模和财产。其中并没有被称为"厕所"或"浴室"的独立单位。

和这些低技术含量的小平房单位相比,新楼给人留下了一种"高级科学知识"的印象。住房形式起源于广东省较富裕的南部地区,那里是大多数当地农民工旅居的地方。在和洞,新楼通常有两层以及可以用来晒干庄稼的屋顶平台。大多数都有自来水系统,通过这一系统,地下水用电抽到露台上的不锈钢水箱中。这些新楼看起来就像白色的立方体盒子。它们由专业建筑商使用诸如砖块、水泥和玻璃等"先进"工业材料建成。在20世纪90年代,新楼的费用大概是7万元。这笔费用大致等于一个农村家庭十年的存款,且需要这个家庭有几个节约的劳动力在城市里打工。

与楼房相关的最重要的创新之一就是"家居厕所"或"家居洗身间",是用于个人卫生的房间的替换标签。家居洗身间通常位于厨房旁边且遵循当地的"风水"规范。家居洗身间通常是由四个核心部分组成的很小的房间(3—8 平方米),这四个组成部分包括一个连接小型地下化粪池的蹲便器、一个管道水出口、一个用来储水的塑料桶以及一个用来冲水和洗澡的塑料勺。在 1999 年至 2001 年,我的印象是,村民们仍在协商使用这些新家庭厕所的最佳方式。通过参与非正式的讨论和聚会,我开始意识到村民之间存在重大分歧。这些分歧不仅在重塑解手实践方面有重要意义,还在重塑洗浴实践方面发挥重要作用。

根据当地习俗,人们需要每晚"洗身",时间通常是在晚饭前后。不像孩子,成人被要求在室内用特殊技术洗身。他们将用一个小的塑料或木制的勺子从塑料或木制的桶里舀水浇在身体上并使用一块小毛巾将身体擦干。另一个成人洗浴的重要要求是使用热水洗澡。为了避免额外的燃料成本,这些水通常是用厨房里柴火炉子做饭用的火加热的。在泥砖屋内,成人通常在厨房的一个隐蔽角落洗身,使用的淡水是通过安装在厨房的手动钻孔水泵提供的。虽然在新楼中引入一个洗浴的独立房间增加了私密性,然而楼房的居住者并没有完全抛弃以前的洗浴实践。他们继续用塑料勺洗澡,用柴灶烧洗澡水,而不是使用"先进的"淋浴喷头和燃气热水器。大多数在 1999 年至 2005 年间接受访谈的楼房居民说这些过程更为经济(例如更省水或不需要电)、更实用(更容易实现)和更有效(它们产生了更好的结果)。他们补充到,"先进的"设备主要是作为财富和社会地位的指标。

新楼的数量在 2001 年是 6 栋,到 2016 年其数量增加至村庄所有房屋的 3/4,但大多数居民继续使用"传统的"程序洗澡、解手。村民们意识到,在周围的田野和山上排便已不再是适当的做法,但是许多人并没有完全放弃露天排便。的确,越来越多的村民可以在家里使用私人抽水马桶,但是仍会甚至楼房居民也会继续在家里使用尿桶,有些人还会继续选择在屋外使用公共厕所,尽管公厕已经不再被用来制造人类粪便(肥料)了。楼房居民解释说,这种对公共厕所的偏爱是因为抽水马桶非常浪费家庭用水,而且在维护方面非常昂贵。一些人说他们更喜欢公共厕所,因为他们觉得在家里大便不合适。

在家外大便的偏好并没有在乡村社会刻意地传播,却普遍到可以算作一种共享的"惯习"(habitus)或具体的主体性。[①] 即使是通过劳动迁移而受到城市影响的年轻的村民,在回到村庄时也情愿使用公厕。一个重要的因素是他们在城市的厕所体验(大多数人住在工厂宿舍或修建在城市边缘的蔬菜园区的镀锌临时住房)继续被公厕形塑。这种对家外公厕的强调与老一辈村民的经历并没有太大不同,但在理想方面,两代人之间存在着显著的差异。在2012年和2015年的访谈中,我询问了许多居住在广州和佛山的年轻乡村移民者,为什么他们不使用菜园里的公共坑式厕所来生产粪便。他们最初回应了老一辈的回答,说人粪比农药好是因为它们更多产、劳动强度更低,但他们为这种更早的论述模式补充了一些观点。他们说为农业目的回收人类废物的做法已不再是他们的选择,因为这种做法太"落后"而且"唔卫生嘅"。在现代社会,处理人类排泄物的正确方法是使用带有抽水马桶的私人浴室。

二、新兴的抽水马桶基础设施

抽水马桶技术因环境而异。和洞的抽水马桶不是带有部分或全自动冲水装置的坐式马桶。当代中国大多数中产阶级家庭中也被发现使用这种马桶(Zhou,2004)。这是一个非常基本的蹲式马桶设备,用洗澡的同一个塑料勺进行手动冲水,方式为从桶里舀水,然后直接倒进厕所的洞里。村民们说用这种方法处理掉所有的排泄物是"科学卫生"的行为,这和用卫生纸代替过去使用的木屑来清洁身体一样重要。在蹲式马桶的旁边放一个厕纸箱,以避免马桶被纸堵塞或溢出。但垃圾箱里的纸并不总是在屋外或厨房的柴火炉里燃烧。相反,它通常被丢弃,甚至冲下马桶,因此与垃圾桶的用途背道而驰。

楼房居民对新大厦抽水马桶布局优越性的争论之一就是它们更

---

① 已经搬到当地集镇的村民发展了抽水马桶实践,这更接近城市下层社会的期望。关于当地厕所实践和社会分层之间交集的一种布迪厄式分析,将揭示这些内部差异的确切程度(参见Sterne,2003)。

"卫生",但他们并非真正清楚什么是"卫生"。毫无疑问,楼房厕所的使用者并没有直接面对排泄物,因为他们可以冲厕所使排泄物消失;但这并不意味着所有与排泄物有关的麻烦事都会随着水的稀释和冲洗而消失。事实并非如此,甚至还包括依靠集中下水道的抽水马桶基础设施。这些大规模基础设施非常擅长从私人住宅中清除排泄物,并将这些废物转移到遥远的污水处理设施进行进一步处理,但即使这些基础设施也存在问题和故障(Rockefeller,1996;George,2008;Black & Fawcett,2008;Jewitt,2011)。相比之下,当地的抽水马桶基础设施是基于化粪池的小规模排污系统,而且正因如此,它们无法将废料排疏到远处。这本身不是问题。小规模排污系统可以非常有效地处理废物,但在和洞不是这样的。当地最流行的模式是"三格式化粪池",这种化粪池通常紧挨着浴室,建在房子外面。如果适当维护,这种化粪池非常实用,但许多村民不愿意花钱来维修和清空化粪池。

在这种保养不良的情况下,当地化粪池经常导致厕所溢水。由于频繁地将厕纸扔进蹲式厕所的固定装置,厕纸溢出的情况更加严重,但这不是唯一令人恼怒的因素。还有一个事实是,过多废水被排放到化粪池,因为人们使用厕所来处理洗澡水和污水。结果就是,家宅经常受到与人类排泄物有关的各种滋扰——当人们在家外使用公共厕所时,这种情况不会发生。当地抽水马桶基础设施的社会技术特性的另一个后果是环境中负面的外部效应越来越普遍。没有一个独立的浸泡坑或排水区域,未经处理的废水渗入地下的速度更快,也更深。因此,尽管当地居民通常会在饮用之前将水烧开,但污染扩散到当地地下水源的风险却是实实在在的(Santos,2011)。

三、抽水马桶作为一项技术政治规划

关于抽水马桶在世界普及的大部分以人为核心的论述集中在公共卫生和城市卫生领域下强大的宏观"文明"力量(Black & Fawcett,

2008；George，2008；Jewitt，2011）。这些叙述至少含蓄地吸收了一种关注"技术政治"（Hecht，1998：15）或政治文化和物质形态的"相互组成"（Jasanoff，2004，2016）的技术改变的方法。这一章同样关心"协作生产"，但特别注意微观历史现实的重要性。在家庭内技术改革的大范围进程不可避免地需要国家和全球两级更广泛的社会和政治力量的支持，但这些宏观层面的力量自身也被卷入地方一级复杂的社会和政治谈判（Santos，2016a，2016b，2017）。

在广东丘陵地区，转向使用私人浴室和抽水马桶并非出于这些"先进"技术具有优越性这样一种地方共识的结果，而是特殊社会政策和利益的一项"翻译"（Callon，1986）工作的结果。我指的是当地高收入移民工人精英的战略和利益，这些精英在促进模仿参与身体保健和公共卫生模式的一种创造过程，这种模式已经出现在省内较富裕的地区。这些精英力图从与"先进的"抽水马桶实践和住房相关模式的高地位中获利，尽管维持这种优越感的形象代价高昂，而且充满歧义。随着时间的推移，转向使用配有私人抽水马桶的新楼房开始推动对人类排泄物的新态度、新的废物处理模式、新的身体卫生程序的发展，但这同样也允许了被认为更适合有效的早期实践和结构的繁衍。

这种说法表明，在和洞地区转向使用抽水马桶与其说是由于与新技术相关的固有物质利益，不如说是由于与这些技术相关的文化价值和社会关系。这种分析呼应了一个长期存在的人类学传统，该传统挑战了人类技术活动是"无文化"的观点（Lemonnier，1993；Latour，1996；Bray，1997，1998，2012）。[①] 普法芬伯格（Bryan Pfaffenberger，1992）指出诸如马林诺夫斯基（Bronislaw Malinowski，1965a，1965b）和莫斯（Mauss，1950，2006）等人类学家的工作如何为质疑技术主要是人类改变自然界能力的假设开辟了道路——19 世纪文化进化和技术进步的进化论图式背后的一个关键假设。马林诺夫斯基和莫斯认为作为物质生

---

① 我试图在另一本书中将这种理论传统与人类环境关系的研究相结合（Santos，2011）。在这一章里，我不关心社会技术系统和生态系统之间的联系。

产系统的一部分,严格根据技术产品的功能效率来评估技术产品是一种误导,因此认为它们和围绕使用的人际关系无关。在接下来的部分中,我认为莫斯的传统对于把握微观历史事实与大规模历史转变之间的联系特别有帮助。

四、作为文明进程的抽水马桶

迄今为止,我的论述主要集中在地方层面的技术政治协商,但显然这些微观历史的协商和被莫斯称为"文明进程"(Mauss & Durkheim,1969[1913];Mauss,1969[1929],2006)①的更广大的历史变化联系在了一起。抽水马桶在广东农村地区的普及是一个文明进程,而不是从某种意义上讲它会导致更高阶段的文明(例如现代性),但因为它在动态方面联系了许多不同的"社会技术"实体——技术、科技、人工制造、机构。这些创造性的组装过程导致了相互依赖的网络的扩展,这些网络具有多重尺度。当广东北部的村民将抽水马桶技术引入他们的家中时,他们也在对更广泛的国家和全球进程做出反应,这些进程正在汇聚成一种新的规范的物质文明。

我对这个词的用法和布罗代尔(Braudel,1992[1979]:27)的用法很相近,他对西欧现代资本主义兴起的研究路径不同于传统观点,并非去判断一种"向市场、企业和资本主义投资的理性世界的演进"(Braudel,1992[1979]:23),布罗代尔引起人们关注所有社会成员共享的生活基本方面。他写道:"富裕的地区就像覆盖地球的一层,我呼吁要更好地表达物质生活或物质文明"(同上所述;在一开始就强调了)。正如布罗代尔,我批评那些有限考虑存在物质层面之上的抽象。② 然而,在我看来,假如布罗代尔的工作对强调文明进程的物质性有用,那么在理解现代转型的强烈规范性维度时,它就不那么有用了。

---

① 也参见 Febvre,1973[1930];Schlanger,2006;Arnason,2010。
② 同样参见 Dant,2006:300。

在此,我们需要引入对"文明"的一种新的解释,这种解释经常和埃利亚斯(Elias,1994[1939])对中世纪末期的欧洲宫廷社会的研究联系在一起。正如莫斯和布罗代尔,埃利亚斯也对作为物理运动的社会组织基础的"惯习"——人们怎样行走、坐下、解手等——以及对工具或科技的运用之间的复杂联系十分有兴趣。但他将现代物质文明视为一种内在的变革,一种"文明的过程",随着人类社会的扩大,它会带来日常行为标准和物质实践的重大变化。这些变化通常由社会精英团体发起,这些精英团体成为潮流的引领者,并成功地为普通个人和社区融入更大的包容和文明链条建立新的条件。埃利亚斯的著作被批评对欧洲中心主义现代性制造观的再生产做了贡献(Goody,2006)。我追寻斯蒂芬·门内尔(Stephen Mennell,2007)以及白苏珊(Susanne Brandtstädter,2003)。前者认为埃利亚斯的路径可以被运用于各种各样的历史设定中,后者则将其成功地运用于中国,但我的路径更接近埃利亚斯最初对日常行为规范和物质实践的关注。

埃利亚斯关于现代物质文明的路径让我们将广东北部乡村地区地方层面意见领袖的"文明化"愿望和一个更广泛的国家和国际文明使命联系在一起,这一使命就是推动抽水马桶成为全球身体卫生和公共卫生的标准。越来越多的文献表明,在帝国主义政策和现代主义意识形态的影响下,私人抽水马桶的身体卫生和公共卫生模式已经成为全球霸权(Black & Fawcett,2008;George,2008;Jewitt,2011)。在今天,这种世界观非常强大,并受到各种国家和国际社会政策、公共卫生机构、非政府组织、发展项目的积极推动。中国接受了各种形式的援助,以促进这一文明使命。仅举一个例子,在1996年,联合国儿童基金会(UNICEF)支持中国在八个省执行一项发展方案以改善农村的卫生条件,并且这项方案的一个核心部分就是向中国农村引入抽水马桶和小型污水处理系统(Zhou,2004:83)。

忽视联合国儿童基金会等组织对中国国家公共卫生政策的影响是错误的,这些国际组织的影响本身是由国家一级的技术政治谈判来调节的。从很早就开始,可能从19世纪60年代中国第一次对西方抽水马桶的描述开始,中国精英对围绕西式抽水马桶技术打造的新型卫生现代性形成了自己的见解(Zhou,2004:76)。这些现代性的愿景是基于西方启蒙运动的进化思想以及较早的儒家思想。杜赞奇(Prasenjit Duara,2001:122)将其描述为"为所有人带来真实和适当的文明美德"的积极参与。这一文明使命将在整个 20 世纪得到极大扩展和加强。正如郝瑞(Harrell,1995)和费雪若(Sara Friedman,2004)指出的那样,在 20 世纪初期,知识分子和政府官员倡导将"文明"作为实现根本性社会转型的国家战略,而且抽水马桶是这一"文明使命"的一个重要诉求。早在 1933 年,历史学家周谷城在《东方杂志》的特刊中将抽水马桶描述为中国现代化项目的主要目标之一,并表示希望"人人能有机会坐在抽水马桶上大便"。①

抽水马桶的文明任务在 1949 年后也没有被放弃,但建造集中的污水基础设施的高成本有利于临时适应早期的农业基础设施的人类废物管理(Zhou,2004)。在毛泽东时代,在日常收集的集体主义制度下,城市人口被期待更大程度在公共厕所中大便;像时传祥(1915—1975)这样的夜间土壤工作者被正式宣传为民族英雄和模范工人。但是,即使在毛泽东时代,正如朱嘉明(Zhu,1988:2)生动地回忆道,城市人也很难理解为什么仍然需要夜间土壤工作者,以及为什么中国没有利用科学技术的力量来开发抽水马桶垃圾处理系统。直到 20 世纪 80 年代,国家厕所标准"落后"的观念在城市中很普遍,并且政府开始增加对公共卫生的投入(Zhu,1988:1)。这种投入在 20 世纪 90 年代得到加强,并且就如房地产建设兴起一样,一切都开始形塑。正是在这一阶段,大量的城市房屋与下水道相连,20 世纪初中国精英所设想的带抽水马桶的私人浴室的概念开始成为日常生活的重要组成部分,这不仅仅存在于城市地区。20 世纪 90 年代和 2000 年后,也是政府开始进行大规模运动以提高国家厕所标准的时期。这些活动包括对公厕进行分类的五级系统,将在建立抽水马桶模型规范性方面对大众的想象产生重要影响。

---

① 转引自 Zhu,1988:21。

正是大约在这一时期,和洞地区新兴的高收入移民工人精英开始在他们的村庄建造新楼房,认为他们全新的抽水马桶优于当地的早期马桶实践。这些精英利用国家管理的计划来改善乡村住房和公共卫生基础设施。其中一项计划——"文明村"计划——鼓励村庄申请政府补贴,以帮助改善住房条件并建造带有家庭厕所的新楼房(Perry,2011)。在和洞经济上最成功的世系分支之一,于 2010 年成功申请,并建造了一个拥有三十多幢新楼房的新村落。因此,我们回到亲密的微观历史事实的意义上来。将微观历史现实置于更广泛的文明进程的背景下是有启发性的,但通过显示宏观力量如何嵌入亲密的地方层面协商中,我们可以看到抽水马桶的现代性如何被积极建构,这是本文开发的亲密选择方法的核心。

结　论

我已经概述了抽水马桶技术的传播以及支撑它们的文明使命,这种传播发生在一个非常不同的人类废物管理传统的国家的乡村地区。[①]类似的传播同样出现在中国其他农村地区,特别是在东南沿海较富裕的地区(Liu 等,2014)。然而,旧的"文明遗产"和新的"文明使命"之间仍然存在张力。

抽水马桶技术在中国农村的普及不仅仅在于围绕粪便的排毒卫生模型建立一种新型物质文明。这也是关于旧的物质文明的转变,这是建立在强调"变废为宝"观念的人类排泄物管理的粪便式农业模式之上。自 20 世纪 90 年代以来(当时估计有 95% 至 100% 的农村家庭进行这种实践),对人类排泄物在农业上的循环利用一直在减少,但是 2007 年的人类粪便使用总体水平仍然很高,在不同省份的所有农村住户中占 85%(Liu 等,2014:437)。从那时起,向类似城市的"冲—排"垃圾处

---

① 参见 Santos,2011;Dombroski,2015;Kawa,2016。重新评价这些不同的传统。

理模式的转变正在加速,但似乎看起来,抽水马桶技术的不断发展并不会导致早期"变废为宝"的传统被完全抛弃。

　　农村地区家庭沼气厂的普及就是一个很好的例子。自 20 世纪五六十年代以来,中国在家庭沼气创新技术的发展中一直处于领先地位,但这些技术直到最近 20 年才开始真正变得非常流行,这得益于技术进步和政府的大量投入。如今,超过 3000 万农村家庭使用沼气池发酵人类、动物和植物废物,用以生产清洁的烹饪燃料和有机肥料(Chen 等,2017;Xia,2013;George,2008:123—144)。这场沼气革命完全符合农村地区当代抽水马桶的愿望,同时它还强调了早期粪便式文明遗产的持续意义。这些含糊不清的地方——我认为——是多种现代主义的核心,包括新兴的抽水马桶现代主义。亲密选择方法为人类学家和社会科学家提供了一种中等距离的分析工具,使他们能够在微观层面上理解这种大规模文明模糊性的构建。只有通过表明宏观层面的文明歧义如何嵌入微观层面亲密的道德谈判,人们才能理解当代抽水马桶现代性是如何被积极构成的。这一点不仅与理解中国乡村抽水马桶技术的兴起有关;同样也与理解影响当代社会的其他技术变革过程相关,这些变革是从化肥的兴起到转基因技术的兴起,从中国拥挤的城市中滴滴电子叫车技术的日益普及到中产阶级育儿实践中儿童追踪器手链的日益普及。

参考文献

Arnason, Johann P. 2010, "Domains and Perspectives of Civilizational Analysis." *European Journal of Social Theory* 13(1).

Black, Maggie & Ben Fawcett 2008, *The Last Taboo：Opening the Door on the Global Sanitation Crisis*. London：Earthscan.

Brandtstädter, Susanne 2003, "With Elias in China：Civilizing

Process, Local Restorations and Power in Contemporary Rural China." *Anthropological Theory* 3(1).

Braudel, Fernand 1992[1979], *The Structures of Everyday Life: The Limits of the Possible*. Berkeley and Los Angeles: University of California Press.

Bray, Francesca 1984, "Agriculture." In Joseph Needham (ed.), *Science and Civilisation in China*(VI): *Biology and Biological Technology*. Cambridge: Cambridge University Press.

—— 1997, *Technology and Gender: Fabrics of Power in Late Imperial China*. Berkeley & Los Angeles: University of California Press.

—— 1998, "Technics and Civilization in Late Imperial China: An Essay in the Cultural History of Technology." *Osiris* 13 (2nd Series).

—— 2012, *"American Modern: The Foundation of Western Civilization."* June 26(http://www.anth.ucsb.edu/faculty/bray/toilet/).

Callon, Michel 1986, "Some Elements of a Sociology of Translation: Domestication of the Scallops and the Fishermen of St Brieuc Bay." In John Law(ed.), *Power, Action and Belief: A New Sociology of Knowledge*? (pp. 196—223). London: Routledge.

Chen, Yu et al. 2017, "Household biogas CDM project development in rural China." *Renewable and Sustainable Energy Reviews* 67.

Cowan, Ruth S. 1983, *More Work for Mother: The Ironies of Household Technology from the Open Hearth to the Microwave*. New York: Basic Books.

Dant, Tim 2006, "Material and Civilization: Things and Society." *The British Journal of Sociology* 57(2).

Dombroski, Kelly 2015, "Multiplying Possibilities: A Postdevelopment Approach to Hygiene and Sanitation in Northwest China." *Asia Pacific Viewpoint* 56(3).

Duara, Prasenjit 2001, "The Discourse of Civilization and Pan-Asianism." *Journal of World History* 12(1).

Dynon, Nicholas 2008, "'Four Civilizations' and the Evolution of Post-Mao Chinese Socialist Ideology." *The China Journal* 60.

Eisenstadt, Shmuel N. 2003, *Comparative Civilizations and Multiple Modernities*. Leiden: Brill.

Elias, Norbert 1994[1939], *The Civilizing Process*. Oxford: Blackwell.

FAO 1977, *China: Recycling of Organic Wastes in Agriculture*. Rome: Food and Agriculture Organization of the United Nations.

Febvre, Lucien 1973[1930], "Civilisation: Evolution of a Word and a Group of Ideas." In Peter Burke(ed.), K. Folca(trans.), *A New Kind of History and Other Essays*. New York: Harper and Row.

Friedman, Sara 2004, "Embodying Civility: Civilizing Processes and Symbolic Citizenship in Southeastern China." *The Journal of Asian Studies* 63(3).

Furth, Charlotte 2010, "Hygienic Modernity in Chinese East Asia." In Angela K. C. Leung & Charlotte Furth(eds.), *Health and Hygiene in Chinese East Asia: Policies and Publics in the Long Twentieth Century* (pp. 1—21). Durham and London: Duke University Press.

George, Rose 2008, *The Big Necessity: The Unmentionable World of Human Waste and Why it Matters*. New York: Holt.

Goody, Jack 2006, *The Theft of History*. Cambridge: Cambridge University Press.

Harrell, Stevan 1995, "Introduction." In Stevan Harrell (ed.), *Cultural Encounters on China's Ethnic Frontiers* (pp. 3—36). Seattle and London: University of Washington Press.

Hecht, Gabrielle 1998, *The Radiance of France: Nuclear Power and*

National Identity after World War II. Cambridge: MIT Press.

Huang, Xuelei 2016, "Deodorizing China: Odour, Ordure, and Colonial (Dis) Order in Shanghai, 1840s—1940s." *Modern Asian Studies* 50(3).

Jasanoff, Sheila 2016, *The Ethics of Invention: Technology and the Human Future*. New York: W. W. Norton.

—— (ed.) 2004, *States of Knowledge: The Co-production of Science and Social Order*. London: Routledge.

Jewitt, Sarah 2011, "Geographies of Shit: Spatial and Temporal Variations in Attitudes towards Human Waste." *Progress in Human Geography* 35(5).

Kappa, Seno 2011, *Kuīshì Cèsuǒ* [= *Taking a Peep at Toilets*]. Běijīng: Shēnghuó Dúshū Xīnzhī Sānlián Shūdiàn.

Kawa, Nicholas 2016, "What Happens When We Flush?" *Anthropology Now* 8(2).

King, Franklin H. 2004[1911], *Farmers of Forty Centuries: Organic Farming in China, Korea, and Japan*. New York: Dover.

Laporte, Dominique 2010, *History of Shit*. Cambridge: MIT Press.

Latour, Bruno 1996, *Aramis, or the Love of Technology*. Cambridge, Massachusetts: Harvard University Press.

Lemonnier, Pierre(ed.) 1993, *Technological Choices: Transformation in Material Cultures Since the Neolithic*. London: Routledge.

Lévi-Strauss, Claude 1983[1976], "The Scope of Anthropology [1960]." In *Structural Anthropology* (II, pp. 3—32). Chicago: University of Chicago Press.

Liu, Ying, Ji-kun Huang & Precious Zikhali 2014, "Use of Human Excreta as Manure in Rural China." *Journal of Integrative Agriculture* 13(2).

Malinowski, Bronislaw 1965a, *Coral Gardens and Their Magic* (I): A

Study of the Methods of Tilling the Soil and of Agricultural Rites in the Trobriand Islands. Bloomington: Indiana University Press.

—— 1965b,*Coral Gardens and Their Magic (II): The Language of Magic and Gardening*. Bloomington: Indiana University Press.

Mauss, Marcel 1950[1936], "Les Techniques du corps." In *Sociologie et Anthropologie* (pp. 363—386). Paris: Presses Universitaires de France.

—— 1969[1929], "Les civilisations: Éléments et formes." In *Oeuvres (II): Représentations collectives et diversité des civilisations* (pp. 456—479). Paris: Les Éditions de Minuit.

—— 2006, *Techniques, Technology, and Civilisation*. Nathan Schlanger(ed. & intro.). Oxford: Berghahn.

—— & Emile Durkheim 1969 [1913], "Note sur la notion de civilisation." In Marcel Mauss, *Oeuvres (II): Représentations collectives et diversité des civilisations* (pp. 451—455). Paris: Les Éditions de Minuit.

Mennell, Stephen 2007, *The American Civilizing Process*. London: Polity.

Molotch, Harvey 2003, *Where Stuff Comes From: How Toasters, Toilets, Cars, Computers, and Many Other Things Come to Be As They Are*. London: Routledge.

Perry, Elizabeth J. 2011, "From Mass Campaigns to Managed Campaigns: Constructing a 'New Socialist Countryside'." In Sebastian Heilmann & Elizabeth J. Perry(eds.), *Mao's Invisible Hand: The Political Foundations of Adaptive Governance in China* (pp. 30—61). Cambridge: Harvard University Press.

Pfaffenberger, Bryan 1992, "Social Anthropology of Technology." *Annual Review of Anthropology* 21.

Rockefeller, Abby 1996, "Civilization and Sludge: Notes on the

History of the Management of Human Excreta. " *Current World Leaders* 39(6).

Rogaski, Ruth 2004, *Hygienic Modernity: Meanings of Health and Disease in Treaty—Port China*. Berkeley: University of California Press.

Santos, Gonçalo 2011, "Rethinking the Green Revolution in South China: Technological Materialities and Human-Environment Relations. " *East Asian Science, Technology, and Society: An International Journal* 5(4).

—— 2016a, "On Intimate Choices and Troubles in Rural South China. " *Modern Asian Studies* 50(4).

—— 2016b, "Birthing Dramas and Generational Narratives: Coping with Medicalization in Rural South China, 1960s—2010s. " In the Annual Meeting of the *Society for the History of Technology*, Singapore, June 25.

—— 2017, "Love, Gender, and Family in 21st Century China. " In Kirsten W. Endres & Chris Hann (eds.), *Socialism with Neoliberal Characteristics* (pp. 31—35). Saale: Max Planck Institute for Social Anthropology .

—— Forthcoming, *Intimate Modernities: Reassembling Love, Marriage and Family Life in Rural South China* 1970s—2010s. Seattle, Washington: University of Washington Press.

—— & Aurora Donzelli 2009, "Rice Intimacies: Reflections on the 'House' in UplandSulawesi and South China. " *Archiv für Völkerkunde* 57—58.

Schlanger, Nathan 2006, "Introduction. Technological Commitments: Marcel Mauss and the Study of Techniques in the French Social Sciences. " In *Techniques, Technology, and Civilisation* (pp. 1—30). Oxford: Berghahn Books.

Srinivas, Tulasi 2002, "Flush with Success: Bathing, Defecation, Worship, and Social Change in South India." *Space and Culture* 5(4).

Sterne, Jonathan 2003, "Bourdieu, Technique and Technology." *Cultural Studies* 17(3/4).

Szczygiel, Marta E. 2016, "From Night Soil to Washlet: The Material Culture of Japanese Toilets." *Electronic Journal of Contemporary Japanese Studies*16(3).

Wajcman, Judy 2016, *Pressed for Time: The Acceleration of Life in Digital Capitalism*. Chicago: Chicago University Press.

Wang, Yuhua, Ying Fang & Jun Jiao 2008, "Jiāngsū nóngcūn 'sān gé shì' huàfènchí wūshuǐ chǔlǐ xiàoguǒ píngjià) [= *Evaluation of Night Soil Treatment Efficiency of 'Three—Grille—Mode' Septic Tanks in the Rural Area of Jiangsu*]." *Shēngtài Yǔ Nóngcūn Huánjìng Xuébào* [=*Journal of Ecology and Rural Environment*] 24.

Xia, Zuzhang 2013, *Domestic Biogas in a Changing China: Can Biogas Still Meet the Energy Needs of China's Rural Households?* London: International Institute for Environment and Development.

Xue, Yong 2005, "'Treasure Nightsoil as if It Were Gold': Economic and Ecological Links between Urban and Rural Areas in Late Imperial Jiangnan." *Late Imperial China* 26(1).

Yu, Xinzhong 2010, "The Treatment of Night-soil and Waste in Modern China." In Angela K. C. Leung & Charlotte Furth, *Health and Hygiene in Chinese East Asia: Policies and Publics in the Long Twentieth Century* (pp. 51—72). Durham and London: Duke University Press.

Zhou, Lianchun 2004, *Xué Yǐn Xúnzōng:Cèsuǒ de lìshǐ jīngjì fēngsú* [= *Looking for Traces of the Toilet: History, Economy, and*

Social Customs]. Héféi: Ānhuī Rénmín Chūbǎnshè.

Zhu, Jiaming(ed.) 1988, *Zhōngguó: Xūyào cèsuǒ gémìng* [=*China, Needs a Toilet Revolution*]. Shànghǎi: Shànghǎi Sānlián Shūdiàn.

（作者单位：香港大学社会学系、香港人文社会研究所）

技术选择中的社群因素
——以网约车竞争压力下的出租车司机为例

邢麟舟

作为"分享经济"或"零工经济"这一技术与商业创新的代表,网约车通常指"通过网络对接乘客与司机,且不具有固定时间表的单次或多次拼车服务"(Sharif & Xing,2019;Amey 等,2011:103)。与世界各地相同,网约车行业在中国经历了蓬勃发展:目前,中国最大的网约车企业滴滴出行旗下司机已有两千万之多(Didi Policy Research,2017)。网约车的蓬勃发展不仅在一定程度上解决了各大城市的出租车短缺问题,也极大挑战了传统巡游出租车(以下称为"出租车")的市场地位。

尽管网约车及零工经济的影响在科技与社会研究(science and technology studies,简称"STS")、媒介与传播研究,及人类学学科内已获得广泛关注(Frost,2020;Shibata,2019;Rosenblat,2018;Rosenblat & Stark,2016;Irani & Silberman,2013),但很少有研究讨论出租车司机在面临网约车威胁时的技术与职业选择。[①] 本文的目的即在于解决这一问题:截至 2018 年底,网约车与出租车的激烈竞争已趋于平静,而西安市全职网约车司机的月收入仍大致高出出租车司机约 1000—1500元。在该种情况下,出租车司机到底如何决定是否留在出租车行业,或是否转行从事网约车职业?而已经转行从事网约车职业的传统出租车司机又如何适应、体验其新的工作与生活?

---

① 参见 Chen,2018。

本文将为以上问题提供一种答案:在该种情况下,西安市的出租车司机仍在一定程度上偏好出租车行业,其原因很大程度上在于出租车行业工作实践与技能所带来的社群支持。

一、选择,社会-技术体系与社群

为解决出租车司机技术与职业选择的问题,笔者在此引入 STS 学科中的"技术的社会建构"(social construction of technology)视角(Bray,2013；Bijker,2010；Kline & Pinch,1996)。根据以上学者的研究,技术在很大程度上是由社会建构的:一项技术的应用是由不同的社会因素与社会行动者共同形塑的,而这些社会因素与行动者共同构成了一个社会-技术体系(socio-technical system)。相应地,用户技术选择的本质相当于不同社会-技术体系之间的竞争与"适者生存"(Santos,2018)。而何为社会? 对此,拉图尔(Bruno Latour)指出,"社会"是不同因素纠缠的结果,[1]而这种纠缠必须在实证案例中才可追溯。根据以上的理论框架,笔者将出租车与网约车视为两个相互竞争的社会-技术体系,而这两个体系分别由来自特定社会经济背景的司机,特定的工作实践及工作技能,为司机提供服务的生意人,以及一个潜在的职业社群所构成。[2]

在实证研究方面,许多著作都曾讨论出租车司机生活与工作的一个或多个方面。例如,其中一类著作涵盖的内容包括出租车司机和网约车司机的工作实践,[3]及出租车司机的时空知识技能。[4] 另外,许多著作亦讨论出租车司机在社会与经济方面所遇到的困难(Hodges,2012；Mathew,2008),尤其是中国出租车司机由于危险的工作性质、孤独的

---

① 拉图尔原文为"行动者"(actants)。

② 以上体系中显然存在其他重要行动者,如政府、公司、乘客等,但这些行动者的重要性不在本文讨论范围之内。

③ 关于中国,参见 Frost,2017。

④ 关于泰国,参见 Sopranzetti,2017;关于美国,参见 Davis,1959。

工作实践和"份子钱"(司机每日向车主交付的固定租金)所产生的"陷入困境"的体验(Zhang,2016;Notar,2012a,2012b;Chao,2003)。

尽管该类著作提供了大量而宝贵的学术讨论,却在很大程度上过于强调出租车司机在社会地位、经济上的困难,及其在工作中的孤独一面,而忽略了其自身的能动性(Bedi,2016)。与之相反,笔者将在本文中说明,出租车司机在日常工作与生活中积极主动地通过工作实践与技能构建自己的社群,而该过程中相应产生的社群支持正是其面临网约车压力仍偏好出租车行业的重要原因。

二、西安市,方法论及出租车司机的社会经济背景

西安系内陆省份陕西的省会。相比于北京、广州等中国一线特大城市,西安在全国的经济社会影响力较为有限,但在西北地区的影响力较强。西安的劳动力流动很大程度上是地区性的,其范围局限于本省及河南、甘肃等邻近省份。另外,基于"三线建设"等历史遗产,西安市是西北地区重要的国有工业中心(Cheng & Beresford,2012),而这也造成了 20 世纪 90 年代后严重的国有企业下岗职工问题。相应地,有相当一部分职工选择了出租车司机这一职业。

西安市区结构整体呈正方形。市中心有城墙围绕,是传统的行政与金融中心。城墙之外分布着北郊、南郊、东郊及西郊,[①]各郊区均有大量住宅区。其中东郊与西郊居住有大量前国企员工及下岗职工,南郊系重要商业区、旅游区,高等教育中心,其西南则为高新技术开发区(简称"高新区"),北郊则整体开发较晚。城中村分布于四个郊区之内,而大部分外来务工人员居住于此。四个郊区内均有若干出租车换班点,一般位于加气站附近,周围亦分布有餐馆和汽车修理厂。

本文涉及的研究方法以参与式观察为主,历时 5 个月,于 2018 年

---

① 随着西安的城市扩张,四个郊区都已成为西安市区的重要部分,然而西安本地人仍习惯称这四个区域为郊区。

底完成,其时正值出租车与网约车的激烈竞争趋于平静。笔者通过随机打车、短时间聊天与采访方式结识出租车司机及网约车司机,将其作为调查对象。随着笔者与被调查者关系的加深,笔者进一步深入被调查者所处的社区,如家庭、邻里、同事群体乃至微信群。同时,笔者也在司机经常聚集的地点,如加气站、修理厂和餐厅等地进行参与式观察,以便了解司机与其他生意人的日常互动。

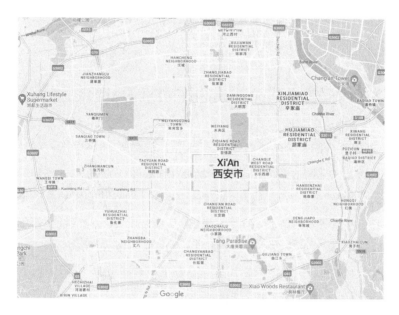

图 4　西安市地图

(来源:谷歌地图)

鉴于本文主要关注出租车司机的选择,笔者将简单介绍出租车行业的制度设计和出租车司机的社会经济背景。

西安的出租车行业由政府主导,由出租车管理处、出租车公司(车队)、车主及受雇司机等机构或人群构成。出租车管理处控制并向出租车公司发放出租车运营许可证,而车主则从出租车公司处购买车、证,并运营出租车。一部分车主本身不从事驾驶工作,而另一部分则自己驾驶一班,并雇佣另一位司机驾驶另一班。一辆出租车司机的运营一般以 10 小时为一班,每日两班。受雇司机每日每班须向车主缴纳"份子钱”,无论本日运营情况如何,“份子钱”的数目都固定不变。2018 年,西安市出租车行业的“份子钱”一般为每班 160 元。

西安出租车司机主要由中年(30—50 岁)男性司机组成,其中大部分为无房产的下岗职工和农民工。[①] 被调查者中有 2/3 的司机有 5—20 年的从业经历,代表着行业中大量稳定的出租车司机群体。受雇司机的月收入一般为 4000—5000 元。考虑到司机一般需要支持或赡养多于一名家庭成员,并参考 2017 年西安市城镇常住居民人均可支配收入为 3211 元(西安市统计局,2018),受雇司机一般属于低收入群体。根据古德曼(David S. G. Goodman,2014)等人采用的中国社会阶层划分方法,出租车司机属于“下层阶级”(subordinate class),他们一般来自农村或城市边缘群体,收入较低,身处体制外(Li,2012),名下无房产(Silverstein 等,2012)。

出租车司机社群的最初形成与其社会经济背景高度相关。下岗职工和农民工在曾经因国企改革和城市化进程被剥夺传统社群支持的情况下进入出租车行业,主要原因在于出租车行业是其“缺乏市场经济所需的必备技能”情况下“养家糊口”的“最后选择”(史师傅语)。新司机在进入行业时大都依赖亲人、老乡或进城后新朋友的介绍。在一些情况下,学习开车甚至都依赖于家人或朋友的帮助。车主肖师傅就是在其哥哥的帮助下学习开车的,后者从 1995 年开始即成为了出租车司机。根据肖师傅和其他被调查者的回忆,这在 20 世纪 90 年代时属于常态,也是一种“特权”:许多家庭的多个家庭成员全部在出租车司机行业工作,故他们得以通过亲人介绍顺利进入出租车行业。综上所述,早在出租车司机进入行业之时,社群网络就已经十分重要;出租车司机社群与其本身的社会经济背景在此阶段已经呈现了相互建构的关系。

在准备入行后,潜在出租车司机需要通过考核。该过程的其中一步是由出租车管理处组织的为期两周的培训,这是新出租车司机社会化的第一站:他们在此享受与培训同学的共处时光,并在培训结束后通

---

① 一部分下岗职工拥有从父母(一般为国企员工)处继承而来的房产。

过微信群和定期聚会保持长期联系。培训结束后，新司机们必须通过考试，该考试主要关于司机行为规范和西安文化旅游知识，本身难度不高，却需要司机在培训期间投入大量精力进行准备。该考试的独特难度进一步形塑了出租车司机的社群身份意识。史师傅曾开玩笑说，培训的两个星期是他"这一辈子唯一认真学习过的两个星期"，而这全都是为了"成为出租车司机伙计们"的一份子。从该意义上讲，培训与考核过程代表着出租车司机的共同经历，并成为了出租车司机同行认同的重要标志。

三、出租车司机的工作实践、技能与社群形成

出租车司机的工作实践是围绕空间与时间展开的。以下，笔者将以被调查者史师傅和肖师傅的一日工作展示这一工作实践。

清早五点三十分，史师傅已如其他白班司机一样，开始了工作。这一作息时间，史师傅已经保持了约十五年。史师傅步行十分钟，即到达位于西郊红光路加气站的出租车换班点。工作开始后，出租车司机需要就自己运营的区域做出规划。在工作的前两小时，史师傅一般巡游于中高档小区周围，以便寻找早起赶赴火车站或机场的乘客。另一种惯用的策略是更早开始工作，并巡游于夜场、酒吧周围，以便寻找结束夜生活的乘客。约七点三十分，出租车司机开始迎接早高峰。史师傅回到中档住宅区周围，以便接送上班的乘客。在这一阶段，工作单位密集的市中心和高新区是乘客的主要目的地。为了防止陷入堵车，史师傅在每次载客到达这一区域后都仅作短暂停留。对于司机来说，最理想的策略是连续不断地从其他区域接送乘客回到上述主要目的地。

早高峰结束后，出租车司机开始在城内巡游，其巡游范围主要包括医院、政府设施、商业区等白天人流较多的区域。上午约十一点，出租车司机则需要逐渐靠近附近的加气站，以便为出租车加气，并顺便解决午餐。此后，司机继续巡游直至下午三点半，并再次于换班点周围的加

气站加气,并与夜班司机交接。

肖师傅是史师傅的夜班司机及车主。两位司机聊天二十分钟后,肖师傅于四点开始工作。约五点半,肖师傅开始靠近市中心和高新区,准备迎接晚高峰,接送下班的乘客。与早高峰同样,夜班司机每每仅在该区域做短暂停留,以免陷入高峰车流。晚上八点半,晚高峰结束,司机继续开始在市内巡游,直到十一点,市内公共交通结束服务;肖师傅一般会在某些地铁站外等候下地铁后仍需要一段路程才能到家的乘客。由于晚间车流量小,出租车司机往往加快速度,以尽量多载乘客。在这种情况下,驾驶技术与对路况的熟悉程度会直接影响司机的收入。

进入午夜,出租车司机会逐步停止巡游。在该段时间,更有效率的策略一般是在夜生活场所如夜总会、餐厅等附近等候乘客。在某些情况下,出租车司机也会向乘客推荐特定的夜生活场所,以此来获取这类场所提供的回扣。出租车司机的工作实践同时具备灵活性与固定的时空限制。司机开始工作、结束工作、加气及休息的时间均在一定程度上固定;另外,有经验的司机在工作时往往会维持一个相对最有利可图的稳定时空计划。与此同时,司机在具体运营时仍然保持灵活性——对他们而言,唯一的固定限制就是"份子钱"。

这样的工作实践与出租车司机掌握城市"节奏"(Sopranzetti,2017),即城市中人员、商品、工作、信息流动情况的技能是不可分割的。德塞托(Michel de Certeau)在《日常生活实践》(de Certeau,1984)中对于"城市"的分析与此十分相关。为了解构统治者和城市规划者自上而下形成的清晰、易辨、鸟瞰式的城市空间,德塞托给出了行人通过日常"行走"(walking)过程创造的"行人式"城市空间。按照德塞托的理论框架,西安市作为"城市",亦存在两种城市空间:第一种是鸟瞰、宏观、易辨乃至地图式的城市空间;而第二种则是行人日常经验的,强调移动的人与物所组成的,具备相对性(relativity)、关联性(relationality)和社会性的城市空间。如果我们将出租车本身与出租车司机看作一个社会"拼装体"(assemblage),或丹特(Tim Dant)所定义的"司机-车结合体"(driver-car)(Dant,2004),则这个拼装体在很大程度上可被看作与行人类同。于是,这样的拼装体在"行走"的过程中,也会创造一种特殊的"行人式"城市空间。当然,就出租车司机的工作技能而言,德塞托对于两种城市空间对立性的强调未免过于狭隘。在实际情况中,尽管出租车司机处于社会底层,但他们需要同时掌握关于两种城市空间的知识与技能。[①]

一方面,出租车司机需要掌握自身在城市宏观结构中的位置:他们需要对城市中每一个位置的人、物及环境所要发生的情况进行想象,而这正如阅读或置身于一幅巨大、鸟瞰而动态的地图。这或许无法与能够全面、系统、量化地理解城市宏观结构的城市规划者相提并论,但出租车司机显然可以想象城市中不同地理区域的大致情况,并以此指导其运营。

同时,出租车司机也需要掌握"行人式"的城市空间,即其周围所发生的、动态的、机会性的情况,如路边打车的乘客、红绿灯信号的变化、前方十字路口监控牌照的情况、周边区域的交通拥堵、附近加气站的实时距离等等。通过对"行人式"城市空间的掌握,出租车司机得以寻找更多的乘客,逃脱出租车管理处的检查,避开交通拥堵等等,从而为自身运营带来便利。另一种"行人式"的时空技能,如戴维斯(Fred Davis,1959)所述,在于"选择"乘客,"判断"乘客的情况,并根据乘客的行为采取适当的服务。例如史师傅提到,他们时常"在多个乘客中选择那个西装革履或拎着行李箱的""看看乘客是想聊天还是想安静呆着",或"判断一下乘客是想上高架绕路省时间,还是走最短的路,哪怕堵在路上"。这样的技能甚至允许出租车司机进行拼车、议价等规章制度所不允许的行为。鉴于这种技能的最终目的仍然是判断一次运营活动可能对应的空间距离或时长,它仍然可被归为一种时空技能。

---

① 索普兰泽蒂(Claudio Sopranzetti,2017)认为"行人式城市空间"在形容普通人对城市的经验方式上显得过于狭隘,诸如司机这样的社会群体是通过与机器(如汽车、摩托车等)的互动来经验城市空间的,而这代表另外一种经验城市空间的方式。在此,笔者的观点与索普兰泽蒂类同,但鉴于对司机身体与机器互动的现象学分析已经超出了本文的讨论范围,笔者使用"拼装体"概念来帮助探讨出租车司机对城市的经验方式。

总而言之,为了维持一种结合固定性与灵活性的工作实践,出租车司机掌握了各种时空技能。根据列斐伏尔(Henri Lefebvre,1991)的分析,出租车司机的时空技能同时体现了物质性空间(material space)、空间再现(representation of space)和再现的空间(space of representation)。一方面,出租车司机必须熟练掌握城市的物质性构成;另一方面,他们必须从概念化的、鸟瞰的层面理解城市的宏观规划与结构;最后,他们需要在日常工作与生活中积累长期的经验,从而理解城市居民和其他日常行动者所构建的日常城市空间,如时常出现交通堵塞的地区,危险的街区与路段,交警和出租车管理处人员经常出现的区域,打车乘客频繁出没的地段,等等,即所谓再现的空间。除空间范畴之外,出租车司机也需要掌握以上各种层次空间随着时间推移而产生的变化,以此确定自身的运营策略。

出租车司机的工作实践与时空技能进一步为其社群的形成奠定了基础。在当下关于出租车司机的文献中,大部分著作都集中于讨论出租车司机工作的物质性一面,而非社会性一面,这与探讨其他城市交通方式如轨道交通、公共汽车等的文献(Bissell,2010;Bissell & Fuller,2011;Butcher,2011)形成了鲜明对比。这一定程度是因为这部分著作往往将开出租车描述为高度个体化、孤独而孤立的工作(Notar,2012a,2012b;Mathew,2008)。与此相反,笔者观察到,出租车司机常常与同事进行频繁互动,而这种互动进一步发展成为社群成员间的关系网络。

出租车司机相互进行面对面互动的时间不长,却极为重要。这样的互动常常在出租车司机工作的间隙或工作结束之后进行。由于大部分出租车司机都有其规律的时空运营策略,他们每日一般都在大致相同的时间与地点休息、进餐、加气乃至下班。所以,采取相似时空运营策略的出租车司机总是可以在以上时机进行面对面接触,他们往往离开自己的出租车,寻找熟悉的面孔,并开始关于工作和生活的攀谈。由于每日接触的同行较为固定,出租车司机会逐渐相互卸下心防,并相互深入交流工作和生活的细节。在这个过程中,同行间的关系不断加深,友谊也会逐步建立。出租车司机同行间的友谊往往会十分深入,乃至朋友之间有时会对对方的家事施以援手。史师傅的年轻朋友小李即是一例：

> 一开始吧，不认识，但每次加气吃饭这小伙子都在，那咱出租车司机嘛，闲着没事，排队加气的时候就谝开①了。慢慢就熟悉了，小伙子人不错，年轻人看啥问题也跟咱角度不一样，谝起来挺有意思的。后来就成了朋友，他还经常帮我接个孩子啥的。上周不是我老丈人要去山里度个假住几天嘛，我正好有事儿，他就开车帮我把老丈人拉到山里去了。

下班之后，出租车司机也经常进行小型聚会。这样的机会在夜班司机身上更为频繁，因其停止营业的时间一般在凌晨两点，但交班时间则是凌晨四点到五点，在这段时间内他们有大量时间自由活动。司机们通过电话或微信群约定时间，并选择某一个换班点周围的餐厅。临近约定的时间，他们会刻意选择目的地在约定地点附近的乘客，以便逐步靠近约定的餐厅。所有聚会人员到达后，出租车司机开始吃饭聊天，谈论社会新闻，分享奇闻趣事，乃至讲起各种"荤段子"。在这一类聚会中，出租车司机既与老朋友交流，也结识新朋友。老朋友包括将其介绍入行的介绍人，也包括在资格培训期间或日常工作时结识的同行：在正式入行后，司机与这些人员的关系由于新的共同工作经验而大大加深，这种经过加强的关系也被整合进入了出租车司机整体的职业社群网络。司机的新朋友则由老朋友带来的其他新朋友转变而来，通过这个过程，司机的社交圈得以以滚雪球的方式扩大。

出租车司机十分珍视面对面互动的机会，他们可以暂时离开"牢笼般的"汽车（Notar，2012a），与具有共同语言的朋友同行分享生活、工作的酸甜苦辣。

工作期间的互动则主要通过智能手机进行。得益于中国发达的低

---

① 西安方言，即聊天。

端智能机制造业(Qiu,2009；Wallis,2015)和微信这一网络聊天工具的普及,出租车司机得以加入各种微信群,从而通过单一渠道获取各种同行在不同时间、地点所分享的信息。这一类微信群一般由经验丰富、人脉广泛的老司机建立,初衷是方便同行朋友间分享工作信息及闲聊。随着时间推移,这类微信群的成员会逐渐增多,直至数百,其中更有餐馆老板、修理厂老板及夜场市场人员等加入和宣传,而相当一部分成员在现实生活中并不熟识。笔者加入的其中一个微信群名为"圆尔梦",由受访者老孙建立,目前群内有 308 名成员。

群内每日约有一千条消息,根据内容可大致分为两种。第一种,也是最常见的一种消息是工作信息,包括实时路况信息、加气站排队情况、出租车管理处在某区域的检查活动等。在特殊情况下,这种消息还包括出租车司机遇到的各种突发情况,如交通事故、与乘客的冲突、遭遇抢劫等。在通常情况下,出租车司机仅仅在群内分享信息,但如果遇到突发情况,距离事发地点较近的司机往往会快速到达相应地点施以援手。

当笔者坐在史师傅车内时,微信消息不断地跳出:"长安南路由北向南有事故,交通堵塞,伙计们绕行!""明德门加气站满压,没有排队车辆,速来速来""西影路附近有管理处检查,伙计们注意了",听到这些消息,史师傅时而保持沉默,时而在群回复"谢谢!",时而突然掉头,"咱还是躲开前面堵车吧!"。为了回馈群友,史师傅也经常在群内分享自己在工作时遇到的状况。除了一般情况,笔者也经历过一次突发事件:深夜肖师傅搭载两名醉酒年轻乘客后,后者拒绝付钱,最后肖师傅通过微信群召集了四五位在附近加气站休息的同行"助威",才得以解决问题。

基于这些实用消息,出租车司机可以将自身的时空技能与实时消息结合起来,从而及时调整运营计划,避免浪费时间、损失收入。相应地,司机也在群内分享自己的消息,与各群友形成良性的互惠关系。在这个过程中,微信群不仅成为了消息的集散点,也成为了紧密的社群网络形成场所。在这里,互相帮助的善意逐渐转变为对同行朋友的责任感。

第二种消息是娱乐休闲消息,如聚会地点、司机工作中遇到的逸事、沿途美食等等。司机往往向群内发送一段午餐美食的视频,或讲述一段关于有趣乘客,如争吵的夫妻、诉苦的性工作者等的故事,或对某位当日收入较高的同行开开玩笑。通过这些活动,出租车司机消磨着等候红绿灯的时间,寻找着工作的乐趣,并相互了解同行工作中的休闲一面,从而得以在独自工作的间隙感受同行间的联系。

除了消息互通功能之外,工作中的线上交流也能帮助司机培养其"在一起"的工作体验,而这得益于司机基于时空技能所形成的时空想象能力。坐在史师傅车中,笔者惊讶地发现微信群中每一条消息都带有所发生事件的地点信息,而这与消息实时发送的特点相结合,形成了每一条消息的时空语境。通过这种时空信息,群内的司机同行得以直观地想象群友所在地点的实时状况。所以,尽管司机们散落在市内不同区域,他们仍然对于同行们的相对位置和工作状况有着直观的感受,这就如"在一张大地图上一起面对相同情境"一般(史师傅语),大大加深了出租车司机的群体感。

出租车司机也经常举行集体活动。司机们来自相似的社会经济背景,通过已有的社会网络进入行业,共同经历资格考核,进行相同的工作实践,学习相同的时空技能,并在工作生活中相互帮助。在以上这些因素的基础上,司机们得以利用牢固的社群联系组织集体活动。

笔者曾在 2018 年夏天参与了一次该类活动。在活动中,约 40 名出租车司机及部分家属在"圆尔梦"群主老孙的组织下赴西安城外的汤峪森林公园进行了为期两天的度假游。该类活动的组织过程相当复杂:首先,组织者需要考察和决定活动的目的地、路线、住宿及相应的价格。为此,"圆尔梦"群的几位主要成员亲自提前赶赴汤峪进行了考察。敲定以上细节后,团队开始准备制作"圆尔梦"群专属的旗帜与徽章。同时,主要成员也准备了烧烤晚会所需的牛肉,由调查者小李负责从市内肉店采购。紧接着,报名工作开始了,一条关于报名的信息被发送至微信群内,有意的成员将自己的名字加入该信息,并说明自己是否会开车前往。报名后,主要成员根据报名司机住址的位置及其开车情况制定了接送计划。根据这一计划,每位开车前往的报名成员都需要顺便接送三四位住在附近的其他成员。到达时间系提前敲定,但每一辆车都独自到达。途中,老孙及其他主要成员一直在追踪每一辆车的行驶进度,直至所有车辆到达。

两天的活动结束后,所有参加者聚集在一起,商讨本次活动的收费事宜。主要成员展示了本次活动的预算及实际支出,计算出每一位成员需要缴纳的费用,收取费用后再为搭载其他成员的参加者发放补贴。这个过程十分重要,因为"组织这么乱的一个活动,相互信任跟透明度是最重要的条件"(老孙语)。

"圆尔梦"群每年会组织八九次类似活动,而其他出租车司机群,不论大小,也会举行类似活动,如爬山、唱歌等。这类活动的组织得益于出租车司机独特的时空技能与移动力,也体现了其紧密的社群联系。

四、物质性与社会性的基础设施:
服务于出租车司机的生意人

在出租车司机群体之外,有许多底层生意人为出租车司机提供服务。这些生意人包括车主、加气站管理者、餐馆老板及修理厂老板等等。这一类人的存在,进一步为出租车司机提供了社群支持。

第一种生意人是车主。根据出租车行业的规范,车主对其出租车及生意承担主要责任,这些责任包括车辆的重大维修,如引擎、轮胎、活塞等零件的维护与更换;也包括对突发事件如交通事故、严重违反交通规则行为、乘客投诉等的应对与处理。特别地,对于第二种事件,不论出租车一方是否主动肇事,车主都必须亲赴出租车公司或管理处说明并处理情况。另外,他们也要承担后续结果,如损坏车辆的修理,及短期内暂停运营资格的处罚等。车主们大都对这类责任的繁琐与不确定性颇有抱怨,如车主老张所述,他们一天中最心惊肉跳的时刻"莫过于晚上十一二点接到受雇司机的电话,这肯定是出事儿了"。相比之下,受雇司机得以避开这些责任,仅仅将注意力放在日常开车工作之上。

车主的另一类日常活动是与司机进行关于工作的各种协商。尽管

车主是运营活动的主导者,但其与受雇司机的关系却并不像一般雇主与雇员那样固定。尽管实际工作中时间与金钱的安排往往是固定的,但关于这些问题的各种协商几乎每天都会发生。

从时间层面来看,主要的特殊情况包括以下几类。第一,恶劣天气条件下,车主或会与受雇司机商量,暂停营运,以保证司机和车辆的安全。在这种情况下,车主当日不会再向受雇司机收取"份子钱"。第二,受雇司机可以提前向车主请假,而后者则会安排临时的"顶班司机"接替受雇司机的工作,亦不会向该受雇司机收取"份子钱"。第三,车主或受雇司机可能会在紧急情况下需要使用出租车,如将亲人紧急送至医院等。在这种情况下,双方可以商议运营日程的变化。

从"份子钱"的角度来看,车主有时可能会为受雇司机提供些许优惠,以便使受雇司机承担更多的运营责任。例如,肖师傅就会在西安市内"份子钱"标准为 160 元时仅向史师傅收取 140 元,并责成其代替他参加出租车公司的月度会议。另外,在出租车行业的困难时期,如 2017 年网约车对出租车产生较大冲击的时期,车主会集体降低"份子钱"的数额,由 160 元降至 120 元。

在通常固定的工作实践中,车主和受雇司机都保持了如上所述的灵活性。这样的灵活性不完全代表着双方权利关系的平等,但却代表双方的相互尊重。对于车主而言,相互尊重可以让司机自发地承担一些运营中的责任,爱惜工作,而最终的结果是"人心都是肉长的,你好我好大家好"(老张语)。这样的互惠关系成为了稳定运营的保障,也成为了司机-车主这一广义社群内部联系的保障。

第二种生意人包括加气站管理者、餐馆老板和修理厂老板等。由于大部分这类生意人都专门服务出租车司机,其内部竞争堪称激烈,也发明了各种方式以图脱颖而出。在实质性服务方面,加气站管理者通过建立和参与微信群,及时通知天然气供应情况;修理厂老板不断提升修理技术,并保证零件质量;餐馆则使用安全、便宜的食物吸引顾客。

社会关系方面的策略也十分重要,生意人们希望能够通过发展与司机的人际关系来留住长期顾客。加气站运营者鼓励熟悉的司机预存一千元"办张卡",并在此后加气时享受优先资格。这种策略对于司机的长期稳定加气计划和双方的相互信赖程度十分依赖。修理厂老板则往往提供免费的细小维护,用以展示善意、可靠度和慷慨程度。餐馆老板经常给熟客打折,或暗暗为其食物加料。

通过向司机展示以上善意,生意人们与司机逐渐建立了紧密的人际关系与长期的信任,并得以实现稳定的长期利润。尽管这样的行为最终是以利润为动力的,但这并不影响生意人们为司机提供服务、日常工作支持、谈判空间,乃至构建社群的机会。所以,司机往往偏好同一家或几家服务设施,并与运营这些设施的生意人们建立起更广泛的社群联系。

在某种程度上,各种生意人充当了出租车司机在日常工作和社群行程过程中的基础设施。基础设施通常被理解为实体性的支持设施,用以为人员、商品和信息的流动提供便利,从而帮助形塑城市生活的节奏。然而,西莫内(AbdouMaliq Simone,2004)和拉金(Brian Larkin,2008)等学者将人类学中的基础设施概念扩展到了人的社会活动本身。其中,西莫内的观点最为激进。基于非洲城市人类学的研究,西莫内认为当国家的、实体性的基础设施无法承担相应功能时,城市中的不同社会群体本身就可以通过服务、互助和信息交换化身为一种基础设施。而贝迪(Tarini Bedi,2016)则基于对印度孟买出租车司机群体的研究提出,基础设施可以是物质性和社会性的结合。

基于西安出租车司机的例子,笔者认为各种生意人同时充当了物质性和社会性基础设施的角色。在物质性方面,生意人的行为是出租车司机实实在在维持当下工作实践的基础。由于出租车司机的工作自由度较高,司机需要自行制定稳定的时空运营计划,故他们需要决定为哪一位车主工作,如何与车主进行互动,在市内哪个区域巡游,何时何地休息、加气、进餐等等。同时,生意人与司机的互动主要关于汽车、收入、食物等物质性范畴的元素。如果不知晓生意人服务设施的具体时间与地点,如果不与上述生意人保持紧密的关系,出租车司机就无法顺利地制定和执行时空运营计划。

　　而这种基础设施的社会性更为引人注目,出租车司机工作实践中自由度较高的一面依赖着这种社会性:他们与各种生意人之间存在足够的谈判空间。这种谈判空间的存在并非由于司机具有相对更高的权力,而在于生意人所提供的服务与支持并不仅限于经济实践,更涵盖了人际关系与社交,各方在日常互动中处于相互尊重与互惠的相对关系。所以,这种基础设施是社会性的、可商量的,也是可随着司机的需要而调整的,它并非如传统意义上的基础设施一般,是自上而下、提前给定的。

　　正如拉金所述,基础设施不断延长的生命可以创造新的社会共同体(Larkin,2008)。在此,生意人组成的基础设施为出租车司机提供了帮助、支持与关怀,为出租车社会-技术体系的再生产提供了条件,也将出租车司机置于可以将其"以最有效率的方式配置"的"具体总效果"(specific ensembles)之中(Simone,2004:407)。进一步,这样的基础设施强调了相互帮助、相互关怀的文化,并促进了围绕出租车行业的广义社群的形成。基于此,在出租车司机的职业与技术选择上,这种社群基础设施为出租车司机提供了留在旧行业的理由,而这种理由不仅是经济或技术层面的,更是社群层面的。

五、按着算法来:(前)出租车司机的滴滴体验

　　由于私家车功能(滴滴快车)是滴滴最受欢迎的业务,"滴滴司机"这一术语已经几乎专指接入滴滴平台的私家车司机。在此,笔者亦遵循这一规则,并排除了使用滴滴出行应用出租车功能的出租车司机。目前,滴滴司机的入行无须任何许可考核,任何满足三年驾龄要求的司机皆可成为滴滴司机。接受笔者调查的大部分滴滴司机都是自行接入滴滴平台的,他们仅需要十分钟,即可通过上传自己的驾照、身份证和机动车信息完成接入。

　　鉴于本文研究范围,笔者将介绍(前)出租车司机在适应滴滴司机

工作与生活过程中所遇到的困难。在此,(前)出租车司机专指此前从事出租车行业并转行进入滴滴的司机和正在考虑转行进入滴滴的出租车司机。

与出租车司机不同,网约车司机工作实践的核心在于遵循算法的安排。笔者将借有十二年出租车司机经历并于 2015 年转行滴滴司机的王师傅的日常工作来探讨该问题。

早上八点,王师傅终于离开家下楼出车,而这已经是我们约定时间的一小时之后了。"实在不好意思,开滴滴太难保持每天固定的作息了,毕竟现在没人规定你。不过每天也就大致这个时间,毕竟养家糊口嘛。"

发动汽车后,王师傅开始在周围无目的地徘徊,"现在按着算法给的走就行了,也没必要做什么计划"。正在此时,滴滴系统消息弹出:"请到浐河地铁站接驾。"话音刚落,赶赴约定接客地点的路线就出现在了手机屏幕上。

"运气太差。第一个乘客居然在 1.5 公里以外。我一直觉得这个算法咋这么傻的,这周围肯定有一堆乘客等着叫车。但这也没办法,你也不能拒接这个单子。一天拒接四个单,你第二天就不能跑了。"

第一单乘客的目的地是西安交通大学。完成该单后,王师傅带上笑脸对乘客说道:"麻烦给个五星好评!"话音未落,另一单的消息已经跳出。这一次的接客地点位于东二环路。"咱们得先直行三百米,然后掉头走五百米。这看上去就二百米,但实际上麻烦多了,"王师傅看着眼前的车龙摇头道,"高峰期掉头是最麻烦的事情,我跑出租的时候从来没这么干过。你不能只是计算那个地图上的距离,你得知道这个城里街道具体怎么走。"

最后,我们终于接到了这一乘客,并驶向目的地——高新区。王师傅问道:"您觉得从环城路走怎么样?环城路车流量小,虽然应用说走二环路……"

"不用了,你就按着应用走,不要绕路。"

"行吧。"王师傅略有尴尬。

这一单用时三十分钟,王师傅叹了口气:"我都说了环城路好走,但她不听啊,多耽误了十分钟!这算法的导航有时候不灵,但乘客又不相信咱的经验。"

接下来一段时间,我们在高新区内接单行驶,由于高新区的高人口密度和车流量,我们无法驶出。王师傅对此十分耐心:"反正你说了不算。跑出租的时候你能做个计划,现在你只能按着算法来。"

幸运的是,王师傅马上收到了目的地位于北郊的一单。王师傅把车停在接客点,开始等候尚未下楼的乘客。看到笔者有些不耐烦,王师傅打开车门,点上一支烟:"别着急,休息一会儿,呼吸点新鲜空气。这种机会少啊,你看单子一个一个涌进来,你都没时间停下。这不像开出租车,你想休息一下,偶尔拒绝一个乘客也没啥。"

时间飞逝,我们在下午一点半左右来到了西郊。注意到天然气警报响起,王师傅决定先给车加气,"咱们去附近那个枣园西路加气站。今天有点不凑巧,要是气再剩得多一点,咱们就能去红光路加气站了。那边我认识很多跑出租的老伙计,还能聊聊"。话音刚落,一个订单又出现了,王师傅只得不情愿地点击了拒绝接单,并快速退出滴滴应用:"你看,这就是为啥你得把拒绝的机会省着用。这一单去南郊的,是个大单子,但没气了,也就没办法了。可惜啊!"

由于下午一点多出租车、网约车加气情况较少,我们快速地完成了加气,用过午餐,离开了加气站。王师傅一直在东张西望:"这儿我一个人也不认得。出租车司机伙计这个点不加气,滴滴司机加气时间都是随缘,也遇不上。我开滴滴两年半了,也没认识几个滴滴司机。"

来到晚间,王师傅忙于接单,显得十分疲惫。他问笔者,似乎也是在问自己:"现在几点了?今天我跑了多久?"

"晚上八点。不算午饭就是十个小时。"

"你看这时间过得多快,你都感觉不到。跑出租的时候你脑子里有根弦,下午四点,回家。但现在人家这个算法不告诉你,你每次又想多挣一点,所以每次就接一单,再接一单,这就是个无底洞。今天说啥我也再不跑了。上周我有四天时间都是九点以后才回家,把我老婆给气的呀,唉。不过毕竟养家糊口嘛,再说现在也没有伙计之间聚会了,那就顺便多跑跑,还能咋嘛。"

如王师傅这样的(前)出租车司机很难适应滴滴司机所谓"灵活"的工作实践。工作时间限制的缺乏,加上订单一个接一个不受控制地涌入,出租车司机不得不按照应用的安排来进行何时何地休息、加气、进餐等行动。这使得出租车司机难以制定一个长期稳定的时空运营计划来适应自身习惯,获取更多收入。

因为这一"灵活性",网约车使得(前)出租车司机的时空知识与技能大大贬值,乃至司机只得被迫"按着算法来"。这种工作安排变化所产生的紧张关系在王师傅对于算法派单和导航功能之"傻"的不断抱怨中得到了充分体现。

滴滴算法的时空功能大致上是鸟瞰式的,非社会的,也是静态的。根据被调查者中司机和乘客的用户体验,交通数据会在屏幕上以一张巨大而易辨的地图的形式呈现,但这显然无法让司机明了某一街区当下的具体情境。订单到达时,应用会计算汽车与乘客的距离,并将计算结果与服务星级[①]结合进行派单。在这一过程中,具体路况如车流量、是否有单行道等问题并不在考虑之列。接下来,应用会形成一条几何上较为完美的路线,用以指导司机行程,而在这个过程中,具体路况、车流量、红绿灯的数目与时间,乃至途中有大量行人造成行车不便等情况,也依然不在考虑之列。最后,应用会大致估算一个到达时间,而再次排除具体街区状况的考量。从列斐伏尔(Lefebvre,1991)的角度来看,算法忽略了司机与乘客所体验并再现的"鲜活的社会空间(lived social space),而仅仅关注了静态的、物质性的交通信息"。从哈维(David Harvey,2006)的角度来看,算法同时也通过无视路况随时间的动态变化,而无视了相对性空间(relative space)的存在。[②]

---

①　滴滴应用中乘客对司机服务做出评价的功能。

②　有趣的是,尽管算法在派单和导航时忽略一日中时间推移的角度,它却能在价格设定方面考虑这一角度:高峰期时,算法会使用峰时动态定价(surge pricing)的方式对订单定价。

尽管如此,除了少量乘客允许的情况之外,滴滴司机仍然要完全按照算法的安排进行工作。他们必须在途中有大量潜在乘客的情况下行驶很长距离接客;使用算法给出的、车流量极大的推荐路线行驶,除非乘客同意改变路线;在人流稠密的地区不断接受短距离订单,尽管驶离这一地区可能会收入更多……滴滴司机如一张静态、可量化的棋盘上的棋子,在这张棋盘上,每一米距离都与另一米距离完全等同,每一秒时间也与下一秒完全等同,并不存在任何社会因素。滴滴司机需要做的,仅仅是直行,左转,右转,接到某位特定乘客,在固定时间到达,等等。如王师傅的案例所示,滴滴司机很容易失去对于自身所处时间和空间的感知,而这正是因为他们并不需要此种感知,或者更甚,他们不被允许在工作中拥有此种感知。

网约车以"灵活性"为名义,消除了工作中的所有时空限制,但它同时又把算法对于时空运营决定的绝对控制施加在司机头上。所以,这样的"灵活性"并不意味着在时空层面上协调运营和生活的便利,而是意味着一种随机、量化而时常"犯傻"的、由算法强加的时空安排,与一种稳定、适宜、基于时空技能、由(前)出租车司机自行安排的时空安排的冲突。

如王师傅的案例所示,滴滴司机间的交流与社群活动十分贫乏。关于面对面交流,由于滴滴司机被算法以个体的方式独立对待,其开始工作的时间地点,受算法指导的时空运营策略,如休息、加气、停止工作等的时间地点,均各不相同,故稳定的时空工作安排的缺乏使得司机面对面交流的机会极少,也就阻碍了滴滴司机进一步建立并维持关系的可能。

滴滴司机在工作中的线上交流也十分困难。由于有服务星级的监督,司机很难在工作中使用手机,否则容易被乘客以不专业或注意力不集中为由打上低分。在不进行工作时,滴滴司机的确时常通过微信群互动,然而这样的互动区别于出租车司机的互动,往往发生在全国不同地区的司机中。这是因为群组的核心成员往往不具有现实生活中同一地区的在地联系,故在选择群成员时也不以地域为标准。笔者参与的其中一个滴滴司机微信群名为"第一网约车",该群中有 280 名成员,来自全国各地,从大城市如广州到较小的城市如山东菏泽,都有分布。每天群内有约五百条消息,大部分消息主要是关于在不同城市开车的经历与日常见闻,如滴滴抽成的增减、政策的变化、乘客的逸事等。但由于在地联系的缺乏,成员很难就与生活、工作直接相关的实质性内容,如实时交通状况、加气站运营状况等进行深入交流。

滴滴司机也几乎没有集体活动。组织集体活动首先存在实际困难:不同滴滴司机的工作、生活时间表往往由其自身和算法决定,故约定时间地点进行集体活动本身缺乏可行性。而在身份层面,滴滴司机来源广泛,其入行过程也缺乏社群形成的机制,这使得滴滴司机之间很少有共同语言与兴趣。在笔者的 60 名滴滴司机被调查者中,大约一半为兼职司机,其主要工作包括推销员、超市收银员、教师、小商贩等等。即使是在全职司机中,也存在前生意人、前出租车司机、前小商贩、退休公务员等。这些司机有着不同的生活经历、社会经济背景以及未来规划,他们往往并不认为自己与同行可被归入一个具有自我组织的"滴滴司机"社群。所以,滴滴司机之间很难发展深厚的友谊,举行集体活动的过程和结果也会十分尴尬。如王师傅所说:

> 这些人都是三教九流,你跟他们其实没啥可说的,也熟悉不起来。人家有的是老师,有的是公务员,跟你个以前跑出租的有啥可说、有啥可交往的?滴滴司机就是个名字,根本不是个啥集体,你还费心思弄啥集体活动啊!

滴滴司机之间的交流与社群形成相去甚远,面对面与线上交流的机会都被多样化、个体化的工作实践,及严格遵循算法的工作要求所阻碍,而少数线上交流的机会也缺乏现实工作生活中的重要性。这些因素,加上不同司机的不同社会背景与未来计划,使得滴滴司机难以形成一个基于工作的社群。由于这些问题都来自网约车工作的固有特点,所以笔者认为滴滴司机社群形成的过程并不会因为时间的推移或网约车行业的进一步成熟而有明显改变。

同行之间交流和社群联系的缺乏被一般滴滴司机广为接受。对于他们来说,滴滴往往只是临时的收入来源,故他们对于形成社群、互惠互助,既无意识,也无需要。在这些司机眼中,需要关注的仅仅是每一个订单、每一份收入,以及各自工作生活中的问题(Huws,2014)。

然而,对于(前)出租车司机来说,这样的情况是令人难以接受的。对他们来说,失去社群联系不仅意味着失去生活和工作中的实质性支持,更意味着失去安全感。所以,转行为滴滴司机将会面临失去支持、失去安全感的风险。如老孙所述:

> 开车这么多年,我有的也就是这些出租车司机伙计的关系。工作的时候找他们帮衬,生活里也问他们帮忙。我儿子病了,他们帮着我送医院,家里缺钱了他们借我钱,我咋可能换一个工作,然后把这些伙计都丢了呢?网约车这个工作还是太不稳定了,单打独斗风险多大啊!

六、技术基础设施,或没有基础设施? 生意人在网约车行业中的边缘化

网约车与出租车社会-技术体系的区别同时在于司机与生意人的互动。在前者中,生意人的地位被大大边缘化。

滴滴司机一般是其汽车的所有者,也相应地负责汽车的所有方面。尽管一些司机的汽车是租赁而来,司机也要承担大部分责任。(前)出租车司机对这一安排很难适应,因为他们现在需要承担所有的汽车维修责任,并处理运营过程中任何可能的不确定事件,而以往这类"操心"的责任都是由车主负责。取消车主使(前)出租车司机承担的额外责任,在一定程度上已经与取消"份子钱"所带来的经济上减负相抵消。

另外,取消了车主,(前)出租车司机在工作安排上的谈判权力也大打折扣。在特殊情况,如需要休息、恶劣天气以及家庭突发事件等发生时,司机无法与应用或滴滴公司商讨适宜的工作调整,而只能停下工作,接受收入损失,并承担服务分①削减的结果。更重要的是,相比于偶尔可以商量的"份子钱"数目,滴滴的每公里价格和公司抽成比例都完全在公司控制之下,司机甚至无从得知具体规定:相关数据不会显示在司机账户的界面之中,司机只有细心留意里程数、乘客端收取价格及司机端收取价格,并进行运算,才能掌握这些规律。由于滴滴频繁使用峰时动态定价,也经常根据市场行情调整每公里价格和抽成比例,这些规律几乎无法被司机掌握,更遑论商讨调整。

在其他生意人方面,由于滴滴司机没有稳定的时空运营计划,他们很难与固定的生意人进行频繁互动,并建立长期联系。如王师傅的案例所述,滴滴司机用餐、休息和加气都只能发生在接单的随机间隙,所以他们无法自由安排和选择进行这些活动的场所。相应地,也没有生意人特意尝试吸引滴滴司机,因为与滴滴司机建立长期关系的可能性太低。

相比于出租车社会-技术体系中生意人作为物质性和社会性基础设施的地位,在网约车社会-技术体系中仅仅存在由算法组成的技术性或数字性基础设施(Borgman,2010)。尽管算法在进行时空决策时足够有力,但它却无法为司机的实际运营行为如进餐、加气、修理和交流提供便利。从这个意义上讲,滴滴司机在很大程度上是被迫"靠自己"的,所谓的"做自己的老板"的口号,实质上意味着"没有基础设施"可以依靠。

---

① 滴滴应用用以评估司机出勤率的评价体系,该分数会影响司机的派单优先级。

七、在后福特主义的压力下选择社群

总而言之,尽管出租车司机的工作性质高度个体化,工作环境持续恶化,司机们仍然在主动地维持一种平衡固定性与灵活性的工作实践。这样的工作实践,结合司机们的共同社会经济背景,使其得以与同行及相关生意人建立社群联系。其中,司机的时空技能,通过允许司机维持工作实践、快速约定聚会地点、相互帮助、感受"在一起"的集体感、计划集体活动等,促进了这一社群形成过程。

网约车的出现代表着数字自动化对于这种社群的侵蚀。无论在世界还是中国,这种数字自动化都代表着资本、政府和劳工间力量失衡的社会潮流。在西方社会,根据胡斯(Ursula Huws,2014)的分析,这一潮流以后福特主义(post-Fordism)政治经济制度的崛起为主要表现(Amin,2011)。从 20 世纪 70 年代开始,政府开始采用新自由主义经济制度,而公司则在运营、融资和劳工保护方面面临越来越少的限制。这样的不平衡成为了可以自我再生产的恶性循环:规模越来越大、运用越来越灵活的公司开始加剧经济形势的震荡;而在经济动荡时期,政府只能通过进一步牺牲经济稳定性和劳工权益来吸引投资,以此走出困境。而对于劳工来说,经济动荡带来的失业问题使其工作变得越来越脆弱,也使其社群与集体身份被侵蚀。于是,资本的力量越来越强大,集中度越来越高,流动性也越来越强。

而在这种不平衡趋势中起到巨大作用的是全球化与信息技术的发展。全球化使得公司得以在世界的每个角落运营;而信息技术则使得远距离实时通讯变成可能,并代替了一部分劳动技能,从而使得公司可以轻易地将全球任何地区的廉价劳工快速训练成低技能或中等技能(semi-skilled)劳工。相应地,社会与政府的话语也开始倾向于强调"数字识字率""自我驱动力"及"工作中的灵活性"等概念。

中国的情况自有其特殊性,但类似的不平衡也一样存在。改革开放及其前期,国企职工享受着稳定的工作、国家发放的福利及工人社群的集体身份。但在 20 世纪 90 年代前后,政府开始允许私人和/或国际资本在经济中扮演重要角色,这使得政府开始牺牲劳工权益及其工作稳定性。随着国企改革和允许农民工进城等政策的事实,劳工的工作、生活稳定性遭到了严峻挑战乃至摧毁。国企下岗职工突然间失去了国家提供的福利和工作保障(Gallagher,2009),而新加入的农民工则被置于城市福利体系之外(Wong 等,2007)。另外,由于中国是全球化和信息技术的"最大受惠者"之一,这两个因素也对中国的上述社会趋势产生了极大作用。

这种力量失衡的结果是后福特主义作为一种灵活的工作实践、劳动力组织和资本积累的模式的崛起(Amin,2011;Commisso,2006),而这种模式"与福特主义的刻板僵化形成了直接冲突"(Harvey,1989:1)。在工作实践和劳动力组织层面,后福特主义的标志性特点是在不同时间、地点随时待命的大量高度可替代的低技能劳工。这些劳工一方面成为了"作为服务的人"(human as a service)(Irani & Silberman,2013),与自动化技术进行协调,甚至为自动化技术服务,共同完成标准化的任务;而另一方面则变成了独立却又孤独的个体劳工,需要应对技术留下的各种不确定的工作情况(Piore,1992;Nielson,1991)。在资本积累层面,资本大量集中于同一位置,并通过"轻资产"的方式被投入同一个平台,却可以轻易地向世界各地扩张,并调动此前与其毫不相关的当地资源进行自我再生产(Amin,2011;Jessop,1996)。

出租车司机相比网约车对于出租车的偏好,就是后福特主义如何倾向于消除传统行业社群联系,而传统行业群体又如何勉力维持其社群的绝佳例证。

网约车公司如滴滴利用大量资本注入和政府默许进入市场,并严重挑战了出租车行业的市场地位。在 GPS 和算法等信息技术的帮助下,滴滴的工作安排将司机看作各自分离的个体,边缘化了其他生意人,也因此削弱了司机形成、发展社群身份的倾向。

然而,大部分出租车司机早在网约车崛起之前就已经是资本、政府、劳工力量失衡的"受害者"。国企下岗职工被剥夺了国家体制提供的各种社会支持,而农民工失去了大量的农村社会支持,又被排斥在城市福利体系之内。

　　这些受害者进入出租车行业,并开始建立(对农民工而言)或再建立(对下岗职工而言)自己的社群。根据索普兰泽蒂(Sopranzetti,2017)和夏尔马(Sarah Sharma,2014)的观点,出租车司机工作时间中的时空组织必须依赖城市节奏(Sharma,2014:67)。也就是说,出租车司机需要被动地将其身体(如身体习惯,作息、进餐时间)和生活整合进工作乃至资本主义的生产体系之中(Negri,2008)。然而,西安出租车司机的案例却体现了与这一结论略有不同的一面:司机主动活跃地用他们的时空知识技能发展并维持着稳定又灵活的时空运营安排,而通过这些安排,他们得以获取更多收入,并组织自己的社群。另外,在出租车司机群体被主流社会边缘化,并斥为"低素质""无用"(Notar,2012a;Chao,2003)的情况下,在其无法得到文化、社会与符号价值资源来对自身社会和符号价值进行投资(Bourdieu,1987,1989)的情况下,出租车司机通过日常工作中的行动,如工作实践、交流互助、相互关心、集体活动等,加强了其社群内部的团结互助,并强调了自身对于社会的价值(Skeggs & Loveday,2012;Graeber,2001;Munn,1986)。

　　因此,在面临资本进一步宰制劳工的前景,面临社群被摧毁的可能性,面临网约车崛起的趋势之时,出租车司机一般偏好留在传统行业。这样的选择不仅仅关于技术本身,而更关于对出租车司机的社会生活极为重要的社群联系与价值。

参考文献

Amey, Andrew, John Attanucci & Rabi Mishalani 2011, "Real-time Ridesharing: Opportunities and Challenges in Using Mobile Phone

Technology to Improve Rideshare Services." *Transportation Research Record: Journal of the Transportation Research Board* 2217.

Amin, Ash (ed.) 2011, *Post-Fordism: A Reader*. Hoboken: John Wiley and Sons.

Bedi, Tarini 2016, "Taxi Drivers, Infrastructures, and Urban Change in Globalizing Mumbai." *City and Society* 28(3).

Bijker, Wiebe E. 2010, "How is Technology Made? —That is the Question!" *Cambridge Journal of Economics* 34(1).

Bissell, David 2010, "Passenger Mobilities: Affective Atmospheres and the Sociality of Public Transport." *Environment and Planning D: Society and Space* 28(2).

—— & Gillian Fuller (eds.) 2011, *Stillness in a Mobile World*. London: Routledge.

Borgman, Christine L. 2010, *Scholarship in the Digital Age: Information, Infrastructure, and the Internet*. Cambridge, MA and London: MIT press.

Bourdieu, Pierre 1987, "What Makes a Social Class? On the Theoretical and Practical Existence of Groups." *Berkeley Journal of Sociology* 32.

—— 1989, "Social Space and Symbolic Power." *Sociological Theory* 7(1).

Bray, Francesca 2013, *Technology, Gender and History in Imperial China: Great Transformations Reconsidered*. London: Routledge.

Butcher, Melissa 2011, "Cultures of Commuting: The Mobile Negotiation of Space and Subjectivity on Delhi's Metro." *Mobilities* 6(2).

Chao, Emily 2003, "Dangerous work: Women in Traffic." *Modern China* 29(1).

Chen, Julie Yujie 2018, "Thrown under the Bus and Outrunning It!

The Logic of Didi and Taxi Drivers' Labour and Activism in the On-demand Economy." *New Media and Society* 20(8).

Cheng, Zhiming & Melanie Beresford 2012, "Layoffs in China's City of Textiles: Adaptation to Change." *Journal of Contemporary Asia* 42(2).

Commisso, Giuliana 2006, "Identity and Subjectivity in Post-Fordism: For an Analysis of Resistance in the Contemporary Workplace." *Ephemera* 6(2).

Dant, Tim 2004, "The Driver-car." *Theory, Culture & Society* 21 (4—5).

Davis, Fred 1959, "The Cabdriver and His Fare: Facets of a Fleeting Relationship." *The American Journal of Sociology* 65(2).

De Certeau, Michel 1984, *The Practice of Everyday Life*. Berkeley: University of California Press.

Didi Policy Research 2019, "2017 *nián Didi chūxíng píngtái jiùyè yánjiū bàogào* 〔＝*Research Report on Didi Chuxing Platform Employment*, 2017〕." Jan. 14 (http://www. 199it. com/archives/ 646093. html).

Frost, Shuang Lu 2017, "Devaluing Human Labor." *Anthropology News* 58(4).

—— 2020, "Platforms as if People Mattered." *Economic Anthropology* 7 (1).

Gallagher, Mary E. 2009, "China's Older Workers: Between Law and Policy, between Laid-off and Unemployed." In Thomas Gold, William Hurst, Jaeyoun Won & Qiang Li(eds.), *Laid-off Workers in a Workers' State: Unemployment with Chinese Characteristics* (pp. 135—158). New York: Palgrave Macmillan.

Goodman, David S. G. 2014, *Class in Contemporary China*. Hoboken: John Wiley and Sons.

Graeber, David 2001, *Toward an Anthropological Theory of Value: The False Coin of Our Own Dreams*. New York: Springer.

Harvey, David 1989, *The Condition of Postmodernity: An Enquiry into the Origins of Cultural Change*. Oxford: Wiley-Blackwell.

—— 2006, *Spaces of Global Capitalism: Towards a Theory of Uneven Geographical Development*. London and New York: Verso.

Hickey, Maureen 2013, "'Itsara' (Freedom) to Work?: Neoliberalization, Deregulation and Marginalized Male Labor in the Bangkok Taxi Business." *Asia Research Institute Working Paper Series No.* 204.

Hodges, Graham Russell Gao 2012, *Taxi!: A Social History of the New York City Cabdriver*. New York: NYU Press.

Huws, Ursula 2014, *Labor in the Global Digital Economy: The Cybertariat Comes of Age*. New York: NYU Press.

Irani, Lilly C. & M. Six Silberman 2013, "Turkopticon: Interrupting Worker Invisibility in Amazon Mechanical Turk." In *Proceedings of the SIGCHI Conference on Human Factors in Computing Systems* (pp. 611—620). New York: ACM Press.

Jessop, Bob 1996, "Post-Fordism and the State." In Bent Greve (eds.), *Comparative Welfare Systems: The Scandinavian Model in a Period of Change* (pp. 165—183). London: Palgrave Macmillan.

Kline, Ronald & Trevor Pinch 1996, "Users as Agents of Technological Change: The Social Construction of the Automobile in the Rural United States." *Technology and Culture* 37(4).

Larkin, Brian 2008, *Signal and Noise: Media, Infrastructure, and Urban Culture in Nigeria*. Durham: Duke University Press.

Latour, Bruno 2005, *Reassembling the Social: An Introduction to Actor-Network-Theory*. Oxford: Oxford University Press.

Lefebvre, Henri 1991, *The Production of Space*. Donald Nicholson-

Smith(trans.). Oxford: Blackwell.

Li, Chunling(ed.) 2012, *The Rising Middle Classes in China*. UK: Paths International Ltd..

Mathew, Biju 2008, *Taxi!: Cabs and Capitalism in New York City*. Ithaca: Cornell University Press.

Munn, Nancy D. 1986, *The Fame of Gawa: A Symbolic Study of Value Transformation in a Massim (Papua New Guinea) Society*. Cambridge: Cambridge University Press.

Negri, Antonio et al. 2008, "The Labour of the Multitude and the Fabric of Biopolitics." *Mediations* 23(2).

Nielsen, Klaus 1991, "Towards a Flexible Future-theories and Politics?" In Bob Jessop et al. (eds.), *The Politics of Flexibility: Restructuring State and Industry in Britain, Germany, and Scandinavia* (pp. 3—32). Aldershot: Edward Elgar Publishing.

Notar, Beth E. 2012a, "'Coming Out' to 'Hit the Road': Temporal, Spatial and Affective Mobilities of Taxi Drivers and Day Trippers in Kunming, China." *City and Society* 24(3).

—— 2012b, "Off Limits and out of Bounds: Taxi Driver Perceptions of Dangerous People and Places in Kunming, China." In Xiangming Chen & Ahmed Kanna (eds.), *Rethinking Global Urbanism: Comparative Insights from Secondary Cities* (pp. 99—107). London: Routledge.

Piore, Michael J. 1992, "Work, Labor and Action: Work Experience in a System of Flexible Production." In Thomas Kochan & Michael Useem (eds.), *Transforming Organizations* (pp. 307—318). New York and Oxford: Oxford University Press.

Qiu, Jack Linchuan 2009, *Working-class Network Society: Communication Technology and the Information Have-less in Urban China*.

Cambridge: MIT press.

Rosenblat, Alex 2018, *Uberland : How Algorithms are Rewriting the Rules of Work*. Berkeley: University of California Press.

—— & Luke Stark 2016, "Algorithmic Labor and Information Asymmetries: A Case Study of Uber's Drivers." *International Journal of Communication* 10.

Santos, Gonçalo 2018, "Technological Choices and Modern Material Civilization." In Johann Arnason & Chris Hann (eds.), *Anthropology and Civilizational Analysis: Eurasian Explorations* (pp. 259—280). Albany: SUNY Press.

Sharif, Naubahar & Jack Linzhou Xing 2019, "Restricted Generalizability of City Innovation Policies: The Case of E-hailing in China." *Science and Public Policy* 46(6).

Sharma, Sarah 2014, *In the Meantime : Temporality and Cultural Politics*. Durham & NC: Duke University Press.

Shibata, Saori 2019, "Paradoxical Autonomy in Japan's Platform Economy." *Science, Technology and Society* 24(2).

Silverstein, Michael J. , Abheek Singhi, Carol Liao & David Michael 2012, *The $ 10 Trillion Prize : Captivating the Newly Affluent in China and India*. Cambridge: Harvard Business Press.

Simone, AbdouMaliq 2004, "People as Infrastructure: Intersecting Fragments in Johannesburg." *Public Culture* 16(3).

Skeggs, Beverley & Vik Loveday 2012, "Struggles for Value: Value Practices, Injustice, Judgement, Affect and the Idea of Class." *The British Journal of Sociology* 63(3).

Sopranzetti, Claudio 2017, *The Owners of the Map : Motorcycle Taxi Drivers, Mobility, and Politics in Bangkok*. Berkeley: University of California Press.

Wallis, Cara 2015, *Technomobility in China : Young Migrant Women and Mobile Phones*. New York: NYU Press.

Wong, Daniel Fu Keung, Changying Li & Hexue Song 2007, "Rural Migrant Workers in Urban China: Living a Marginalised Life." *International Journal of Social Welfare* 16(1).

Xi'an Statistics Bureau2019, "Xi'ān shì 2017 nián guómínjīngjīhéshèhuìfāzhǎn tǒngjìgōngbào [= *The Statistics Report of Domestic Economic and Social Development of Xi'ān City*, 2017]." Apr. 14.

Zhang, Jun 2016, "Taxis, Traffic, and Thoroughfares: The Politics of Transportation Infrastructure in China's Rapid Urbanization in the Reform Era." *City and Society* 28(3).

（作者单位:佐治亚理工学院历史与社会学系）

祭祀用品流变与白族烧包习俗再造
——以七月半洱海北部定期市"火衣"买卖为视角

伍洲扬

一、问题的提出

（一）白族烧包习俗与祭祀用品研究

烧包是"烧（送）衣烧（送）包"的简称，在中国云南省大理白族自治州，每年农历七月初一是接祖先回家团聚的日子。经过半个多月的供奉，到了七月十四祖先将要离开时，白族人家会焚烧装有金银财宝的信封（称为"包"）以及冥衣、冥鞋等穿戴物品（泛称为"火衣"）。包和火衣上都写有亡者的生卒年，燃烧结束后人们将灰烬倒入河流，希望水流把家人的心意顺利带到阴间。根据亲人的死亡时间，烧包分为"烧新包"与"烧旧包"两种。给去世多年的亲人和祖先焚烧纸包和火衣称为"烧旧包"。倘若家中有人在去年的七月十四之后、今年的七月十四之前去世，那么这个家庭就要烧比往年多几倍的祭祀物品，白族人称为"烧新包"。烧新包的时间也会提前至七月十三。同时，烧新包的家庭还会请新包客，亲朋好友、左邻右舍都会到场。客人通常会带上米、面条、糖，还有"火衣"与"纸包"作为礼物。

虽然"火衣"作为白族人每年七月半重要的祭品和礼品被大量消费，但是却没有得到前人充分的研究。[①] 近年来，从祭祀用品等物质文

---

① 在许烺光所著《祖荫下：中国乡村的亲属，人格与社会流动》以及云南省编辑组所编1991年版《白族社会历史调查（三）》中，冥衣、冥鞋只是作为烧包仪式中的相关事项被零星提及，并没有得到详细的展开和讨论。

化角度探讨民间习俗与信仰为汉学人类学研究打开了新的局面。美国学者柏桦(C. Fred Blake)《燃烧纸钱:中国人生活世界的物质精神》一书可谓这一研究趋势下的集大成者(Blake,2012)。该书民族志调查翔实,田野遍及海内外华人地区,对纸钱的历史形成、当代的生产和消费、民众和精英的言说,以及纸钱在仪式中的符号学意义进行了全方位的综合探讨。作者将纸钱置于生者与死者、阴间与阳间的交汇点(chiasm)之上,并用"肉身的虔诚"(piety of flesh)这一概念体现生者对死者的情感表达与宗教实践。也许正是这个原因,纸钱习俗自诞生起,虽一直伴随着浪费、奢侈、迷信等标签,仍然顽固地被民众沿袭至今。然而,当代工厂生产的纸钱和过度具象化的纸类祭祀用品为传统习俗增添了消遣性和娱乐性的同时,也引发人们对于真实性的困惑及其是否会降低仪式效力的不安(Blake,2012)。可以说,这些观点为我们继续探讨中国人物质生活观念及死亡习俗变迁等议题提供了有益的参照。

美中不足的是:第一,柏桦的研究多集中于汉人社会,对同样利用纸或其他材料制作祭品追念亡者的少数民族群体没有涉及。第二,作者不断强调纸钱在各类纸质祭品中的核心地位,并有意模糊彼此之间的界线。例如在书中第二章《无尽的纸卷》中,作者将纸质祭品分为:(1)纸质货币形式(纸钱);(2)衣服和布的模仿物(衣纸);(3)纸扎或雕刻物品(统称"纸扎");(4)各类符纸。作者说这四个种类相互重叠含混,"每一类都是一定意义上的符纸,每一类都是一定意义上的纸钱"(Blake,2012:28)。这样的分类和说明难免大而化之,混淆了不同纸类祭品的差别。以笔者目前所见的大理地区白族人的烧包习俗中,纸钱和纸衣功能各异,在仪式中同等重要,更不能相互取代。而且相比各式纸钱,冥衣、冥鞋等穿戴物品在当地具有巨大的市场。因而当地白族人对仿穿戴类祭品的重视这一现象也许可以成为我们重新认识白族七月半烧包习俗的契机。第三,虽然书中指出大众品味(比如市场)会影响某种祭祀用品的生命力,但作者也承认对习俗(比如祭拜仪式)究竟如何影响祭祀用品样式的设计这一问题,自己还没有明确的答案,他也希望其他研究者继续追问这个问题(Blake,2012:50)。

（二）从定期市角度看白族烧包习俗

2017 年临近农历七月半的时候，笔者正在大理洱海北部坝区调查烧包习俗，偶然在街子上（当地定期市称为"街子"或"街"）发现售卖祭祀用品的摊子骤然增长。在各类祭祀商品中，"火衣"是数量和款式最多的一种。笔者故而产生了从集市中"火衣"流通的角度来研究烧包习俗的想法。方法论可行性主要有两点：首先，集市交易往往嵌入当地社会时间与物质生活。很多研究者已经注意到了集市的"季节性"这个问题。杨庆堃在华北定期市的研究中，发现各种交易的涨落是完全随着农村社会中全年生活的程序变化而改变的，称之为交易的季节摇动（杨庆堃，1934）。马林诺夫斯基和胡里奥（Julio de la Fuente）20 世纪 20 年代至 40 年代共同调查墨西哥瓦哈卡地区集市，发现每年当地收割玉米的干季（10 月）是集市的旺季。接踵而至的万灵节、万圣节、圣诞节等宗教节日强化了市集规模和气氛，很多特定的食物、玩具和服饰在此时买卖（Malinowski & Fuente，1982：90—92）。因此节庆时期的市场成为我们观察当地习俗的重要窗口。

其次，集市与文化的整合有密切的关系。虽然包括祭祀用品在内的标准化现代工业品已经大量进入大理洱海北部地区集市，但部分手工祭祀用品仍然保留着浓厚的地域特色。其中"火衣"是比较有代表性的一种商品。根据其制作的材料与款式等倾向，不同的集市之间具有微妙的差异性。因此，定期集市为我们提供了相对宽广的视野来看待烧包习俗的区域整合、内部差异及变迁情况。施坚雅（G. William Skinner）20世纪 40 年代调查中国西南成都平原的定期市，提出中国农村基层市场社区（standard marketing community，简称"SMC"）的概念，他认为 SMC是农村社会结构的焦点（focus）以及文化承载单位（cultural bearing unit）（Skinner，1964）。不同地区的农民在自己所属的 SMC 活动中，文化呈现更多的一致性，因而拥有不同风俗习惯的村庄即证明它们属于不同的 SMC。施坚雅列举了杨庆堃在山东省邹平县 11 个定期集市中发现了 10 种不同的秤和斗（杨庆堃，1934），以及他自己发现四川女孩新婚床帐的图案带有不同市场社区的印记(Skinner,1964:32—40)。

需要强调的是:首先,为了与国家、现代性因素介入的情况形成对比,施坚雅预设了一个相对静态的地方社会文化板块,以及趋于均质的基层市场社区。其次,施坚雅的研究主要着眼于市场动态的普遍模式,而非特定的市场交换行为,因而集市的参与者——商人和消费者往往沦为抽象相关模型的工具,而非主要的研究对象。再次,被后来的人类学家诟病最多的一点是施坚雅夸大了中国农村市场作为农民的实际社会区域的边界。尽管施坚雅及其所代表的经济地理学的研究范式有着诸多方法论上的限制,但卡罗尔(Carol A. Smith)认为关于市场与社会结构的关系的讨论对于理解复杂社会的整合依然是一个有用的概念,她在危地马拉一个小镇中的不同集市上也发现了某种文化内部的多样性(internal cultural diversity)(Smith,1974:187—189)。

基于上述认识,本文希冀在延续前人关于集市与社会结构、集市与文化多样性关系的有益思考之上,纳入当代中国城镇化、农村社会流动性增强的背景;同时,针对经济地理学范式缺乏个体行动者视野的不足,笔者将重点考察集市中的参与者是如何维持和改变地域文化的。具体而言,火衣作为白族人七月半的祭品与礼物拥有巨大的消费量,一方面,白族商人顺应当地习俗,不断升级手工"火衣",还引入工厂生产的"现代"祭祀用品进行售卖,既巩固和维系着烧包习俗,也在一定程度上改变着习俗本身。另一方面,新型火衣为当地白族消费者增添节日乐趣性的同时,越来越具象的祭品也引来了对人们习俗本身的反思与困扰。

(三)背 景

随着交通条件的改善,超市和网购的兴起,以及农村老龄化等因素的影响,中国农村定期集市整体上出现规模萎缩、购买力降低的情况。尽管如此,集市仍为留驻居民提供了必需的日常物资,并成为一些小商人的重要收入来源。笔者调查对象是位于中国云南省大理白族自治州洱海北部地区 6 个定期市,一些传统节庆和祭祀物品往往只能在集市买到。这 6 个定期集市分别是沙坪街(星期一)、凤羽街(星期二)、沙坝街(星期三)、右所街(星期五)、江尾街(星期六)、洱源街(星期天)。其中除了沙坪街与江尾街属大理市上关镇,其他均在洱源县的范围。在赶集的日子(当地人称为"街子天"),这些集市的规模和功能大致在施坚雅所说的"基层市场"(standard market)与"中间市场"(intermediate market)之间(Skinner,1964)。非赶集日子的时候,沙坪和沙坝只是两个安静的村庄。除此之外的几个集市则属于固定的城镇农贸市场,平时发挥着菜市的功能,市场周围常年开设超市、商铺、信用社和通讯营业厅。

洱海北部地区定期市有着比较明显的季节性,在栽秧、收割的时候,集市上往往出售各种生产工具。而在火把节、烧包(七月半)、庙会的会期、十冬腊月筹办请客之时,则主要售卖一些传统祭祀用品和传统食物。以烧包为例,当地商人中流传着"七月半,本钱舍一半"的说法,意思是每年七月是阴间商品流通的季节,阳间商品的买卖会受到很大影响。据笔者观察,非特殊节庆时期,集市中的祭祀用品的摊位一般只有 4—10 摊左右(视集市规模而定),而且多集中在集市外围的通道或出口处。每当临近烧包的时候,祭祀用品摊位骤然增长,摊位数是平时是十多倍,并成为集市中的主角。一些销售阳间商品的摊主会兼卖阴间商品,另一些摊主干脆高价转租自己的摊位以减少损失。

这些祭祀商品的售卖者大部分是中老年白族女性,也有少部分男性贩卖者。他们中很多人是没有土地耕种的农民,或是没有固定收入的待业人口。每年销售祭祀用品为他们提供了重要的季节性收入及生存保障。通常,大部分祭祀商品的零售商同时也是祭祀用品的生产者,对于产品样式的设计也在他们的考量范围之中。少部分经营规模较大的贩卖者还同时充当批发商的角色。因而将这些商人群体纳入研究范围,将有助于我们继续深化柏桦关于商业与习俗之互动关系的讨论。接下来,笔者将从以下三部分来说明烧包习俗的延续及变迁过程:(1)火衣市场化的过程;(2)商人的策略与火衣的升级;(3)火衣消费者的反应。

二、祭祀商品流变与烧包习俗再造

（一）手工火衣的市场化与地域风格的差异

"火衣"的商品化过程是伴随着洱海地区商品经济的成熟而出现的。相比之下,汉族地区祭祀用品的商品化出现较早,至少在宋代中国内地已经出现了市场上售卖冥衣的记载,孟元老撰《东京梦华录》卷八云:"(九月)下旬,即卖冥衣、靴鞋、席帽、衣段,以十月朔日烧献故也"(孟元老,1982:216)。而洱海地区火衣早先主要是家庭自行制作,成书于光绪二十九年(1903)的《浪穹县志略·卷二·风俗》记载"七月初一至十四日供祖先……剪纸为冥衣"(周沆,1975:101—102),可见当时家庭自行制作的火衣仍是主流。调查中笔者在三代制作火衣的商人J家发现了印制火衣上花纹的木制"模具",说明自某个时间起,火衣开始被大量标准化制作。参考秦树才对洱海地区的集市与商品经济奠基于明代,繁荣于清代的判断(秦树才,1989:77—78),清末至民国时期大约是洱海区域"火衣"初步市场化的时期。

同时查阅《大理白族自治州志·卷四·商业志》,在计划经济及"文化大革命"期间,也即是 20 世纪 60 年代至 70 年代,包括洱海区域在内的所有农村集市交易被废止(大理白族自治州地方志编纂委员会,1999:6—7),当时小商人被称为"资本主义的尾巴"。虽然报道人说在这个期间"烧包"仍有进行,但显然这一时期集市上销售祭祀用品可能性不大。"火衣"的新一轮市场化应该在 20 世纪 80 年代以后,随着改革开放,物质生活水平提高,宗教政策变得宽松,烧包祭祖的习俗逐步恢复。补偿逝去的亲人并让其享受现代生活的想法开始出现,先前较为朴素的"火衣"款式已无法再满足当下的需求了。当然,这并不是说家庭自行制作祭品的传统消失了,事实上很多家庭还是会自己制作金元宝。只是自家制作火衣现在淘汰给了孤魂野鬼来使用,①而送给祖先的火衣则是专门到集市上去选购。

就烧包时购买的传统祭祀用品而言,洱海北部各定期集市之间存在一些微小的差异。例如火衣在材质上有布质和纸质的区别;此外,纸包的颜色也分为黑色和红色两种类型。老百姓通常在自家附近的集市购买符合当地惯例的祭祀用品。如果购买到其他地域的祭祀用品,人们会用"版本不对"来形容这种不适的感觉。相应地,尽管便捷的交通扩大了商人们的活动范围,但是流动商人们仍十分清楚习俗的地域差异,并遵循着这一界线,谨慎选择活动的集市。即便是习俗相近的不同集市,因为周边村落经济水平发展的差异,对祭祀用品的消费倾向也会有偏差。这就要求祭祀用品的贩卖商人必须对这些情况保持敏锐。他们往往通过当年的销售情况及时调整下一年的商品结构、产品设计与经商的路线。

甚至,同一集市内部也存在着多样性。商人们还能根据客人购买祭祀商品的数量、种类和时间判断其生活地域与身份,进而对生产时间和销售地点做出恰当的管理与预判。例如当地白族的七月半比内地汉族人提前一天,时间为七月十四;而客家人(当地白族对部分保留自己语言和风俗并已定居当地数代的内地移民的称呼)烧包的时间比白族人更早,通常在七月十二。就祭品的种类来说,洱海北部山地白族比坝区白族更愿意在纸扎类祭品上花钱。鉴于篇幅的局限及调查的进展程度,流动商人的经营路线及时间管理问题不在此展开。本文仅对火衣贩卖商人的产品设计、改良和言说,以及消费者的反馈进行集中论述。

(二)手工火衣的升级与商人的言说

接下来笔者将从当代洱海北部定期市中不同火衣的款式、材质、价

---

① 一些地区农历七月十四当晚,除了在家中给祖先烧火衣以外,还要在门外烧给孤魂野鬼。当地人认为这些鬼是没有后嗣的人,或客死异乡的亲人。同时,许多白族村落在农历七月十五还要为这些孤魂野鬼举行"洗火衣"的超度仪式。届时,用彩纸剪成的火衣、草鞋以及金银纸钱将作为礼物焚烧给他们。

格来说明火衣的演变及商人的改良过程。总体上,在这 6 个定期集市
中,火衣使用的材质大致可以分为两种倾向:洱源和凤羽的集市出售的
火衣主要由硬纸和丝绒布制作,而沙坪、沙坝、右所、江尾四个集市上出
售的火衣则主要由蜡光纸与糙纸制作。为了行文方便,下文中笔者将
按照这种倾向,把洱海北部区域的定期市暂时分为布质火衣的集市和
纸质火衣的集市。这样的区分并不代表两个地区内部同质性,或彼此
之间缺乏共性,只是为了强调火衣商品的消费倾向。布质火衣的集市
通常也有纸质火衣售卖,但纸质火衣的集市却看不到布质火衣的售卖。
对于纸和布的区别,布质火衣地区商贩对此有着不同的认识。商贩 K
说:"以前这里七月份普遍都是烧纸(火衣),后来觉得纸的没有档次,拿
不出手,就变成了布(火衣)了。"商贩 L 认为:"烧新包和请新包客时用
布本就是当地风俗,只是范围扩大了而已。以前是自己家人去世烧布,
关系一般的就送纸和其他礼品。现在城里人讲面子,全部都送布质火
衣,有的直接送现金。"商贩 M 更直接地说道:"城镇里的人烧布,农村和
山上的人烧纸。"

笔者直观的感受是,布质地区市场更讲究火衣的材质,价格也略高
于纸质地区的火衣。但是相比之下,纸质地区市场的手工火衣更讲究
款式的多样。① 具体来说,布质地区集市的布火衣价格在 5—10 元/件
左右,而纸质地区的纸质火衣价格在 3—8 元/件左右。材质方面,布质
地区不断更新换代,除了贩卖传统的丝绒布料外,近年还从城镇的裁缝
店引进了一种光泽鲜艳、质地柔软的丝绸布做成的火衣(15 元/件)。而
对纸质地区市场商贩 N 来说,布是一种奇怪的材质,"只有烧纸死者才
能接收得到"。也许正因为纸是唯一公认的正统材料,纸质地区商贩在
款式方面花了更多心思。② 该地区较早进行生产、批发和贩卖的商贩 J

---

① 布质地区售卖的纸质火衣并非主体,而且款式相对简单,价格也比较便宜。

② 布质火衣也有年龄、性别与时代的区别,比如老年女性穿绣花鞋,老年男性穿纯色
布鞋;中年女性用色彩鲜艳的衣服,老年人则用颜色较素的衣服等差别。但在款式上,布质
地区却没有纸质地区多样,特别是模仿白族服装的火衣目前笔者只在纸质火衣地区集市上
看到。

向笔者介绍了纸质地区火衣演变的大概过程："从解放前到上世纪70年代,火衣用糙纸制作,样子像是戏剧里面皇帝和贵族衣服,并用模具印上花纹。以前大家都用这种,现在拿来送人(3—4元/件)。80年代至2000年,火衣尺寸增大,材质改为蜡光纸,装饰更复杂。比如火衣上贴上棉花,增加了头和脚,再后来平面的脚(6元/件)还变成了立体的脚(8元/件)。"

　　除了商贩J描述的这些变化,笔者在纸质地区定期市上还观察到纸质火衣不但区别年龄,还区分性别和时代。虽然这种区分在布质火衣地区集市也有出现,但纸质火衣地区似乎更明显一些。尤其是一种模仿白族女性民族服装(包括头饰、上衣、围裙、裤子和鞋子)的火衣,在布质火衣地区的集市上很难看到。但是在纸质地区集市上,笔者曾注意到这种模仿白族中老年女性典型的穿戴——"围裙"制作而成的火衣正成为走俏商品。生前这种围裙由中老年女性自己缝制,或是由孝顺的女儿为他们准备。现在到集市上就可以买到裁缝做好的成品围裙。每至新年或遇到家里办事请客,办事人家的女性长辈都要高高兴兴地换上新的围裙。如此,在集市上同时售卖着活人用的围裙及亡人用的模仿物的情景,将引出我们的下一个话题:消费者对这些逐步具象化的祭品的反应。

(三)花花绿绿的死后世界与消费者反馈

　　祭祀商品的具象化增强了节日的气氛与乐趣,同时也因为祭品作为一种模仿物,其与生俱来的局限性带来了矛盾。无论是在布质地区还是纸质地区,火衣都从朴素款式发展出了性别、年龄和民族的差别。而且,为了补充手工祭品样貌粗糙的局限,通常当地商人还搭配着出售一些机器生产的更为精致的现代"火衣",它们是商贩们从下关镇的批发市场,或者直接打电话从中国南方的地下加工厂订购的。这些火衣大都是包装精美的衬衣和西服,有的包装盒里还配有手机和手表,就连领带的款式和颜色也有很多选择。到"街子天"负责选购这些商品主要是主妇的工作,女人们挑选火衣就如同挑选活人的衣服一般仔细。除了购买自己家烧包需要的火衣，主妇们还要准备做新包客时当作礼品的火衣。集市上不同价位、档次的火衣为主妇们衡量自家与请客主人家的亲密程度提供了丰富的选择。当她们结束购物后，这些心仪的商品与当天购买的蔬菜和肉类会放在同一个背篓里。从集市回家的路上，如遇到刚出发准备去赶集上的伙伴，女人们还会把自己刚买到的"衬衣"和"西服"拿出来展示。

农历七月十三这一天是烧新包和请客的日子。客人们送来的火衣等祭品连同主人家准备的祭品一齐供奉在堂屋中。晚饭过后，客人渐渐散去，主人家在院子中央放上火盆，准备开始烧包。烧包通常由家中年龄最高的女性长辈主持，一两位年轻的家庭成员协助她完成工作，其他的则跪在火盆的背后直到仪式结束。通常，烧包的对象包括新亡人以及四至五代祖先。每个包对应一位亡人的名字，还要搭配几件火衣一起烧。理论上讲，烧包是一件严肃的事，人们会尽量确保仪式程序的正确。特别是传统的烧新包，家属披麻戴孝，心情沉痛，如同经历第二次葬礼。但当代的烧包也有了气氛比较轻松的环节，比如烧包时，家庭成员彼此交流情感，回忆亡者生前的故事以及一起度过的快乐时光。有时说着说着，回忆甚至会变成调侃。

在笔者所观察的 A 家中，男主人 A 注意到妻子面色悲伤，默默烧火衣给自己去世的妹妹，便试图打趣缓和气氛："你烧的这些衣服和鞋子尺寸对不对啊？如果尺寸太小，鞋子夹脚，衣服太紧，小心你妹妹骂你呀！"全家人听完大笑起来，女主人一边忍住笑，一边打了丈夫几下让他严肃一些。照目前的情况看，火衣当然还没有尺寸的分类，毕竟它只是作为真实物品的模仿物而存在的。但也有一些极端的特例存在，有时候"祭品"的界线还会从模仿物跨越到真实之物上。在集市上笔者曾目睹 B 家人买活人的衣服拿来当火衣。尽管这对于很多当地人来说是一种无法理解的物质浪费，可对这些买真衣服的 B 家人来说，烧新包是最后的尽孝的机会，"真的衣服更能表达心意，我觉得并没有什么不妥"。而对卖这些衣服的老板来说：一方面七月半阳间商品的生意不好做，要尽可能降低损失，多卖出一些衣服；但另一方面商人又不愿别人把自己的商品当作火衣,因为这等于承认这些衣服是廉价的商品,况且听上去也太不吉利。这些心态反映出在当代物质环境快速变化的白族农村,人们对烧包习俗中祭品的真实性的困惑,以及"什么是正统的祭品"的歧义理解。

三、讨论

(一)火衣与烧包习俗流变

祭祀用品的市场化与近代大理洱海地区商品经济发展有着直接的关系,因此通过集市上祭祀用品的流通来了解烧包习俗的延续与变迁是本文的主要视角。火衣的初步市场化大约发生在清末至民国时期,第二次则是改革开放之后的 20 世纪 80 年代。祭祀用品市场化的第一个结果便是每个家庭不再自己制作火衣,而是到集市上购买商贩制作好的衣服,自己剪的火衣则淘汰给了孤魂野鬼使用。再次,火衣的市场化过程中,其款式、材质与意义一直变化。在商人的言说中,火衣甚至有了区分阶层的意义。文中笔者暂时划分了布质火衣集市(凤羽和洱源)和纸质火衣集市(沙坪、沙坝、右所、江尾)两种消费倾向地区。为了确认烧布是否为布质火衣地区一直存在的传统,笔者查阅了从明代至民国时期该地区的地方志,结果有了意想不到的发现。

原来在清代以前,不管布质地区还是纸质地区均属于大理府邓川州的管辖范围,其中布质地区所在地为浪穹县,受邓川州辖制。直到康熙二十六年(1687),浪穹县才从邓川州脱离,直属大理府。虽然如此,由于地理相近,风俗相通,人们习惯上把这两地合称为"邓浪之地"。在成书于 1851 年的咸丰《邓川州志》风俗和艺文志条中,记述了包括今纸质和布质在内的地域,家庭无论贫富,对七月半祭祖一事都极为重视。且该地长期存在用布做"火衣",并模仿皇家服制的现象。地方官认为纸、布混用是一种陋俗,不符合儒家"节俭"的观念,也不合乎礼制。此后,刺史李文培颁发禁止烧布的命令,当地人才改为用纸做火衣(大理州地方志编纂委员会办公室等,2012:59、265—266)。1903 年的《浪穹县志略》延续了这样的说法,即当地人已普遍改用纸制作火衣(周沆,1975)。

结合在布质火衣地区与商人的访谈,笔者假设了这样一种情况:19世纪儒家士大夫禁止烧布的政策,只在部分地区推行得比较成功,于是纸成为那些地方普遍接受的火衣材料;而在另一些地区,用布做火衣的习惯可能在小范围内,比如家庭和比较亲密的人之间保留了下来。随着人们生活水平的提高,加上商人的推动,这些地区率先恢复了用布做火衣的传统,而且在当代的语境下,布质火衣也被赋予了"有面子""身份"和"城里人"等新的意义。而在纸质火衣地区,一方面由于烧布传统的遗忘,纸成为唯一合法的材料;另一方面,在维持纸做材料的前提下,这一地区火衣也有了不同的档次,开始注重年龄、性别、时代和民族的区分。最早模仿皇族款式和图案的火衣,曾被士大夫认为是过分"华丽",不符合礼仪等级制度的,而在今天这个时代,它却显得"朴素"和"廉价",成为农村白族人应付做客送礼时的选择。

以火衣为代表的祭祀商品多元化一方面调剂着烧包习俗的气氛,一方面也带了来了不同人对祭祀用品的理解差异和困惑。具体来说,首先,节庆到来之际,白族主妇们在集市上选购火衣被视为日常活动的一部分。不同款式的火衣给主妇们提供了更多的选择,增强了赶集的乐趣。同时,认真选购、分配和燃烧这些火衣也表达出人们像对待生者一般地对待死者的态度。这一点在家人烧包过程中边烧边回忆死者生平的情景中可以得到理解。其次,火衣的市场化过程也带来众人的争议和矛盾的心理。柏桦在对纸钱的分析中提到当地人对当代纸钱的真实性的矛盾态度:人们既清楚地知道阴钞是虚假的,是现世货币的模仿物;又感叹其制作得过于逼真,甚至因为有些阴钞面值过大,都显得有些超现实和超真实了;再加上这些工厂生产的纸钱印刷精良、平整光滑、色彩鲜艳,区别于传统家庭手工作坊的质感,于是引发了人们对其是否会降低仪式效力的担忧(Blake,2012:142—173)。相较笔者碰到的情况:A家烧包时开玩笑的故事,也反映出新型祭品带给人们的关于真实性的困惑,即火衣越来越像真实物品,可是却没有办法做到完全逼真;而B家买真衣服当火衣的事例更极端地表现了祭品跨越模仿物与真实之物之间界线而带来的争议。接下来的部分,笔者将从商人的策略来探讨烧包习俗的延续性。

(二)火衣商人经营策略与烧包习俗的延续性

每年七月半火衣被大量消费,为白族小商人提供了重要经济来源。这些白族商人能够占领祭祀商品市场的优势,在于对本地风俗的深入理解。首先,商人对火衣在材质、款式和档次方面不断升级,放大了习俗中固有的区分及礼物经济的面向。火衣市场化之前,祖先和鬼都用自家手剪的火衣,区别可能只是材质和装饰的程度。随着人们的生活水平提高、祭祀商品种类的增多,人们开始在集市上为祖先选购衣服,而鬼则继续用自家手剪的火衣。另一方面,火衣不单作为祭品,同时也是烧新包做客时,表达亲密关系,巩固家族、邻里和村落联系的重要礼物。据咸丰《邓川州志》载,新丧之家,亲族及邻里会带着火衣、纸钱、茶叶、鸡、鸭、美酒和佳肴前往慰问,主人设宴款待称为"酬客"(大理州地方志编纂委员会办公室等,2012:266)。《浪穹县志·卷二·风俗》更具体地指出,当时烧新包送礼的主要是姻亲(周沆,1975:101)。根据笔者的调查,一般情况下,具有血缘关系的或关系越近的人往往会送越贵的、质量越好的火衣。如今人们生活水平提高,礼物与身份和地位息息相关,送礼也不再严格遵循特定亲属关系的规范。商人开发不同档次的火衣,既满足了送礼过程中的经济理性与人际关系之亲疏的考量,也符合人们对"排场"和"面子"的需求。

其次,从火衣商贩一边销售手工火衣,一边引进工厂生产的现代祭品的产品结构安排中,可以看到白族商人对本地注重实物类祭品这一消费需求有着准确的判断。在中国内地,实物型祭品无论在历史上还是当代都呈现出逐渐萎缩的情况。例如汉族地区曾广泛存在着给亡人烧纸衣的"送寒衣"习俗(刘全波,2009:39—41)。一部分白族地区在冬月也有类似的"烧冬衣"的习俗。学者如许春清和张咏涛认为,随着古代商品经济的发展,送寒衣习俗出现了"货币化"的情况,意思是民间逐渐用烧纸钱取代了烧纸衣,认为烧纸钱更加简单省事,死者用钱可以买到自己想要的任何东西(许春清、张咏涛,2012:42—43)。即便是在今天,实物型祭品也常常遭受到社会舆论的质疑。笔者查阅近年全国地方报纸,发现内地实物型祭品正逐步被纸钱、鲜花,甚至是网络虚拟祭祀物品所取代,面对"绿色祭祀""低碳祭祀""文明祭祀"等主流价值观,大部分实物型祭品逐步转为地下生产,并广泛在农贸市场与农村集市上流通。这些生产厂家多为中国南方沿海的地下工厂。一些本地白族商人直接联系厂家,直接从城市里的小商品批发市场进货。在这些新奇祭品中,除了衬衣、洋装、鞋子等穿戴类祭祀用品销量较好以外,其他如电器、房子、智能手机、电脑一类的祭品往往只是看热闹的人多,买的人较少。

最后,当地白族注重实物类祭品的倾向必须回到烧包习俗中去了解,商人开发具象化的祭祀商品正顺应了生者与亡者之间持续的情感羁绊这一心理。中国台湾地区学者余安邦和薛丽仙在对亲人死亡现象的诠释中指出,生者无法自外于其与死者共构共生的情蕴世界(emotional-complex phenomenon)(余安邦、薛丽仙,1999)。亲人的死亡是自我与他者关系的断裂,人们必须凭借仍旧存在的事物(可以是一件物品、一句话或一件往事)来与亡者对话,以此重拾生者与死者之间共同记忆与共同的历史,进而重建彼此之间的联系与感应(余安邦、薛丽仙,1999:1—38)。上文提到的模仿白族妇女的"围裙"制作而成的火衣也许可以理解为商人利用物品背后所承载的亲人之间联系的例子。在笔者的调查地,当地人有句俗语:"清明认祖,烧包记名",这个"名"不仅指亡者的名字,也包括他们的音容笑貌,以及亡者对生者的情义。通过在包上书写祖先的名字以及与送包人的关系,烧包的人就与某一位祖先产生了具体的联系。特别在烧新包的时候,相比年代久远、记忆模糊的祖先,生者对刚去世的亲人尤为不舍。由于生者担心他们在地下世界不习惯,总会准备一些亡者生前用过的东西。有些地方,烧新包前人们还会询问灵媒刚去世的亲人有什么需要,此种仪式称为"问年庚",

方志中记作"放阴"。所以,火衣区分年龄、时代和款式便能符合特定死者的年龄和喜好,也更准确地表达出生者的心意。当然,祭祀用品商人也有失算的时候,比如前面提到的 B 家买真衣服的事例,反映出随着物质生活水平提高,人们对什么是合理的火衣产生了分歧。未来火衣的载体还会不断变化,但是实物祭品作为生者与死者之间难以斩断的情感纽带,这一现象在一定时期内仍将继续存在。

结　论

本文从前人研究没有注意到的集市中祭祀用品买卖这样一个角度来探讨洱海北部区域白族人烧包习俗的持续与变迁。对少数民族地区情况的案例介绍,有利于拓展中国人类学对物质文化与死亡仪礼方面的整体认识,特别是有关祭拜仪式与祭祀用品设计关系的议题,将深化我们对商业与习俗之互构关系的探讨。洱海北部地区白族人的烧包习俗与洱海地区商品经济发展紧密相关,商人的产品设计与经营策略、消费者的实践与言说都是嵌入在当地习俗的肌理之中的。

集市商品的销售具有季节性,因此特定节庆时期的集市为我们观察地方习俗提供了参照。早年,杨庆堃与施坚雅等人类学家曾关注过前现代中国农村市场集市与文化整合问题。但由于经济地理学范式对地域文化的模块化处理以及缺乏个体行动者的视野,导致了解释力不足的情况。在当代中国城镇化、农村流动性增强的背景下,集市怎样维持和改变传统习俗是本研究的主要问题。笔者指出就祭祀用品而言,集市仍然是呈现这种地域文化多样性的窗口。这不仅表现在不同集市之间,还表现在同一集市内部。因篇幅有限,没有过多展开单个集市内部的差异性。同时,为了行文方便,笔者暂时区分了布质地区和纸质地区的集市,这种分类并不代表各自内部的同质性。最后,笔者认为关注集市的参与者——商人与消费者——是了解这种地域文化差异性的关键。

以火衣为例。首先,本地白族商人和消费者都能够意识到这种地域差异性的存在:消费者在居住地附近购买符合当地"版本"的祭品,商人也会谨慎地选择活动范围并进行产品设计。在此基础上,商人有时还能放大甚至制造某种差异性,进而传统习俗也在这个过程中不断重构。具体而言,一方面烧包习俗背后隐含着生者与亡者难舍的情感联系,商人们注重实物类祭品的销售策略反映出其对这一心态的准确把握;同时,商人不断改变火衣的材质、款式和意义,既顺应了当地既存的分类观念及礼物经济的面向,又满足了当代人对"身份"和"面子"的诉求。所以从这个意义上看,商人的行为也在慢慢改变着习俗本身:越来越具象化的火衣调剂着节日气氛的同时,也引发消费者对祭祀用品作为模仿物内在矛盾的疑问。特别是随着物质生活的改善、贫富差异的出现,有时不同消费者对正统的祭祀用品的认定也会产生分歧,这是祭祀用品商人们无法左右之事。

参考文献

Blake, C. F. 2012, *Burning Money：The Material Spirit of the Chinese Lifeworld*. Honolulu：University of Hawai'i Press.

Malinowski, Bronislaw & J. de la Fuente 1982, *Malinowski in Mexico：The Economics of a Mexican Market System*. London：Routledge & Kegan Paul Press.

Skinner, G. W. 1964, "Marketing and Social Structure in Rural China：Part I." *The Journal of Asian Studies* 24(1).

Smith, C. A. 1974, "Economics of Marketing Systems：Models from Economic Geography." *Annual Review of Anthropology* 3(1).

大理白族自治州地方志编纂委员会 编,1999,《大理白族自治州志·卷四》,昆明:云南人民出版社。

大理州地方志编纂委员会办公室、洱源县地方志编纂委员会办公室 编，
　　2012，《咸丰邓川州志校点本》，昆明：云南民族出版社。

刘全波，2009，《送"寒衣"风俗》，《寻根》第 6 期。

孟元老，1982，《东京梦华录录注》，邓之诚注，北京：中华书局。

秦树才，1989，《明清时期洱海地区商业述略》，《昆明师专学报》第 4 期。

许春清、张咏涛，2012，《中国传统鬼节及其法文化意蕴》，《兰州大学学
　　报（社会科学版）》第 4 期。

杨庆堃，1934，《邹平市集之研究》，北京：燕京大学研究院社会学系。

余安邦、薛丽仙，1999，《关系、家与成就：亲人死亡的情蕴现象之诠释》，
　　《"中央研究院"民族学研究所集刊》第 85 期。

周沆，1975，《浪穹县志略》，台北：成文出版社。

（作者单位：日本东京都立大学社会人类学专业）

研究论文

关于父权制概念在中国和人类学中的讨论

庄雪婵(Catherine Capdeville-Zeng) 著

侯仁佑 译

当谈及汉族社会及其家庭组织问题的时候,对于某些人类学领域,特别是英语人类学而言,"父权制"一词似乎是一个不可或缺的概念。我们在本文中所要讨论的这本书的标题《转型中的父权——二十一世纪的中国家庭》(*Transforming Patriarchy*: *Chinese Families in the Twenty-First Century*)①就使用了这个概念,而且书中收录的文章也都使用它(尽管对它的理解不尽相同)。这本合辑中的论文来自于 2013 年 6 月由德国马克斯·普朗克社会人类学研究所组织的以"中国父权制是否完结?"为题的研讨会。"父权制"这一概念的重要性需要被审视,因为不仅这些研究人员使用它,当前很多期刊和报纸的文章在哈维·韦恩斯坦(Harvey Weinstein)事件之后也大量地使用它来报道和揭露针对妇女的性骚扰行为,甚至在我的"中国人类学"课程上,从很多学生口中也经常听到它。好像今天所有形式的等级和对妇女的歧视都被认定为是"父权的",而中国更是被看作一个高度父权制社会的代表。

我将首先介绍本书编者郝瑞②和江绍龙③在他们的导论中给出的"父权制"一词的定义,然后谈论这一术语在中国社会中的应用。在第

---

① 本书的标题也可以翻译为《父权的转型》(*La transformation du patriarcat*)或者《转变父权》(*Transformer le patriarcat*)。由于本人不是英国语言文化的专家,并不对此进行讨论。

② 华盛顿大学人类学教授。

③ 香港大学助理教授。

二部分,我将分别介绍本书的各个章节,这些章节来自于作者们在中国所进行的精彩的田野调查研究,大部分文章质量极高。在第三部分,我将结合自己作为人类学家和汉学家的经历评析这些研究。在结论部分,我将针对中国社会在家庭组织问题上的演变趋势提出我的思考,对父权制概念的质疑以及片面使用父权制来描述中国社会是否适宜的思考将贯穿行文始终。

一、本书中父权制的概念及其讨论

我将首先介绍本书导论中对父权制的释义,然后再从我对中国社会的了解出发对其进行分析。第一部分完全基于导论作者们的思考和论证,引文翻译[①]都会被明确标注,但是也有些段落,我重新组织了语言以便其符合法语的表达习惯,这些段落则没有用引号标注。第二部分则参考了书外的资料来评论父权制概念在中国的应用。

(一)本书导论中的"父权制"一词

导论一开始就将"父权制模式"(p. 4)定义为两个不平等轴——代际轴和性别轴,二轴之间相互作用,也与外界环境相互作用(同上)。"父权制模式"的特点在于"传统的等级制"(p. 3),而正是"传统的等级制"构成了"前父权制的安排"(同上)。近年来的实证观察和研究呈现了当代中国家庭快速变迁的进程,不管是在政治和经济现实层面,还是在意义和价值观层面。导论的两位作者因此试图去描述并理解这些变迁,但同时与近代两部同样研究中国家庭变迁的著作保持一定的距离:一个是美籍华裔人类学家阎云翔(2009a)的中国社会"个体化"的理论,其主要问题在于"高估了个体和家庭与其他社会和文化关系之间的距离"(p. 6);另一个是戴慧思(Deborah Davis)和费雪若的"家庭和性别关系去制度化"的观点(Davis & Friedman,2014),但这一观点有自相矛

---

① 本书中的引文、其他英语书籍的引文以及所引用章节的标题都由本人翻译为法语。

盾之处,因为当代中国社会的家庭价值仍然非常重要(同上)。

中国的情况其实很复杂:一方面,我们正见证着新型家庭关系(婚前同居、未婚先孕、情感的公开表达、家庭结构的缩减)以及由此所致的"体制结构的弱化和个人策略对体制结构的取代"(同上);但另一方面,"先前的父权制规范和规程依然占优势(从夫居婚姻、家务劳动由女性负责、父系中心的亲属关系称谓)"(pp.6—7)。此外,我们还观察到一些"悖论"(p.7):

> ……履行孝道的义务与女儿逐渐替代儿媳照顾老人这一事实相结合,女孩的价值在计划生育时代越来越受重视与许多农村地区性别失衡、男多女少的现象相矛盾,城市地区恋爱文化的发展与老一辈人在影响成年子女婚姻决策上依然持有权力这一现象共存(同上)。

鉴于这些悖论,研究的关注点从父权制是否继续存在这一问题转变为对自早期阶段至"经济一体化与数字全球化时代"(同上)父权制形式重构的分析。

在随后对父权制概念的历史及其在中国社会中的应用的讨论中,两位作者直接表明他们的立场:《牛津英语词典》中对父权制的两个定义可以应用于中国社会。第一个定义认为父权制是"一种社会组织形式,在父权制社会中,父亲或最年长的人是家长,后代从属于父系一支;是一种由一个或多个男人管理和统治的形式"。从摩尔根(Lewis H. Morgan,1877)以来,经由恩格斯(Engels,1884),并且直至20世纪70年代,人类学一直使用这一定义(p.7)。作者们指出,"摩尔根的定义非常适合帝国末期和民国时期的中国家庭"(p.8),因为父权制下中国家庭的主要特征为:

> ……父系继嗣与继承,从夫居,强大的父母权威以及由国家法令和财产所有权法保障的长者权力(特别是,但不仅限于老年男

人)(同上)。

韦伯随后采纳并发展了这一观点,提出了"patriarchalismus"的概念(Weber,1978[1921]),将其描述为"一种统治结构,男性家长的权威除了受制于传统的制约以外没有任何其他的限制"(同上),就像一个能够扩展到家庭以外的权力关系模型。虽然韦伯受到古罗马的启发而建构了这个模型,但鉴于以下几个特征,它也可以被用于与之相似的中华帝国:

> ……生产资产由上一代控制,婚后从夫居和从父居,严格的孝道义务准则和对长者的尊敬,以及男性至上的意识形态,主张长先于幼,男先于女(同上)。

20世纪70年代,受到女权主义的影响,《牛津英语词典》提出了父权制的第二种释义。女权主义者们普遍地将父权制定义为男性主宰或男性统治(p.9)。作者们引用了卢蕙馨(Margery Wolf,1972)和丹尼丝·堪蒂尤逊(Deniz Kandiyoti,1988)的著作,因为他们关注女性是如何成为男性权力的工具,并参与到这样一个对她们不利的权力体系当中。

总而言之,这本书的论点就围绕着上述"父权制"两种释义的区别,即一个是狭义和传统层面上的释义,包括了代际和性别;另一个广义和现代层面上的释义,直指男性统治,尤其强调性别。江绍龙和郝瑞说他们在这本书中采用一个新韦伯式的术语,即"古典中国父权制"(patriarcat chinois classique),"一种家庭关系的等级制度,包含了多重不平等结构的交织,比如性别不平等,代际不平等,等等"(p.10)。

在中国的父权制里,女性也有可能成为"女性家长"(p.11),但是她们的权力几乎总是局限于家庭领域,而在公共与政治领域,依然受制于性别等级观念,即男人占主导地位,就像在文学、艺术和商业领域一样(同上)。这种传统的权威体系从外在的经济、制度与意识形态基础中汲取力量并渗透到家庭领域,被"称之为古典父权制"(p.12)。它得到了两个重要机构的支持：扩展的父系亲属关系和男性在公共权力上的垄断地位。父系继承和从夫居使男性得以控制财产，并有利于父系亲属之间的团结（同上）。不过，年轻人和女性在这一体系中仍然有一定的能动性，尤其是当女性成为婆婆之后，在妇女从属地位的意识形态之外，她们还是可以利用年龄优势获得后辈的尊重和孝顺（p. 13）。在作者们看来，这是"严格的正统父权制"的"弱点"，因为年轻人和女性也可以获得一些权力（p. 14）。

1949 年革命之后，共产党主张两性和代际之间的平等，试图去实现恩格斯的预言，即借助于废除财产所有权和女性的劳动参与来终结男性在婚姻中的权力和年长者在家庭内部中的权力，同时消解普通农村家庭的父系专制（p. 15）。然而，在这场家庭革命之后，很多父权制规范仍然存在。例如，父母对儿女婚姻依然持有最终决定权，女性的工作继续被低估，婚后从夫居依然存在，而彩礼钱甚至还有所上涨。当年的财产集体化最终影响甚微，因为权力仍然集中在男性家长和男性干部的手中。

改革开放带来了深刻的社会转型，因为中国的城市不再能够被纳入到婚姻关系的古典父权制结构模式当中。代际轴在政治和经济层面变得不那么重要（虽然在情感和义务方面依然很重要）。性别轴仍然由男性主宰，虽然它不再像之前那样依赖于以下几个传统的支柱：从夫居、父系继承、家长的制度性权力（p. 19）。古典父系制在农村逐渐式微，大家庭和"共有财产宗族团体"（lignage corporate）减少，与之相对的是核心家庭的发展。

父权制随着这些变迁而重构，但呈现出"与现代化的标准理论所预测的不同"的新形态（p. 31），因为这些理论的建立来自于西方话语和经验，假定"韦伯意义上的古典父权制的终结以及核心家庭和情感个体主义的发展"（p. 33）。仅仅基于性别轴而建立的现代形式的父权制并不适用于中国，因为"代际关系的重要性并没有伴随着中国现代性而下降"（同上），而且性别不平等与代际不平等密切相关。因此，本书提出的父权制模式认为"现代性不是父权制的终结，而是父权制的转型"（同上）。作者们所宣称的观点是"第三波女权主义的交互性视角"（third-wave feminist intersectional approaches），即将微观层面上对家庭领域不平等现象的分析置入到多重不平等交互影响的背景当中（p. 34）。

新型的中国父权制有以下几个特点（pp. 31—32）：

（1）男性统治，或者男性中心主义（andrarchy）仍然存在；

（2）现代个体主义意识形态下的性别平等和代际平等与古典父权制结构共存；

（3）新型的父权制建立在婚姻和生育的必要性之上；

（4）国家从先前的社会保障模式中退出，从而使得家庭必须承担更多的义务；

（5）代际轴并没有消失，反而弱化了；

（6）从今以后婚姻被定义为一种基于个人情感满足，同时也包括货币交换（公寓/房屋）的契约关系；

（7）法律规定，生育须在自由的、异性恋的、一夫一妻的婚姻框架之内才合法；

（8）感情和情感部分地取代了基于代际和性别关系所产生的义务。

综上所述，本书提出的论点如下：整体而言，虽然多元交互结构（structures d'intersections multiples）发生了变化，"父权制"一词依然可以用来形容中国社会，因为即使代际不对称不再受制于强制性的体制力量，它对于家庭和社会秩序而言依然重要；同样的，虽然性别轴也已经重构，但它依然由男性主导。这一新型体系虽然融合了新的和旧的特征，却依然建立在平等和不平等问题之上。本书论证的核心就在于此，即将父权制和不平等与平等、和个体主义对立起来。不过这样做的同时忽略了地位差异其实是社会固有的特征，就连那些声称最个体主义的国家也是如此。由于不平等现象继续存在，父权制也因此而继续存在。

此外，对"父权制"一词毫无条件的使用着实令人吃惊，好像它超越时空，即使"变迁"也不能改变这一制度。源于西方文化的这一术语被用来描述中国社会，书中却没有对相应的中国术语进行任何分析。诚然,脚注 12(p. 35)提到了两个描述父权制的中文词汇,它们虽然是在 19 世纪从日文引入,但究其根本也是由西方语言翻译而来①:父权制和家长制。但是,这个脚注同时也指出,今天对这些术语的使用也仅限于受过教育的城市中产阶层和某些神秘的"中国学者"(Chinese scholarship)。然而,毫无质疑地使用一个西方术语来描述中国社会,这本身就是值得质疑的。将《牛津英语词典》作为父权制概念的唯一来源表明作者们认为这个英语词典具有普遍性的权威。作者们在定义"父权制"一词时也引用一些像摩尔根和韦伯这样大名鼎鼎的学者,好像这样就能确保这一术语可以作为全球化标准来使用。最后,脚注 12 中提到的"中国学者"也完全没有参与讨论"父权制"②一词是否恰当,而且据我所知,这也不是当代中国人类学的一个核心概念(比如王铭铭③的作品中就没有提到它)。

为了进一步了解这一概念应用到中国社会所面临的种种问题,我们接下来将转向那些可以与本书有所共鸣的不同的人类学和汉学文献。

(二)"父权制"一词与中国社会

首先,让我们回顾一下,"父权制"一词来自古希腊的 patriarkhês,意思是"一家之主"意义上的"家长"。在成为被选举或任命的基督教会宗主教的同义词之前,它在犹太历史中被用来指圣经人物。现代观念认为父权制是一种父系传承和权力制约形式的具化,而"父权制"一词的历史则与这一现代观念相矛盾,同时也证明了几个世纪以来这一术语词义的转变。因此,并没有"一个"普遍性的可以适用于所有时代和所有社会的父权制,而是有"几个"独特的父权制。研究古代中国的汉学家和历史学家汪德迈(Léon Vandermeersch)也曾指出这一点:

---

① 在被引入中国之前,西方术语最初由日本人翻译。中国对西方思想的译介要晚于日本。

② 本书中三位华裔作者都毕业于英语国家,并在中国以外的地方工作。

③ 王铭铭是目前最有名和最多产的中国人类学家,他主要的英文出版物有 *Empire and Local Worlds*(2009)和 *The West as the Other*(2014)。

　　（古代中国的组织）将中国传统王权视为父权制，但这里的父
　　权制有着非常独特的含义，即它的体制化"不是将家长至高无上的
　　权力叠加到所有父亲的权力之上，而是剥夺所有父亲所拥有的父
　　亲地位，将其完全赋予君王"。[①]

因此，古罗马家长制与古代中国父权制是截然不同的，在古代中国的商
朝，男人处在与父-王相对应的儿子的位置。

　　在西方，要等到19世纪下半叶，"父权制"和与之对应的"母权制"
才开始被用来专指特定某类社会里某种类型的家庭。如今被称为"进
化论"的思潮渗透在19世纪所有的思想领域，尤其是当时正在形成的
社会人类学。在这一背景之下，一些思想家发表了一些理论，比如傅立
叶（Charles Fourier，1830），尤其是之后的美国人类学家摩尔根的《古代
社会》（1877）和马克思主义理论家恩格斯的《家庭、私有制和国家的起
源》（1884）。在他们的著作里，"父权制"一词指的是"一种由男人掌权，
将女人明确排除在外的社会和法律组织形式"。[②]"母权制"一词也在这
时发展起来，指的是基于女性权力的社会组织。根据瑞士人类学家约
翰·雅各布·巴霍芬（Johann Jakob Bachofen）在其研究希腊神话的
《母权论》（1996[1861]）一书中的观点，最早的母权制应该存在于人类
社会起源之时。摩尔根和恩格斯都接受了这种观点，认为人类社会刚
开始是母权制的，随后才转变为父权制。这种观点带有进化论色彩，将
人类社会分为不同的发展阶段，每一段都有着特定的家庭组织。不过，
在这之后进化论思想受到极大的批评，今天已经没有人在人类学领域
中宣扬这种观点。尽管他们对人类学学科做出了创造性的贡献，摩尔
根的一些理论命题，比如那些围绕着父权制发展的研究，需要被讨论。

---

　　① 转引自 Billeter，1991：878。
　　② 转引自 Bonte & Michel，2002[1991]：455。

此外，父权制作为马克思主义的关键概念，①在使用它的时候应该格外小心谨慎。

书中也大量引用了韦伯的著作，因为在他对社会中不同的统治形式的分析中，父权制是一个很重要的概念，尤其是它所代表的绝对的、强制的和专制的权力。正是基于这种观点，本书的作者们才使用"中国古典父权制"这一术语来指代相对现代的中国家庭（虽然也基于悠久的中国传统）：清代末期（19 世纪）、民国时期（1912—1949）和新中国前三十年（1949—1978）。这意味着"古典"中国社会拥有一种"极权主义"的家庭模式，重点被放在"权力"的概念上，不仅是父亲的权力，而是所有男人的权力，以及一部分女性，特别是那些压迫其他女性尤其是儿媳的婆婆的权力。

中国亲属关系制度的父系制与父权制紧密相关，但是本书的作者们没有一人将亲属关系看作一个整体来研究，虽然他们也经常提到夫妇或婆媳等私人的关系。摩尔根曾经将父系继嗣与父权制混为一谈，他的这一观点被本书作者们所采纳。同样地，作者们也深受中国儒家观念的影响，他们似乎也认可两性的等级关系。事实上，古代中国正是在父系社会秩序建立之时才得以"构建社会"，这也进一步巩固了"父权制"权威的合法性。

包括《庄子》《吕氏春秋》和《礼记》在内的很多中国古典著作都指出，过去的人们只知道他们的母亲是谁，而不认识他们的父亲，因此他们处在"野蛮群居和性滥交"（Vandermeersch，1991：60）的生活状态。这一观点与 19 世纪西方进化论思想家们的想法非常相似。汪德迈补充道，"古代思想家指出，文明起源于儿子认识父亲之时，即婚姻制度建立之时"（Vandermeersch，1991：67）。在过去，由于没有基因检测，婚姻是男人可以获得后代，并确保亲子关系的唯一途径。确保男性血统的延续，就是建立父系秩序，并赋予男性在亲子关系的优势地位。此外，中国将儒家思想中所提倡的"社会等级制度"也融入到了父系制当中，

---

① 参见恩格斯的著作。

即两性关系的不对称,女性依附于男性。这就是为什么研究儒家思想的阿尔弗雷德·德布林(Alfred Döeblin)在 1947 年会把中国女性的从属地位称之为"父权制"。[①]

中国社会的确从本质上有着等级观念(这也跟其他地方的许多社会一样,直到现代平等意识形态的出现)。在中国,等级观主要在人际关系中被概念化。由思想家孟子所建立的儒家思想中著名的五种基本的人伦关系(即"五伦":君臣,父子,兄弟,夫妇,朋友)代表了人际关系的总和,在每一对关系内部的两个主体既有着等级差异,又互为补充。[②]就中国而言,这种社会等级制度不能被理解为仅仅在性别轴和代际轴上发挥作用,因为它适用于所有的社会关系。儒家思想的本质并不仅仅在于父权概念,而是在于强调地位差异的存在以及所有人际关系等级化的观念。因此,韦伯意义上的"父权制"一词具有误导性,因为他将父亲的权力扩展到其他社会关系,从而成为他论证男性对女性统治的核心论据。在中国,父亲的权力虽然毋庸置疑,但也不能就此扩展到其他所有的关系:在政治层面上,男人们在君王面前确实是处在儿子的位置(见上文),但在私人领域,他们在妻子面前则扮演丈夫的角色。再者,根据孟子的说法,如果说地位差异是所有人伦关系的共性,父亲和儿子关系的主要特点是"亲",而丈夫和妻子的关系则主要是"别"[③]。我们不能说面对妻子男人处在"父亲"的位置,至少这种说法有待论证。将亲子关系和两性关系结合起来看是一件很容易的事情,但要想证明这种结合并不容易。

再者,等级关系会造就义务的相互性:君王想得到臣民的尊重,就得管理好他的国家;父母需要全心全意地抚育子女,而子女则应该为父母养老;长者受到幼者尊重,同时也应该为后者提供帮助;等等。正是

---

① "(女性)应该依附于男性。我们处在一个严格的父权制时代"(Döeblin,1947:40)。

② 参见 Mencius,2003。

③ 在他对孟子的翻译中,安德烈·利维(André Lévy)将"亲"定义为"情","五伦:父子有情(亲),君臣有义,夫妇有别,长幼有序,朋友有信"(参见 Mencius,2003:87)。但是,"亲"的主要含义应该是"亲近",有亲属关系这层含义,所以我更偏向用"亲近"(promixité)来翻译"亲",而不是译者所使用的"情"(affection)。

由于这种互补的特性,我们才很难接受那种将中国家庭看作是"父权的"这种观点,好像家庭就是一个专门供父亲施展其压迫权力的地方。事实上,将父权制看作是一种压迫或"强权"(coercitif)制度(p. 32),就是把西方人际关系的平等观强加于此,并认为其他类型的关系都是不可理解的、莫名其妙的,甚至是应该受到谴责的。比如夫妻关系,或者普遍意义上的男女关系逐渐被看作是最有问题的,这或许是因为这一关系意味着女性的从属地位,而随着新中国的到来,女性的从属地位被看作是男性毫无限制地行使统治权的结果。自 1949 年革命和 1950 年《婚姻法》以来,为了解放妇女,出现了一些诸如"男女平等"和"妇女能顶半边天"的口号,抑或是发展妇女就业等政策。

无论 20 世纪 50 年代的改革成效如何,可以确定的是摩尔根所说的父系制和父权制的或传统或现代的关联并不是那么显而易见。不管是中国还是其他社会,尽管男性占据了政治、宗教和经济领域最重要的职能,女性主要负责家庭领域和一些次要事务,这也并不意味着一个性别对另一个性别的权力就自然而然地来自于亲子关系制度。

关于亲子关系的形态及其与婚姻制度形态的关联,这里有必要去回顾一下汉学家和"前结构主义者"葛兰言(Marcel Granet)的研究。他曾指出,在古代中国,婚姻制度从两个集团之间互换女人(chassé-croisé)的制度(随后被列维-斯特劳斯称为"狭义交换"[échange restreint])演变为两个以上集团之间对女人的交换(échange différé)制度(即列维-斯特劳斯所说的"广义交换"[échange généralisé])。在他 1939 年出版的《古代中国的婚姻类别与亲属关系》一书中,葛兰言从他对中国古典经籍的阅读中建立了这一交换体系的科学模型。列维-斯特劳斯在他的《亲属关系的基本结构》(1949)一书中照搬了葛兰言的交换理论,古代中国的研究对其建立结构主义理论起到了决定性的作用。葛兰言在他的《古代中国的婚姻类别与亲属关系》一书中清晰地描述了在广义交换体系下姑舅表婚中的两种亲子关系模型的重要性:父系亲属虽然被置于首位,但是母系亲属在理论上对这一交换体系的建构同等重要。不过自周代末年到帝国初期(公元前 221)以来,中国人更加重视父系制,而并不明确地承认母系亲属的重要性。

关于亲子关系、婚姻以及男性对女性统治之间的关联的问题，列维-斯特劳斯提出的结构主义观点以及他在《亲属关系的基本结构》一书中的某些核心表述经常被误解为他认可男性对女性的歧视，比如"是男人交换女人，而不是相反"（Lévi-Strauss，1949：134）或"交换关系……建立在两个男性群体之间，而女性则是交换的对象"（Lévi-Strauss，1949：137）。因为列维-斯特劳斯如是说：

> ……政治权威，或者社会权威始终由男性掌控，男性一直都占据优势，这一男性优势既适应于大多数最原始的社会中所呈现的双系或母系继嗣模式，也可强加于社会生活的各个方面，就像更加发达的群体那样（Lévi-Strauss，1949：136）。

列维-斯特劳斯因此而明确地承认，"男性优势"并未直接纳入亲子关系模式当中，因为不同的亲子关系模式并不会对"男性优势"造成影响，而这一"男性优势"主要来自于"社会或政治权威"。

弗朗索瓦·安汉（François Héran）在《亲属关系的形态》（*Figures de la parenté*，2009）一书中用好几个章节分析葛兰言对结构主义的贡献。在葛兰言看来，广义交换体系的模式是可逆的，即也可以是女性交换男性，因为群体之间的关系模式朝这个方向交换也是完全可行的。不过，从历史上看，一直都是男性交换女性，而不是相反："[葛兰言]有力地描述了男性霸权。不过这并不是一种基本关系，像列维-斯特劳斯所认为的那样，而是一种历史实践"（Héran，2009：453）。既然这是一个特定背景之下的实践，那么从逻辑层面上来讲，它就有可能改变。

另外，葛兰言也提到了女性地位在中国的特点。女性的从属地位与"压迫"制度并没有直接的关联，因为她们和男人一样都是社会的主体。在这方面我们可以看到，在中国用来形容婚姻类型的亲属关系称谓并不是列维-斯特劳斯所说的"mariage matrilatéral"（一个男人娶他舅舅的女儿）或"mariage patrilatéral"（一个男人娶他姑姑的女儿），而是

"舅表婚"(舅舅的女儿和姑姑的儿子的婚姻)或"姑表婚"(姑姑的女儿和舅舅的儿子的婚姻)。列维-斯特劳斯所说的"mariage matrilatéral"或"mariage patrilatéral"暗含着男性对婚姻的控制(男性己身与这个或那个表亲结婚),这跟葛兰言所说的中国人"双系"的观点不同。

然而,葛兰言起初也认为中国在成为父系社会之前是"母系"社会,不过他随后在《古代中国的婚姻类别与亲属关系》[1]一书中放弃了这个想法,转而认为两个集团之间互换女人的制度,即"双边交换",才是最原初的组织模式。无论到底如何,可以肯定的是在古典文献中父系制度始于汉人,与婚姻制度有关。我认为,葛兰言所说的重点在于强调两性之间以及夫妻之间在中国思想和实践中绝对互补的观点:

> 首先,权力是由君王夫妇所持有。君王并没有说他是人民的父亲,而是声称自己为"父母"。这就是说他承认集中于己身的权威,在过去曾是属于不可分割的夫妇共同所有(Granet, 1968 [1934]:210)。

在葛兰言看来,权威(autorité)要优先于权力(pouvoir)。权力一词指的仅仅是统治,而并不表示统治的某种方式,且并不是由男性一人所独有,而是由男女两性共组的夫妇来完成的,尽管他们在日常生活中各有分工。因此,男性特权意味着他们拥有更大和更公共的"权威",但是它并不意味着一个性别对另一个性别的"强权"(pouvoir coercitif)。

如果参考相对近期的著作,我们就会注意到著名的中国人类学家和改革家费孝通在他的名著《乡土中国》(1945)[2]的"男女有别"一章中完全没有提到男性对女性的"压迫"。主导乡土中国的日神精神(esprit

---

① "地球看起来像个母亲。因此,在过去的某一个时代里有人居住的土地只有女性特质。那时的组织应该很接近于母权制。随后,当劳动者创造父系制度,并掌握耕作技术,土地似乎被赋予了男性特质"(Granet, 1968[1934]:195)。

② 这本书从未被翻译成法文,只有以 *From the soil*(1992[1945])为题的英文版,但英文版对一些关键概念的翻译并不准确。

apollonien)不鼓励情感的表达。宗族制度抑制情感的表达,更加鼓励同性之间的情谊。这也是为什么男女关系的特点不是从属与征服,而是距离。限制个人自由主要是由主导地位的群体——尤其是宗族——来进行的,群体里所有成员的自由都会受到限制,这与性别无关,尽管男性处于优势地位。

左飞(Nicolas Zufferey)在《中国传统女性的地位:研究状况》(2003)这篇优秀的论文中介绍了中国历史上女性地位的转变。作者解释道,将中国女性看作是所谓"自由的"西方女性的对立面这种观点纯粹是 20 世纪上半叶的改革家们和 20 世纪中叶的革命家们的一种意识形态上的"发明"。这种新的解释使得中国共产党人可以借用西方的观念来为他们把妇女从父权制中"解放"出来的革命进行辩护。

此外,一些英语国家的研究人员也否定了这种将中国妇女看作是奴役对象的观点。因此英国人类学家石瑞(Charles Stafford)将他的一篇文章命名为《实际存在的中国母权制》(2009),其中他描述了中国大陆和台湾地区女性在经济、宗教和家庭领域上的"权力",并强调女性是亲属关系(不管是父系血亲还是姻亲)的"轴心"。在文章结尾部分,他特别提及了贺萧(Gail Hershatter,2003)的研究。在贺萧看来,正是 20 世纪初的政治激进主义导致了这一对女性在传统家庭中地位的负面论断,而且这种消极性的评价进而又使得妇女"丢掉了她们原本在(社会生活里的)家庭空间中所占据的重要地位"(Stafford,2009:150)。石瑞因此提出了以下问题:中国社会主义意识形态是否"影响了人类学的视角,从而导致我们误解了女性在过去和现在的角色"(Stafford,2009:151)。

在这个简单文献综述的最后,我想提到中国人类学家李霞的优秀著作《娘家与婆家:华北农村妇女的生活空间和后台权力》(2010),作者在书中描述了一个中国村庄里女性实实在在的"权力"。

因此,中国男性对女性的"权力"看起来非常复杂,并由此而产生了不同的解释。本书也声称,将统治(domination)视角嵌入到所有的人际关系中是对新韦伯主义思想的延伸(p. 10)。虽然目前中国在各个层面都实行统治制度,但这并不意味着中国的家庭关系在过去已经复制了这一模式,并在现在继续受其启发。我们接下来将借助本书作者们对当代中国两性关系的观察来研究这个问题。

二、本书中的民族志调查

本书收录的文章被分为三个大部分,每个部分对应于中国新型的父权制得以出现的一个背景:农村、城市和新科技。几乎所有的文章都来自长期而密集的实地调查中所收集到的数据,一些作者几乎每年都会去他们的田野做调查。不过研究人员的个人经历或者具体做田野的方式在文章中并没有被详细地介绍,也完全没有谈及对方法论问题的思考。一些作者的研究完全依赖于统计数据或者中国的媒体文章,还有一些文章在论述过程中会用到访谈摘录和一些简短的个人传记。

因此,在这一部分我们主要关注那些做过民族志调查的研究成果。不过我们随后会看到,不管这些研究是为我们提供了很多有意思的、与中国社会有关的信息,还是提供一些相对比较草率的概论,我对他们的成果都持保留态度。

(一)农村父权制的重构

本书第一篇文章由鲍梅立(Melissa J. Brown)所写,题为《服从的帮忙:隐藏农村女性的经济贡献》(第一章,pp. 39—58),主要描述了女性的工作是如何总被低估的,好像在人们的印象里女性并没有像男性那样真正地从事工作,她们所做的只是"帮忙"而已。这种说法是"中国亲属关系制度的一部分"(p. 41),目的在于使"父权制合理化"(p. 40)。基于对11个省份的广泛调查所获取的访谈资料,作者指出不仅家庭和男人使用这一说法,女人们也是如此,即她们自己也低估了自己。这是因为"责任感"(p. 55)迫使她们在婚前将自己的收入给娘家,婚后则贡献给新家。因此,"中国女性对旧有的父权制意识形态很敏感"(p. 55),甚至支持这样的意识形态。

在《从提供护理到财务负担:中国东北地区儿子角色和生育选择的转变》(第二章,pp.59—73)一文中,施丽虹一开始就指出:"在中国人的父系制和父权制传统之下,儿子在经济问题上有责任为父母养老送终,从文化层面上有责任去传宗接代"(p.59)。这也是为什么中国父母对儿子有着强烈的偏好,因为儿子对他们至关重要。然而,自20世纪90年代以来,在作者调研的这个辽宁省村庄里,虽然计划生育政策允许一胎是女儿的家庭要第二个孩子,但不少只有一个女儿的家庭并没有这样做。这一现象可以由宗族意识淡薄来解释,即如今没有儿子也并不会被歧视。此外,父母不再相信儿子可以为他们养老,反之,随着婚姻成本的增加,儿子反而成为他们的财务负担。这个村庄从"盼儿子"逐渐转为"怕儿子"(p.63)。再者,女儿往往表现得比儿媳更加孝顺。但是,这一转变并不会导致父权制的终结。作者解释说,一个新娘在结婚时向她的公婆讨要高昂的彩礼钱以便支付她的工作以及抚育未来孩子的费用,其内在的逻辑依然来自于中国的传统父系制。这就形成了一个悖论:因为当农村妇女利用父权制和父系制的意识形态来达到她们的目的,包括获得一定的资金来帮助自己的父母时,她们反而参与甚至强化了父系制的意识形态以及女性在婚姻中的商品化。

基于一个在甘肃省的田野调查,李娜(Helena Obendiek)在《中国西北东村的高等教育,社会性别以及养老》(第三章,pp.74—90)中指出,与上一章辽宁地区性别与代际权力关系转变的情况相反,在甘肃省父母的男孩偏好依然存在,因为他们仍旧希望能够在年老的时候得到儿子的照顾。考虑到儿子有养老的义务以及城市高昂的住房成本,那些通过高等教育走出农村进入城市的男性遇到的困难比女性更多。对于女孩来说,由于没有"偿还"父母对她们教育投资的压力,她们反而更容易获得独立。不过话虽如此,由于她们依然与丈夫的义务相连,再加上父母的投资总是更加偏向于儿子:"所有受过教育的女性仍然受到当地父系制的影响,这因此也限制了她们的独立,不利于她们获得跟丈夫或者男朋友同等(的对待)"(p.89)。

在《中国南方农村的多人抚育与移民》(第四章,pp.91—110)中,江绍龙描述了农村6100万"留守儿童"的普遍现象(p.93),即祖父母或外祖父母帮助他们外出在城市打工的子女照顾孙辈。作者在此并不把这种现象视为一种社会病态,而是将其看作是一个观察祖辈在孙辈面前所扮演的保护者角色的窗口,并指出这种行为对中国家庭生活有着很重要的意义。然而,这种多人抚育不仅仅是一种家庭支持的非正式结构,"它也是一种父权制下的剥削"(p.94)。虽然这一现象看起来似乎增加了女性的权力,但事实上这反而强化了上一代人的权威,并继续将女性限制在家庭空间之内,也因此加剧了性别和代际的不平等(同上)。再者,主要是祖父母而不是外祖父母在扮演这种"多个母亲"的角色。这一模式也表明了现代核心家庭或夫妻家庭(即只有两代组成的家庭)并不一定适用于中国农村,年轻人的解放也不能被理解为像阎云翔(1997)所说的"夫妻关系的胜利",而是"作为对性别和代际相互依赖的这一典型的父权制家庭结构的重构"(p.106)。中间一代获得了自主性,但这并没有导致代际合约的废除。因此,即使年轻人(包括年轻女性)在外打工改变了传统的家庭制度,父权制度并没有消失,而是被"重构"(p.95)。然而,与此同时,以前的女性可以希望"媳妇熬成婆"之后获得权力,可今天的儿媳已经不再承认婆婆的权威,即使后者会帮助其照顾小孩。因此,祖母/婆婆"感觉就像受到了欺骗"(p.107)。虽然在这种重构下代际之间的依赖更为平衡,但对于当地的中国女孩而言,没有婚姻的生活仍然是"不可以选择的选项"(p.109)。

因此,所有这些关于农村世界的章节论证了"父权制度重构"的事实,突出了转型社会中虽然人们的实践普遍发生了变化,但却并没有立即与传统角色脱离,获得自由。根据人和环境的不同,这一重构的发生时快时慢,时而彻底,时而不彻底。虽然说传统的社会关系不可避免地走向个体化趋势,但似乎家庭作为一种机构依然存在,家庭成员之间的互助仍然是根本。

(二)城市社会的阶级,性别与父权制

任柯安(Andrew Kipnis)的文章《山东城市化与亲属关系实践的转

型》(第五章,p. 113—128)非常有趣,他分析了城市人和"新城市人"的亲属关系的变迁。他指出,"新居制,双系并重的亲属关系以及更为平衡的两性关系"并没有自动地取代"父系制,从夫居和父权制"(p. 115);上述每个领域都发生了很复杂的变迁,但是它们并没有以同样的方式、在同样的时刻触及所有人(p. 116)。作者在本文中研究了居住、遗产、抚育和养老问题。就邹平县周边村庄的移民而言,"男性中心主义"(viricentralité)依然存在,男性父母的角色要比女性父母的角色更重要;反之,对于那些来自较远地区的移民而言,核心家庭往往实行新居制,亲属关系非常简单,"男性中心主义"和父系意识形态严重衰退;至于那些"城中村居民",他们从城市化中经济收益最大,"男性中心主义"和父系制模式则依然占主导,尽管姻亲关系也有着不可忽略的地位。"男性中心主义"一词指的是那些离开他们居住和工作的家乡却依然保持原有的父系亲属关系实践,尽管他们移民到一个城市化和工业化的地区之后居住和工作的地方已经不再相同(p. 126),他们依然与家乡保持着密切的联系,并保持着传统的父权制下的意识形态和关系。只有那些来自较远地区的移民才会与传统的亲属关系实践持有一定的距离。因此,根据一个人所属群体不同,即上述三种居民的一种,他们在城市中的生活也大为不同。

《做"Mr. Right"的"完美女人"》一文中(第六章,pp. 129—145),罗莎(Roberta Zavoretti)描述了南京一个年轻护士的生活历程,她为了婚姻放弃了远走他乡学习医学的计划而走入家庭生活。她在婚后完全献身于家庭,先是为丈夫,然后为儿子,当然其中也有双方父母的帮忙。在作者看来,尽管社会实践有所变迁,她最终还是复制了特定的父权制模式。

《夫妻爱情的出现,相互情感和妇女的婚姻权力》(第七章,pp. 146—162)一文中,姜克维(William Jankowiak)和李璇通过他们两人分别在呼和浩特和南京的田野调查,得出以下结论:

　　……当爱情关系成为一种主流的文化理念和实践偏好时,强调男性和年长妇女高于孩子的这种父权制观念,或在当地背景下的男高女低的观念就不再可以发展得起来,更谈不上繁荣了(p.
146)。

在独生子女时代出生的年轻的城市一代也都追逐"真爱"的婚姻模
式,即建立在更加公平、相互尊重和相互欣赏的基础之上。这是一种基
于"爱的话语"而不是"责任的话语"建构起来的"情感上平等的婚姻"
(p.147)。这种理想的爱情关系体现在新的恋爱实践,以及男女不需要
再"扮演角色"之上(同上)。今天的年轻人除了比之前更多地为爱而婚
之外,亲密关系和感情也可以更加公开地表达,女性也可以表达一些曾
经被父权制社会所否定的意愿。恋爱实践深刻地改变了权威的代际结
构(p.151)。生活在扩大家庭所面对的期待和责任已让位于男女二元
关系,而且男性和女性被看作是有能动性的个体,他们在尊重、欣赏和
深爱的基础上建立相互的合作关系(p.156)。女性在期待丈夫能有更
多感情参与的同时,她们在伴侣关系中也获得了更大的影响力,而且更
少地扮演"听话的妻子"的角色。她们是家庭的"管理者"(p.160):"女性
权力的新来源——丈夫爱她们的渴望——使得她们可以协商那些在过去
儿媳面对婆婆所应尽的义务"(p.161)。本章最后的结论是:"个体现在或
多或少都是独自努力地在一个不再确定的文化里寻找满足感"(p.162)。

殷莉(Elisabeth L. Engebretsen)在她的《压力之下:同志和拉拉的
形式婚姻及其父权谈判》(第八章,pp.163—181)一文中讨论假的异性
恋婚姻,这主要基于她在北京所观察到的同性恋之间为了"应对社会对
婚姻的强大压力"而协议结婚的现象。这种实践看起来像真的婚姻,但
是除了公众对其存在的认可之外没有其他任何的具体意义。这种形式
婚姻符合家庭和社会秩序,因为它将私人的同性恋生活和异性恋的社
会表象做出了严格的区分(p.164)。许多中国的男女同性恋者都将这
种婚姻看作是"一种个人欲望与家庭和社会责任的理想妥协"(同上)。
作者想要理解的是,在一个充满了个体主义和自主、平等这些现代价值
观的时代,这一妥协的必要性及其理由。作者对此的解释是,这反映了
与父权制结构相关联的社会压力的持续性。这种妥协也再次确认了主

流的异性恋家庭作为基本社会和道德单位的主导地位。同性恋必须保持隐形的状态,选择形式婚姻的男/女同性恋则应尽力去扮演应有的角色。为了迎合异性恋秩序而出现了一些特有的表达方式:比如"第二个女儿"(父母收养了女儿的女性伴侣)或者中性意义上的"朋友"(p. 178)。最后,在作者看来,"形式婚姻证明了父权制意识形态依然是一种基本的规范化结构,并证实了亲属关系实践中的不平等……"(p. 179)。

艾华(Harriet Evans)在《父权制投资:在北京一个贫困街区中寻找男性权威与支持》(第九章,pp. 182—198)一文中介绍了三个女性在家庭中发挥重要作用的例子。她们各自采取了一些策略来应对"父权的代表性人物:丈夫,父亲和婆婆"(p. 182)。她们对这些家庭的投资并不仅仅基于务实的考虑,而且还考虑到了伦理上的敏感和责任,即作为道德主体,她们的性别标示着她们的个人价值观(同上)。这三个例子虽然各异,但她们却有着一个共同点:"直接或间接地服从于男性家长的权威,不管后者是否在场"(p. 195)。"这些女性有着强烈的个性,了解自己的能力,保护自己的独立活动,但与此同时,她们也出于实用性、意识形态和伦理上的考虑,服从于父权制观念和实践"(同上)。"男人——包括以下几种情况:丈夫,儿子和情人——成为中心轴,为了自己的情感和物质安全,女人的期望则围绕着这一中心轴转"(同上)。因此,"父权制还是无处不在……,不管是在实践中,信仰上还是男女两性的态度上"(P. 197)。

与农村一样,城市也经历着父权制实践的变迁,尽管等级制度,尤其是两性之间的等级制度仍然很重要。而且在城市中也是如此,家庭互助和家庭内部的关系仍然至关重要,正如同性恋者的形式婚姻所呈现的那样,个体尚未成功脱离他们所应扮演的社会角色。

(三)新技术,新机构

第三部分的第一篇文章是高素珊(Suzanne Gottschang)的《将父权制从产后恢复中抽离出来》(第十章,pp. 201—218)。作者研究了"坐月子"这一传统实践的变迁。"坐月子"指的是母亲和新生儿所经历的从分娩到产后恢复的一段受到婆婆严密控制的时期。根据这一传统，新妈妈必须要经历一个身体的再生，这意味着要遵守一些禁忌（不能洗澡，也不能洗头，不能离开家门，不能有性行为）并接受一套严格的饮食制度（不能吃生冷食物，只能吃一些经过适当选择的食物，往往以鸡肉为主）。如果说这种做法是为了保护母亲和孩子，但这也是为了"保证父系家庭及其周围所有人的利益，使其免受分娩后女性不洁玷污所导致的危险"（p.205）。在今天这样有着医院、护士和医生的时代出现了一些"月子中心"，这既是疗养院又是生物医学机构。这些月子中心并不一定会孤立婆家人，而且这些年轻的母亲还必须应对核心家庭模式对夫妻生活的挑战，比如尽快恢复到生产前身体的状态并尽量去取悦她们的丈夫。至于那些为新生儿们提供的一些护理，其目的在于为他们成为"高素质"的人做准备（de condition supérieure），因为与所谓的"父权制"意识形态不同，女性比以往任何时候都更有权力去培养她们的孩子，并影响其生活。因此，这些月子中心展示了新与旧的融合，正如传统中医的原则以及母亲和婆婆为了重新定义她们的位置而在世代之间所达成的妥协，其结果是"加强和重构那些决定家庭中年轻女性和年长女性之间关系的权力与权威结构"（p.216）。

克斯廷・克莱因（Kerstin Klein）在《辅助生育，捐精与生物学意义上的亲属关系》（第十一章，pp.219—233）一文中介绍了中国人在低生育背景之下的新的亲属关系概念，尤其是生物学意义上以及社会意义上的父系制。长期以来，没有孩子一直被看作是对祖先孝道的违背，所以中国历史上充满了为了成为父母而采取替代方案的例子：收养宗亲或外人的儿子，入赘婚，收养女儿并让她招婿入赘，纳妾（p.221）。由于今天可以收养的孩子越来越少，辅助生育发展了起来，不过因为捐精在中国很有争议，这一实践备受冲击。缺少捐赠者通常被归因于受到父系制度的影响以及男性害怕有一个不知谁是亲生父母的孩子。虽然现在精子库在许多大学里占有一席之地（因为学生是最多的捐精者），这一过程还是被看作是一种可耻的行为，可能是因为手淫禁忌，也可能是因为受制于传统而神秘的那种鼓励男性控制他们精气的机制。因此，如今关注的重点好像都在亲属关系的生物学层面,可是在中国收养行为一直以来都很普遍而且没有任何问题,"在中国,缺乏社会层面上的延续而仅仅有生物学意义上的延续是从来不会被赞同、认可或鼓励的"(p. 227)。

最后一篇文章是张洪的《重新界定孝道:重新衡量在中国国家、市场和家庭的利益》(第十二章,pp. 234—250),主要讨论的是子女赡养年迈父母的责任。虽然存在着诸多社会变革,但基于父权制原则的孝道仍然是中国的核心文化价值观。然而,一种新的"老年护理"产业已经出现,导致了孝道美德的市场化运动。中国政府也在试图重建社会保障体系,包括发放退休金和给没有经济来源的人发放基本养老金,但与此同时也鼓励加强孝道观念。这一转变发生的契机在于之前在赡养父母上处在次要位置的女儿如今变得越来越重要。我们不仅在城市中可以观察到这一现象,张洪指出,在湖北省的一个村庄里也是如此,这种演变呈现在"两边典礼"这种新的婚姻形式之上(p. 241),①目的在于让女儿也承担起照顾父母的责任。其结果是"强调养儿防老的父权制传统在当代中国被重新审视"(同上)。同时,越来越多的父母也在寻求更加自主的方式来照顾自己,以免给子女带来负担。我们因此见证了老一代独立性的增强和代际之间互惠观念的强化(p. 243)。伴随着"这一个新的孝道"而来的是亲子关系变得不那么等级化,更加平衡,以及儿子和女儿之间更加平等的观点(p. 249)。

因此,新的技术和机构可以重塑传统的家庭实践,一方面可以缓和在生育前后的婆媳关系以及建立一种"两边"典礼的婚姻模式,另一方面,重新强调亲属关系的生物学层面,不过收养在中国一直以来很常见,虽然在极端主义的儒家话语中这一实践并不受推崇。从这两个趋势出发,我们可以观察到个人关系的强化和与之对应的规范性关系的

---

① 这一说法指的是两个家庭共同参与婚礼的筹备,但并不会直接形成新型的亲属关系。我们希望能够了解到更多的细节,尤其是对使用这一说法的本地人而言,这到底意味着什么。

弱化,以及个体的提升。

三、对上述调查的评论

我将根据我自己对中国的人类学经验以及一些外部资料,围绕着我们刚刚谈到的这些跨领域主题来组织我接下来的评论。

(一)家庭价值观的永久性,在城市和在乡村

本书的所有章节都表明家庭内部的相互依存仍然很重要:孩子依赖父母,父母依赖儿子,有时候也依赖女儿,夫妻关系看起来也紧密而团结。这种相互依存被看作是父权制的标志。

例如,江绍龙(第四章)分析了农村祖母和外祖母之间的分工,并指出这一分工往往有利于祖母的利益,其目的在于减轻祖父母和外祖父母照顾孙辈的负担,并根据他们孩子的性别来分配照顾孙辈的任务,从而将性别关系结构化;这种不平衡的目的是为了保持父权制。我们可以预测,如果祖父母要照顾所有的孙子女,即不管是儿子的子女还是女儿的子女,那么互助则主要基于家庭成员之间的个人关系,而不再是基于两性有别的规范。作者认为这种不基于两性有别的个人关系会更加平衡,并意味着父权制的终结。

如果这种基于性别的分工是农村所独有的特征,那么这与罗莎的观察(第六章)形成了鲜明的对比。罗莎描述了双方父母的家庭是如何影响城市年轻夫妻的生活,虽然小夫妻与男孩的父母生活在一起,年轻妻子也非常依赖她自己父母的支持。因此,与农村地区不同的是,双方父母的家庭都跟小夫妻有互动。从父权制概念中脱离出来会有助于我们更好地理解"家庭"这一概念在城市里的意义,并避免将家庭和父系制混为一谈,也因此可以更好地考虑到"双系"(bilatéraux)因素。"父权制谈判"这一说法反映了家庭成员之间的相互依存关系,因为如果年轻女性通过选择和谈判她的地位而摆脱受害者的角色,那么这反过来也说明了她一点也不够自主。当女性成为母亲之后婆媳关系(第十章)

显得比过去更有距离,这标志着两代人为适应现代社会所作的努力,尤其是在坐月子中心的这段时间里。然而,在将这些机构视为"父权制的支撑"的同时,作者似乎暗示,只有在没有婆婆帮助的情况之下将新母亲和孩子隔离开来才可以使其摆脱父权制的控制。相反,我们可以将这一机构理解为一个致力于社会关系的场所,为生育提供支撑的人际关系,并作为避免年轻母亲面对新生儿由于缺乏经验而产生孤独感的一种手段。

不管在城市还是农村,孩子们仍然要依靠父母来资助他们的学业,操办婚事,或照顾他们的孩子;作为回报,他们也应该在父母年老时提供照料,尽管现在出现了新的、昂贵的养老机构可以作为孝道原则的替代方案。互助和相互依存仍然是核心的价值观,但逐渐与传统角色疏离。因此,家庭仍然是一个涵括(englobant)全部的整体,为内部的家庭成员们提供支撑,尤其是在中国资本主义经济急速发展的背景之下,他们不再能从过去的工作单位制度中受益,经常需要独自来面对新的世界。家庭也成为了一个等级关系的地方,年长者保有他们被尊敬的地位,他们的孩子也因此有义务为他们提供帮助。在中国被看作是理所当然的、按照出生顺序来界定的代际差异仍然很重要,不过这种差异有所弱化,因为今天的中国父母不仅想要去帮助他们的孩子,也希望可以与后者建立一种更加亲密和温暖的关系。本书关于中国家庭关系的章节以及我个人的经验表明,父母和子女之间的差别并不意味着这种家庭形式就是"父权制"概念中所固有的代际统治。事实上,家庭并不仅仅由父亲和男人来管理,母亲的意见不应该被忽视。这里问题的关键在于了解互助是否只来自于代表父权制的男人,或者它是否仅仅是中国家庭和社会组织的一个组成部分。

(二)贬低女性,实践与话语

基于两性有别而贬低女性的主题与本书中所提及的大多数中国人所支持的父权制相关联。然而,我们想要问的是,"父权制"一词以及它所指的情况——不平等的家庭关系——对于受访者和访谈者而言是否具有相同的意义？因为很多的访谈对象，也包括女性，都认为家庭关系普遍令人满意。

在施丽虹的文章中（第二章），"新娘价"（彩礼，有时在别处也会被称为"间接嫁妆"）被视为男孩家庭权力的直接象征。然而各项研究[1]表明，婚姻交换中的货币交换很大一部分以嫁妆的形式回流到新婚夫妇手中，并由妻子掌控，而不是由她的父母掌控（不过他们当然可以保留一部分）。对于很多社会而言，这一机制在于夫家为了儿媳妇的到来而向妻家提供一定的补偿，用来偿还那根本无法完全补偿的象征性债务。除了上述理由之外，这也是为了帮助新婚夫妇，为他们的小家提供一个启动基金，不过要注意的是，在夫妻关系内部男女两性地位不同，而且夫妻关系本身是被纳入到父系一支当中的。但是作者似乎忽略了中国的女儿们在婚后还要继续向她们的父母赠予仪式性礼物，并在必要时帮助他们，即使这种帮助跟儿子所提供的相比会次要一些。当然，女儿的贡献根据地区的不同而有所差异，但许多研究人员普遍将女儿的贡献最小化或放在一边不谈，他们借助于一些对儿子和女儿贡献不对等的量化评估，有意地强调男性的重要性。更重要的是，女儿对她们娘家的真情实感很少被作为一个有效参数去考量。因此，对女儿的极度贬值主要是因为没有人对该制度进行全面研究，也因为研究人员将夫妻双方看作是可分割的、独立的个体，而彩礼机制的目的则是为了建立一个由两人组成的不可分割的整体。

性别不平等的主题在第三章也有涉及，主要围绕着经济和财务问题：虽然女儿并不需要通过照顾年迈父母来偿还她们的教育费用，父母还是会尽其所能为女儿的教育投资。因此，不同角色行为的合理性受到考验，这也再次表明投资回报的经济逻辑不能完全解释人们的行动，情感因素在分析中应该更被重视。

除了这些实践之外，对"帮忙的女人"的话语的分析（第一章）揭示了女性在面对高估男性贡献的情况下往往会自我低估她们的劳动价

---

[1]　比如 Cohen，2005。

值,但这些分析忽略了中国操纵社会等级的关系习惯。其实对于中国人而言——不仅仅是女性——有意识地屈尊来给对方(主任、老板、男性或女性长者、丈夫、客人等)"面子"(声望)是很常见的事情。这种做法在中国实在是太常见了,以至于我们必须将其考虑在内才能理解女性的礼节性话语,更不用说她们非常清楚地知道她们的工作从实际层面上来看是必不可少的。与之对应的是男性贬低女性工作的言论可以理解为他们彰显自己身份的意图,而不能看作是他们完全不认可女性的贡献。如果这些关于"帮助"的表述确认了两性之间的社会等级,那么最好将其与具体的实践进行比较分析,而不是单方面依赖于男性的话语,因为女性是依附于他们的。正如我们在前面所看到的那样,是革命者们为了能够"解放"妇女才将她们看作是非经济公民,否认她们在家庭内部和外部的工作。所以,在对此的讨论上应该更好地考虑到这种观念形态。

第九章提供了有关北京女性的非常精彩的案例研究,但作者的分析存在一个潜在的矛盾:既然文中所描述的女性如此独立,那么她们还有什么理由去支持一个压迫她们的父权制? 除了上述提及的"务实、意识形态和伦理上"的理由之外,还需要去质疑重视男性的话语与女性获得独立的实践之间关系的性质,这种关系是两性有别的基础,也与本书所辩护的理想化的平等论点相矛盾。根本的问题是,我们是否应该平等才可以避免父权制?

将女性家务或其他方面的劳动看作是可有可无的或次要的这种观点来自于中国人等级观的象征性欲望,但把这个现象只看作是对妇女的剥削并不能帮助我们理解两性贡献的不同。在我看来,研究两性的互补性和区别会更为明智。将两性关系仅仅看作是统治和对立的关系限制了作者们的理解,因为情感和互助的纽带也应该被考虑在内。再者,本书的作者们很少使用"性别"(sexe)这一概念,主要使用"社会性别"(genre/gender)这一概念。社会性别已经被录入人类学词汇当中,但它是以一个现代的,甚至是后现代和冲突的视角来看待世界各地的男女两性的关系。

（三）实践的变迁

本书的不同章节得出了两个相反的结论：一个"支持父权制"，另一个则认为中国逐渐成为更加个体主义的社会，性别和代际的区别已经转变。支持第一个观点的占据了大多数（12 篇文章中有 8 篇），但他们也表明，当前的父权制跟它的经典模式（或者至少是所谓的经典模式）相比已经有所"重构"。这种重构趋于削弱或减缓强制性的规范，同时女性也积极地参与维系这一模式。

因此，我们处于一种复杂的情况，很多信息使我们难以把握中国社会的新走向，即在传统父权制的重构（最小化的变迁）和家庭组织中更明显的个体主义倾向（一个重大变迁）之间摇摆不定。这也是美籍华裔人类学家阎云翔在 2009 年就已经指出的关于中国"道德景观"的研究：

> 中国社会正在经历着快速的转型，但没有明确的方向……。我们现在需要更多的、更深入的研究来帮助我们更好地理解中国不断变化的道德景观的各个方面（Yan，2009b：23）。

在这方面，任柯安（第五章）的结论很有意思，因为他指出现代化不应该被理解为一种统一的现象，根据社会地位、年龄、性别、出生地、工作地等的不同，人们所受到的影响也不同，因此亲属关系呈现出一种灵活的框架来适应不同的环境。所以，片面地考量父权制而忽略情况的多样性是缺乏条理的，并且这引出了另一个问题：父权制和父系制的混淆。

如今母方那一边似乎越来越重要，而在城市里也倾向于更为平等的婚姻，正如姜克维和李璇（第七章）所描绘的那样，大家庭逐渐让位于夫妻家庭，夫妇更多的是具有个体欲望的能动性主体，而不再是扮演社会角色的演员。这一分析清楚地概述了中国个体化进程的影响，其超越了社会变迁所带来的阻力和弯路；这也使我们可以更好地衡量在多大程度上可以放弃所谓的原初的父权制。

对同性恋形式婚姻仪式的研究（第八章）揭示了家庭规范的重要性

与接受同性恋身份的问题。特别是我们很难理解为什么女同性恋,作为女性,竟然如此倾向于维持这一具有歧视性的父权制秩序。她们的愿望是不被社会看作是异类,可是,在家庭的亲密关系中,她们的性倾向有时也会被接受,这一点可以从称呼她们伴侣的新兴表达方式中得以证明。事实上,假结婚的同时,当事人往往有他们自己的同性恋生活,从整体的社会层面来看这也可以看作是一大进步。如果说仪式表演属于话语层面——再如果说,这一话语远不能反映"现实",正如本文中的案例所精彩地呈现的那样,人们并不害怕通过操办一个假的仪式来应对公共舆论,也不害怕向父母撒谎,以免"让他们为自己感到难过"(p. 167),我们就不能忽视潜在进步的现代性,要知道,如今在中国某些城市里同性伴侣的生活是可能的,虽然他们需要以各种符合规范的面具为幌子(因为中国不承认同性婚姻)。在这种背景下,对于父母的感情参数——从"人情"出发——对理解当代的关系至关重要。

研究祖母抚养孙子女的这一章(第四章)着重描述了祖母们繁重的任务,因为她们的儿媳妇由于经济原因外出打工、远离孩子而不再能帮助她们。但是,我们还可以思考这对于那些与父母分离的儿童而言意味着什么,更广泛地说,这揭示了在当代中国社会,尽管有长期的帮助,一些社会行动者还是会日益孤单。

关于捐精的研究(第十一章)印证了中国社会如今也嵌入到了重视生物学层面、忽视社会层面的现代心理当中。由于自古以来在中国通过收养来弥补没有孩子的缺陷的做法很普遍,我们本来以为捐精行为应该不会造成太大的问题,但事实证明并非如此。毫无疑问,这一变迁与个体性的上涨同步,即过于强调个人使得人们难以接受将高度个人化的精子公共化。因此,这项研究比其他的研究更加不可辩驳地证明了高估男性的存在,不过悖论在于捐精不是一个古老的做法,而是一个新近的实践。让我们补充一点,对生物学层面的重视与政府所提倡的民族主义意识形态遥相呼应。因此,根据领域的不同,进入现代性的方式也不是整齐划一的,不过不可否认的显著的变迁是对个体的重视。

在研究当代亲子关系和异性子女关系新平衡的文章中(第十二

章），张洪描述了老年父母的个体化趋势：他们在照顾完子女和孙辈之后寻求一种更为独立的生活方式。作者也指出了一些家庭无力承担新兴的老年人养老产业的高额费用所面临的窘境，由此而导致了当前家庭所面对的社会不平等，这种新的社会不平等似乎取代了过去家庭内部的不平等。

最后，本书揭示了中国家庭组织的相当有活力的形象，即它可以自行更新以应对现代问题，同时保持原有的权力结构：男性总是处于优势地位，不过女性、女儿、儿媳的地位在很多领域得到一定的提升（但她们整体上还是被排除在领导岗位之外）。因此，当男人有被爱和爱妻子的新欲望时婚姻才可以变得更加平等。最重要的是，当代中国家庭在本书中被看作是一个集体关系、互助和情感的地方。

在当前的转型背景之下，社会变迁不可能是统一的、单一的或绝对线性的。中国很有可能创造一种基于其特定历史经验的、中国式的、必然与西方不同的个体主义。对于中国是否已经进入个体主义时代的问题，本书中两种观点的支持者都表明这一趋势越来越明显，最终只是在个体化进程的程度和强度以及如何理解这一现象的问题上出现了分歧。虽然家庭价值观和相互依存仍然是根本，但它们似乎与另外一条偏向自主化和距离化的社会变迁路线交融在一起。这种平衡有时很难做到，也肯定充满了张力。

因此，导论中所提出的悖论只是价值观重构的反映，其赋予了个体更多的自主，虽然仍然远远低于其他地方，尤其是西方社会。强调社区的价值观逐渐让位于不断增长的"个体化"，①但后者恐怕还没有占据主导地位。这一体系也揭示了对立的价值观之间的阶序，以及在某些次要层级上的阶序性对反（inversion）。例如，关于妇女帮助的话语与她们在经济层面所占据的重要地位相矛盾，这表明社会通过重申男性的优越地位来抵制地位的公平化，但同时也大大弱化男性的优越性来为妇女地位的提升提供可能性。因此，为了更好地理解中国社会并将它

---

①　我们在此借用阎云翔一书的书名（Yan, 2009a）。

的"矛盾"本身看作是一个自成的体系,有必要从韦伯的片面阅读中跳脱出来并参考一些人类学的流派。

作为本书调查研究的一个反例,这里有一个来自我自己民族志观察的故事:在21世纪初的十年间,我住在一个中国村庄去研究当地新年期间的戏剧,该省的一个高官也来参加这一节庆。他到村庄后的第一件事就是去拜访村长的母亲,不是村长,也不是村长的父亲。他花了很长时间来祝贺她的工作和她所取得的成就,然后才转向她的儿子和其他村民。在这种情况下,我才清晰地意识到两性之间的等级并不是一个恒定不变的规则,而是依场景而定并存在着对反的情况,正如上述例子那样。毫无疑问,这是一种礼节话语的表演,但重点在于这个例子反驳了本书中所提到的女性"帮忙者"的角色,而且这一礼节话语是由一个有权势的男人说出来的。因此,中国的社交游戏呈现出一个复杂的图景,等级关系被操纵、重新制定或反转,将父权制概念以一种统一的和恒定不变的方式来解释中国社会,有其不足之处。这一概念过分强调男性优势并忽略了必然存在的两性之间的整体性,也没有考虑到对反的可能以及或长或短的联盟,而最重要的是,它将女性简单粗暴地看作是受害者的角色,无论她们同意与否,她们都不能像一个有尊严的人那样拥有能动性。它忽略了实践和话语的区别,而且话语往往就是用来掩饰那些违背正统的实践。一个更加洞察入微的人类学就会与公开的话语保持一定的距离,在理解话语的时候会试图去分析话语与实践之间的关联或矛盾,并认识到对反的可能性。毫无疑问,以关于妇女帮助的那一章为例,定量分析的方法从某种程度上来说是造成这种脱节的原因之一,因为定量分析更加注重直接的话语,而没有充分考虑到所处的整体背景。

此外,我们还有必要与常见的说法保持距离,也应该与那些持有预设的人类学保持距离,只有这样我们才能相对地去看待那些原初的社会事实,这就像本书几位作者也提到的将中国以前的家庭结构看作是以大家庭为主那样的预设。也正如莫里斯·弗里德曼(Freedman,1965)和裴达礼(Hugh D. R. Baker,1979)等学者所提出的那样,扩展的中国家庭主要是一种理想模式,但在实践中,中国家庭大多是小家庭。这个关于家庭规模的事实表明,父系宗族在家庭层面的重要性被高估了,即使现在也是如此。

我们现在来看一下书中几个关于与姻亲和母系一方关系的几篇文章。姻亲关系的重要性似乎让这些作者们感到惊讶,因为这与父权制概念所预设的观点相矛盾。然而,很多旧的或新的资料都提到了姻亲关系在中国有着显著的地位,当然这也根据地区的变化而变化。由于这极不符合父权制的架构,也不符合男性思想家们(摩尔根、恩格斯、韦伯……)对这一概念的定义,即在父系模式之下,姻亲关系或被排除在外或被最小化,这种关系模式也相应地被人类学家所低估甚至是完全忽视。这里我们要肯定石瑞的诚实:他在《实际存在的中国母权制》(2009)一文中诚实地描述了他刚到中国台湾地区发现女性状况与他在英国大学所学的不同时所感受到的不适感。需要记住的是,将父系制与两性关系混为一谈是危险的,就像下面这句话所说的那样,"当地的父系意识形态仍然足够强大到将整个体系引入到父系制的方向,两性关系转变的速度要比代际关系转变的速度慢"(p.108)。父系制所指的是一种亲子关系的观念,而两性关系所涉及的是其他层面的事情。再者,将一种亲子关系的形式直接地与社会模式关联起来也是一种误导:母系社会很好地证明了这种联系并不一定是直接的,因为即使在母系社会,男性还是普遍占据优势地位。[①] 如果我们继续沿着这个逻辑去分析,这甚至意味着所有的社会都是父权制的。如果是这样,使用该术语还有什么意义? 在葛兰言的研究范例之后,对中国父系制度更为细致的解读是极有必要的。然而,就我所知,很少有重大的人类学调查真正地对中国的姻亲关系感兴趣。如果中国的父系制特点已毫无疑问,那么应该更好地去研究一下双边(bilatéral)家庭关系的种种特点。

因此,对中国家庭组织的反思应该摆脱西方化的或韦伯式的关于两性和代际之间统治关系的观点,并且要注重对不同社会地位之间的

---

① 参见 Lévi-Strauss,1949。

互补性以及不同性别、年龄、代际、政治和地理情况（等）的互补性的研究，同时要研究人际关系的相对深度。如果我们想致力于研究一个本质上等级性的社会——整体主义社会——是如何演变为一个个体主义的社会，还需要弱化儒家思想的重要性，并将事实和话语进行比较才能避免陷入上文中所提到的民国时期改革派思想家们以及随后的困境。

汉人建立了一个基于父系制度以及与之相关联的社会等级制度的社会。建立这一社会的方式也必须认识到儒家思想不管是过去还是现在都受到其他思想流派的影响，尤其是道教和佛教；也应该意识到一些矛盾或互补的社会实践的存在，比如兄弟之间的公平继承、祖先面前不同后代的等同性、寺庙管理的轮班制度。在这些实践中，我们可以看到女性在家庭、个人私房钱管理等方面的重要地位。这是一个复杂的体系，既有公开呈现的和涵括的等级制度，也有地位的对反，特别是处在从属地位的人在某些时刻可以反转到主导地位。本书的作者们正是由于不能理解这一复杂体系，才认为这一体系充满了“矛盾”之处（p. 7）。事实上，往中国家庭上强加父权制一词掩盖了这种对立的情况，并不利于我们掌握其运作方式。因此，对反才被理解为是“弱点”，而对反其实是所有社会固有的特点，社会组织总是复杂的，从来不单边地朝着一个方向变迁。

家庭仍然发挥着重要作用这一事实与社会总体的发展方向并不矛盾，这是因为它呈现了一种整体主义的结构，这一结构弱化了一个事实上越来越个体主义的社会制度之下所特有的社会关系暴力。在路易·杜蒙（Dumont，1983:28）看来，西方社会中的家庭也保留了一些前现代的元素，这些残留也是当代社会结构的一部分，其将个体主义与整体主义的残留结合在了一起。

最后让我们再补充一点，虽然存在这样一个更加个体主义的倾向，但目前家庭中的优先关系仍然是相互依存的，这并不必然意味着父亲和男性的单方面的“统治”，而是将“性别差异”和“代际差异”付诸实践，男人和女人、父母和孩子以一种等级化的模式进行合作。因此，中国家庭与无所不在的国家对立，既作为后者的对立面，也作为一个整体主义性质的关系得以继续主导的空间。在中国,国家主义也并不会主要存在于家庭关系或者所谓的父权制当中。像列维-斯特劳斯那样,我认为它主要存在于政治领域,而且是作为对"法家"遗产的继承。"法家"是第一个帝国秦朝（前 221—前 207）的权威意识形态,影响深远（Vandermeersch,1965;Schiele,2017;Capdeville-Zeng,2017）。

参考文献

Bachofen, Johann Jakob 1996 [1861], *Le Droit maternel : Recherche sur la gynécocratie de l'Antiquité dans sa nature religieuse et juridique*. Lausanne: L'Âge d'homme.

Baker, Hugh D. R. 1979, *Chinese Family and Kinship*. New York: Columbia University Press.

Billeter, Jean-François 1991, "La civilisation chinoise." In Jean Poirier(ed.), *Histoire des mœurs* (II): *Modes et Modèles* (pp. 865—931). Paris:Gallimard.

Bonté, Pierre & Michel Izard(eds.) 2002 [1991], *Dictionnaire de l'ethnologie et de l'anthropologie*. Paris: Presses universitaires de France.

Capdeville-Zeng, Catherine 2017, "Groupes rock contemporains et idéologies chinoises: pouvoir impérial, autorité confucianiste, non-pouvoir taoïste." In David Gibeault & Stéphane Vibert (eds.), *Autorité et pouvoir en perspective comparative* (pp. 327—357). Paris: Presses de l'Inalco(*TransAireS*).

Cohen, Myron L. 2005, *Kinship, Contract, Community, and State : Anthropological Perspectives on China*. Stanford: Stanford University Press.

Davis, Deborah S. & Sara K. Friedman(eds.) 2014, *Wives*, *Husbands and Lovers*: *Marriage and Sexuality in Hong Kong*, *Taiwan and Urban China*. Stanford, California: Stanford University Press.

Döblin, Alfred (ed.) 1947, *Les Pages immortelles de Confucius*. Paris: Corrêa.

Dumont, Louis 1983, *Essais sur l'individualisme*: *Une perspective anthropologique sur l'idéologie moderne*. Paris: Le Seuil.

Engels, Friedrich 1884, *Der Ursprung der Familie*, *des Privateigenthums und des Staats* [=*L'Origine de la famille*, *de la propriété privée et de l'État*]. Hottingen-Zürich: Verlag der Schweizerischen Volksbuchhandlung.

Fei, Xiaotong 1992[1945], *From the Soil*: *The Foundations of Chinese Society*. A translation of Fei Xiaotong's *Xiāngtǔ Zhōngguó*, Gary G. Hamilton & Wang Zheng (intro. & epilogue). Berkeley: University of California Press.

Fourier, Charles 1830, *Le Nouveau Monde industriel et sociétaire*, *ou Invention du procédé d'industrie attrayante et naturelle*, *distribuée en séries passionnées*. Paris: Bossange Père.

Freedman, Maurice 1965, *Lineage Organization in Southeastern China*. London: University of London-Athlone Press / New York: Humanities Press.

Granet, Marcel 1939, *Catégories matrimoniales et relations de proximité dans la Chine ancienne*. Paris: Félix Alcan.

—— 1968[1934], *La Pensée chinoise*. Paris: Albin Michel.

Héran, François 2009, *Figures de la parenté*: *Une histoire critique de la raison structurale*. Paris: Presses universitaires de France.

Hershatter, Gail 2003, "Making the Visible Invisible: The Fate of 'The Private' in Revolutionary China." In Lü Fangshang(ed.), *Wúshēng zhī shēng*（I）: *Jìndài Zhōngguó de fùnǚ yǔ guójiā*

(1600—1950) [= *Voices Amid Silence* (I): *Women and the Nation in Modern China* (1600—1950)](pp. 257—281). Taiwan: Institute of Modern History-Academia Sinica.

Kandiyoti, Deniz 1988, "Bargaining with Patriarchy." *Gender and Society* 2(3).

Lévi-Strauss, Claude 1949, *Les Structures élémentaires de la parenté.* Paris: Presses universitaires de France.

Li, Xia 2010, *Natal Family and Married-in Family: Women's Living Space and Backstage Power in a North China Village* [= *Niángjiā yǔ pójiā : Huáběi nóngcūn fùnǚ de shēnghuó kōngjiān hé hòutái quánlì*]. Běijīng: Social Sciences Academic Press.

Mencius 2003, *Mencius*. Traduit du chinois par André Lévy. Paris: You-Feng.

Morgan, Lewis Henry 1877, *Ancient Society, or Researches in the Lines of Human Progress from Savagery, through Barbarism to Civilization.* New York: H. Holt and Company.

Schiele, Alexandre 2017, *La Chine Postmaoïste: Un État légiste au 20ᵉ siècle: Analyse socio-historique et analyse des discours de Deng Xiaoping (1975—1992).* Montréal: Université du Québec à Montréal, thèse de doctorat.

Stafford, Charles 2009, "Actually Existing Chinese Matriarchy." In Susanne Brandstädter & Gonçalo D. Santos (eds.), *Chinese Kinship: Contemporary Anthropological Perspectives* (pp. 137—153). London, New York: Routledge.

Vandermeersch, Léon 1965, *La Formation du légisme: Recherche sur la constitution d'une philosophie politique caractéristique de la Chine ancienne.* Paris: Publ. de l'École française d'Extrême-Orient.

—— 1991, "Le mariage suivant le rituel confucianiste." In Yuzô

Mizoguchi & Léon Vandermeersch (eds.), *Confucianisme et sociétés asiatiques* (pp. 53—68). Paris: L'Harmattan-Sophia University.

Wang, Mingming 2009, *Empire and Local Worlds: A Chinese Model for Long-Term Historical Anthropology*. Walnut Creek: Left Coast Press.

—— 2014, *The West as the Other: A Genealogy of Chinese Occidentalism*. Hong Kong: The Chinese University Press of Hong Kong.

Weber, Max 1978 [1921], *Economy and Society: An Outline of Interpretive Sociology*. In Guenther Roth & Claus Wittich (eds.), Berkeley: University of California Press.

Wolf, Margery 1972, *Women and the Family in Rural Taiwan*. Stanford: Stanford University Press.

Yan, Yunxiang 1997, "The Triumph of Conjugality: Structural Transformation of Family Relations in a Chinese Village." *Ethnology* 36(3).

—— 2009a, *The Individualization of Chinese Society*. Oxford, New York: Berg.

—— 2009b, "The Good Samaritan's New Trouble: A Study of the Changing Moral Landscape in Contemporary China." *Social Anthropology* 17(1).

Zufferey, Nicolas 2003, "La condition féminine traditionnelle en Chine: État de la recherche." *Études chinoises* 22.

（本文原发表于：Capdeville-Zeng, Catherine 2019, "Discussion autour de la notion de patriarcat, en Chine et en anthropologie." *L'Homme* 229[1]）

（作译者单位:法国国立东方语言与文明学院[INALCO]）

物口控制的自然机制及其对人类的启示[*]

赵芊里

物口(population)^①过剩是指动物数量超出了所在环境可供的食物所能养活的个体数量(即物口多食物少),或指一定空间中的物口密度超出了动物们能和平共处的程度(即物口多空间少或过度拥挤)。物口过剩会给动物带来道德败坏、自相残杀、恃强凌弱、专制暴政、物种退化、情感冷漠、盲从冒行、群体灭绝等多种危害,^②是关乎动物德性善恶、社会合理与否乃至种群兴衰存亡的根本性社会问题。但实际上,动物社会行为学研究发现:在整个动物界,会发生、尤其是长期存在物口过剩现象的动物并不多(不幸的是,人类恰恰是其中之一)。那么,非人动物们是怎样控制物口从而预防或解决物口过剩问题的呢? 动物们演化出来的控制物口的自然机制对人类预防或解决人口过剩问题又有什么启示呢?

---

* 基金项目:浙江大学文科教师科研发展专项(126000-541903/016)。

① "物口"是笔者给英文词"population"在用于非人动物时的汉译名。在现代汉语中,"population"通常被译为"人口",但此译名若用于非人动物则会造成语义和逻辑混乱(如在"旅鼠或蝗虫人口过剩"之类的说法中所表现出来的语义和逻辑混乱)。为了避免出现这一问题,笔者主张将用于非人动物的"population"译为"物口"(其中的"物"是"动物"或"物种"的简称);在涉及具体动物时,则以该动物名或其简称代入"物口"中的"物"的位置的方法来翻译该词,如"鼠口"或"蝗口"等。

② 此处关于物口过剩的危害的结论引自笔者的论文《物口过剩的危害及其对人类的启示》。

一、物口控制的自然机制

演化论主要创立者达尔文曾经认为,"只有外部力量……饥荒……捕杀、暴风雪和疾病等才能作为动物们的无限繁殖力的一种抑制机制"(Dröscher,1970:98)。但在经过广泛深入研究后,苏格兰阿伯丁大学动物学教授温-爱德华兹(V. C. Wynne-Edwards)认为,"动物们自己会根据环境条件来调节自己的物口"(Dröscher,1970:99),而那些外在的"自然因素……并不是物口密度最终的决定性调控因素"(Dröscher,1970:98)。下面,就让我们结合具体事例来看看动物界到底存在着哪些物口控制的自然机制。

(一)以禁欲来控制物口

当鹅口过剩时,塘鹅群会在栖息地中专门划出一块繁殖区,只有那些在繁殖区占据了一个位置的塘鹅才会繁育后代,其余的塘鹅则放弃了繁殖权。例如,在加拿大纽芬兰岛的圣玛丽海角,"塘鹅们只在……中心峭壁上交配和养育后代。在其左边峭壁上……也有数百只塘鹅栖息其中;但那里盛行的是严格的性禁忌。……塘鹅们自愿控制鹅口从而使之处于正常状态;这样,所有成员就都能在周围海域中找到足够的鱼了。……一旦(中心峭壁上)有巢址空出来,其他悬崖上一对原本各自单身的塘鹅就可作为替补队员搬到那个巢址"(Dröscher,1970:97)。

在食物过于丰盛的情况下,田鼠会大肆繁殖,从而造成鼠口爆炸——一个田鼠家庭的鼠口可在几个月内膨胀百倍(从约 20 只猛增到约 2000 只)。但在饥荒发生后,除了因缺粮而大量饿死这一外在的物口调控因素外,在鼠口过剩的情况下,幸存的田鼠也会主动禁欲(禁止性行为),使鼠群内连续几个月不会有幼鼠出生,从而使鼠口密度逐渐回到与环境中通常的食物供应量相适应的正常水平(Dröscher,1988:141)。

当象口过剩时,雌象会"延长产小象到再次交配的间隔期。这一间隔期通常是两年。这时,雌象们则将其延长到了近七年"(Dröscher,

1996：380）。交配间隔期延长两倍多就等于在同一时段内至少少生了两胎，由此，象口增长率自然会显著降低；最终，象口数会恢复到与环境中食物供应量相适应的水平。为控制象口，象居然可自觉禁欲七年之久，实在是难能可贵！

在牛蛙中，当幼蛙合叫声过响，也即蛙口密度过大时，成年雄蛙就不会再发出旨在吸引雌蛙的叫声；因而，两性就会异地分处，无从交配，从而避免蛙口继续增长。两性分处的实质是禁欲，由此，牛蛙实际上也是用禁欲来控制物口的。

在上述事例中，我们看到：单纯的禁欲就是某些动物控制物口的有效方式之一。

（二）以避孕或拒绝交配来控制物口

"雌家鼠会产生并散发出一种……避孕气体！……雌鼠发出的这种气味在足够的浓度下会抑制雌鼠性腺的发育。生活在一起的雌鼠越多，雌鼠中变得不孕的比例也就越高"（Dröscher，1970：101）。鼠口密度越高，雌鼠产生的气态避孕药浓度就越高，其避孕效果也就越好。在雌家鼠中，青少年雌鼠更易受较年长雌鼠的体味影响而变得不育（这意味着，只要母亲和姐姐们在场，青少年雌鼠就不能生育）。这种内生性避孕机制使得家鼠能及时且自动化地调控鼠口，可谓动物界最便捷的物口控制方式。

在发情期，雌雪鸮会视雄雪鸮是否给其送食物形式的礼物（旅鼠）来决定是否同意交配。在食物短缺年份，雄雪鸮通常会因饥饿立即吃掉其所发现的食物，因而无礼可送，雌雪鸮就不会与之交配，当年就不会有后代。由此，对雪鸮来说，在食物缺乏情况下雌雪鸮拒绝交配的现象实际上是雪鸮依食物丰缺来调控鸮口的一种有效方式（Dröscher，1996：377）。

（三）以延迟性成熟或逆向性发育来控制物口

在饥荒期，饥饿会使得沙漠家鼠中"雌鼠的幼年期延长；在饥荒长期持续的情况下,雌鼠一生都无法达到性成熟"(Dröscher,1988:154)。由此,饥荒导致的性成熟延迟或无法性成熟现象就成了沙漠家鼠的一种鼠口控制方式。

在面临饥荒时,成年三肠虫便开始绝食,身体缩短至原来的1/5,退回到性成熟前的童年状态,从而停止生育。当环境中食物供应正常时,它们又会重新生长、再次性成熟并繁育后代(Dröscher,1996:382—383)。这种神奇的生育控制方式使三肠虫能从容应对饥荒,避免虫口过剩。

在蛙类中,若同时出生的蝌蚪过多从而导致食物短缺,那么蝌蚪就会因营养不良而减慢发育速度,在变成成蛙后体型也会小得异常,并因无法与正常蛙竞争食物而死。由此,食物缺乏所导致的发育缓慢和个体弱小化也成了蛙类的一种物口控制方式。

(四)以性无能化或同性恋来控制物口

当鼩口过剩时,树鼩会因精神压力而出现性无能现象,从而使出生率降低(Dröscher,1996:385)。

在论及物口过剩的解决办法时,动物行为学主要创始人洛伦兹(Konrad Lorenz)曾说,"对动物们来说,解决物口过剩这件事就要容易多了。(因为)动物界存在着人们称为自然同性恋的现象"(Lorenz,1991:153)。他还说,"同性恋现象可在许多动物(如鸽、鹅、狗等)中看到,其存在形式数以千计"(Lorenz,1991:153)。同性恋的起因和功能多种多样,但在两性生殖的动物中,无繁殖功能的同性恋具有的物口控制作用是显而易见的。因而,当洛伦兹说同性恋使动物较易解决物口过剩问题时,他实际上是将同性恋当作物口控制的一种有效方法来看待的。

在上述事例中,我们看到:性无能和同性恋也是物口控制的自然机制。

(五)以独夫独妻制或一妻多夫制来控制物口

独夫独妻制是一种特定的一夫一妻制:在一个动物群体中只有一雄一雌两个个体才有结婚和生育权,其他个体都无婚育权,而只能充当那对独夫独妻的服务员。例如,在一个由十几只鸟组成的红嘴林戴胜鸟群体中,只有地位最高的雄鸟和雌鸟可结偶并生养后代;其余成员无生育权,而要用几乎毕生的全部精力来为群中那对唯一的夫妻服务——充当觅食者、护卫者和育雏者等(Dröscher,1996:289)。从公平性角度讲,这种婚姻制度是明显不公平的。但从生存适应角度看,这种制度又是有其合理性的:在食物严重缺乏的恶劣环境中,若所有成员都有婚育权,那就容易造成物口过剩甚至使群体因大饥荒而灭绝。可见,独夫独妻制实际上是社会动物为适应极端恶劣的生存环境而演化出来的一种物口控制机制。

在社会动物中,生活在食物稀缺环境中的狼会组成较大的狼群,并实行(衰老者退出、壮年者纳新、老夫少妻、老妻少夫不断循环的)连环式独夫独妻制(Dröscher,1985:153—154)。这种婚姻制度实际上是狼群在食物稀缺情况下控制物口、适应环境的一种自然机制。生活在母系社会中的侏獴也实行具有物口控制功能的独夫独妻制(Dröscher,1985:171)。

在各种婚姻制度中,除独夫独妻制外,物口控制效果最好的就是一妻多夫制了,因为这种制度使得多个雄性只能发挥一个雄性的生殖功能。德国著名动物行为学家吕舍尔(Vitus B. Dröscher)认为:一妻多夫制是与食物极端稀缺的环境条件相适应的("极端恶劣的生存条件要求实行一妻多夫制");在食物极难获得的情况下,动物们就不得不采取与节制生育相适应的一妻多夫制(Dröscher,1996:172)。在人类社会中,一妻多夫制的出现除了环境原因外,还有政治和习俗等方面的原因;但无论起因如何,一妻多夫制都具有物口或人口控制效果。

(六)以溶胎或流产来控制物口

当鼩口过剩时,雌树鼩会因精神压力而出现胚胎溶解现象,从而使鼩口降低(Dröscher,1996:385)。

澳洲本无兔子。1859 年,有人在澳洲释放了 24 只兔子,在 6 年内,这些兔子变成了 2200 万只!现在,兔子已遍布澳洲大陆。但"在极端干旱期,雄兔就不会接近雌兔……(即)实施禁欲。因为在这种情况下,后代无法生存。若经历过极端炎热干燥的日子,怀孕的雌兔会因受到一种压力而流产。但在第一次降雨(这意味着食物将再次丰盛)后,兔子的生殖力就完全恢复了"(Dröscher,1970:99)。在此我们看到,除禁欲外,野兔还演化出了在干旱期,也即饥荒期或其前夕自动流产这样一种物口控制机制,这样饥荒对种群的危害就可得到减轻。

当田鼠中出现鼠口爆炸后,一夫一妻制随之瓦解,田鼠两性间的关系变得十分混乱。但这时,外来雄田鼠的体味会成为已怀孕雌田鼠的"堕胎药"——非配偶雄田鼠的体味会使鼠胚胎溶解或流产,鼠口便会因此而降低(Dröscher,1985:173)。

(七)以厌食而死来控制物口

在养有小蝌蚪的水族槽中放入同种蛙的较大蝌蚪,或倒入大蝌蚪在其中游动过的水,"那些小蝌蚪……就会突然……丧失食欲……停止进食,并很快死亡了。可见:小蝌蚪厌食而死……是由大蝌蚪所产生的一种分泌物引起的"(Dröscher,1969:136)。由此,"大自然给了较早出生者以生存优先权。……早出生者排出的……(液态厌食药导致了一种生态)平衡,在一个池塘中能长大的蛙的数量就是后来能在其中找到足够食物从而能活下来的蛙的数量。……在蛙塘中,是根本不可能出现蛙口爆炸的"(Dröscher,1970:102)。

在动物界,能以自身分泌的厌食药来控制物口的除蛙类还有鱼类。"在每一个湖中,淡水鱼都会以与青蛙类似的方式调节鱼口。……(从外引入的)鳟鱼……会吃掉大量幼鱼。但三年后,(湖中原有)鱼种的数量却跟和平时期的一样多。因为鳟鱼吃掉的(其实)只是……本来会被(原住鱼分泌出来的)控制鱼口的气味物质所灭掉的"(Dröscher,1970:102)。

较年长者分泌的厌食药使较年幼者厌食而死,从而将物口控制在环境所能提供的食物恰好能全部养活的程度,如此精准高效的物口控制的自然机制实在是太神奇了!

(八)以食卵、食幼或杀婴来控制物口

寄居在面粉中的粉甲虫繁殖很快。"但一旦虫口数超过两只甲虫对一克面粉的比例,那么在雌甲虫排卵的那一刻,它们就会立即吞掉自己的卵。触发这种……行为的是粉甲虫粪便中的一种挥发性物质。随着其浓度的增加,其气味首先降低了雌甲虫的生育力,而后又延长了幼虫发育时间,并最终导致雌甲虫自食其卵"(Dröscher,1970:102)。在这个案例中,粪便气味浓度成了虫口密度的一种标志,粪便中的气味物质则起到了气态生育控制药物的作用——降低生育能力、延长发育时间、触发食卵行为。由于有如此精准高效的调控方式,粉甲虫总是能及时调控虫口,从而避免虫口爆炸。

孔雀鱼会根据生存空间的大小来精准确定在某个水体中可存活的鱼口总数,一旦超出平均每两升水一条鱼的鱼口密度,雌孔雀鱼就会吃掉刚刚出生的孩子;而在留存的鱼口中,雌雄比总是 2∶1。由此,在某个水体中,孔雀鱼鱼口密度总是保持不变,因而永远都不会出现鱼口过剩问题(Dröscher,1996:383)。与粉甲虫一样,孔雀鱼也是世界上最精准的物口控制专家!

在圈养区中,当鼠口密度过高时,雌鼠便不再照料幼鼠,雄鼠会吃掉幼鼠,由此导致幼鼠死亡率近 100%,从而使鼠口密度迅速下降(Dröscher,1970:100)。

当鸥口过剩时,银鸥中会出现同类相食现象,幼鸥被成年银鸥捕食的比例会高达 70%—90%(Dröscher,1996:367),因此鸥口会明显下降。

当鼩口过剩时,树鼩中出现的具有物口控制功能的现象之一是杀婴乃至食婴(Dröscher,1996:385)。

在上述事例中,我们看到:对某些动物来说,食卵或食幼或杀婴就是它们控制物口、解决物口过剩问题的一种有效方式。

(九)以自相残杀来控制物口

在某个地域中,当狮口过多时,狮群之间就会发生领地争夺战,大量狮子会被杀死。当狮口密度下降到现存狮子都有足够的猎食空间时,狮子间的互相残杀就会停止。而后,基于繁殖本能,狮口又会增多,从而再次导致互相残杀并再次恢复狮口与环境食物供应量之间的平衡。如此周而复始(Dröscher,1996:332—333)。周期性的自相残杀使得狮口密度每隔一段时间都能得到一次调控,从而使狮子得以避免大饥荒所导致的群体灭绝恶果。

在食物持久丰富的人工圈养区中,在鼠口稀少的情况下,鼠类会很快大量繁殖。但在空间有限的情况下,在鼠口超过一定限度后,鼠群内就会出现自相残杀现象:成年雄鼠吃掉幼鼠,雄鼠攻击雌鼠,雄鼠互相残杀,因此鼠口锐减。当鼠口密度下降到一定程度后,鼠口就会稳定不变。例如,在美国生态学家卡尔霍恩(John B. Calhoun)教授的实验中,一个占地1000平方米的圈养区中被放入雌雄鼠各20只,在经历为时2年3个月的鼠口猛增与自相残杀两个阶段后,圈养区中鼠口就一直维持在150只左右(Dröscher,1970:100)。该实验表明,物口过剩不一定是相对于食物不足来说的,也可以是相对于空间不足来说的。就像食物一样,空间也是一种资源;对体型较大的动物来说,对适当存身空间的需要是一种独立的需要。因而,即使在食物充足的情况下,物口密度过高引起的生存空间不足也是一种物口过剩。这个实验还表明,仅空间过于拥挤这个因素就会促使动物产生包括自相残杀、同类相食在内的一系列具有物口调控功能的行为。

在海岛上(如英格兰名望群岛上),当海豹密度过大时,它们就会互相碾压,许多海豹、尤其是幼小或体弱海豹就会因此伤亡,由此导致豹口下降。"令人惊讶的是,在食物供应尚未稀缺到体弱海豹要面对饥饿时,这种动物就已经开始控制物口。成为豹口限制因素的不是现时已然存在而是不久将要到来的饥荒的威胁"(Dröscher,1970:97)。在上述事例中,我们看到,如果一种动物缺乏物口过剩预防机制,那么在物口过剩已然或即将成为事实时,自相残杀就会成为这种动物不得不采取的一种物口控制措施。

(十)以招敌杀己或忧惧而死来控制物口

天蛾幼虫在树上独居时体色是绿的,这种体色可很好地伪装自己。若周围出现同类,随着虫口密度的不断增高,它们的体色就会变成伪装效果越来越差的蓝色、棕色、灰色,由此招致越来越多以之为食物的天敌(鸟类等),从而降低虫口密度(Dröscher,1996:385)。

树鼩是一种对物口密度十分敏感的动物。当鼩口过剩时,树鼩就会因精神压力过大而依次出现前面已提及的杀婴、性无能化、胚胎溶解现象,乃至因忧惧过度而猝死,从而使鼩口下降,并最终使鼩口密度恢复到正常水平(Dröscher,1996:385—386)。

招敌杀己与忧惧而死已具有一定自杀意味。在一些动物中的确存在自杀现象,而自杀显然具有减少物口之效果,但动物自杀与物口过剩之间是否有因果关系目前尚无定论。

基于众多相关事实,温-爱德华兹认为:"在动物界,生育调控现象是普遍存在的"(Dröscher,1970:106)。那么,动物们演化出来的物口控制的自然机制对人类有什么启发呢?

二、物口控制的自然机制对人类的启示

比较动物与人类的物口控制方式,我们可以发现:非人动物控制物口的上述十种方式大多是人类也有的,人类也会以禁欲、拒绝交配、避孕、流产来避免生育;人类中也有同性恋现象;在某些自然和社会环境中,人类也会实行一妻多夫制;在某些情况下,人类也会以溺杀婴儿来控制人口;若撇开道德评价而仅从实际效果上看,战争形式的自相残杀的确也是人口控制的一种常见方式。在特殊情况下,人类中偶尔也有(客观上也有人口控制效果的)食幼、招敌杀己、不食或忧惧而死以及独夫独妻等现象;但这些现象在人类中太过罕见或与人类的道德观念冲

突太大,因而不宜作为人口控制方式。在笔者看来,非人动物控制物口的自然机制对人类控制人口的有益启示主要有以下几点。

(一)同性恋与一妻多夫制是现实可行的控制措施

动物行为学研究早已发现,同性恋在动物中普遍存在。人类历史的相关记录也表明,同性恋也存在于人类中,且在无人为禁锢的情况下相当普遍。关于人类祖先动物的研究更表明:祖潘猿(Bonobo)是人科之中潘属三猿(青潘猿[Chimpanzee]、祖潘猿和人类)①之共祖动物的最佳活样板,而祖潘猿是同性恋与异性恋等量并行的双性恋动物。人类最近的祖先动物是双性恋动物这一事实表明,从双性恋动物演化而来的人类在生物本性上是更倾向于双性恋而非单纯的异性恋的。由此看来,只有异性恋才是自然或正常的性关系的观念并未全面准确地反映生物事实的真理,而在相当程度上是由思想文化造成的偏执信念。根据笔者的实地观察,在德国等性观念开放的发达国家和地区,同性恋相当常见且公开,几乎完全不受歧视。近年来,德国已出现人口负增长,对此,同性恋和同性婚姻的兴起多多少少是有所贡献的。到 2017 年底,全球承认同性婚姻或同性伴侣关系合法的国家和地区已将近 50个,已逼近全球国家和地区总数的 1/4;即使在性观念较保守的亚洲,也已有泰国、中国台湾地区和日本部分地区承认同性婚姻或伴侣关系合

---

① 在汉语中,四种大猿的英文名(Orangutan,Chimpanzee,Bonobo,Gorrila)迄今分别被通译为猩猩、黑猩猩、倭黑猩猩、大猩猩。由于这些名称过于相似,汉语界缺乏专业知识的普通大众乃至大多数知识分子都搞不清楚它们之间的区别,因而经常将这些词当作同义词随意混用或乱用,从而给相关的言语交流和知识传播带来相当大的不便与危害。为了解决这一困扰华人已久的问题,笔者提出一套关于大猿名称的新译法:(1)将 Chimpanzee 音意兼译为青潘猿,其中"猿"是人科动物通用名;"青潘"是对"Chimpanzee"一词前两个音节[tʃɪmpæn]的音译,也兼有意译性,因为"潘"恰好是这种猿在人科中的属名,"青"在指称"黑"(如"青丝[黑发]、青眼[黑眼珠]"中的"青")的意义上也有对这种猿的皮毛之黑色特征的意译效果。(2)将 Bonobo 意译为祖潘猿,因为这种猿的刚果语名称"Bonobo"意为人类"祖先",而这种猿也是潘属三猿之一,是青潘猿和人(稀毛猿)的兄弟姐妹动物,且是潘属三猿之共祖的最相似者。(3)将 Gorrila 意译为高壮猿,因为这种猿是现存的猿中身材最高大粗壮的。(4)将 Orangutan 意译为红毛猿,因为这种猿是唯一体毛为棕红或暗红色的猿,红毛是这种猿与其他猿最明显的区别特征。

法。① 在中国大陆,著名社会学家李银河教授也已经多次向全国人民代表大会提出同性婚姻提案,并认为同性婚姻有百利而无一害(李银河,2015)。同性恋和同性婚姻在全球越来越普遍、公开并合法化的事实表明:只要破除唯异性恋独尊(正常)的性关系观念的禁锢(并有良好性病防治措施),人类其实完全可像其他动物一样视同性恋为正常性关系,并将其当作人口控制的有效手段。也就是说,妨碍人类以同性恋控制人口的只是人为的观念禁锢,而非自然法则。

在各种婚姻制度中,除独夫独妻制外,最有利于物口控制的就是一妻多夫制。在全球人口严重过剩的大背景下,至少在环境恶劣、谋生艰难地区,实行一妻多夫制不失为人口控制的一种有效手段。某些高寒瘠土地区存在着历史悠久的一妻多夫制传统的事实表明:即使在人类中,一妻多夫制也是一种已然现实存在的人口控制的有效措施。

(二)开发使用仿生避孕药具或许能提高控制效率

与人类大多有意为之的人口控制方式相比,非人动物演化出来的物口控制的自然方式在效果上通常比人为的好得多(如某些动物一遇饥荒即自动溶胎或流产,某些动物一旦物口密度超过一定限度即自动启动避孕、流产、食卵、汰幼等机制,并很快就将物口密度精确控制在合理限度内)!生物性状的演化通常是极为缓慢的过程,我们无法指望人类在短期内演化出某些动物所具有的生物性高效人口控制方式,但人类可效法自然——借助仿生科技破解并仿造出动物的高效物口控制方式。笔者设想,通过对某些动物的避孕机制的深入研究,人类可开发出一嗅、一抹、一贴、一戴即可避孕的高效避孕药具。尽管这一设想目前看来尚具有科幻性质,但某些动物功效超凡的避孕方式至少可给人以启发:通过仿生科技仿造出某些动物的高效避孕方式是提高人口控制效率的一条可能途径。

(三)预防是比补救更合理的控制机制

---

① 参见全球同性婚姻合法国家名单。

　　在本文第一部分关于物口控制自然机制的讨论中,我们看到,有些动物是在物口过剩已然发生后才进行物口控制的,另一些动物则是在物口过剩尚未发生时就进行物口控制的。已然过剩后的物口控制通常是残害生命的行为,预防性的物口控制则有可能避免对现实的尤其是已成年的生命个体的伤害。显然,预防是比补救更人道、更合理的物口控制方式。由此,解决人口过剩问题,应该优先采取预防性措施。综合动物行为学和社会人类学相关知识,笔者认为,能起人口过剩预防作用的合乎人道的人口控制措施主要有:(1)避孕;(2)同性恋;(3)必要时禁欲;(4)必要时采取一妻多夫制乃至独夫独妻制;(5)在临近过剩时分群、迁徙并开辟新栖地。在这五种人口过剩预防措施中,前四种都不易引起歧见,第五种则会与某些人的崇合贬离观念冲突;但事实上,分群是跟分家一样自然且有效的人口过剩预防和解决措施。动物行为学和人类学研究都表明,人类近亲动物猿与猴群体及非国家社会中的人类群体都是随着环境中食物的丰缺情况不断地分分合合的。

　　综上所述,本文讨论结果可总结如下:物口过剩是指动物数量超出了所在环境可供的食物所能养活的个体数量,或指一定空间中的物口密度超出了动物们能和平共处的程度。非人动物们演化出来的物口控制的自然机制主要有禁欲、避孕、拒绝交配、延迟性成熟与逆向性发育、性无能化、同性恋、独夫独妻制与一妻多夫制、溶胎与流产、厌食而死、食卵与食幼或杀婴、自相残杀、招敌杀己、忧惧而死。物口控制的自然机制对人类的启示主要为,同性恋与一妻多夫制是人类也可采用的人口控制的有效措施;开发使用仿生避孕药具是提高人口控制效率的可能途径;预防过剩是比事后消解更合理的人口控制机制。

参考文献

Dröscher, Vitus B. 1969, *The Magic of the Senses*. London: W. H.

Allen & Co. Ltd..

—— 1970，*The Friendly Beast*. London：W. H. Allen and Co. Ltd..

—— 1985，*Wie Menschlich Sind Tiere*?. München：Deutscher Taschenbuch Verlag.

—— 1988，*Geniestreiche der Schöpfung*. München：Deutscher Taschenbuch Verlag.

—— 1996，*Tierisch Erfolgreich*. Muenchen：Wilhelm Goldmann Verlag.

Lorenz，Konrad 1991，*On Life and Living*. New York：St. Martin's Press.

李银河，2015，《关于同性婚姻的提案》(https：//site. douban. com/bjlgbtcenter/widget/notes/18221245/ note/486796605)。

全球同性婚姻合法国家名单(https：//www. liuxue86. com/a/3505567. html)。

（作者单位：浙江大学社会学系）

试论人类学的道德转向

黄娟

　　尽管人类学不乏对道德问题的关注,但关于道德的人类学研究一直未取得大的突破。近二十年来,人类学研究出现了道德转向,道德问题开始成为人类学持续关注和讨论的中心。虽然在某些方面并未达成共识,但是从事这方面的人类学家一致认为道德人类学①并非人类学的某一分支学科,而是通过对人们道德世界的关注,深化对某些传统概念的理解,以丰富人类学的核心概念词汇和实践(Laidlaw,2014:1—2)。

一、转向之前人类学道德研究的局限和困境

　　作为研究文化与人性的学科,人类学从未忽视对道德问题的描述和思考。学科历史上很多伟大的民族志关注道德概念和道德评价,关于人类学根本上是有关道德的学科的观点也为一些有影响的思想家反复提及。但是直到 20 世纪 90 年代,关于道德人类学的持续讨论和辩论才开始发展起来。长期以来,道德之所以无法在人类学的研究领域受到持续关注,是因为人类学研究道德问题不得不面临双重困境,对这一困境的反思和回应取决于人类学理论和方法论的发展及实地调查工

---

　　① 对道德的人类学研究有不同的名称,如道德人类学、伦理人类学、作为伦理的人类学等,本文认同法桑(Didier Fassin)的观点,将文章所要梳理的内容统一冠以"道德人类学"的名称,对道德和伦理不做严格的区分,因为对道德准则、伦理困境的分析离不开对政治、宗教、经济或其他社会问题的分析,没有必要在道德与人类其他行为之间划分明确的界限。

作中对道德的领悟。

在学科历史上,人类学积极从事伦理和道德的研究。人类学的基础离不开理论和民族志对社会生活的道德维度的参与,从马雷特(Robert R. Marett,1931)、马林诺夫斯基(Malinowski,1936)和韦斯特马克(Edvard Westermarck,1932)早期的进化论和功能论视野到埃文斯-普里查德(Edward E. Evans-Pritchard,1937)和克拉克洪(Clyde Kluckhohn,1944)关于巫术和魔法的经典作品,从莫斯的礼物之灵和"总体性社会事实"的分析(莫斯,2002)到博厄斯学派诸如本尼迪克特(2009)、玛格丽特·米德(1988)和贝特森(2008)关于道德感情和气质的模式论等都掺杂着大量明确或含蓄的道德关注。

尽管早期人类学的道德研究不乏理解道德生活的洞见,这些研究并未形成理解道德的分析框架。人类学的工作要么是通过解释道德的类别和概念翻译道德体系(Evans-Pritchard,1962),要么是比较不同文化中的价值和行为规则(Firth,1953),或是理解人们设想道德人观的基本方式以把握不同场景中道德反思运行的规律和变化(Read,1955)。其中的分析对象被设想为"地方道德",与社会文化单元并存。理论和方法论的局限使得道德要么成为一种附属现象,作为社会或文化的代名词,要么被假设为不证自明的类别,可以通过地方道德的民族志来把握(Mattingly & Throop,2018:477),无法充分理解道德的独特性和人们实践道德生活的丰富性。

近年来人类学的道德转向反思了之前的道德研究,提出限制道德人类学发展的主要有两种视野局限:一种是将道德等同于社会的倾向,道德被设想为集体层面上的因果逻辑;另一种是具体体现在多元文化或社会中的特定道德的相对主义概念(Laidlaw,2013:172)。

"道德等同于社会"的观点很大程度上受涂尔干的影响。涂尔干宣称道德规则的权威来自于一些超个人的力量,人们称之为神,涂尔干认为是社会。社会因此成为人们道德感的最终来源,人们所在的社会和文化规范被理解为渗透了道德的力量,因此"道德本质上等同于社会"(Durkheim,1961[1925]:60)。一方面,涂尔干的观点试图将道德放到人类学关注的中心,承认道德在社会生活中的基本重要性,作为一种现实,并不能化约到物质利益上。但是另一方面,它将道德等同于集体性,假定人们遵从道德法则,或多或少是受机械的因果逻辑的影响,由此倾向于让道德从视野中消失,因为它如果不等同于社会的真实性就什么都不是(Heintz,2009:173)。

受这一观点的影响,人类学家将那些共享的或具有增强凝聚力效果的实践和过程认为是道德的。作为社会生活建构的基本部分,道德应该成为关注的中心。但是一旦成为狭义上的集体制约的规则及对此的遵从问题,道德成为涂尔干式社会学主题的另一个方面(即解释社会控制如何作用于难驾驭的个人行为)而无法得到持续的关注。由此道德成为社会结构、文化、意识形态和话语等的同义词。道德转向后,越来越多的人类学家承认,作为一个挑战,人类学必须发展理解道德概念的方式,而不是将它们化约到社会控制的功能策略。不是说道德生活没有规则,而是这些规则的特别之处在哪里,试图展现道德生活的独特之处,如道德反思、论证、困境、疑问、冲突、判断和决定的复杂性和独特性(Laidlaw,2014:22—23)。

受博厄斯学派文化相对论的影响,道德相对论认为非西方社会在道德上是独特的,它们的道德规则和规范不仅在地方道德世界是独特的,而且只适用于那个社会,从而与文化相对论者对"西方中心论"的批评前后矛盾。如果地方道德世界在文化上如此独特,那么这些完全不同的道德实践究竟如何与我们自己的社会相关?道德人类学家莱德劳(James Laidlaw)认为,这些相对论去除了类似反思的自由,提倡道德的完全涵化图景,没有给人们的道德反思、批评和争论留有空间。同时道德相对论将地方道德本质化(内部一致的和不受外来影响的),忽视了人们道德经验的多元性,以及全球政治、经济和文化过程与地方道德的互动。

另一方面,道德相对论表现在人类学家经常提出的现代西方与非西方社会自我的二元对立,让我们很难考察非西方的他者如何发展一系列有关道德自我塑造的实践。这一二元对立的倾向离不开莫斯的观点。莫斯提出所有社会都有关于自我的物质和精神个性的意识,但是在论述拥有道德权利的现代责任个体的社会再生产方面,他与涂尔干保持一致,即坚持道德—集体与自然—个体的二元对立,宣称社会构成的人的类别(personne)与拥有物质与精神个性的自我(moi)意识的分离,认为前者是有历史的,而后者没有。因此人类学应当关注的是"社会构成的人的类别"(Mauss,1985:18),西方法律意义上的自我意识(如个人主义)主导了人类学对于人们道德生活的理解,并以此为基础评价非西方的道德经验。

这两种视野局限带来人类学理解道德问题的双重困境:一方面,道德消失了,包括在社会或文化之内;另一方面,它以道德化的形式(moralising form)重新出现,以西方/非西方、我们/他们二元对立的形式来描述和分析人们的道德经验。同时人类学被视为致力于改善人类状况的学科,关注什么是美德,幸福生活应该是怎样的,因此人类学家倾向于对身边发生的悲剧现象例如暴力和痛苦、创伤和哀悼、监狱和集中营、战争和灾难视而不见。道德人类学的发展伴随着试图摆脱这一双重困境所面临的挑战(Fassin,2014:4)。

二、人类学道德转向的回应

千禧年之际,几位知名人类学家相互独立地开始批评这一学科不关注道德和伦理生活的弊端,仅是将其作为附带现象,要么被解释为其他被假定为更高深的东西——如经济或政治结构,要么被视为命令人们行为的规范和价值,因此他们号召将道德经验、实践、理性和判断放到人类学关注的中心,积极探求研究道德问题的理论工具。同时一系列将道德和伦理作为中心主题的人类学专著和论文集出版,大量围绕道德人类学的讨论和交流开展,标志着人类学迎来了道德转向,启发了新的理论和方法论。

一个早期的标志是人类学家莱德劳 2001 年发表的马林诺夫斯基

纪念演讲,这篇文章纲领性地提倡伦理和自由的人类学。莱德劳提出,为了让人类学发展出明智的关于伦理本质的理论反思,有必要突破涂尔干"道德等同于社会"的范式,探讨描述人类自由的可能性。

在理论层面上,莱德劳提出无论是道德等同于社会的倾向还是道德相对论都忽视了人们作为道德主体实践道德生活的自由①。而自由既不同于能动性,也不同于从遵守规范的义务中抽身而出的自由。受实践经济论的影响,能动性的界定与结构直接相关,反映的是研究者的观点,而研究者只有在行动符合生产、再生产或改变结构的有效性时才承认其存在(Laidlaw,2014:5)。人们社会行动的动力被假想为是经济的,围绕权力和地位的孜孜以求展开。因此能动性的概念遮蔽了人们道德追求的丰富性和道德生活的复杂性。同时自由本身蕴含了判断在内,如何行动、何时行动以及是否行动等等都牵涉依据情境以及整体而言的生活所做出的判断(Lambek,2010:61—62)。人们运用的自由是一个特定的、历史产生的类型,而不是任意的或独立自存的。因此自由同时包含了道德的强制性与可求性(desirability)②。借鉴福柯"自我③的技术",即"允许个人以他们自己的方式影响对于他们自己的身体、灵魂、思想和行为的一系列行动,以转变自我,修正自我,达到一种特定的状态——完美、幸福、纯洁和超自然的力量"(Foucault,2000:177),道德人类学家将道德理解为社会-历史-文化情境中"自由的反思实践"

---

① 尽管不少人类学家认为莱德劳的自由概念带有特定的西方(康德哲学)色彩,或夸大了自由与惯例之间的区别,大多数学者还是承认任何伦理道德框架都存在着有意识的反思空间,如中国文化中表述为"从心所欲不逾矩"(《论语·为政》)的道德自由。在表达拒绝任何强加的规则或规范的意义上,自由概念对主体性和反思性的强调得到学界的认同。因此本文借用"自由"这一表述来理解人们道德生活实践的独特性。

② 可求性意味着对道德的自觉追求。涂尔干曾再三强调,"可求性"与义务一样,也是道德的基本特征;只有可求的和被求的道德,亦即个体乐于追求的道德,才是"善"的道德。不过,涂尔干将经验中道德的可求性解释为社会强制的内化,较少关注基于人们的主动选择的道德可求性。

③ 自我并非个人主义意义上的自我,还包括与自己相关的社会关系(参见Laidlaw,2002:326)。

(reflexive practice of freedom)（Foucault，2000：284），[1]在强调人们实践道德生活的主体性的同时，也关注道德生活实践的特定场景。

自由的反思实践还包括人们应对生活中的危机和无常的道德经验。从 20 世纪 90 年代开始，人类学的道德研究关注全球政治经济过程与特定社区的社会、历史和文化过程的互动，在社会-历史-文化场景中个人、家庭和社区对苦难、痛苦、暴力和创伤的反应，使得人类学的道德研究逐渐摆脱"道德化"的倾向，呈现人们道德生活的复杂性。

其他学者也对涂尔干的观点进行了重新反思。罗宾斯指出涂尔干的理论在分析伦理欲望和告诫方面是有用的，我们不能将涂尔干式的婴儿与过于僵化的文化再生产模型的洗澡水一起泼出（Robbins，2007：295）。法桑认为我们对涂尔干的解读很多时候强调了其对义务和规范方面，而忽视了他对欲望和内在律令的强调（Fassin，2014：430）。兰贝克（Michael Lambek）反对将涂尔干视为还原论的，指出一旦社会现象调查的着重点从实证主义涂尔干意义上的规则和规范转向亚里士多德式的行为和实践判断，就不存在将伦理消解到社会的大的方法论风险（Lambek，2010：28）。因为对他而言，"规则的存在不仅是执行社会律令，而且产生一种自我超越，让人类自由成为可能或者实际上是人类自由"（Lambek，2015：6）。事实确实如此，引用福柯的术语，在我们当前的图景中伦理/道德如此重要，是因为它被问题化（problematize）了。大多数致力于研究伦理和道德的人类学家承认我们有必要超越涂尔干的遗产和类似的将道德与强烈的集体主义基础相联系的理论。但是对于超越涂尔干"道德事实"的运动意味着什么和什么替代性的伦理和道德概念能表达这一观念尚存在争议（Mattingly ＆ Throop，2018：478），

---

① 根据福柯的观点，道德是自由的有意识实践，当自由经过反思时采取的是思考的形式，思考不是人类学家关注的想当然的文化表现，或惯习，或话语，而是一种与规则、与不假思索的行动保持距离的举动，是"接受或拒绝规则的基础，它确立了与自我、与他人的关系，并将人类塑造为知情主体、裁决主体以及伦理主体"（参见 Foucault，2000：200），使道德主体具有了相对于道德准则的一定的自由。通过描述不同的"自我技术"，我们能够讲述人们有目的地采用不同方式使自己成为特定类型的人的故事，以及道德自由采取的历史特定的形式。

而这些开拓性的讨论是富有成效和令人兴奋的。

基恩(Webb Keane)提出"伦理自解释性"(ethical affordance)的概念探讨引起道德反思的社会条件。这一概念认为社会情境和文化符号学不是决定性的,而是提供了一套嵌入日常行为中的可能性,"任何经验可能提供的人们评价自己、其他人和他们环境的机会"(Keane,2016:31)。例如,他注意到无论哪个社区都存在多样的伦理世界,描绘多数人的生活,历史构成的伦理世界的共存和冲突提供了道德反思的关键性刺激。通过"伦理自解释性"的观念,基恩将道德事实的社会性不是作为道德行为的直接原因,而是在不同的时间和地点的可能的资源,从而回应了涂尔干提出的"道德事实"问题。

针对道德相对论中西方/非西方、我们/他们二元对立的观点,人类学家卡里瑟斯(Michael Carrithers)批判了莫斯关于社会构成的人的类别与自我意识的二分观点,认为自我意识同样是有历史的,与人的类别相关但不能化约为后者。他进一步区分了个人的理论(personne-theories)与自我理论(moi-theories),认为前者将人设想为处于有秩序的社会集体性中,而后者将自我设想为在宇宙和精神场景中,作为道德的能动者互动。同时他强调了对自我的系统反思并不是西方地方范围的产物(Carrithers,1985:235—236)。在此基础上,莱德劳指出,莫斯忽视了非西方自我取向的道德体系,是因为他将个体与西方法律意义上的自我关联在一起,而非以"我"为导向的(I-oriented)自我发展的精神实践。而这些"生活形式和自我塑造的技术广泛存在而且影响深远"(Laidlaw,2014:39),人类学的道德研究应该关注的正是这些非西方的自我构成项目及其历史。

理论的反思离不开研究方法上的提升。当前的道德人类学在方法论上突破了对地方道德的本质主义理解,探讨全球政治经济文化过程对地方道德的影响,承认地方道德的多元性,尤其关注当不同的甚至冲突的地方道德相接触的时候产生的困境。① 同时不再局限于对不证自明的道德意义的分析和理解,而是强调日常生活的脆弱性和不确定性以及行动本身的复杂性,将道德呈现为日常生活中不断反思的实践。

理论和方法论上的转变为道德人类学的发展提供了持续的动力,转向后人类学的道德研究关注道德生活的多元性、主体性和反思性特点。

第一,道德人类学将道德放到特定的社会-历史-文化场景中来理解其多元性,关注全球的政治格局对人们道德生活的影响。道德不是在整体和内在同质的社会和文化单元中的"地方道德",而是在特定的社会-历史-文化场景中的实践。道德价值内在地是多元的,它们之间的冲突是无法化约的,因此道德生活必须平衡冲突的主张,有时不得不面对悲剧的选择,承担无法避免的后果,呈现出多元性的特点。

第二,道德人类学发展了对社会行动充分有效的解释框架,强调人们实践道德生活的主体性。能动者的行为不再是因果力量的效果,或机械性的客观结构的再生产,或权力和抵抗的结构游戏,而是作为道德主体的自由实践,不仅是理性的和冷静的,而且涉及复杂的道德感情、直觉和价值判断。人们的道德实践在塑造道德自我、提升道德境界的同时也改变了他们生活其中的社会和物质空间。

第三,道德人类学不仅是记录多样性的经验项目,而且是质疑道德生活的主导西方概念的理论工作,反思关于道德的常识模式。道德产生的多样性并不与我们认为的社会或文化一致,一些普遍接受的社会理论的概念词汇也无法把握它们。因此我们需要对社会理论的一些中心概念如结构、文化或能动性重新思考,以承认和适应流行的道德反思、困境、判断和行为。例如萨巴·马哈穆德(Saba Mahmood)通过对开罗伊斯兰教虔诚运动的研究反思了能动性(agency)和抵抗(resistance)

---

① 如在巴布亚新几内亚的乌拉普米安人(Urapmin)中的传统价值与基督教精神之间的冲突(Robbins,2004),乌拉尔人的一个旧礼仪派社区中东正教禁欲主义与社会主义无神论之间的冲突(Rogers,2009),以及在埃及肾移植的实践中医学道德与伊斯兰教伦理之间的冲突(Hamdy,2012)。

这两个概念,指出能动性并不经常是一个抵抗的问题,它有可能以协调甚至服从于社会和文化期待的形式表现出来,实现自我的转变和道德的发展(Mahmood,2005)。莱德劳反思了能动性的实践论理解,这一理解有助于将特定结果(结构上是重要的)的行为视为能动性行为。在这一框架下的分析者将社会能动者的行为视为对权力和地位的追求,具备反思性和承担自我责任的能动者被简化为仅仅是结构再生产中的一个有用的设备。因此必须引入自由的概念(Laidlaw,2002:315),以反思人们道德行为的丰富性。

三、转向后人类学道德研究的主要议题

道德转向后,来自不同的学科训练背景和理论取向的人类学家开展了关注道德主体和主体性的相关研究。尽管我们难以对这一领域进行清晰描述及对其中的不同趋向进行明确区分,但还是有些特定的主题和立场从一开始就处于讨论的中心,包括普通伦理学的争论、美德伦理学的影响、现象学哲学的介入及道德与政治的关联。

(一)普通伦理学的争论

人类学道德转向的一个主要争论是道德人类学的主体是什么,尤其是普通人如何影响道德生活。一些人争论道德生活的普遍性,如兰贝克指出的"人类行为经常受制于评价标准",因此是实践理性的一部分(Mattingly 等,2018:182)。或者如达斯(Veena Das)指出的,人类在普通环境中明显不引人注目的非戏剧性行为,很大程度上是心照不宣的(Mattingly 等,2018:182)。其他人则认为伦理本身无法与习惯性的或日常的行为相关联,而应该留给扰乱的时刻,甚至社会层面上的停顿,此时规则不再毫无疑问地被遵从,而是产生对这些规则的有意识的和反思的考察(Zigon,2007)。还有第三种观点,将伦理视为一种范围,如莱德劳认为伦理是渐变的从行动之中的默认一致到相对更明确的时刻,以从行动的情形之中退出为特征。这一变化可以延伸到集体存在,包括整个社会的伦理生活(Mattingly 等,2018:184)。

对那些同意道德生活是普遍的和普通的人来说,解决道德如何以相对平静的方式实现共享而同时又引发反思的观念(至少有平凡的反思潜力)的困境尤为重要。一个可能的解决方法取决于这一重要的观念,即道德某种意义上是公共的。因此,即使明确的道德来自特定个人的自觉,它们也是可获得的,因为它们是在一个社区内共享和可知的(Keane,2016:244)。

达斯提供了另外一种答案,直接挑战将普通生活"作为惯例和重复的剩余类别"的图景。她认为"日常生活纠缠于可能在几秒内或一生的时间展开的创造世界和毁灭世界的遭遇"(Lambek,2015:54)。与这一日常伦理不稳定的描述相一致的人类学作品包括中国儿童教养(Kuan,2015)、丹麦肥胖症(Grøn,2017)、乌干达战后村庄重新安置(Meinert,2018)、中国社区的普通伦理困境(Stafford,2013)、新墨西哥的家庭生活和毒品成瘾(Garcia,2010)、智利圣地亚哥的城市贫困(Han,2014)、美国中西部前线社区精神健康工作者(Brodwin,2013)以及加拿大北极圈的自杀流行症(Stevenson,2014)的研究。

(二)美德伦理学的影响

人类学道德研究的一个挑战是如何在引入一定的自由观念的同时,继续探讨社会规则和身体实践如何强有力地塑造了道德形成,而福柯的工作提供了走出这一困境的路径。福柯对伦理自我塑造的历史谱系学分析为考察美德如何培养提供了强有力的概念工具,促进了对大量社会道德生活的分析,如太平洋的小型社区(Throop,2010)、俄国的吸毒康复项目(Zigon,2011)、埃及妇女的伊斯兰虔诚运动(Mahmood,2005)、印度的耆那教追随者(Laidlaw,2014)和美国的福音派基督徒(Faubion,2011)。

除了福柯,另一个美德伦理学的重要来源是亚里士多德的观点。亚里士多德强调行动本身的复杂性,认为美德修养来自于行为需要(Aristotle,2003)。在他行为的宇宙目的论描述中,亚里士多德关注潜力(potentiality),他将实践智慧(praxis)看成是人们塑造美好生活最重要的方面。这一美好生活是有必要激发的,因为它充满了脆弱性和不确定性,没有规则、规范甚至智慧被排除在特定的必须采取行动的环境中判断善的挑战(Mattingly,2014)。

受这些影响,转向后人类学的美德伦理学进路探讨不同的社会-历史-文化场景中人们自我塑造的日常实践、道德发展的特定技术和美德性格的发展。同时强调人们在特定情境中做出道德判断的复杂性和脆弱性。在此基础上,这一方法还试图在西方和非西方的道德和哲学传统之间进行对话。如当潘迪安(Anand Pandian)考察南印度泰米尔个人中的"美德生活"时,他引用了泰米尔文学、道德和宗教传统来提供一个谱系,指出内在的自我如何可以通过西方思想传统所无法把握的方式来培养(Pandian,2009)。库安(Teresa Kuan)运用了西方美德伦理学以及儒家的道德修养传统来探讨中国父母如何给孩子灌输美德(Kuan,2015)。这一进路涉及某种普遍性的革新——不是道德价值的普遍性,而是伦理技巧的普遍性,即再也不是捍卫特定社会中特定道德意义的问题,而是承认所有人都能作为道德主体而行动。

(三)哲学现象学的介入

在过去的十多年里,新的现象学传统迅速增长,引起了关于道德经验的复杂的理论和丰富的民族志探讨。胡塞尔和海德格尔的现象学哲学致力于考察情境的共存关系,动摇了简单的主客和自我—他者的区分。受道德经验的现象学分析影响的人类学家考察主体之间和这些主体与世界本身的关系,从自我与他者、思想与事物、个人与世界、自性和他性之间的已有界限中转移注意力,进而质疑波动的过程,正是这些过程让这些区分在主体性和物质上相互构成和产生意义。

同时受现象学的影响,人类学对道德经验的探讨还关注特定的情感和情绪对人们道德生活的影响。如思鲁普(C. Jason Throop)的研究关注遗憾(regret)作为我们生活情境和我们的过去的一种情绪化反应,探讨人们如何在与可能的生活相关联中定位自己——一个他们并不生活其中甚至可能在文化上并不存在的情境,它涉及一种内在的超越性(Throop,2018)。洛(Maria Louw)将懊悔(remorse)作为对没有选择的路和没有过的生活的内在情感存在,正如她调查的乌兹别克苏菲派在历经苏联的统治和压迫70年后试图重新拥抱他们的穆斯林宗教传统,却发现他们再也无从知道如何成为"真正的苏菲派信徒"(Louw,2018)。梅纳特(Lotte Meinert)将宽恕(forgiveness)作为北乌干达人努力重新嵌入旧的社会共同体时基本的任务(Meinert,2018)。

在此基础上道德人类学家提出"伦理响应"(ethical responsiveness)的观念,描述了道德作为响应程序,比仅关注反思和有意的反应的伦理更广泛。伦理响应在这一经验意义上与人类存在的所有表现响应。这就是为什么在这一视角中痛苦、感情和情绪也能起突出作用。因此响应的不断使用或明或暗地为自由观念的发展提供了潜力,强调其他经验的维度,而非唯理智论者反思的维度(Mattingly等,2018:28)。

(四)道德与政治的关联

转向之前人类学家在思考与政治相关的伦理/道德的努力中,道德经常是在推动或建立政治批评基础的意义上区别于政治的。南希·舍珀-胡芙(Nancy Scheper-Hughes)和保罗·法默指出,讨论道德的关键是努力回应边缘化、伤害和侵犯特定个人、群体或社区的经济和政治体系。在这一情境中,道德被理解为通过向权力讲真话(Scheper-Hughes,1995)行善或寻求正义的动力相关,以及对不平等的社会故障做出反应(Farmer,1999)。

与这一方法不同,道德转向的一些早期和最有影响的贡献明确寻求思考与政治不同的伦理/道德。对这些学者来说,伦理/道德与政治不同,当个人的或其他的自由的反思实践产生危机时,它就会产生(Faubion,2001:101)。这里,政治(与社会很像)被塑造为权力领域,主要以决定论的方式,设置了由特定社会行动者采取行动的一系列可能性。

正如马哈穆德关于埃及性别化虔诚政治的有影响的作品揭示的一

样,需要重新思考伦理、自由、权力和政治之间的关系,以更好地理解为什么 20 世纪 90 年代中期的埃及妇女回归到传统伊斯兰价值和实践(这些价值和实践原本被认为是父权制的,因此大大削弱或限制了她们的自由)。在此基础上,马哈穆德最终发展了一种对能动性的理解,不是由抵抗或独立自主来界定,而是塑造特定性别化的气质和美德的积极斗争(Mahmood,2005)。

在马哈穆德通过伦理批判性地重新思考能动性的政治时,特克汀(Miriam I. Ticktin)和法桑合作在关于人道主义和照顾政治的作品中探讨了道德和政治之间的关联点。通过追溯二者之间相互影响的动力,与早期试图将政治批评建立在道德评定基础上的作品不同,法桑和特克汀追溯了道德律令刺激政治领域的方式,反之亦然。在这一描述中,道德因此通过"参与和再生产一系列权力关系"暗中加强了不同形式的不平等、边缘化和暴力(Ticktin,2011:20)。

潘迪安和史蒂文森(Lisa Stevenson)也致力于通过质疑所谓的"殖民权力的道德盔甲和道德行为的地方传统"(Pandian,2009:15),进一步分析了道德与政治之间的相互关系,关注政治塑造的暴力形式如何被特克汀和法桑分析的某一类道德义务所支持,但是史蒂文森和潘迪安更进一步思考了道德如何超越特定的政治情境。

除此之外,还有其他民族志作品阐释了处在政治情境中但又独特的伦理和道德生活模式①。每一部作品,以自己的方式,考察了道德存在模式如何受特定的政治和经济条件的约束,同时超越了这些条件。这些关于政治可能性和道德世界如何相互纠缠的探讨,在倡导道德转向的同时也提供了思考政治的新源泉。

这些在道德人类学研究中反复出现的议题表达了道德生活复杂性的不同方面,同时探讨了人们理解道德生活的反思性和应对道德困境的主体性。尽管西方学者对道德的人类学思考离不开西方道德哲学传

---

① 参见 Das,2007;Garcia,2010;Bialecki,2016;Dave,2012;Zigon,2011;Throop,2014;Brodwin,2013;Mattingly,2014。

统的影响,其人类学的眼光仍然对发掘人性和文化情境的关联进而重新把握经典的概念和解释框架提供了新的视野和启发。

结语:人类学道德转向的意义和启示

通过对当前困境的挑战和反思,道德人类学开拓了新的研究领域,启发我们质疑当今社会出现的道德和伦理问题,揭露不可见的风险,挑战我们看世界的方式。同时人类学的道德转向可以说是人类学"自我的技术",对人类学研究而言具有理论、分析及方法论的意义。

在理论层面上,这些研究被认为提供了对社会科学的中心问题的最新回应:个人与社会、结构与能动性的关系。人类学的道德转向很大程度上是要突破涂尔干"道德等同于社会"的范式,强调个人在实践道德过程中的主体性。但是随着研究的深入,学者们开始质疑道德人类学究竟能离开涂尔干的范式走多远,认为对个体道德主体性的强调不应以忽视道德的社会性为代价(Yan,2011),道德混融于社会,很难将其化约到个人层次(李荣荣,2017:32)。同时道德人类学研究反思了能动性概念中的工具理性,试图理解道德生活的独特性,即社会-历史-文化场景中"自由的反思实践",把握人们道德自我塑造与营造社会生活之间的复杂关系,而这是与规范、价值和感情紧密交织在一起的。

在分析层面上,这些研究提供给人类学机会以拓宽甚至丰富对社会活动复杂性的描述。因为道德以不同形式呈现于社会生活中,例如仪式礼节、言谈中的用词和声音,以及针对行动的理由或评价(Keane,2010:64—83),涉及规范、理性、直觉、价值和情感等。同时人们的道德经验在美好生活及善的追求中也不得不面对生活中的苦痛、危机和不确定性,在积极主动的实践中也不得不接受冲突、协调和无法避免的后果。对于道德经验多元性的探讨启发我们拓展传统的人文社会科学的研究界限,深入到心、神、性的层面(费孝通,2003),从而加深对文化和人性的理解。

在方法论的层面上,这些研究通过对特定社区道德经验与全球政治、经济和文化过程互动的深入描述和分析创造了一种新的反思形式,涉及这门学科长期以来被认为不证自明的道德想象:对差异的容忍和尊重,启发我们关注道德生活的独特性和道德参与的重要性,承认人们的道德经验受社会-历史-文化场景约束的同时也在不断超越这些条件的限制,深入到人类共同关心的终极价值的探讨和追求。因此,我们在尊重差异的同时,也必须警惕以此为基础将公共领域中的道德话语和情感庸俗化的倾向(Fassin,2014:435),以回避对道德问题的关注和探讨。道德人类学并不意味着人类学的"道德化",而是在反思既有概念和观点的基础上深化对人们道德生活的理解。

在全球化和社会变迁的时代,道德人类学的发展启发我们反思工具理性和主导的西方概念,追求生活的价值,抵制各种不道德的话语和实践,探讨道德生活的主体性、反思性和多元性特点,引发了越来越多的关注。

对于今天的中国社会而言,一方面道德危机日益成为人们关注的中心,社会生活中的不道德现象如高铁霸座、老年人碰瓷、学术造假等的曝光一再冲击着人们的道德观。另一方面社会生活的多元化使得道德观无法用统一的道德标准来评判,因此人们的社会经验弥漫着他们的道德概念和道德性情。

但是长期以来社会上对于道德现象的理解存在两种倾向:一是将道德抽象化和理想化,关注"应该"如何成为社会生活中的主导话语,如何影响着社会关系,并且如何在社会变迁的条件下指导实践,同时在"应该如何"的前提下评价社会生活的"是"(Widlok,2004:66),偏离了人们在道德生活中真正的需求和目标。另一种是将道德理性化的倾向,忽视了其中承载的情感、意义和价值,无法解释人们如何在不断变化的情境中实现与伦理需求的相协调,及如何从相互参与中获得道德反思。而人类学的道德转向试图克服将社会实践工具化的弊端,还原道德生活的丰富内涵,对于我们深入理解当今的道德问题及人们真正的道德需求无疑具有重要的启发意义。

参考文献

Aristotle 2003, *Nicomachean Ethics*. J. A. K. Thomson & H. Tredennick (trans.). New York: Penguin Classic.

Bialecki J. 2016, "Diagramming the Will: Ethics and Prayer, Text and Politics."*Ethnos* 81(4).

Brodwin, P. 2013, *Everyday Ethics: Voices from the Front Line of Community Psychiatry*. Berkeley: California University Press.

Carrithers, Michael 1985, "An Alternative Social History of the Self. " In Michael Carrithers, Steven Collins & Steven Lukes (eds.), *The Category of the Person: Anthropology, Philosophy, History*(pp. 234—256). Cambridge: Cambridge University Press.

Das, V. 2007, *Life and Words: Violence and the Descent into the Ordinary*. Berkeley: California University Press.

Dave N. 2012,*Queer Activism in India: A Story in the Anthropology of Ethics*. Durham, NC: Duke University Press.

Durkheim, Emile 1961[1925], *Moral Education: A Study in the Theory and Application of the Sociology of Education*. Glencoe, IL: The Free Press.

Evans-Pritchard, E. E. 1937,*Witchcraft, Oracles and Magic among the Azande*. Oxford, UK: Clarendon.

—— 1962, *Essays in Social Anthropology*. London: Routledge.

Farmer, P. 1999, *Infections and Inequalities: The Modern Plagues*. Berkeley: California University Press.

Fassin, Didier 2014, "Introduction: The Moral Question in Anthropology. " In Didier Fassin & Samuel Lézé(ed.), *Moral Anthropology: A Critical Reader*(pp. 1—11). New York: Routledge.

—— 2014, " The Ethical Turn in Anthropology: Promises and

Uncertainties. " *HAU: Journal of Ethnographic Theory* 4(1).

Faubion, J. D. 2001, "Toward an Anthropology of Ethics: Foucault and the Pedagogies of Autopoiesis. " *Representations* 74(1).

—— 2011, *An Anthropology of Ethics*. Cambridge, UK: Cambridge University Press.

Firth, R. 1953, "The Study of Values by Social Anthropologists. " *Man* 53.

Foucault, Michel 2000, *Essential Works of Michel Foucault 1954—1984(I): Ethics: Subjectivity, and Truth*. Paul Rabinow(ed.), Robert J. Hurley(trans.). London: Allen Lane.

Garcia, A. 2010, *The Pastoral Clinic: Addiction and Dispossession along the Rio Grande*. Berkeley: California University Press.

Grøn, L. 2017, "The Tipping of the Big Stone — and Life Itself: Obesity, Moral Work and Responsive Selves over Time. " *Culture, Medicine, and Psychiatry* 41(2).

Hamdy, Sherine 2012, *Our Bodies Belong to God: Organ Transplants, Islam, and the Struggle for Human Dignity in Egypt*. Berkeley, CA: University of California Press.

Han, C. 2014, "The Difficulty of Kindness: Boundaries, Time and the Ordinary. " In V. Das, M. D. Jackson, A. Kleinman & B. Singh(eds.) , *The Ground Between: Anthropologists Engage Philosophy*(pp. 71—93). Durham, NC: Duke University Press.

Heintz, Monica(ed.) 2009, "Introduction. " In Monica Heintz(ed.), *The Anthropology of Moralities*. New York, Oxford: Berghahn Books.

Keane, Webb 2010, " Minds, Surfaces and Reasons in the Anthropology of Ethics. " In Michael Lambek (ed.), *Ordinary Ethics: Anthropology, Language, and Action* (pp. 64—83). New York: Fordham University Press.

—— 2016, *Ethical Life: Its Natural and Social Histories*. Princeton, NJ: Princeton University Press.

Kluckhohn, C. 1944, *Navaho Witchcraft*. Boston: Beacon.

Kuan, T. 2015, *Love's Uncertainty: The Politics and Ethics of Child Rearing in Contemporary China*. Berkeley: California University Press.

Laidlaw, James 2002, "For an Anthropology of Ethics and Freedom." *Journal of the Royal Anthropological Institute* 8(2).

—— 2013, "Ethics." In Janice Boddy & Michael Lambek(ed.), *A Companion to the Anthropology of Religion* (pp. 171—188). Wiley Blackwell: John Wiley and Sons.

—— 2014, *The Subject of Virtue: An Anthropology of Ethics and Freedom*. Cambridge: Cambridge University Press.

Lambek, Michael 2015, *The Ethical Condition: Essays on Action, Person and Value*. Chicago: Chicago University Press.

—— (ed.) 2010, *Ordinary Ethics: Anthropology, Language, and Action*. New York: Fordham University Press.

Louw, M. 2018, "Haunting as Moral Engine: Ethical Striving and Moral Aporias among Sufis in Uzbekistan." In C. Mattingly, R. Dyring, M. Louw & T. Wentzer(eds.), *Moral Engines: Exploring the Ethical Drives in Human Life* (pp. 83—99). Oxford, UK: Berghahn.

Mahmood, Saba 2005, *Politics of Piety: The Islamic Revival and the Feminist Subject*. Princeton, NJ: Princeton University Press.

Malinowski, B. 1936, *The Foundations of Faith and Morals: An Anthropological Analysis of Primitive Beliefs and Conduct with Special Reference to the Fundamental Problems of Religion and Ethics*. London: Oxford University Press.

Marett, R. R. 1931, "The Beginnings of Morals and Culture." In W. Rose(ed.), *An Outline of Modern Knowledge*. London: Victor

Gollancz.

Mattingly, C. 2014, *Moral Laboratories: Family Peril and the Struggle for a Good Life*. Berkeley: California University Press.

——, R. Dyring, M. Louw & T. Wentzer (eds.) 2018, *Moral Engines: Exploring the Ethical Drives in Human Life*. Oxford, UK: Berghahn.

—— & Jason Throop 2018, "The Anthropology of Ethics and Morality." *Annual Review of Anthropology* 47.

Mauss, Marcel 1985, "A Category of the Human Mind: the Notion of Person; the Notion of Self." In Michael Carrithers, Steven Collins & Steven Lukes (eds.), *The Category of the Person: Anthropology, Philosophy, History* (pp. 1—25). Cambridge: Cambridge University Press.

Meinert, L. 2018, "Every Day: Forgiving after War in Northern Uganda." In C. Mattingly, R. Dyring, M. Louw & T. Wentzer (eds.), *Moral Engines: Exploring the Ethical Drives in Human Life*(pp. 100—115). Oxford, UK: Berghahn.

Pandian, A. 2009, *Crooked Stalks: Cultivating Virtue in South India*. Durham, NC: Duke University Press.

Read, K. E. 1955, "Morality and the Concept of the Person among the Gahuku-Gama." *Oceania* 25(4).

Robbins, Joel 2004, *Becoming Sinners: Christianity and Moral Torment in a Papua New Guinea Society*. Berkeley, Los Angeles, and London: University of California Press.

—— 2007, "Between Reproduction and Freedom: Morality, Value, and Radical Cultural Change." *Ethnos* 72(3).

Rogers, Douglas 2009, *The Old Faith and the Russian Land: A Historical Ethnography of Ethic in the Urals*. Ithaca: Cornell University Press.

Scheper-Hughes, N. 1995, "The Primacy of the Ethical: Propositions for a Militant Anthropology." *Current Anthropology* 36(3).

Stafford, C. (ed.) 2013, *Ordinary Ethics in China*. London: Bloomsbury.

Stevenson, L. 2014, *Life Beside Itself: Imagining Care in the Canadian Arctic*. Berkeley: California University Press.

Throop, C. J. 2010, *Suffering and Sentiment: Exploring the Vicissitudes of Experience and Pain in Yap*. Berkeley: California University Press.

—— 2014, "Moral Moods." *Ethos* 42(1).

—— 2018, "Being Otherwise: On Regret, Morality, and Mood." In C. Mattingly, R. Dyring, M. Louw & T. Wentzer(eds.), *Moral Engines: Exploring the Ethical Drives in Human Life*(pp. 61—82). Oxford, UK: Berghahn.

Ticktin, M. I. 2011, *Casualties of Care: Immigration and the Politics of Humanitarianism in France*. Berkeley: California University Press.

Westermarck, E. 1932, *Ethical Relativity*. London: Kean Paul.

Widlok, Thomas 2004, "Sharing by Default?: Outline of an Anthropology of Virtue." *Anthropological Theory* 4(1).

Yan, Yunxiang 2011, "How far away can We Move from Durkheim? Reflections on the New Anthropology of Morality." *Anthropology of This Century* 2.

Zigon, Jarrett 2011, "*HIV is God's Blessing*": *Rehabilitating Morality in Neoliberal Russia*. Berkeley: California University Press.

—— 2007, "Moral Breakdown and the Ethical Demand: A Theoretical Framework for an Anthropology of Moralities." *Anthropological Theory* 7(2).

贝特森,格雷戈里,2008,《纳文——围绕一个新几内亚部落的一项仪式

　　所展开的民族志实验》,李霞译,北京:商务印书馆。

本尼迪克特,露丝,2009,《文化模式》,王炜译,北京:社会科学文献出
　　版社。

费孝通,2003,《试谈扩展社会学的传统界限》,《北京大学学报(哲学社
　　会科学版)》第 3 期。

李荣荣,2017,《伦理探究:道德人类学的反思》,《社会学评论》第 5 期。

米德,玛格丽特,1988,《三个原始部落的性别与气质》,宋践等译,杭州:
　　浙江人民出版社。

莫斯,马塞尔,2002,《礼物》,汲喆译,上海:上海人民出版社。

（作者单位:中南大学公共管理学院）

夹坝者的抉择
—— 关于清代郭罗克"夹坝"的人类学阐释[*]

何贝莉

有清一代,文献档案中明确记载的郭罗克事件共有 70 件,具体可分为两类:夹坝[①]事件有 46 件,非夹坝事件有 24 件。而在后者中,间接与夹坝相关的事件多达 20 件。余下 4 件的主题为征调郭罗克番兵,以及调解郭罗克与周边部落的纠纷。可见,清朝时期的郭罗克事件史,实际是一部郭罗克"夹坝"事件史——"历史"的核心事件,即为"夹坝"。

然,档案文献记述的郭罗克"夹坝"事件史,因叙述主体为中央政权清廷,其呈现的,实际是帝国视角"他者"眼中的郭罗克夹坝——这与郭罗克人自身对夹坝的认知和理解,会有何不同? 生发自中央与地方的不同观念,又会如何交织、相互影响,进而作用于"夹坝"与治理"夹坝"之实践? 而这一系列的实践过程,又将折射出清廷、西藏、准噶尔和郭罗克之间怎样的复杂关系?

本文试图从历史人类学的视角出发,对以上相关命题做以尝试性的探讨。

---

* 本文节选自本人的博士后出站报告,博士后导师才让太教授对相关的田野考察和论文写作提供了极大的帮助。感谢陈庆英教授、曾国庆教授、王铭铭教授在出站报告答辩会上的悉心指导。同时感谢昝涛、岳秀坤、陈波、吕文利、典蓉等老师对本文写作的帮助与鼓励。本文受中央美术学院自主科研项目资助(项目编号:19QNQD030)。文责自负。

① "夹坝"是藏文 jag-pa 的音译,意为抢劫、劫掠财物者,但非盗贼或小偷,特指这类人群。在具体的文献史料中,"夹坝"有时也指抢劫行为,特指这种行为。

一、关于郭罗克夹坝的"地方性知识"

乾隆六年十一月辛卯(1742 年 1 月 6 日),川陕总督尹继善奏:

> ……查郭罗克土番远处边外,苗性凶悍。每于口外旷僻路迳伺候番夷行旅,抢劫牲畜,名为夹坝,然实无犯顺侵扰之事(西藏研究编辑部,1982a:421—422)。

这段奏疏,最早解释了郭罗克与"夹坝"的关系,或可视为清廷地方官员对郭罗克及其犯事的整体观感;这一观感,或也奠定了清中央政权对郭罗克地方的基本想象。

所谓郭罗克,其居之地,虽"远处边外",却又恰好在唐蕃古道的必经之路上,其间不乏往来行旅;民风特征,本土番人,性情"凶悍";所犯之事,口外抢劫番夷行旅,名为"夹坝";犯事性质,"实无犯顺侵扰"。最后一句似在暗示,郭罗克"夹坝",虽为地方政治经济的不安定因素,但尚未动摇国本,也未危及清朝统治的安全与整体性。

就这样,在清廷看来,"夹坝"一词已毋庸置疑与郭罗克地方联系在一起,几乎可以视为郭罗克的"代名词"。

倘若《清实录》中的郭罗克史事所记不虚,则应先问一句:郭罗克夹坝是否是清朝时期才有的个别现象? 如果不是,那么郭罗克各部族为何又要一而再、再而三施行"夹坝"?

据果洛①藏族自治州政协副主席俄合保回忆,"抢劫事件,在果洛成为习俗。其中有年劫、季劫、月劫等之分。大规模地(的)抢劫,必须纠合大队人马,向别的部落行劫。事前遴选剽悍人物做头目,全体立誓服从。劫得财物后,先送官人一份头份,给带领抢劫的头目分给马匹,其

---

① 在《清实录》中,"果洛"在嘉庆之前是为"郭罗克",嘉庆二十二年(1817)出现"果洛克"一词,道光以后,通称"果洛",清末时出现"俄洛"一词,民国时期通用"俄洛""果洛"之名。上述不同的称呼均为藏文 mgo-log-khag 或 mgo-log 的音译(参见王海兵,2017:23)。

余分为两部分,给提供武器、马匹、粮秣的等人,分配大的股份;给参加抢劫的人及公共摊派的帐篷,灶具的,分配给股份。如果捉来了人,当作奴隶";与之相应,若"部落财物一旦被抢劫,土官得报告,即派出人马追赶。倘有不听号令者,则按具体情况处罚。财物被暗中偷窃时,即进行追查。如是已宰杀的牛羊,搜查可疑人的家。如偷去的是活牲畜,即追查畜群,或设法探询偷窃人。一旦查出来,对偷窃者提出诉讼"。又如,"凡遭到另一部落的抢劫或偷窃,即派出相当数量的人马,进行报复,掳回的财物,给官人提出头份,受害者也得一份"(俄合保,1982:114—115)。

由此可知,在传统上,郭罗克"夹坝"是地方习俗,是由来已久、周密而系统的集体性行为,绝非一时一处的偶发事件。从时间与规模上看,有年、季、月之分:年劫是经年一次,季劫是夏季三个月内抢劫,月劫是经过一个月的抢劫(俄合保,1982:115)。不仅发生频密,且有严格规制。以组织行为来看,先有宗教仪式做保障,后有人员调配和人马配合,以及详尽的实施流程。从功能与结果判断,有细致的分赃制度和奖惩措施;无论掠与被掠,最终还有完备的善后事宜。并且,多是以地方内部的管理者官人牵头,主持或默许夹坝,从中获大利益。

如今,我在果洛做田野考察时,几乎不曾闻言有"夹坝"发生。只是,在和其他地方的藏族人闲聊时,说到自己长居果洛,对方难免会侧目鄙夷。甚有一人,直截了当地告诉我:"你这是掉进了土匪窝子!"似乎,生活在果洛周边的多数藏族人对果洛实无好印象,"野蛮""彪悍""弄刀弄枪""打架伤人""蛮横无理"是其他地方的藏族人在谈到果洛时,经常提及的字眼。

在寺院学习安多藏语(藏区三大方言中的一种)时,我常跟师父感叹,这次终于不用惦记那些"敬语"了——此前,在拉萨学习卫藏语,总是苦于繁复多变的敬语,唯恐错用,遭致误解。而安多藏语,简单明了,没有一个多余的字眼,更无须顾虑那些敬语的使用(其实,安多藏语中也有敬语,繁简与否,只是相对卫藏语而言)。对此,师父解释说:卫藏话是做官的人讲的话,上下尊卑分得清楚,敬语自然是不能少;安多话是打仗的人讲的话,战场上瞬息万变,时不我待,必须用简单扼要的话快速交换或传达信息——这是"勇士"交流的习惯。

面对看似抵牾的他者判断和自我评价,我反复体会了很久,才逐渐意识到:"土匪"与"勇士"这两个看似风马牛不相及的字眼,可能指的是同一类人——"夹坝"者。只不过,果洛之外的人(包括一些藏族)对其充满贬损,斥之为土匪、强盗、窃贼;而果洛人自己却对其充满赞许,以英雄、将领、战士等称号赞誉之。如今,夹坝之风虽已无存,但在果洛一域,当地藏族人对"夹坝"的记忆却仍未散尽。

"夹坝"习俗之所以在果洛影响深远,有其深刻的社会历史、宗教文化原因。"早先,果洛地区盛行本教。尽管后来本教在藏区的统治地位为佛教所取代,但它的遗迹却在藏族牧民的社会生活中随处可见""位于果洛久治县西南部的'年保页什则'是果洛境内的第二大神山,被当地牧民封为神山。……每当要开展大的劫掠行动时,不论男女老幼,都要聚集在'年保页什则'神山的周围,煨桑祭祀,举行多种宗教仪式,祈求山神保佑出外劫掠取得成功"(邢海宁,1994:109—110)。

其次,"将勇敢当做一大美德,是藏族古已有之的传统。……'所谓英雄者,指对敌勇敢,愤怒亦有所为而发,即为英雄。'果洛自然环境极其恶劣……在部落里,男人以正直善良,会经营牲畜,能骑善射,犷悍勇敢为强者"(邢海宁,1994:110)。"一旦遇到外部族侵入,部落成员都要进行抵抗,直到把入境的人畜赶出界外,甚至为部落拥有更多的生产、生活资料,到其他部落进行掠夺。部落对英勇能战者视为英雄和授予英雄称号,并给予枪马等物质奖励,受到全部落的尊重"(李丽,1994:31)。

再次,"在果洛,每个人对自己的战神必须深信无疑。战时必须人人争先。凡在战斗中落伍的,即撕下落伍者上衣的下摆,并将其裹在其脖颈上——据说战神一般附着在人的头脑和右肩上,如果将衣服下摆撕下裹于项颈,便使战神受到玷污,使神力受到损害,使其生命失去保障,其脸面从此无光——可见这种惩罚是极其严重的"(邢海宁,1994:110)。

除宗教信仰与精神层面的意义之外,"夹坝"对于果洛藏族而言,还有更为实际的社会功能,它甚至可以改变夹坝者的社会身份和经济地位。

"果洛地区在解放前,部落内部统属封建关系,不像其他藏族地区各部那样有千户、百户以及百长等名称。……果洛各部,每部大头目,称为土官……。每个土官属下的各小部落,各有小土官,称为宦缠(dpon-phran,དཔོན་ཕྲན),亦称官人。这些小土官,都是自己的上级大土官的伦布(blon-po,བློན་པོ),意为臣子。而每个小土官属下,则有什长(bcu-pon,བཅུ་པོན)。这些什长,也都是直属上级小土官的伦布。因此,它的封建隶属关系是大土官—官人(伦布)—什长(伦布)—群众"(俄合保,1982:110—111)。

如果说果洛内部的这种管理阶序,是一个相对稳定的社会经济结构;那么"夹坝"则能作用于这套结构,使之发生些许仅就个体而言的改变。例如,果洛诸部的头人"对谋划有功、战斗出色、表现出众的人物,要授予一种特殊的名位——达彦(dar-wan,དར་ཡན)。获得这一名位,便取得了可以蠲免差役的特权。……有的终生免除差役,有的可免三年差役,有的则可免差役一年"(邢海宁,1994:110—111)。

另一方面,那些积极参与夹坝的部族成员,不仅能借此获得声誉,且无论生死皆无"后顾之忧",因其本人以及他的家族均会得到整个部族的照拂。"在掠夺活动中,如果本部落成员为集体利益杀死他部落成员,则被本部落推崇为'英雄',并竭力保护其生命安全,死者的'命价'也由全体部落成员负担。同样,在抢劫过程中阵亡的成员,也被受害者部落推崇为'英雄',其家属及子女的生活费用由部落成员集体负担,并积极为死者报仇,或讨取命价"(李丽,1994:33)。

如此,"夹坝"关系到部落内每个参与者的切身利益,并与社会生活、经济收益、个人声望息息相关,以至于在"明清时期及至解放前,劫略行为成为果洛藏族的时尚和一种必要的经济活动"(李丽,1994:33)。

诚然,解放以前果洛夹坝的"地方性知识",无法直接用于阐释清朝时期的郭罗克夹坝;我在田野考察中听闻的关于夹坝的"历史记忆",亦无法还原出数百年前的夹坝事件。但是,据此可证的郭罗克夹坝的"长时段"特征至少能说明一点:《清实录》最初记载的郭罗克夹坝,虽不过是"每于口外旷僻路迳伺候番夷行旅,抢劫牲畜"这么简单的一句话;但归根究底,却涉及深厚的地方性的宗教、文化、社会制度和经济关系——这或许是清廷在试图治理郭罗克"夹坝"时,始料未及的。

二、乾隆帝治"夹坝"

"17世纪末到18世纪中叶,是西藏地方从动乱走向安定的时期" (多卡夏仲,2002:1)。此间30年,出现了布达拉宫相继存在三位第六世达赖喇嘛的混乱局面。直至清廷几度出兵,强化西藏的政治、军事管理,西藏地方才逐渐恢复安定。

清康熙五十六年(1717),蒙古准噶尔部发动侵藏战争,西藏地方政府大敌当前,毫无准备。后藏贵族颇罗鼐奉拉藏汗之命,紧急征集卫藏地区的民兵,奋力抵抗。虽然扭转了战斗初期的不利局面,但终以失败告罄。康熙五十九年(1720),颇罗鼐和康济鼐乘清军第二次用兵西藏之际,各自举兵大战后藏、阿里一线,配合清军平定准噶尔之乱(曾国庆、黄维忠,2012:20)。六十年九月丁巳(1721年11月18日),"蒙古王、贝勒、贝子、公、台吉及土伯特酋长等奏:'西藏平定,请于招地建立丰碑,以纪盛烈,昭垂万世。'"(西藏研究编辑部,1982a:267)。清廷批准了此奏,这也意味着"厄鲁特蒙古贵族控制西藏地方政权的历史结束、清朝直接任命西藏上层僧俗分子掌控地方政权的历史开始"(张羽新,2004:2)。

与此同时,在议政大臣的奏疏中,首次出现了"郭罗克"之名及其夹坝事件:

> 议政大臣等议奏:
>
> 据驻扎西藏额驸阿宝移称:"青海索罗木地方之西有郭罗克部落唐古特等,肆行劫掠往来行人,曾将驻扎索罗木兵马匹盗窃而去。查郭罗克地方与归附我朝之多隆汗地方相近,应行令多隆汗晓谕伊等,嗣后宜遵守法度,不得仍前肆行。倘伊等不遵训谕,请即发兵前往将首恶之人惩治。今多隆汗于伊属下之人拣选有才干

者,使为郭罗克部落之首,则西宁、青海等处往来使人及商贩之人,俱获安静。"应如所请(西藏研究编辑部,1982a:268)。

数日后,即康熙六十年十月癸亥(1721 年 11 月 24 日),清朝议政大臣复议郭罗克一事,欲行兵剿。[①] 而吊诡的是,郭罗克夹坝犯事就发生在清廷以军事力量平定西藏地方之时。

郭罗克肆行抢劫往来行人,偷窃驻军的兵马匹,虽不至于造成"内乱";但在议政大臣等看来,应发兵围剿,一举平定。此议得到康熙帝的应允。为此,清廷试图集合西藏、青海多隆汗、四川松潘等郭罗克周边的军事力量,共同进剿郭罗克。[②] 对郭罗克的这场围剿,似是承袭清廷平乱治藏的思路与策略而来,试图通过军事征战,"剿抚郭罗克番人"(西藏研究编辑部,1982a:270),一劳永逸。当时的战果,亦未令清廷失望。[③] 雍正元年十月(1723 年 11 月),因"平郭罗克贼番"之功绩,为相关的地方官员封赏进爵——这就是《清实录》中,在雍正年间关于郭罗克的唯一记录。由此,郭罗克的夹坝之风,大约"平息"了 15 年。

乾隆三年四月(1738 年 6 月),郭罗克"贼番"劫杀其他番民纳贡的

---

①　"四川陕西总督年羹尧疏言:'郭罗克各寨有隘口三处,俱属险峻,利用步卒,不宜骑兵。若多调官兵,恐口外传闻,使贼得潜为准备,不如以番攻番,量遣官兵带领,较为便易。臣向知郭罗克附近之地如杂谷等处土司土目,亦皆恨其肆恶,愿出兵助剿。臣自陛辞回任,即与提臣岳锺琪商议,遣官约会杂谷土司等。据称:宜及时进剿,恐冬天雨雪冻阻难行。适据额驸阿宝移文,奉旨命臣与岳锺琪酌量进剿机宜,臣遵即移咨提臣,令速赴松潘,选领镇兵出口,并督率土兵前进。其西宁满洲兵及青海蒙古等兵,不必再行调遣。'应如所奏。"从之(西藏研究编辑部,1982a:269)。

②　或有学者将这次战争定性为阶级斗争,"清朝统治青海后,对各族人民的压迫、剥削日益残酷,激起各族人民的不满和反抗。最初,三果洛属杂谷土司管辖,清军扎千名,横征暴敛,无所不为。康熙六十年(1721),果洛藏族人民首先起来反抗清朝的严酷统治,四川提督岳锺祺(即岳钟琪——笔者注)调杂谷兵、满兵及察罕丹津的蒙古兵镇压"(参见黎宗华、李延恺,1992:171)。但这种强烈的阶级对抗性,若仅凭《清实录》的郭罗克(果洛)史料,尚难以佐证。

③　四川提督岳锺琪疏报:"剿抚郭罗克番人,俱已平定。"得旨:"据岳锺琪奏:'贼番伏兵千余突出对敌,被我土兵连败数阵,逃奔过河。复攻取下郭罗克之吉宜卡等二十一寨,杀死贼番甚多。连夜进兵,直抵中郭罗克之纳务等寨。贼番犹敢对敌,我兵奋不顾身,自卯至酉连克一十九寨,斩杀三百余级,擒获贼首酸他尔蚌、索布六戈。复亲督官兵抵上郭罗克之押六等寨,正欲攻取,该寨头目旦增等将首恶假磋并为从格罗等二十二名绑缚献出,率领阖寨男妇老幼叩头求饶。只将为从贼番尽行正法,首恶酸他尔蚌、索布六戈、假磋解送'等语。殊属可嘉,在事官兵着议叙具奏"(西藏研究编辑部,1982a:270)。

马匹和银两,再度惊动朝廷。① 对此,川陕总督查郎阿认为,"口外与内地不同,且番人性情反覆靡常,劫杀事所恒有。若照内地律例绳之以法,不惟彼此怀仇,辗转报复,且恐各生疑惧,致滋事端。……应请嗣后有犯悉照夷例罚服完结"。查郎阿的判断,符合郭罗克的地情。与其说郭罗克的劫杀行为是对清廷的挑衅,倒不如认为是地方生活的一部分,才会"劫杀事所恒有"。况且,对于这类事件,郭罗克地方自有一套解决方法,若强行用内地律例加以规范,恐怕效果会适得其反。如是,清廷决议:日后,若是郭罗克番人与汉人争斗抢夺,照"内地律例"科断;若是郭罗克番人之间的抢劫杀盗,按郭罗克"夷例"处置。换言之,清廷不管理郭罗克的内部事务,政法律令也不适用于郭罗克的内部治理;但,郭罗克番民一旦"涉外"犯事,触及他族他人的利益,国法律例便会作用于斯。这一决策,在乾隆四年八月(1739 年 10 月)的奏疏中,再度得以强调。②

　　或由此开始,清廷有意识地区分出郭罗克夹坝的"内""外"之别,以判断劫杀事件的性质与处理方式。记载于《清实录》中的郭罗克夹坝,均为"涉外"夹坝:或是侵犯"境外"的其他部族③,或是在境内抢劫往来的"外来者"④。

---

　　① 　至是,大学士仍管川陕总督查郎阿疏称:"本年十二月内,获夥盗坎架及独各折卜二名。独各折卜于取供后病故,尚有厄零奇素等二十一人,俱系生番,远遁无踪。盖因口外与内地不同,且番人性情反覆靡常,劫杀事所恒有。若照内地律例绳之以法,不惟彼此怀仇,辗转报复,且恐各生疑惧,致滋事端。今此案盗犯虽止获二名,而所劫银两、马牛等物,业经照数追赔给主。应请嗣后有犯悉照夷例罚服完结。"部议:"如所请。嗣后郭罗克番人与汉人争斗、抢夺等事,仍照例科断。其番人与番人有命盗等案,俱照番例完结。"从之(西藏研究编辑部,1982a:378)。

　　② 　兵部、刑部会议复:"……又(甘肃按察使)包括奏称:'原署陕督刘于义奏将甘属南北山一带番民仇杀等案,宽限五年,暂停律拟,姑照番例完结,仰蒙俞允。今甘省番目、喇嘛所管者,归化虽坚,而熏陶未久,五载之期,转瞬将届,若按律断拟,转谓不顺民情,请五年限满之后,番民互相盗杀,仍照番例完结。'查刘于义奏准宽限以来,已逾三载,番民有无渐次革心,可否绳以法律,应令该省督、抚悉心酌议会题。"从之(西藏研究编辑部,1982a:391)。

　　③ 　参见乾隆八年二月辛丑(1743 年 3 月 12 日)的史料(西藏研究编辑部,1982a:434—435)。

　　④ 　这类例案很多,参见乾隆十六年七月甲申(1751 年 9 月 9 日)、乾隆十七年二月己酉(1752 年 4 月 1 日)、乾隆十七年四月己亥(1752 年 5 月 21 日)等史料(西藏研究编辑部,1982c:1214—1215、1225—1228)。

　　与康熙年间处理郭罗克夹坝——当时,清廷和地方一致同意军事围剿——的方式不同,乾隆帝未因抢劫偷窃之罪用兵郭罗克,而是周密地安排"驻防郭罗克地方"[①],意图以军事管控郭罗克,以兵威震慑夹坝。但吊诡的是,每当郭罗克抢夺犯事,清廷地方官员试图"派官兵勒献首恶""分别惩创"或"拨弁兵弹压"时,得到的清廷反馈多是"但须计出万全,毋致偾事""毋致冒昧偾事,亦不可姑息示弱""毋偾事,毋畏事"等(西藏研究编辑部,1982a:388、387、411、414、387、411、433)。总之,既不可姑息夹坝,向地方示弱;也不能霍然出兵,使事态激化。乾隆四年(1739)至七年(1742)间,清廷对郭罗克的辖制态度,实际游离在征伐与安抚之间。以官话来说,即"不可不使之畏天朝兵威,亦不可但以兵威压服,而不修德化也"(西藏研究编辑部,1982a:395)。

　　康熙六十年(1721)至乾隆九年(1744),前后相去二十多年,但清廷对郭罗克的策略却有鲜明的转变,各中缘由,或应为何?从清宫中档案和《清实录》的郭罗克史料来看,原因恐怕主要出自两个方面:其一,军事征讨对郭罗克地方的实际效用,以及郭罗克诸部针对官兵弹压的"对治"方法;其二,郭罗克周边地方,尤其是瞻对(今四川甘孜藏族自治州新龙县,比邻果洛,位于其南部)[②]与清廷的军事对峙和抵抗。

　　据载,乾隆四年八月(1739 年 10 月),四川巡抚布政使方显奏:"郭罗克贼番插什六架他等潜藏色利沟,差兵围捉,副土目蒙柯庇护,以致逃遁,仅献出贼番宁官儿之子,年甫十三"(西藏研究编辑部,1982a:390—391)。乾隆五年九月(1740 年 11 月),四川松潘镇总兵潘绍周奏:"郭罗克上、中二寨土目不能约束番众,且指示部落专以抢夺为生"(西藏研究编辑部,1982a:411)。可见当时,清廷的军事弹压并未得到郭罗

---

　　① 　清朝为加强对边疆少数民族地区的统治,曾设置将军、都统等八旗官兵分驻各省,坐镇地方,名为"驻防"(张羽新,2004:99)。另请参见乾隆四年六月甲辰(1739 年 8 月 3 日)的史料,或见乾隆四年八月乙亥(1739 年 9 月 3 日)的史料(西藏研究编辑部,1982a:388—390)。

　　② 　瞻对的地理位置极其重要。"清一代中央政府与西藏的联系,俱经川藏道路来实现。当时由打箭炉(今康定)出关,分为南北两条大道……瞻对地方正好位于南北道之间马蹄口的地方。由瞻对向北出石门坎、达仁沟,可扼北路商道之咽喉;南下雄辣山,可尽控雅江、理塘一带官道,故成为川藏之门户"(曾国庆、黄维忠,2012:96—97)。

克部族"土目"的支持与配合。有些土目,实际上是夹坝事件的主导者。他们不仅不约束番众,还指示他们抢夺;若有官兵追究,便帮肇事者逃脱,或用妇幼老人替罪。对郭罗克诸部"土目"在夹坝中的首要地位和消极作用,清廷的地方官员已然洞悉。

尽管郭罗克诸部"土目"有各种不配合,但清廷对郭罗克夹坝的治理,仍需要从这些头目入手,行"恩威并施"之法。如乾隆五年十二月(1741年2月),四川巡抚硕色奏:"……上、中郭罗克部落素性凶悍,每肆抢夺。先经总督查郎阿等奏拨弁兵弹压,其初颇知畏惧,近复公然藐视,纷纷抢劫"(西藏研究编辑部,1982a:414)。乾隆六年十一月(1742年1月),川陕总督尹继善奏:"……传集土官番目人等,宣布德威,反复开导,许以自新。番众颇知畏惧,遵将素为夹坝者陆续擒献,出具嗣后不敢为匪甘结。数月来已为帖服,应宽其锄剿"(西藏研究编辑部,1982a:422)。乾隆七年十一月(1742年12月),四川巡抚硕色、提督郑文焕奏:"郭罗克番民恃居险远,屡于口外抢夺夷商,自多方化诲以来,各番住牧较前颇似安静。但现在复有劫案,或系该番阳奉阴违,怙恶不悛,亦未可定"(西藏研究编辑部,1982a:433)。乾隆八年闰四月(1743年6月),四川提督郑文焕奏:"四月二十日,带领官兵行抵出皂驻营。臣未出口之先,檄调郭罗克正、副土目,齐集黄胜关外,听候宣谕。该酋等闻风知畏……来松,禀诉所属部番恣为夹坝……。经臣反复究诘,俱各俯首知罪,矢口输心,请以子侄为质,愿图自效。乃谕以朝廷宽大,姑缓锄剿,准与发兵临巢,俾其效力赎死"(西藏研究编辑部,1982a:442—443)。

根据以上记载,可大致概括出清廷和郭罗克之间"治"与"对治"的基本规律。无论,朝廷对果洛"宣布德威""多方化诲""许以自新",还是"拨弁兵弹压""严查勒献""发兵临巢",郭罗克土目均会做出一副"输诚服罪,认赔抢劫物件,永远遵守约束"的姿态(西藏研究编辑部,1982a:451—452)。这般姿态,多是为了求得"朝廷宽大,姑缓锄剿"。随后,或有数月帖服。然,好景不长,番贼很快又"公然藐视,纷纷抢劫""复有劫案"。事实上,在这反复不断的博弈中,郭罗克土目的举措甚至比清廷还要积极。乾隆八年(1743),四川提督郑文焕的奏疏便是一例:在清廷官员出关口进行治理之前,郭罗克头目已"闻风知畏",主动向其"俯首知罪,矢口输心"。这般示弱,何尝不是郭罗克在清廷"治"自己时所生发的一种"对治"行为？事实证明,郭罗克地方对清廷的"对治"行之有效。效用之一,即在于清廷不再将军事打击作为治理郭罗克的首要手段。

另一方面,在清廷看来,与"夹坝"相关的部族、地方,又何止是郭罗克,瞻对的夹坝犯案恐较郭罗克有过之而无不及。清康熙年间,瞻对地方分设三个土司①,他们"享有极大的自主权,俨然自己就是领地内的小皇帝""再有瞻对土司所属瞻民以强悍好斗著称,他们崇尚习武,加之土司的怂恿指使和当地山多田少的客观现实,所以有不少土民以戈猎游牧为生,这样自然就形成了以善战、劫掠为光荣,以偷安懦弱为耻辱的社会风尚""上、下瞻对番民,每以劫夺为生,惯为夹坝",这往往会导致"联系中央政府与西藏地方政府生命线的川藏大道被劫受阻,严重地影响对当地施政"(曾国庆、黄维忠,2012:97—99)。简言之,无论瞻对番民是否有意冒犯清朝的政权统治,但其夹坝劫案已犯边境安危,而被清廷视为对自身统治的冒犯或威胁。因此,清廷曾先后三次向瞻对用兵。

雍正八年(1730),清廷以马良柱率汉、土官兵一万二千人进剿下瞻对。这次报复性进剿遭到当地民众的顽强抵抗,在无计可施也无法深入瞻对境内的情况下,只好"隔河取结",草率收兵了事。十多年后,乾隆九年(1744),瞻对夹坝西藏江卡汛撤防官兵,再次触怒清廷,乾隆帝决定派兵进剿。次年(1745),四川提督李质粹率兵一万二千余人进逼瞻对,历时一年,靡饷几至百万,辗运仓谷七万石,人员银粮耗损极大。这第二次瞻对之战,最终在虚假的"胜利"声中结束。乾隆十二年(1747),有谕作结:"番性难驯,又多狡狯,虽各分门户,而声气相通,鬼蜮之伎,随在皆有。即如郭罗克之后,则有瞻对,又继之以金川"(西藏研究编辑部,1982b:641)。可见,在清廷看来,中央政权对郭罗克、瞻对、金川的进剿战事,相互牵扯,实为"一体"。② 所以,清廷对瞻对两次

---

① 上瞻对谷纳土千户、中瞻对茹色长官司、下瞻对安抚司(曾国庆、黄维忠,2012:97)。
② 参见曾国庆、黄维忠,2012:102—117。

进剿的"实败",在很大程度上也影响到清廷对郭罗克战事判断。

如是,于乾隆十七年(1752),针对郭罗克夹坝,有谕宣称:

> 番人越在远徼,不能如内地州、县,绳以国法,原属人性不通之
> 类。第该处乃通藏要路,不可听其恣行劫掠。是以应化诲约束,使
> 知畏服,庶几徼其将来耳,用兵一事,谈何容易? 必当权其轻重,值
> 与不值。彼并非骚扰边境,自无须轻用兵威,驯至不可收拾。亦非
> 谓此时封疆宁谧,习于恬熙,以偃武为了事也(西藏研究编辑部,
> 1982c:1225)。

这段话,含义微妙环环相扣,若拆开了理解,大致有如下内容:其
一,不能用内地州县的法律条例生搬硬套于郭罗克番民,因为"人
性"——或可解读为社会文化、生活习俗——不同。其二,不用内地律
例规范,并不意味着对夹坝犯案置之不理;因为郭罗克地处"通藏要
路",若不处理,会影响清廷与西藏地方的政务、宗教和经济往来——触
犯到清廷的利益与权威。其三,须辨析妨碍"通藏要路"与"并非骚扰边
境"之间的区别。对此,或可从客观结果与主观动机两方面分别作解:
郭罗克夹坝,确实妨碍了通藏要路,这是客观结果;但其主观动机,却并
非想骚扰边境捣乱政局,而只是民风使然。

或是基于上述原因,此谕宣称:治理郭罗克夹坝的"理想"方式,绝
对不是用兵进剿。况且,用兵之事本不容易:一则,郭罗克未扰边境,
"自无须轻用兵威",况且一旦触怒,恐怕还不好收拾;二则,郭罗克相较
于金川、瞻对,更为遥远,用兵成本更高,应以瞻对、金川之战旷日持久
为戒,斟酌"值与不值";三则,即便现在用兵进剿达到了效果,也难保郭
罗克日后不再夹坝,此情早有前车之鉴,可以康熙年间进剿郭罗克一事
为例。总之,此谕认为,既不轻言用兵,也不轻言偃武;保持适当的军事
威慑,才能使其知畏服顺。

所以,乾隆帝治理郭罗克夹坝的方式,是以"化诲约束,使知畏服"
为主,以清廷兵威和地方查案为辅。

但吊诡的是,大政方针之下,郭罗克夹坝仍屡禁不绝。倘若立足于军事惩创的"德化"与"兵威"仍不足以"永断夹坝恶风",那么清廷地方官员则须寻求郭罗克夹坝的内在原因,以期找到彻底解决番贼反复无常、屡屡作案的办法。早在乾隆六年十一月(1742年1月),川陕总督尹继善便基于此想,提出奏疏。奏称:

> 谨与抚臣提臣商酌善后之计:
>
> 一、分设各寨土目,以资弹压。上郭罗克土百户甲喀蚌庸懦无能。中郭罗克土千户丹增素行奸狡。上郭罗克向有上寨、下寨之分,下寨设副土目蒙柯一名。中郭罗克所属奎苏之噶多等寨向设副土目噶杜他、索布六戈二名。酌给外委土百户委牌,使之各管各寨,易于钳束。并于番民内择诚心向化、擒贼有功者,拔用副土目数人协理。
>
> 一、颁给打牲号片,以便稽查。番民不务耕作,向出口外打牲以为生计。查其地原有可耕之土,一面劝谕,令其开垦,又案番寨之大小酌给号片,上书系郭罗克打牲良番字样,用印钤盖,发给土目承领。凡有出外打牲者,查其实非夹坝,则人给一纸。如无号片,立时擒拏。土目徇庇,严行处分。至从前抢劫各案,均应免问罪追赃(西藏研究编辑部,1982a:422—423)。

这位在《清实录》中最早将郭罗克与"夹坝"联系在一起的川陕总督,试图以政治、经济为切入点治理郭罗克夹坝。他的设想,得到了清廷的应许。[①]

在政治上,根据果洛诸部大小林立的特点,清廷分设各部、寨土目,诸寨各管其寨,以期相互牵制,彼此弹压,从中选出"诚心向化、擒贼有功者"为清廷所用。然,结果如何? 乾隆八年七月(1743年9月)的一份

---

① 参见西藏研究编辑部,1982a:423。

奏疏①表明：郭罗克诸部，不仅关联紧密，还顺势而为投奔周边的"最大"的土司——杂谷。"下郭罗克之擦喀寨副土目林蚌他、拆戎架等，俱称投归杂谷，或抗不请袭，或妄不奉调""中郭罗克之喀赖洞个寨副土目六尔务纵放夹坝，知干罪戾，亦投附杂谷"。此举令清廷甚感恐慌，怕其形成"内外勾通"之势。可见，"分""合"之局，实际是中央和地方之间"治"与"对治"的博弈。郭罗克的地方性策略，并不会简单地被清廷一厢情愿的设想所设计。

与之相对，郭罗克诸部及其周边的游牧部落反而还会假借清廷的政策，谋求利益。

清初期，朝廷将部分藏区划归青海、甘肃、四川、云南管辖，在这些地区设置道、厅、卫、所等政治军事机构。② 郭罗克越境——主要是"逾青海境"③犯案，从而牵涉到青、川两地的协调和调度问题。倘若案件棘手，合作一事便成推诿之实。对此，不仅郭罗克番民深谙其道，时常夹坝于青海番族；就连远在皇城的乾隆帝也有所察觉，并在三十一年七月（1766 年 8 月）降旨，责令青、川两地的官员对郭罗克越境夹坝，"不可视同局外，理宜悉心办理"。④

---

① "松茂所属内、外土司，惟杂谷最大，附省亦近，幅员千余里，前通瓦寺，后与郭罗克番接壤。该土司苍旺部人狡悍。近闻有下树土百户部架扎什之子戎布甲及下郭罗克之擦喀寨副土目林蚌他、拆戎架等，俱投归杂谷，或抗不请袭，或妄不奉调，并令所属番民按户与杂谷上纳酥油，杂谷亦给与各土目执照。凡遣派兵马，俱听杂谷提调，不许别有应付。又、中郭罗克之喀赖洞个寨副土目六尔务纵放夹坝，知干罪戾，亦投附杂谷。其他邻近部落多被招纳，领有杂谷头人红图记番文可凭。臣思杂谷为闾内土司，而于口外地方诱致番目，恐将来内外勾通。现密谕副将宋宗璋，令将归附杂谷之各土目，逐一查明。俟郭罗克办理完竣，即可乘藉兵威，晓示利害。务令口外土目恪守旧章，各归管辖。并严饬杂谷苍旺约束头人，安分住牧"（西藏研究编辑部，1982a：445）。

② 参见张羽新，2004：13。

③ 参见乾隆三十一年九月己丑（1766 年 10 月 25 日）的史料（西藏研究编辑部，1982c：1353—1354）。

④ 乾隆三十一年七月乙酉（1766 年 8 月 22 日），谕军机大臣等："据七十五奏称郭罗克越境抢掳青海牲只一案，请交川省大臣，向郭罗克索取给还原主一摺，朕已降旨，此事令青海王公等会盟。伊等自量其力，能向郭罗克索取，即合力向郭罗克索取，不能则已，不可令川省大臣办理。但郭罗克系四川所属，此事朕虽如此降旨，而阿尔泰亦不可视同局外，理宜悉心办理。嗣后饬该管官员，严加约束，不可听其越境行窃。所有命青海人等会议谕旨并七十五奏摺，着钞录传谕阿尔泰。将如何办理之处，即行奏闻"（西藏研究编辑部，1982c：1349）。

如果说,郭罗克夹坝是利用清廷的政策所造成的地方行政之罅隙而渔利,那么被夹坝者同样能利用这一政策所导致的管理漏洞,追讨甚至加倍补偿自己的损失。乾隆五十六年三月(1791 年 4 月)就记有一例。[①] 据地方奏报,郭罗克番贼越境抢劫,抢走尼雅木错部落的"牛三千四百只、羊三千五百五十只,并抢去马匹、军器等物"。对于郭罗克夹坝,乾隆帝并不怀疑,但他质疑被抢部落所汇报的损失牛羊的数量。在他看来,数量之多,"恐系该番人等希冀多得赔偿,浮开赃数具报,均未可定"。乾隆帝的质疑,源于"青海蒙古番民素性懦弱,不能自顾游牧,以致数被劫掳。及被掳后,又不能自行追捕,惟凭报官代缉,已属恶习,且难免有捏报数目情事"。鉴于数年来,类似事件一再发生,乾隆帝决定,"嗣后如有不自行防范,至彼劫掳,而又图利捏报,则断不为办理"。可见,这类事件从乾隆九年(1744)发展到五十六年(1791),着实已到清廷孰不可忍的地步。

总之,当清廷的整体性政策遭遇到郭罗克的地方性策略之后,所引发的事件及其结果便未必如当政者所期料。乾隆帝对郭罗克越境夹坝的处理也随之发生了转变,变化在于:清廷治理郭罗克的方式,由"强"干预转化为"弱"干预——由原先的中央治理地方为主,转变为以地方互治、自治为主。

---

①　又谕(军机大臣等):"据成德奏:'尼雅木错部落被郭罗克番子抢去牛三千四百只、羊三千五百五十只,并抢去马匹、军器等物,现派参游大员,酌带妥干兵目,前往郭罗克地方,传集土司头人,严行查拏'等语。此案前据奎舒奏到,曾降旨饬令鄂辉派员前往督拏。兹据成德等接准青海来咨,选派员弁,即赴郭罗克地方查缉。著传谕该将军等,选派熟谙番情大员,亲往郭罗克查缉,务将此次抢夺贼番首伙,全行掌获,从严究办。至尼雅木错被抢牛羊至六千余只之多,恐系该番人等希冀多得赔偿,浮开赃数具报,均未可定。除降旨令奎舒查明咨会川省,并著传谕成德等饬谕查办各员,确切查明办理,毋任冒混。"又谕:"据鄂辉奏:'去岁六月据奎舒咨称,郭罗克等劫掳西宁所属尾雅木错部落番子等牛三千四百只、羊三千五百五十只,杀人四名,当即差拨官兵,前往缉捕'等语。除传谕鄂辉等严缉务获外,朕思从前郭罗克劫掳西宁番众,而甘肃番众复行劫掳青海蒙古,此皆由青海蒙古番民素性懦弱,不能自顾游牧,以致数被劫掳。及被掳后,又不能自行追捕,惟凭报官代缉,已属恶习,且难免有捏报数目情事。著传谕奎舒将去岁被劫实在数目查明覆(复)奏,仍著晓谕该番等:'数年以来,或甘肃番民劫掳青海蒙古,或郭罗克番民劫掳西宁番众,代缉纷纭,甚属无谓。嗣后如有不自行防范,至彼劫掳,而又图利捏报,则断不为办理。'如此晓谕,庶伊等各知儆惧,加意防范,而被劫之事自鲜矣"(西藏研究编辑部,1982e:3247—3248)。

在经济上,由于郭罗克地处高原,偏远闭塞,与外界经济交往比较困难,畜牧业在当地具有双重意义:畜牧是当地人最主要的生产活动;畜产品则是人们赖以生存的最基本的生活资料(邢海宁,1997:69)。如今,我在果洛考察时见到的情境与这一传统的经济生产方式相仿,仍以畜牧为重。但有所不同的是,果洛畜牧已从原先的牦牛、羊、马并重转变为以牦牛为主。[①] 传统上,牧民放牧牦牛,主要是为获取牛奶,制作奶制品。而肉制品主要有两个来源,一是牧羊,二是狩猎,即"打牲"。

清时,川陕总督尹继善认为"番民不务耕作,向出口外打牲,以为生计"并非全无道理,却也不尽如是。因为"打牲"是为生计,但又不是生计的唯一来源。除此之外,还有畜牧和夹坝。打牲与夹坝一样,都需要动用武装,如"鸟枪"。甚有可能,郭罗克番民借打牲之名行夹坝之实。所以,尹继善才会提出"颁给打牲号片"的方法,以区分打牲者和夹坝者。

只是,维护打牲并不能彻底杜绝夹坝。乾隆八年四月(1743 年 5 月),清大学士等试图从"谋生"入手解决郭罗克的夹坝恶俗,奏称:

> 臣等遵旨询问岳锺璜,据称:
>
> 郭罗克住居之地,长亘一沟,部番千有余户,其强健上马执鸟枪者约千余人。虽野性难驯,亦因地皆不毛,惟藉打牲度日,生计日窘,遇有行旅,屡行抢劫。现在郑文焕带兵出口,相机进剿,虽易于平定,但贼番无以为业,惩创之后,必予以谋生之路,方可永远宁帖。查有郭罗克相近之柏木桥地方,可以屯种,将来事定之后,安插此处,令其务农力作,庶可资生(西藏研究编辑部,1982a:440—441)。

该建议得到了清廷的应允。清廷似乎意识到,夹坝直接牵涉到郭罗克的经济生活,若不从根本上解决当地的生计问题,郭罗克番民就不

---

① 马,作为生产资料所承载的运输功能,已由摩托车和汽车替代。羊,被贩卖至海拔较低的区域,主要由回族人经营。据寺院僧人回忆,这些改变主要发生在最近的 30 年间,此前,果洛藏族始终因循传统的生产生活方式。

会"永远宁帖";因而试图改变郭罗克地方的经济结构和生活方式,即从游牧狩猎转变为农耕植树,从牧民转变为农民。

一年后,乾隆九年四月(1744 年 6 月),川陕总督公庆复遵旨复奏:"臣查该地计荒土七十余顷,四十余里,狭长一条。河西必留大路,以通阶、文官道。河东又系民羌住牧之地。气候阴冷,上年试垦无收。与郭罗克离远,且与内地营汛逼近,不便迁移安插。除郭罗克已就本境劝令开荒,于善后事宜另摺请旨外,所有岳锺璜所奏无庸议"(西藏研究编辑部,1982a:461)。为期一年的查地试垦,证明郭罗克并不适合全境式开荒植树。同年五月(1744 年 7 月),公庆复奏郭罗克之善后各事宜时,写道:"各寨有荒地可垦,而水草可以孳生羊、马,责成土酋,分别勤惰,定其赏罚"(西藏研究编辑部,1982a:463)。这与先前的经济策略相比,似有缓和,意图农牧并举,而非以农代牧。

如上所言,尽管清廷地方官员针对郭罗克夹坝,设想并实施了种种治理之法,但郭罗克番民亦有与之相应的对治之法。两相博弈,自雍正帝始,清廷与郭罗克并无大的战事发生;乾隆帝以降,历经嘉庆、道光、咸丰、同治和光绪五帝,其间,郭罗克仍犯夹坝抢劫之事,清廷仍行办案抓贼之举。据宫中档案和《清实录》所记载的相关史实判断,这五位清朝皇帝没有对郭罗克予以更多的关注和思考,多是沿袭乾隆帝时期所奠定的清廷对郭罗克及其夹坝的认知、理解与治理策略。

也许,恰恰是这种"理解"与"治理",在无意间保留了郭罗克诸部的社会文化和生活习惯——即便,总是以"夹坝"的形式出现于清朝皇帝的视野之中。

三、熬茶、朝贡与夹坝

郭罗克"夹坝",在清廷看来,主要可分为三类:第一类是郭罗克诸部内部相互夹坝,即族内夹坝。这类抢劫行为被视为郭罗克的内部事务,以当地习俗法来处理,不涉及国法律例,亦无须上报朝廷。所以,这类在郭罗克地方最常发生的夹坝事件,绝少见诸于宫中档案和《清实录》。

第二类是郭罗克对周边部族的夹坝。这类越境犯案事件有时会因牵涉不同的部族或涉及不同的行政区划,而报至官府处理,由此惊动朝廷。对于这类事件,清廷的积极处理往往得不偿失:一方面须耗费大量的兵力粮财,维持地方秩序,追赃抓贼;另一方面须协调复杂的行政关系,防止各地方官员推诿塞责。或由此因,从乾隆帝五十六年(1791)开始,这类越境夹坝案件转由夹坝者与被夹坝者自行解决,地方官府不再在办案查贼中发挥首要作用。但是,当地方诸部难以达成调解或受害一方损失过于惨痛时,被夹坝者仍会向朝廷求助或请求税贡上的宽免[①]。因此,这类越境夹坝事件会在清档案文献中屡屡出现。

第三类是郭罗克诸部对往来商旅的夹坝。郭罗克地方虽偏远,却恰好位于唐蕃古道上,"其地相通西藏"(西藏研究编辑部,1982d:2431),往来商旅,身份各异,络绎不绝。不过,清档案文献中记载的郭罗克夹坝商旅事件,其实主要有两种,一是准噶尔夷人进藏熬茶的商旅团队,二是西藏僧侣进京朝贡的商旅团队。前者取道郭罗克入藏,后者途经郭罗克进京,均因"夹坝"与郭罗克地方发生关联。对此,清廷会作何考量?仅就清档案文献的记载来看,针对这类对商旅的夹坝——具体而言,即对"熬茶"的夹坝和对"朝贡"的夹坝,清廷的态度与做法并不同于其对郭罗克族内夹坝或越境夹坝的处理方式,这又是为何?

清朝前期,对清廷威胁最大的草原势力是准噶尔汗国,其首领是一个极具雄心的领袖:噶尔丹。这两股政治军事势力,在争夺权力的过程中不可避免会发生碰撞。若从康熙二十七年(1688)噶尔丹率军东征喀尔喀算起,到雍正十一年(1733)额尔德尼昭之战后谋求议和为止,时战时和的态势持续了46年。最终,在准噶尔与清朝喀尔喀部的边界问题

---

① 乾隆八年二月辛丑(1743年3月12日)停青海番民马贡。谕大学士等:"据管理青海夷情副都统宗室莽古赉奏:'玉树族百户楚瑚鲁台吉之子达什策令禀称所属番人米拉等二十五户,被郭罗克贼番抢夺马牛牲畜,糊口无资。所有应纳马贡求暂免二、三年,俟元气稍复,照例输纳'等语。番民寒苦,深可悯恻。所有每年应纳马贡,着宽免五年"(西藏研究编辑部,1982a:434—435)。

解决以后，双方迎来了和平时期。其表现形式就是，频繁的清准贸易和准噶尔入藏熬茶。[①]

"入藏熬茶"[②]，是西藏境外信奉藏传佛教的信众进藏布施的一项宗教活动，兴起于 16 世纪末，随着藏传佛教格鲁派在蒙古地区传播而渐盛。准噶尔蒙古与卫拉特蒙古其他各部一样，于 17 世纪初信奉藏传佛教格鲁派，成其虔诚信徒，与圣地西藏发生紧密关联。此后，赴藏熬茶成为准噶尔等卫拉特蒙古各部的一项盛事。17 世纪 40 年代以降，更获得较大发展（陈柱，2015：36）。

乾隆六年（1741）、八年（1743）和十二年（1747），蒙古准噶尔部以为已故首领[③]熬茶超度为由，在清廷的应允下，先后三次入藏熬茶。第一次中途折返，后两次如愿成行。[④]

据载，乾隆初期，准噶尔与清廷的关系渐趋缓和，为了弥补长年征战所造成的经济损失，准噶尔首领噶尔丹策零开始积极寻求与中原的贸易途径。乾隆二年（1737），第五世班禅洛桑益西圆寂。次年（1738），噶尔丹策零遣使进京，以班禅额尔德尼圆寂为由，请求赴藏熬茶布施。清廷遂以议定边界作为许可准噶尔赴藏熬茶的前提条件。乾隆四年（1739），边界议定，乾隆帝兑现承诺，准许准噶尔派一百人赴藏，并遣官兵沿途护送。其入藏线路，涉及郭罗克一域。

乾隆五年八月（1740 年 10 月），四川提督郑文焕奏："准噶尔夷人进藏熬茶经过西藏所管纳克书一带，该处与松潘所属之郭罗克番接壤。番族剽劫为生，诚恐有抢夺等事，已密扎［札］松潘总兵潘绍周，令调集

---

① 参见吕文利，2015：54—55。
② 所谓"熬茶"，又称"熬广茶"，是到寺院礼佛布施的俗称。这项宗教活动主要流行于西藏、青海、四川、甘肃、新疆和内蒙古等地区。在藏传佛教的寺院里，素有饭前熬一锅酥油茶，用餐时饮用的习俗。所以，凡到寺院礼佛者，须先熬茶，并于僧众喝茶时布施；众僧侣则为之唪经祈福。以往，布施者既有各级各地的封建主，也有普通信众和各级僧侣。布施供品，视各人经济状况而定，可用金银或实物。通过布施，可祈求人畜平安、五谷丰登、许愿还愿，或为亲人超度亡灵（参见吕文利、张蕊，2010：39）。
③ 前两次是为噶尔丹策零的父亲，后一次是为噶尔丹策零。
④ 参见马林，1988：62—69；吕文利、张蕊，2010：39—59；吕文利，2012：269—281；吕文利，2013：3—15，2015：54—63。

郭罗克番目,严切驾驭,俾约束番众,不许生事。仍派员临时防范"(西藏研究编辑部,1982a:411)。此次,清廷对郭罗克夹坝的处理实属防患于未然。当时,准噶尔的熬茶商队还未出发,且无迹象表明郭罗克会抢劫这群夷商。清廷只是根据自己对郭罗克夹坝的判断,提前将之约束,防止抢劫发生。最终,准噶尔入藏熬茶之行,因各中缘由,未能完成;清廷对郭罗克的预防,可谓空忙一场。

一年后(1741),准噶尔再度遣使入京朝贡,斡旋赴藏熬茶布施一事。几经周折,确定于乾隆八年三月初(1743年4月),自准噶尔起程,由噶斯路进藏,中途先赴东科尔贸易。与此同时,清廷准备迎接准噶尔使臣入藏的各项事宜也在加紧进行。七年十二月(1743年1月),川陕总督马尔泰奏:"前甘肃巡抚黄廷桂奏请豫防郭罗克贼番肆夺……。至噶尔丹策凌夷使,现请进藏熬茶,亦应豫为防范,俾得安然就道,不致疏虞"(西藏研究编辑部,1982a:434)。八年四月(1742年5月),兵部等部议准:

> 署川陕总督马尔泰奏,准噶尔夷使复请进藏熬茶,由郭罗克附近地方行走,应行防范。酌派熟练守备一员,带马兵一百二十名、各部番兵五十名,于四月内前往驻防郭罗克之包利军营,会同该驻防守备,将夷使往回必由贼番平昔出没之道,查明切紧隘口,相度情形,先行屯驻。禁阻顽番,不许出外。俟夷使有信,即带领番兵严密巡逻。并咨明管理青海夷情副都统莽古赉,转饬彼处蒙古番兵,协力查堵。再,泰宁协属革赉土司与郭罗克比邻,亦密迩蒙古地方,并檄令阜和营再派把总一员、马步兵三十名,并饬明正土司拣派头目劳丁,随往革赉,督率附近土司派土兵三十名,于相通径路加谨巡查,不得袒纵顽番出口。均俟夷使熬茶事竣撤回(西藏研究编辑部,1982a:439—440)。

为防止郭罗克夹坝准噶尔入藏熬茶商旅,兵部的协调和部署,可谓细致。由此,亦可得知,在辖制郭罗克"贼番"时,清廷须调度多少行政部门、人员和地方力量,如川陕总督马尔泰、管理青海夷情副都统莽古赉、包利军营、阜和营、马步兵、各部番兵、蒙古番兵、革赉土司、明正土司和附近的土司等。

如此大费周章,其后自有道理:在清廷看来,许可并协助准噶尔熬茶一事,是为赢得人心之举,不但怀柔准噶尔人众,且使达赖喇嘛和颇罗鼐更加认同清廷在西藏权力的强化,亦使已归附的蒙古各部加强对清廷的认同,由此彰显清廷的政治威信与合法统治。其间,断不能因为郭罗克出于部族利益夹坝准噶尔夷商,而伤及国威皇权。由此,在清廷的认知里,郭罗克夹坝的性质已然由地方性或区域性的民事纠纷上升为牵涉国政的政治事件。据《清实录》记载,清廷的事先防范确有成效,准噶尔夷商经过郭罗克时,没有发生夹坝。这或也从一个侧面说明,清廷以军事力量彻底肃清郭罗克“贼番”,并非不可能,而是实不为。

乾隆十二年(1747),准噶尔第三次、也是最后一次入藏熬茶。清档案文献中的郭罗克史料均未涉及这一事件。同年,与郭罗克相关记载,为乾隆帝朱批。针对郭罗克、瞻对和金川等地之“肆横不法”[1],他总结道:“盖番性易动难驯,寻仇报怨是其常事,但伊等皆受朝廷封号,给与号纸,乃不遵约束,互相戕贼。即在土司地方蠢动,不得不为防范,已费经营;若敢逼近内地,扰我边陲,则声罪致讨,更属劳师动众。总因平日驾驭无方,未有成算,不能使之慑服畏威,以致蛮氛未靖”(西藏研究编辑部,1982b:601)。

实际上,“蛮氛未靖”的郭罗克诸部,不只会在内部“寻仇报怨”“互相戕贼”,并且对外“敢逼近内地,扰我边陲”;信奉藏传佛教的“番贼”,甚至还会劫掠西藏僧侣的朝贡队伍,乃至杀人越货。[2]

西藏僧侣进京朝贡,是清廷承袭明朝优礼藏传佛教政策的延续。明朝对藏族僧俗上层,来者不拒,辄予官职名号。凡国师以上,族部首

---

① 乾隆十年(1745)、乾隆十二年(1747),清廷先后发兵,与瞻对、金川作战,战时弥长,清军损失惨痛(参见曾国庆、黄维忠,2012:98—109)。
② 参见西藏研究编辑部,1982c:1214。

长皆准其定期遣使入京朝觐,并予以优厚回赐。清军入关后,清廷继续尊崇藏传佛教,沿用明朝旧制"多封众建"的政策,册封藏族僧俗官吏袭明朝旧职,只是改换成清朝颁发的印册。受封者,需要到京朝觐请安纳贡。[①]

西藏僧侣使团进京朝贡的线路,主要是商道:从四川成都到打箭炉,再由此分南北两路,南路由打箭炉经理塘、巴塘、察雅、昌都、硕督、太昭到拉萨;北路由打箭炉经道孚、甘孜、德格、江达、昌都到拉萨。另一条路线,是由成都经威州、茂县、松藩,至甘肃拉卜楞、临潭和青海西宁。由于"朝贡既可得清朝官秩册封、职位袭替等政治特权,同时又获经济利益",所以来使众多,一度出现"喇嘛贡使行李包件车载夫送,络绎道路,数日不绝"的盛况。[②]

因僧侣贡使和附贡者逐渐增多,赍押贡物、随带货物以及由京领回赏件等物的数量也随之扩大,往来皆须经过青海草地或打箭炉,途中常遇夹坝。夹坝者有郭罗克、瞻对、互述等部族,其中以郭罗克夹坝最防不胜防,甚至连沿途护送的差员官兵也为其所掠。

乾隆十六年(1751),发生"郭罗克贼人,抢劫班禅额尔德尼使人,致有杀伤"一案(西藏研究编辑部,1982c:1214)。对此,清廷要求地方官员"务期明白开导,俾知输诚帖服,既足以申国家之宪典,而亦不致操之太急,激成衅端,方合驾驭远人之道"(西藏研究编辑部,1982c:1215)。在查办朝贡夹坝案时,清廷认为:"堪布所开失物,或前无后有,或前少后多,种种先后悬殊,诚有得陇望蜀之意。但此等劫掠之案,只在查得真盗真赃,以申法纪,得其大概足矣,非必将所失财物,全数追出也。……在喇嘛等或不知办理本意,将从前所失全行开报。该督等若照开报之数,逐一向郭罗克查追,殊非办理之道。今该督又复咨查驻藏大

---

① 清朝初年,达赖、班禅遣使朝贡并无定制。雍正六年(1728),"颇罗鼐统管前藏、后藏""达赖喇嘛、班禅额尔德尼每年轮班遣使进呈方物,郡王颇罗鼐俱遣使同来"。乾隆七年(1742),正式规定达赖、班禅轮流隔一年一次遣使进贡。遇班禅年班,颇罗鼐不再"遣使为副""遇达赖喇嘛年班,著仍遣副使同来"。十五年(1750),西藏取消封授郡王制度。翌年规定,达赖年班,正、副贡使均由达赖喇嘛派遣。达赖、班禅隔年轮班进贡之使,需于每年十二月到京,进贡之年为次年正月初十以内。贡使堪布因路远、山川阻隔及途中不靖,贡使不能如期入贡,多于正月到京,三月进贡(参见张羽新,1988:146—147;李凤珍,1991:70—72)。

② 参见李凤珍,1991:73。

臣,恐喇嘛等谓屡次行查,即应地方官照数赔出,而驻藏大臣又复偏护喇嘛,则更不成体制矣"(西藏研究编辑部,1982c:1227)。

朝贡夹坝,涉及清廷、西藏政教和郭罗克地方之三者关系、圣俗两界;对此,清廷的处理方式甚是微妙。乾隆帝认为:"此等番子与内地民人不同,原系无知之辈,但既居西藏大路,焉有任其抢夺之理,须化导使知法律……"(西藏研究编辑部,1982c:1225)。

于是,对于夹坝者,以"驾驭远人之道",明道理在先,行兵威在后,谨慎避免"激成衅端",只求捕获真凶绳之以法,不求追缴全数失物。对于被夹坝者,不能听其一面之词,杜绝得陇望蜀之意。不以夹坝为借口,将全部损失归于郭罗克地方;此外,还责备驻藏大臣偏袒僧侣,"不成体制"。表面上,清廷的决断意在话说两端,夹坝者与被夹坝者各打五十大板。但若细究,清廷的主张似乎更倾向郭罗克番民,即夹坝一方:既没有像准噶尔入藏熬茶时,大费周章地提前防范;也未于案发后,兴师动众施以武力,只因"彼并非骚扰边境,自无须轻用兵威"(西藏研究编辑部,1982c:1225)。

至于对朝贡者的夹坝对西藏政教的影响,清廷"恐堪布等以天朝禁令不严意存轻视"(西藏研究编辑部,1982f:3746),所以除了查办案犯、追缴赃物之外,清廷也施行了各种的应对措施。一方面是"此后无论过往差务及赴藏使臣,俱由舒明处酌派青海、蒙古、西宁番子,沿途护卫,期于无失"(西藏研究编辑部,1982c:1226);另一方面严格规定西藏僧侣贡使往来所带的货物,填注牌号、斤数,杜绝多带和浮报,禁止西藏僧侣随意调整路线或沿途耽误行程。[①] 在清廷看来,西藏僧侣贡使的丰盛货物与缓慢行程,是其遭致夹坝的主要原因。

或应指出的是,在朝贡夹坝事件中,夹坝者是得利者,被夹坝者却未必是失利者。一旦发生夹坝,地方官员会因畏惧处分而厚为赔偿,有时竟赔至数百金,致使僧侣贡使等人贪图利益,屡报多报失物,以期弥补损失,乃至获丰厚利。所以,真正因夹坝而遭受损失的一方,实为清

---

① 参见李凤珍,1991:74—76。

廷地方财政。

对此,清廷并非全无感知,如乾隆帝谴责封疆大臣不明大义时所言:"激联嫉厌喇嘛,将来不令进京,地方得省其照料"(西藏研究编辑部,1982e:3040—3042)。至嘉庆年间,又出台政策:若失窃物确为赏件及僧侣贡使的自带物,应认真查追;若失窃物是僧侣贡使或随行者图利违例包揽的货物,官兵不为查寻。[1] 如《清实录》所记,因青海、四川等处地方官员的相互推诿、搪塞结案、耗财免责等作为,郭罗克"番贼"总有可乘之机,对西藏朝贡僧侣的夹坝屡禁不绝,延至道光年间,更有甚者而无不及。[2]

大抵而言,郭罗克番民只要归还僧侣贡使的供物或赏品,就不会因为抢劫西藏朝贡者而与清廷发生直接冲突,朝贡夹坝也不会上升为导致清廷举兵剿灭郭罗克地方的"政治事件"。换言之,尽管西藏僧侣进京朝贡并得册封与赏品,是为清廷的政教事件,而郭罗克夹坝西藏朝贡使团则未必是政教事件——"是"与"不是",均以劫掠货品的性质是否为贡品或赏件为标准。多数情况下,朝贡夹坝之后,郭罗克"番贼"总会在官兵追讨时,主动退还贡物或赏品、畏惧认罪;[3]或遇官兵围剿,斗几个回合,便投降或逃遁,圆满结案。[4] 这一情形,在乾隆年间尤为明显。

---

① "至堪布回藏携带货物,昨据长龄查明内有包揽客商驮载,影射朦混。将来勒保查办时,如伊等失去之物果系赏件及堪布自带货物,自当认真查追。若系客货,伊等本因图利违例包揽,官兵岂能代为查寻?惟当专孥贼犯,严行惩办可也。将此谕令知之"(西藏研究编辑部,1982f:3748)。

② 嘉庆年间、道光年间,均发生过严重的果洛夹坝西藏僧侣贡使事件(参见李凤珍,1991:74—75)。

③ 参见乾隆十七年(1752)的朝贡夹坝案:"该酋抢劫班禅额尔德尼使人之后,知有颁发敕谕及恩赏物件,随畏惧退还,似尚有一线可原。现在郭罗克土目丹增已遵将贼首一名交出,并称于数日内再孥一名出献。"乾隆三十五年(1770)的朝贡夹坝案:"今阅阿尔泰摺内情节,土目既知畏罪,陆续缴出贼赃,较原失之数,所差无几,自可就案完结"(西藏研究编辑部,1982c:1246、1375)。

④ 参见嘉庆十三年(1808)的朝贡夹坝案:"勒保接奉此旨,即著转饬丰绅挑带劲兵数百名及能事将官前往压境,令其将为首滋事之贼指名缚献,将前所劫包裹等件悉数呈出。若贼番畏服遵依则已;倘其违抗,竟当整顿兵威大加剿办,如近日办理峨眉之事,使其畏惧慑服,方能永远宁帖,不可稍有姑息。"嘉庆十九年(1814)的朝贡夹坝案:"查明此次劫夺滋事贼番巢穴,慑以兵威,令将放枪抢掠之三百余人全行缚献,审明何人为首,何人伤毙官兵,严行惩办,并令将劫去之行李、马匹等件悉数缴出。若稍有抗违,即当痛加剿戮。务使知所畏惧,不敢再出滋扰,庶道途安静,可期一劳永逸"(西藏研究编辑部,1982f:3746、3782)。

至嘉庆、道光年间,清廷对郭罗克朝贡夹坝的处理,多取决于夹坝者自己的态度:若"畏服遵依则已";若负隅顽抗,则"当整顿兵威大加剿办"。

然而,清廷处理郭罗克夹坝的态度,并不一定都会得到地方官员的认同。乾隆十八年(1753),四川提督岳钟琪以郭罗克"纵放夹坝,其罪原无可宽"为由,"欲用兵于郭罗克"。对此"庸妄纰缪",乾隆帝驳斥道:"国家之兵马粮饷,该督即不知慎重,而边圉重地全,不为培养元气、休息人民之计,是岂封疆大臣之用心耶! 以国家全盛之时,办一郭罗克本非难事,然即使立就擒捕,亦复何关紧要? 而况其未必如杂谷之易与乎!"(西藏研究编辑部,1982c:1247、1249)。

在乾隆帝看来,举全国之力剿灭郭罗克并非难事,但确无必要如此造作。其一,国家的兵马粮饷应慎重使用而不可肆意耗费;其二,边疆治理应以休养生息为主而不应劳民伤财;其三,举兵郭罗克并非易事,应"以瞻对、金川旷日持久为戒";其四,即便剿灭郭罗克,又能如何? 当真能彻底铲除夹坝? 即便铲除夹坝擒捕番贼,对国威皇权而言,又有何紧要?

归根究底,乾隆帝并没有把郭罗克夹坝一概归为牵连国本关涉皇权的"政治事件"——能与"政治"挂钩的,实际只有对准噶尔熬茶商团的抢劫和对西藏朝贡僧侣的劫杀;况且,即便是夹坝西藏贡使,也需要根据夹坝物品的性质具体分析,不能以政教事件笼统而论;至于其他频频发生的境内夹坝和越境夹坝,都不过是番人的"恶俗"使然。

总之,在清廷的观念里,郭罗克夹坝并非犯上"逆迹",实在无须动用国家兵马,进行彻底剿灭;只须针对某些涉及政教的具体事务,酌情处理,善后即可。

四、郭罗克夹坝朝贡僧人的原因

如果说清廷对郭罗克朝贡夹坝的治理,主要表现为清廷与郭罗克地方的政治关系;那么相较于境内夹坝、越境夹坝和熬茶夹坝而言,朝贡夹坝的特殊性在于，这类案事还涉及西藏教权与郭罗克地方的宗教关系。

清朝时期，郭罗克番民普遍信奉藏传佛教，郭罗克地方与西藏的关联实则源于宗教信仰。这是否意味着，郭罗克人对圣地西藏会有强烈的宗教认同感和归属感？若按常理推论，答案应是肯定的；但从郭罗克夹坝西藏僧侣贡使的史事来看，答案似乎又不那么肯定了。达赖与班禅派遣的朝贡队伍中，若有僧侣同行，其着装用具定与俗人不同，一目了然。信奉藏传佛教的郭罗克番民，自能分辨出随行僧侣的身份；然，即便如此，他们仍大肆劫掠，有时，甚至会伤及堪布。[①] 这又是何原因？

疑问之症结，或须从果洛藏族社会的内部去找寻。邢海宁的研究表明，"在佛教尚未传入之前，果洛广泛存在着对本教的信仰。有关藏文史书中记载，果洛祖先从朱安本到后世的喇嘛曲本之间的四五代头人，都是佛本兼修的人物，直到喇嘛曲本入噶陀寺学成返回家乡后，才建立了果洛地区第一座属于宁玛派噶陀支系的寺院。自此，藏传佛教才开始在这一地区被广泛传布，逐渐成为当地僧众百姓普遍信奉的宗教。……藏传佛教传入果洛已有几百年的历史"（邢海宁，1994：146—147）。

在这几百年间，于今果洛地区，藏传佛教"各教派势力均有分布，但力量不一，其形成历史亦有长短。但是，无论历史上或现今，宁玛派噶陀系一直是这一地区占优势地位的宗教体系"；相较之下，"格鲁派是藏传佛教传入果洛地区最晚的一个教派"（邢海宁，1994：147、150）。据《安多政教史》记载，贡赛尔桑珠德登林寺于1842年建成，是果洛地区的第一座格鲁派寺院。[②] 格鲁派由此开始在果洛弘传，但始终未能成为该地的主要宗派。"在当时的部落社会制度下，各部落头人也把本部落有无寺院视为衡量权势大小的重要标志。寺院初建时，一般都是帐圈

---

① 如道光元年（1821）发生的朝贡夹坝案，"据素纳奏：'由藏旋京之中书英灵并进京之巴雅尔堪布等于七月十八日过通天河，刚进山口，突有果洛克贼番三百余人将奏书、贡物及骑驮牛马、口粮、帐房等物全行劫去。该堪布罗卜藏棍楚克因惊坠马患病，开具失单，请饬查办'等语"（西藏研究编辑部，1982f：3827—3829）。又如道光十四年（1834）发生的朝贡夹坝案，"该堪布途遇果洛克生番被劫受伤"（西藏研究编辑部，1982f：3966）。

② 参见智观巴，1989：224—255；邢海宁，1994：151。

宗教活动点,土房寺院较少"(果洛藏族自治州地方志编纂委员会,
2001:1189)。

总之,藏传佛教传入果洛后,因历史、政治、社会、文化种种原因,逐
步形成如下特点:"以塔尔寺为中心的格鲁派在青海广为弘扬之后,其
他教派势力渐衰,而宁玛派被局限在黄河以南和果洛地区,故果洛成为
藏传佛教的特殊区域,形成多派并存的格局,尤以宁玛派势最大;因宁
玛派僧人可娶妻生子,参与生产劳动,故散居民间的僧人数量比住寺僧
人要多;寺院虽有举足轻重的影响,但因受所在地部落的供奉,没有形
成势力强大的且不受部落制约而独立存在的寺院集团;果洛与四川藏
区相邻,各教派多由康区传入,原建寺院多为德格地区寺院的属寺(子
寺),故与四川联系密切,同青海腹地寺院交往较少"(果洛藏族自治州
地方志编纂委员会,2001:1188)。

换言之,果洛藏族的藏传佛教信仰,不仅"同青海腹地寺院交往较
少",与西藏寺院的联系也少。果洛藏族的僧俗信众以信奉从康区传入
的宁玛派教法为主,其下兼及各派传承。

如《清实录》所载,乾隆十六年(1751)首开郭罗克夹坝朝贡僧侣之
记录,此间,藏传佛教宁玛派噶陀教法在郭罗克传法已有二百五十多年
(以首座宁玛派寺院在当地建立为开端),而其他教派尚未在此地系统
弘法。

其后,于嘉庆十三年(1808)和十九年(1814),相继发生夹坝案。前
者夹坝朝贡完毕回藏的堪布喇嘛,后者夹坝于途中迎接堪布的青海番
兵,皆因西藏僧侣朝贡而起。[①]

接着,道光年间,先后发生三起朝贡夹坝案。道光元年(1821),
"……巴雅尔堪布等于七月十八日过通天河,刚进山口,突有果洛克贼
番三百余人将奏书、贡物及骑驮牛马、口粮、帐房等物全行劫去"(西藏
研究编辑部,1982f:3827—3828)。八年(1828),"……据前藏安木加达
仓寺贸易番目纳木云达克等呈称,伊等随同西藏贡使赴归化城等处贸

_____

① 参见西藏研究编辑部,1982f:3745—3746、3781—3782。

易之前藏差人古竹巴即罗桑沃色尔等于七月间行至通天河竹古拉山东沟地方,被四川果洛克番贼五、六百人,将所有货包、牲畜、锅、帐、口粮尽数强劫无遗。又枪毙回京之白塔寺喀尔沁喇嘛呼毕尔罕一名、贸易番人一名、雇工三名。除照达赖喇嘛执照千将古竹巴噶尔木货包、衣物、口粮、牲畜等项全行索还外,其余贸易番目纳木云达克等货物二千三百九十五包;衣物、口粮八百零六包;马、骡、牛二一百七十三头尽被抢去。又据随同行走之甘肃循化厅属宗喀寺喇嘛他卜克报称,同日被果洛克番贼强劫衣物、经卷、佛像共二十驮,马、骡五匹,银一百五十两"(西藏研究编辑部,1982f:3924)。十四年(1834),"西藏进贡堪布人等……行至前藏扎噶布山地方被四川果洛克番贼纠众将包驮五起抢去,并杀伤番人;续于九月初十间行至塞若松多地方,复被果洛克贼番三千多人将贡包并众番货包、牛只、马匹全行抢去"(西藏研究编辑部,1982f:3964)。

由此过了八年之后,郭罗克地方的首座格鲁派寺院才得以创建。自从道光十七年(1837)处理完"上年西藏贡使堪布等行至通天河歧米加纳并托逊诺尔地方,被四川所属格尔次暨果洛克番贼两次抢劫"(西藏研究编辑部,1982f:3978)的案件后,《清实录》中再无郭罗克夹坝西藏朝贡僧侣的记载——清档案文献中,关于郭罗克的最后一条记载写于光绪十八年(1892),距道光十七年(1837),约有半个多世纪。

根据清档案文献的相关记载,在19世纪上半叶,郭罗克朝贡夹坝的频次和规模最盛。从嘉庆十三年(1808)至道光十七年(1837),三十年间,有史可考的朝贡夹坝案共有七次。夹坝者的人数,少则三百多达三千,如此大规模的夹坝行动,非个体意愿所能达成,乃为"纠众"。夹坝物件,从衣物、货包、锅、帐、口粮、牲畜等日用品到经卷、佛像等宗教用品,及至钱银应有尽有。夹坝者并没有对抢劫物品做圣俗细分,而是尽可能地一并收入囊内。抢劫过程中,间或会发生伤杀事件,伤及僧侣,或伤及官兵。在夹坝者看来,没有特定的取舍对象或规避对象,无论是象征西藏教权的僧侣还是代表清廷的官员,均一视同仁为夹坝对象。所以,夹坝者与被夹坝者虽有可能同为藏传佛教的信众,但宗教认同感并未在夹坝实践中产生多大的影响或效用。

事实上,若将郭罗克人对其部落寺院及其僧侣的态度与夹坝西藏朝贡僧侣的史实相较,则不难发现,两者之间确有差别。各中缘由,虽然与格鲁派在郭罗克地区的势单力微相关;但其症结,恐怕更多是由于郭罗克人宗教信仰的不同"层次"。整体而言,可把郭罗克人的宗教信仰分为由近及远的三个层次,即"内""中""外"三圈(王铭铭,2008)。

在"内圈",部落信众以部落寺院为宗教信仰之核心。

通常,每个规模相当的部落都建有自己的寺院,该寺院的僧侣负责部落信众的生命实践与生活经验,关乎每个信众的生、老、病、死。如,"孩子生下后,一般请喇嘛命名""当一个人生命终结时,首先要请追荐回向活佛念经超度亡灵。然后请择日活佛,推算出殡的相宜时日""送葬后,每七天,须请'诵七活佛'诵经超度,直至七七四十九天。诵经时,每位活佛所带僧侣三五人至十数人不等。当四十九天圆满之后,要请作圆满法事的活佛诵经并焚化灵牌。法事的时限可长可短,参加法事的活佛和僧人自数十人数百人不等",此外,"有的人家,在病人病重缠身、尚未去世之际,往往要延请许多僧侣,举行'念活经'的活动。根据不同的情况,有的人家还要举行禳灾、祛魔、招福等法事"(邢海宁,1994:205—207)。

果洛藏族的宗教信仰,无论是僧侣还是在家信众,均以"地方"为核心,不断将从外传入的藏传佛教"内化"为扎根于信众个体生命实践的"本土"信仰。某种程度上,这种强烈的"地方性"甚至能超越教派之别,使不同教派的僧人相安共处一寺,共同关照部落社会、经济、文化、教育、医疗、习俗法等经验生活的方方面面。

在"中圈",部落信众与寺院僧侣以教法传承之主寺为节点。

康区的宁玛派三大寺院与果洛地区的许多部落寺院构成有"主—属"寺关系或"母—子"寺关系。根据邢海宁统计,1958年以前,果洛地区共有寺院47座(包括帐房寺,但不包括在历史上前往甘肃、四川境内的),其中,属于宁玛派噶陀系的寺院有17座,属于宁玛派白玉系的寺院有8座,属于宁玛派佐钦系的寺院有8座(邢海宁,1994:151—152)。

可见,果洛地区的藏传佛教寺院以宁玛派占绝大多数,且皆从康区的噶陀、白玉、佐钦三系发展而来。

通常,果洛地区部落寺院的建立主要有两种途径:其一,部落头人或族人会去外地某一拥有教法传承的寺院请法,请该寺的住持或负责人协助其在部落建立该寺的属寺或子寺;又或,该头人或族人得到该寺教法的传承后,回到果洛,在部落的应许下建立该寺的属寺或子寺,传承该寺的教法,尊崇该寺所属的教派。如阿什姜康赛仓的头人索南丹巴去卫藏朝拜第七世班禅,请他在果洛弘扬格鲁教法。为此,班禅派遣僧侣前往果洛,协助建成格鲁派寺院贡赛尔桑珠德登林寺。[①] 其二,果洛境外的某寺院的高僧大德来果洛弘法,在部落头人的支持下建立该寺的属寺或子寺,传承该寺的教法,尊崇该寺所属的教派。如玛多县的霍科寺,是康区德格佐钦寺的活佛图旦却智来霍科部落念经,才正式建立的宁玛派帐房寺。[②]

在属寺出家修行的僧侣,多会前往主寺修学、朝圣,并可在主寺拥有自己的上师,他们非常了解自己所属教派的传承,并以自己能领受清净的法脉传承为荣。除教法传承外,主寺还能给予属寺经济、人事等诸多方面的支持。主、属寺之间,往来频繁,以教法传承为纽带,果洛地区与康巴的地方关系甚为紧密。这意味着,若以向外的宗教(教法)认同而论,果洛信众的首选之地应为主寺的所在地康巴,而非他处。

在“外圈”,以藏传佛教圣地西藏、佛教发源地印度和汉传佛教圣地的寺院、圣迹等为目的地。

具体至西藏,尽管在生活实践或教法传承中,大部分果洛信众与西藏并无直接关联,但从个人修行、消除业障、积累福德等初衷出发,地方信众皆以去西藏朝圣为此生必达之目标。这种朝圣心理,多是源于对遥远圣地——拉萨、大昭寺、觉卧佛等宗教圣迹的精神向往,而非对现实利益的追求。作为信仰的“理想型”,西藏拉萨堪称是所有藏传佛教

---

① 参见蒲文成,1990:261—262;邢海宁,1994:150、159—160。
② 参见蒲文成,1990:267—268。

信众的终极朝圣之地。

但也恰恰是因为这种"理想型"的存在,地方信众反而更容易在经验层面上将之与自己的日常生活区分开,将之"外化"为信仰的客体。对地方信众而言,在宗教活动中,须明晰自己所属的教派,但在西藏朝圣时,则无须做此区分;在日常生活中,应与本地的僧侣形成稳定的关系,以便适时寻求帮助与建议,而在西藏朝圣时,则无须求助于拉萨的僧侣。与之相应,果洛地方的藏传佛教信众也不会将西藏的僧侣、商队视为佛教"圣地"本身——除非两者之间已建立起紧密的教法传承关系。

然而,在清嘉庆十三年(1808)至道光十七年间(1837),藏传佛教格鲁派显然未能在郭罗克地区扎下稳固的弘法根基。因此,当数以千计的货物、数以百计的钱财和牲畜从郭罗克境内缓慢通过时,郭罗克番民几乎倾巢出动,大肆夹坝——人们最为关注的,是丰盛繁多的生活用品和生产资料,而非夹杂在行进队伍中的僧侣及其代表的宗教意涵。总之,当西藏的教权尚未深入至郭罗克地方时,"外化"的信仰客体是不足以影响或改写地方信众的行为模式与生活实践的。

结　语

综上所述,位处唐蕃古道、居于清廷与西藏之间的郭罗克,其夹坝的对象并不是单向度的——或基于宗教避讳而仅涉及"清廷",或基于政治风险而只针对"西藏"。郭罗克"双管齐下"夹坝清廷官兵与西藏僧侣的抉择似在表明:在决定是否实施夹坝时,郭罗克人从未"政治"先行,亦未唯"宗教"论。然,长久以来学界对郭罗克夹坝的研究多是从政治视角出发,强调中央对地方的政治军事治理(王海兵,2017:23—27),"国家力量"在牧区社会的介入(王道品、童辉,2017:45—50),并认为导致夹坝的根本原因在于自然条件严苛为生计所迫(李龙江,2016:172—175);同时,夹坝亦是导致地方不稳定的消极因素,屡禁不绝(李红阳,

2016：7—10）。在强调中央与地方二元对立关系的同时，却忽视了郭罗克"夹坝"事件实际大量发生在更复杂的三元两两关系之中。三元，即郭罗克、清廷和西藏；两两关系具体指清廷与郭罗克之间的政治关系、西藏与郭罗克之间的宗教关系、清廷与西藏之间的政教关系（参见图5）。在这三种关系中，任何一种均无法涵括另外两种，亦难以消解另外两种；因此，这三种关系多是复合式地共同作用于郭罗克夹坝，在一次又一次的夹坝事件中，驱动郭罗克人做出符合其自身利益和民族气质的抉择。或也唯有理解这一点，才可能透过《清实录》固有的"帝国视角"，真正看到并理解郭罗克夹坝事件中所隐含着的"夹坝"者的经验与心态。

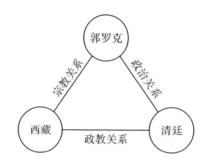

图5　郭罗克、清廷和西藏的三元两两关系图

简言之，郭罗克人对于清廷的政治认同感与其对西藏的宗教向心力，几乎不分伯仲——相较于更强调"地方性"的自我认同而言，均是略逊一筹。以至于，在郭罗克夹坝者的眼中，但凡出现带着丰厚物资的过境者——无论他来自何方、去往何处、是何身份、崇何信仰——均无例外，可等视为夹坝的对象。

参考文献

陈柱，2015，《达瓦齐时期准噶尔遣使赴拉达克熬茶考》，《西部蒙古论坛》第3期。

多卡夏仲,策仁旺杰,2002,《颇罗鼐传》,汤池安译,拉萨:西藏人民出
　　版社。

俄合保,1982,《果洛若干史实的片断回忆》,中国人民政治协商会议青
　　海省委员会文史资料研究委员会编《青海文史资料选辑》第 9 辑,
　　吴均译,西宁:青海人民出版社。

果洛藏族自治州地方志编纂委员会,2001,《果洛藏族自治州志》下册,
　　北京:民族出版社。

李凤珍,1991,《清代西藏喇嘛朝贡概述——兼评理查逊的西藏朝贡是
　　外交和贸易关系的谬论》,《中国藏学》第 1 期。

李红阳,2016,《乾隆前期郭罗克问题研究》,《四川民族学院学报》第
　　1 期。

李丽,1994,《简论历史上果洛藏族的尚武精神》,《中央民族大学学报》
　　第 4 期。

李龙江,2016,《乾隆时期郭罗克部落"夹坝"活动述论》,《青海民族研
　　究》第 1 期。

黎宗华、李延恺,1992,《安多藏族史略》,西宁:青海民族出版社。

吕文利,2012,《乾隆八年蒙古准噶尔部进藏熬茶始末》,《明清论丛》第
　　12 辑。

——,2013,《乾隆十二年准噶尔入藏熬茶始末》,《西部蒙古论坛》第
　　2 期。

——,2015,《由乾隆初年准噶尔三次入藏熬茶看清朝藩部体系的形成
　　过程》,《中国边疆史地研究》第 2 期。

——、张蕊,2010,《乾隆年间蒙古准噶尔部第一次进藏熬茶考》,《内蒙
　　古师范大学学报(哲学社会科学版)》第 4 期。

马林,1988,《乾隆初年准噶尔部首次入藏熬茶始末》,《西藏研究》第
　　1 期。

蒲文成 编,1990,《甘青藏传佛教寺院》,西宁:青海人民出版社。

王海兵,2017,《清代果洛部落的夹坝问题与清政府的治理》,《北方民族
　　大学学报(哲学社会科学版)》第 4 期。

王铭铭,2008,《中间圈——"藏彝走廊"与人类学的再构思》,北京:社会科学文献出版社。

西藏研究编辑部,1982a,《清实录藏族史料(第一集)》,拉萨:西藏人民出版社。

——,1982b,《清实录藏族史料(第二集)》,拉萨:西藏人民出版社。

——,1982c,《清实录藏族史料(第三集)》,拉萨:西藏人民出版社。

——,1982d,《清实录藏族史料(第五集)》,拉萨:西藏人民出版社。

——,1982e,《清实录藏族史料(第六集)》,拉萨:西藏人民出版社。

——,1982f,《清实录藏族史料(第八集)》,拉萨:西藏人民出版社。

邢海宁,1994,《果洛藏族社会》,北京:中国藏学出版社。

曾国庆、黄维忠 编,2012,《清代藏族历史》,北京:中国藏学出版社。

张羽新,1988,《清政府与喇嘛教》,拉萨:西藏人民出版社。

——,2004,《清代治藏要论》,北京:中国藏学出版社。

智观巴,贡却乎丹巴绕吉,1989,《安多政教史》,吴均等译,兰州:甘肃民族出版社。

(作者单位:中央美术学院实验艺术学院)

三界之间的"专业户"
——重庆一位仪式专家的生成及其社会机制[*]

唐欢

导　言

　　宗教祛魅与世俗化、自然科学教育普及以及新中国"破四旧"扫除封建迷信等,让很多人认为宗教正在式微,信仰宗教的人数正在减少。但在这个世纪之交,中国社会出人意料地出现宗教复兴,尤其是农村宗教活动非常活跃和广泛,地域性、传统宗教活动回归(梁永佳,2015;丁荷生等,2009;卢云峰,2010;杨凤岗,2012)。在中国农村宗教活动中,"迷信专业户"是较为普遍的形态,"灵媒"是其中比较常见的一个群体,对"灵媒"的生成及其社会机制的研究在某种程度上可以解释农村宗教的复兴。

　　"迷信专业户"是周越(Adam Yuet Chau)提出的概念,专指中国宗教实践中家户型服务供给者,包括灵媒、阴阳先生、算命先生及家户型佛教仪式专家等等(周越,2010)。"灵媒"是"一些能够通神、通灵、通鬼的人。他们能够差遣某些鬼神来驱除另一些鬼神;或者是请示某一些鬼神来协助人们、指导人们如何克服现实生活中的种种困难,以及满足人们现实生活中的种种欲望"。[②] 不同地区对这类人的称谓不同:中国

　　* 基金项目:本研究受中央高校基本科研业务费专项资金"中国农村宗教信仰与社会管理研究"(2012RC027)资助。
　　② 参见百度百科词条"灵媒",2020 年 3 月 10 日(http://baike.baidu.com/subview/376399/5356665.htm? fr = aladdinn)。

广东、福建、台湾地区，以及东南亚等地称"乩童"，北方民族包括鄂伦春族、鄂温克族、锡伯族、满族、赫哲族等通古斯语民族称"萨满"，（内）蒙古族称"博额"，达斡尔族称"耶德根"，羌族称"矢公"，纳西族、傈僳族称"东巴"，本文研究对象所在地重庆市梁平区称"仙娘婆"。本文称之"灵媒"以方便理解。西方研究灵媒多将其与宗教联系，国内研究灵媒多侧重其仪式与信仰活动，均缺乏对灵媒本身的研究。周越仅将"迷信专业户"看成一个存续、展开、复兴宗教活动的载体，将家庭视为一个重要的宗教活动空间。他尤其强调"迷信专业户"的非制度形态，指出正是他们的宗教知识没有严格的传承、组织，没有可见的形态、空间，处于国家监视之外，才能避开国家的监控，得以延续。周越的想法虽然重要，但仍然有一种"制度社会学"的影子，仍然将"迷信专业户"视为一种"非制度"的制度。

我提议将"迷信专业户"的人生经历作为社会本身来研究。王铭铭《人生史与人类学》提供了一个难得的视角（王铭铭，2010）。通常的宗教研究多选取一个时期或一个地域去描述当时当地的情况，关注一个时空截面的现象，追求简单制度性和结构性的呈现，包括统计信徒数量，根据信仰区分宗教类别，描述做宗教的仪式等等。这些研究固然重要，但忽视了中国宗教信仰的非制度性，对解释当下中国社会中的宗教用处不大。多数中国人求神拜佛追求时效性，会随自身不同需求而拜祭不同神灵甚至改变信仰。一些历时性宗教研究又简单区分"传统"与"现代"，忽视社会变迁的流动性和渐变性。人生史的研究方法在一定程度上克服了以上历时、共时研究的不足，一个人的人生史就是一个社会整体的社会史，其性格、兴趣及其做事的方式与其全部的人生经历息息相关（梁启超，1998：173；王铭铭，2009）。我认为应该将"迷信专业户"视为"常态"，视为中国社会宗教生活的基本形态。通过人生史的方法研究他们的生成过程及其行动的意义，而不是计算他们的行动数量和记录他们的仪式过程，这对于解释农村宗教信仰的现象与复兴或许更有意义。

本研究将考察重庆市梁平区荫平镇"灵媒"（仙娘婆）——尹某的个案，通过对其人生史的考察，分析其成为灵媒的过程机制及其成为灵媒后的人生状态,呈现中国社会转型过程中农村宗教的复兴情况。

一、尹某及其神秘体验

梁平区是重庆市宗教工作重点区县之一,梁平区各类"迷信专业户",包括阴阳先生、算命先生、灵媒等,均由梁平区佛教分小组按地域分组管理。荫平镇位于梁平区西北部,有佛教小组成员近五十人,尹某便是其中之一。1954 年,尹某出生于忠县黄金镇一个小村庄的贫苦农户家庭。1961 年,尹某随父母迁到梁平区荫平镇。尹某是家中长女,另有两个弟弟、两个妹妹,大的弟弟小她五岁,最小的妹妹小她十二岁。当尹某处于上学年龄之时,中国正历经"大跃进""三年自然灾害"和"文化大革命"。农村吃了几年"大锅饭"后变成工分制,按出勤劳动力记工分,按工分分配口粮布匹等。父母为了生计都要下地干活,无暇照顾孩子,尹某就担负起照顾弟、妹的责任。家庭状况和时代背景使尹某仅受过很短时间的学校教育。尹某不识字,不会写自己的名字,也不懂自然科学。① 我们知道那个时代的农村妇女不识字是常态,但尹某的师父识字,因此可以推测未受学校教育或许是尹某相信鬼神存在继而成为灵媒的一个因素,但不是充分必要条件。必然有其他因素促使尹某不仅相信鬼神的存在,还愿意成为一个灵媒,作为鬼神与凡人沟通的"媒介"。

尹某的母亲和一位婶娘在晚年时都成为"灵媒",这为尹某在中年时期接触和了解"灵媒"的相关知识创造了条件。② 但尹某并不是一开始就相信鬼神的存在,也不能说"灵媒"是世袭的。每一位灵媒都会把"手艺"传给任何想要成为灵媒的人,而能否成为灵媒的关键在于这个

---

① 尹某至今不会写自己的名字,尹某的丈夫和孩子最终也支持她成为灵媒,丈夫甚至也皈依了佛教。因此当尹某成为灵媒后,她的丈夫和女儿们会帮她画符、写提文等,或者在事主家做事儿时让事主自己填写提文。

② 在当地,信奉神灵,学习成为灵媒的人多为中老年妇女。

人有没有"神气"①傍身,是否被神灵选中,以及能否"显圣"②出师。神气是成为灵媒的基础,来源概有三种:一是祖传,男方、女方或夫妻双方的长辈中有从事与鬼神接触的"手艺人",他们的神气会遗传到晚辈中的某一个或几个人身上;二是路边小庙的神灵(如土地神)神气附身,这种人首先会发疯和胡言乱语,如果有懂其中缘由的人引导就可能成为灵媒;三是阎王派出的阴差神气附身,这类人总是无缘无故地晕倒,看见一些未知的画面,久而久之就成为灵媒。显圣即神灵主动或被动地附在某人身上,通过这人的言语和行动启示凡人驱邪救人。尹某的母亲与姨娘作为灵媒,可能是她神气的来源,也使尹某在经历某些认知无法解释的现象时,会用超验的叙事结构来解释。

据尹某回忆,她开始相信鬼神的存在和供奉神灵是因为亲身经历的一些神秘体验:

第一次神秘体验发生于1994年。尹某1978年与唐某结婚,孕育了两个女儿,奇怪的是结婚后家里养的猪总是长得不大。1994年的一天,尹某家猪圈的屋脊莫名断裂却并没有伤到猪,两天后尹某家的灶台也坍塌。邻居说灶台倒塌是好的征兆。随后几年,尹某家的经济收入和生活状况果然好转。丈夫出门务工,尹某一人在家务农和抚养孩子,养的猪比之前更加肥壮,虽然艰苦但生活有保障。尹某觉得这些传统"迷信"的解释很灵验。

第二次神秘体验发生在尹某婆婆去世后。尹某的公公早婆婆几年已经去世,尹某的婆婆得了癌症,身体疼痛不能下床,又与尹某有些口舌之争。一天夜里,婆婆挣扎着在床上的木栏上自杀去世了。婆婆去世后,尹某长期失眠,白天同样劳作却感觉不到累。一段时间后,尹某

---

① 据尹某解释,"神气"是神灵在凡人身上留下的标记,神气不同,请神后傍身的神灵不同。每名灵媒可同时具有多位神的神气,随着道行加深而具有更多神气。尹某的神气首先源于毛主大圣,然后从寺庙里显圣的是七仙姐妹和观音菩萨,如今所有神灵都可以傍身。尹某请来最多的是观音菩萨和一百零八位庙堂神。神又分为正神和妖神:正神一般是天庭当官的神,他们正气,所以做事儿讲理不会强行出手;而妖神能力也很强,但是脾气不好,喜欢找麻烦、打架,做事儿没有顾忌,但效率更高。如海龙王是一位妖神,惹祸快,救人也快。

② "显圣"是指学习请神时,能够请到神灵傍身,拥有神力,在仪式中展现出来,如"画蛋"时蛋在手心自己爬起来就是显圣的一种征兆。

在睡觉时默想她母亲家的神灵保佑她睡着,想着想着果然很快睡着。尹某告诉母亲后,母亲找另一位"仙娘婆"(即尹某的师父陈某)"看事儿""做事儿"①。陈某请示神灵,知道尹某是部分魂魄离开了身体,便写了"提文"②把尹某的魂魄提回来重新回归身体。陈某给尹某做事儿后,尹某便恢复了正常睡眠。这让尹某相信魂魄的存在,相信灵媒的能力。

第三次神秘体验是尹某被阴魂附身。尹某在一段时间里身体不适,在看病吃药后依然每天下午头晕而上午和晚上没事。尹某告诉母亲后,母亲又找陈某帮尹某"画水"看事儿,也就是"看水碗"③。根据水中呈现的状态,陈某说尹某的症状是因为她某天在向南走时撞到了别人送出的"花盆"④,被花盆中的阴魂附身,需要把阴魂送走才能恢复健康。尹某的母亲先是把陈某画的水端给尹某喝,尹某喝了水后,头晕的感觉便减轻了。然后,陈某到尹某家帮她做事儿"送花盆"⑤。仪式过后,尹某果然恢复正常。这次神秘体验,更让尹某确信鬼神的存在,更加相信灵媒的驱邪避害的能力。

在这几次神秘体验之后,尹某还有几次类似经历,都是让灵媒做事儿之后便恢复常态。这些神秘体验使尹某确信鬼神的存在,想要信奉神灵保佑自己与家人。2003 年,尹某正式拜陈某为师,让陈某帮忙接了"坐堂神"保佑家人平安健康,即将神灵的分身请到相应的神像中,供奉

---

①　"做事儿"是当地灵媒之间的专用语,灵媒的工作分为"做事儿"和"看事儿"两类。做事儿是指通过一些固定的仪式,请神灵降临驱邪救人,做事儿包括"画蛋""送花盆""栽花树""下殿提魂"等;而看事儿是通过请示神灵,查看一个人前世今生的福禄寿考,也就是运程、财源、寿命长短、子孙多少等,看事儿主要包括"看水碗""扔卦"和"抽签"。

②　"提文"是灵媒做事儿常用到的一些符文,包括"提阳魂保文""解免改文""接坐堂神的文书"等,此处的"提文"即"提阳魂保文",目的在于把丢失的魂魄找回来。

③　"看水碗"有多种看法,有的随便找一个白瓷碗盛水,然后看水在碗中呈现的多种多样的波纹光影状态,不同的状态寓意不同的状况;有的用碗盛水后,点燃一根或三根香,一边请神,一边在水上描画,香灰落在水碗里,根据香灰呈现的形状来解释事情。

④　"花盆"是当地的灵媒把鬼怪送走的一种道具,用五色纸剪出衣服、裤子的形状,底下铺上厚厚的纸钱,做成花盆的样子,在远离房屋的路边或岔路口焚烧,作为一种礼物来祈求鬼怪离开,鬼怪便会跟随花盆远离。

⑤　"送花盆"是当地灵媒祛除鬼怪常用的一种仪式,当一个人被鬼魂或者其他什么邪灵缠身,需要做一个替身烧给这个阴魂,求他放过这个人。送花盆就在于一个"送"字,它只是把阴灵送走,叫驱邪,不过并没有伤害这个阴魂。把一个阴灵送到另外一个地方,一般是在路边或岔路口,阴灵就会呆在那里,当灵气弱的人经过,阴灵就可能缠上另外的这个人。

在自家的神龛上,供奉香烛纸钱。接了坐堂神,尹某并不是一位灵媒,只是每月的初一、十五都在神龛下给神灵上香、烧纸钱,求神灵保佑家人平安健康、工作顺利、财运亨通等等。这时的尹某并未想过成为当地人并不那么尊重甚至讽刺的"仙娘婆"。对当地人而言,当需要的时候,的确会找灵媒看事儿、做事儿,驱灾辟邪;但平时出于对其收入的艳羡,对其仪式期间的奇怪行为的不解,也会认为灵媒神神叨叨,是为了骗钱,敬而远之。

据尹某说,她"出门"①成为灵媒帮人看事儿、做事儿并非自愿,而是因为神灵的逼迫。而神灵逼她成为灵媒的方式是在梦里和现实中多次给她"印梦"②,除非尹某答应替他们"出门"救助"凡人"(普通人),否则就一直纠缠着她,让她不得安宁。

在第一个梦里,尹某梦见天上有神灵开着一架飞机接她去天上,而当她准备飞上天去时,她死去的婆婆在空中拦着她。尹某找师父陈某解梦,陈某说公婆大人死后会变成"地下的神仙"③,当天上的神灵想让尹某上天沟通神灵时,祖先就会拦着。尹某若想与神灵沟通,就需要烧纸钱求祖先不要阻拦。陈师父劝尹某学习手艺成为一位灵媒,但尹某听陈师父的解释后,并不想沟通神灵成为灵媒。于是,神灵又给尹某印了第二个梦。

在第二个梦里,尹某与妹妹、弟媳一起爬山,尹某很快就爬上山顶,而妹妹、弟媳怎么也爬不上去。爬上山顶后,尹某突然降落在一个平地上看见了观音菩萨,让她信奉和沟通神灵。尹某告诉师父陈某后,师父又让尹某传承她的手艺成为灵媒出门救人,但尹某还是不愿意成为灵媒。因为尹某家刚修了新房子,借了不少钱还没有还账,在此期间成为灵媒,尹某害怕其他人会认为她是为了骗钱而装神弄鬼。

---

① "出门"是当地的习惯用语,因为作为灵媒需要去当事人的家里做事儿,或者在外面摆摊给别人看事儿,所以用"出门"来与只是自己信奉神明的人做出区分。"出门"就代表成为灵媒。

② "印梦"是指神灵和鬼怪在梦境或现实生活中给予人一些启示。

③ 在中国传统的祖先崇拜思想下,人死后并不是完全消失,而是在另一个空间(地府)生活,长辈作为"祖先"而存在。与天上的神仙相对,当地的灵媒将他们称为"地下的神仙"。

晚上印梦无效，尹某不愿出门成为一位灵媒，神灵又在现实生活中给尹某印梦。第一次是在某天早饭后，尹某到田间劳作，刚到田间没多久，尹某突然间觉得天旋地转、精神恍惚，跌坐在地上不能起身。直到一两个小时后，尹某心中想着找师父陈某或自己母亲看看是什么原因后便恢复正常。第二次是在尹某自家堂屋的门口，一天下午，尹某刚坐下就不能动弹，耳朵嗡嗡响，但头脑很清醒，视线也很清晰，过了很久才能动弹。这两次在现实中印梦的时间并不长，在尹某无动于衷后，神灵第三次在现实中给尹某印梦的时间较长，逼得尹某不得不做出决定。这次发生在 2004 年正月初，尹某感觉有像锅盖一样的东西盖在她的头上，让她的视线总是昏暗看不清。正月初九，尹某在弟弟家见到师父陈某，尹某告诉陈某这些症状，陈某说这些都是因为神灵想逼尹某成为灵媒替他们出门救人，除非尹某答应成为一位灵媒，否则神灵就会一直想方设法地折腾她。听了师父的解释，尹某仍然害怕被人嘲笑而犹豫是否成为灵媒"出门"。于是陈某画了一碗水让尹某喝，说喝了就可以让她胆大不怕被人笑。至此，尹某才同意出门成为一位"灵媒"。

由上可知，尹某并非自小信仰神灵，也并非纯粹自愿成为灵媒。但尹某在其家庭与社会时代背景下拥有的自身特质及其成长经历中形成的认知方式，使尹某经历一些神秘体验后相信鬼神存在并主动自愿供奉神灵。这种自愿是尹某成为灵媒的前提。但尹某随后愿意成为一位灵媒出门救人并非"自愿"，而是在神灵选中与"逼迫"后，"被迫"愿意学习手艺。但是，愿意成为灵媒，并不意味着就能成为灵媒。灵媒出门看事儿、做事儿，有一整套知识仪式体系，首先得学会请神傍身以及各种仪式技术。

二、请神"显圣"成为灵媒

2004 年正月十五，尹某决定继承手艺成为灵媒后，带着香烛纸钱到陈某家敬奉师父家神堂的神灵。陈某卜卦确认神灵的意愿后开始教尹某请神傍身。尹某回家后从农历二月初一开始请神,尹某一起床洗了脸就在神龛下烧纸钱,然后站着一动不动地请神灵。每天早上需要请神灵十二遍,尹某不识字,为了不出错,就请一遍神灵便用笔画一条线,以防少请几次。正规的请神须请十二天,且有其规则,包括按照空间等级顺序依次请神,遵循不遗漏的原则和一套固定的话语。

神灵的社会也分为三六九等,除了神灵位阶的高低外,请神时,神灵分层次并不根据神灵的职称、功能,而是以不同位面的高低来划分。自上而下有天上的神灵—大庙的神灵—小庙的神灵—没有寺庙的神灵。每个空间请的神都是玉皇大帝、七仙姐妹、福禄寿神、八大金刚、观音大士、财神、药王神、龙王神、灶王神以及包公神等。这里体现的是一种"涵盖"的思想,高等级的神灵同时也是低等级的神灵,低等级的神灵只是高等级神灵的一个分身或一部分。请神要从天上的神灵开始,再是家乡附近大小庙宇的神灵,然后是师父家的神灵,最后还要请四处游走的不知名的各路神灵,保证没有遗漏。请神有一套固定的话语,如"天兵天将开天门,请的玉皇大帝神,请的七仙姊妹神,请的福禄寿神,请的八大金刚神,请的天空满堂神,请到我的身边行……双桂堂的观音神,双桂堂的财神,双桂堂的药王神,双桂堂的龙王神,双桂堂的破山老祖神,双桂堂的四方观音,双桂堂的大庙小庙满堂神,都请到我的身边行……",在所有能想到的神灵都请完后,还得加上一句"满堂大神都显圣,没有请到莫多心,马上请来马上灵"。请神时还要说"你看我是出门神,出门就是救凡间人,救得准来救得灵,靠的就是你菩萨显的灵"。

请神的话语要经常练习(除了上厕所,其他时间都可以练习),以保证在帮别人做事儿、看事儿的时候能够请神傍身。越是难处理的事情,就越需要请到更高层次的神灵,如帮人看事儿就需要请到天上的神灵。

并不是每个人学习请神都能请神傍身成为灵媒,神灵傍身有一个显圣的表现。显圣有早有晚,需要契机。尹某的师父陈某学习请神6天就显圣,契机是陈某的邻居在修建房子时砸了脚,邻居脚疼得厉害,陈某画水给邻居喝后,邻居脚疼减轻。尹某学习请神显圣较晚,49天才显圣。这天下午,尹某的邻居牙疼,邻居让尹某画水给她喝,尹某试着把所有的神灵都请一遍画了水给邻居喝,邻居牙疼缓解。尹某说显圣后请神傍身就会有不一样的感觉,外在表现如画蛋时横躺着的鸡蛋能够在手心慢慢立起来(显圣前画蛋时蛋不动),这就是身上有了"神气"显圣的征兆。在这次契机下显圣后,尹某的邻居开始相信尹某的能力,并告诉亲朋好友尹某有神气,有能力驱灾治病。有需要的人逐渐找上门,在农村熟人社会一传十、十传百的过程中,尹某的能力在当地传开并得到认同。

师父陈某得知尹某显圣后,给尹某家的坐堂神安置了"出堂位",即让尹某家的神灵可以随时离开尹某家的神堂,无论尹某在何处请神都可以前来傍身。方法就是在尹某家神龛下烧相应的"提文",向玉皇大帝通报。随后的一段日子里,陈某帮别人做事儿就带着尹某,若有人请尹某做事儿,她就请师父陈某帮她做,尹某就在一旁观察学习怎么做事儿。陈师父还带着尹某出门游历,让尹某自己去感受怎么帮人看事儿、做事儿。帮人看事儿比较难,需要请天上的神灵,需要把观音大士、财神、药王神都请到身边来,所以刚开始一年尹某更多的是帮人画蛋、看水碗、送花盆,在第二年才学着看事儿。就在这样的观察、学习、模仿、实践的过程中,尹某逐渐成为一个独当一面的"灵媒"。

尹某学习请神,进入了一个通常不为人所知也不为正式制度认可的世界。在这个世界里,神分为三六九等,请神的过程就是构建这一社会架构的过程。尹某只是一个能让神灵傍身的媒介,她的灵力神气固然来自她先天的资质,即韦伯意义上的"卡里斯玛"的含义,但在获得和维系这种"卡里斯玛"的过程中,尹某的后天努力同样重要,她必须经常练习"请神",以便在需要的时候能够随时请到神灵傍身。这也就是说,"卡里斯玛"是双重的,先天与后天的结合。

灵媒在当地存在并能够延续有其社会性基础,即其做事儿、看事儿一整套的知识仪式体系被地方社会所接受认可。对普通人而言,灵媒的知识仪式体系虽不可知,但灵媒看事儿、做事儿的成果是他们可以感知的,包括陈某邻居脚疼的减轻、尹某邻居牙疼的缓解及其他人看事儿、驱灾治病的成效。传统文化的潜移默化,地方各种无法解释的鬼怪祸乱事件的传言,对鬼怪引发病灾不顺的"宁可信其有,不可信其无"的恐惧,灵媒驱灾治病的成效等,成为灵媒等"迷信专业户"存在的根基。

三、三界之间的"灵媒"

成为"灵媒"后,尹某的思维方式、日常生活及其社会关系与当地其他人有着明显的区别。

首先是思维方式的区别。不可否认,当地普通居民在总是遇事不顺或者身体不适看病吃药都无效时,可能会求神拜佛或请人驱邪,这也是灵媒存在的社会基础。但是,他们会质疑鬼神的存在,并不会把所有的事情都看作有鬼神的参与。尹某没有经历神秘体验成为灵媒之前也怀疑鬼神的存在,但成为灵媒后,尹某会将生活中的各种现象与鬼神的参与关联,也会让其他人去信奉神灵。尹某认为自己晚上做梦是灵魂离开身体去到她做事儿的那些地方,梦见的场景都是真实存在,是神灵给她的指引或某种预兆。尹某也会以超验的思维去解释曾经的经历,如陈某曾说尹某 2004 年以后能够自己在外挣钱,尹某 2004 年成为灵媒出门看事儿、做事儿的确在外挣钱了;卜卦询问,神灵表示尹某需要49 天显圣,的确第 49 天显圣了;做了不好的梦,之后一段时间的确生病了;等等。尹某也会以不同于常人的思维去看待一些社会现象,如尹某认为一个人如果没有精神,晚上多梦,就是神灵在给他托梦;一个人生病可能是被鬼神如"武鬼心"[①]缠身,或部分魂魄离开了身体,需要做事儿让魂魄回归才能恢复;疯子是神灵在人间选中的代表,如果好好引导就可能成为灵媒,不然就会痴傻一辈子;一个人不信神灵,如果运气好也没什么大的灾难,如果运气不好就会各种倒霉甚至丧生。

其次是日常生活模式的区别。21 世纪之初,当地多数青年和中年男性外出务工,普通妇女除了生命周期、岁时节日的仪式性生活以及走

---

　　① "武鬼心"并不是一个具体的鬼怪,而是一种无法明述的不洁的东西,会让人生病丢财。

亲访友外，日常生活通常是：早上起床煮好猪食，吃早饭，喂猪，去地里干活（逢集时，或许上街赶集），中午回家吃午饭，睡午觉，喂猪，干活，晚上回家吃晚饭，喂猪，看电视，睡觉。尹某成为灵媒前的日常生活也是如此，成为灵媒后会做很多与众不同的事：早上起床洗脸后先在神龛下给神灵烧纸钱（初一、十五烧纸钱更多，还会点上两根香烛），然后喂猪，吃早饭，到集市固定的地方摆摊看事儿救人（尹某家周边有三个市集，分别逢1、4、7，2、5、8和3、6、9的日子轮流开市。尹某在不同的日子去不同的集市，基本上风雨无阻），等中午集市散了再回家吃午饭，睡午觉，干活（如有人请她做事儿，就在家或者事主家做事儿），然后回家吃晚饭，看电视或与神灵相关的碟片，睡觉。尹某这样的生活日常有几种情况会改变：一是农忙，尹某会抽出几天在家干农活；二是中午需要送礼吃席，尹某要么不去集市，要么先去集市然后早些离开；三是逢庙会，尹某要到寺庙中拜佛敬香。农历二月十九、六月十九、九月十九分别是观音大士出生、"出家"和成佛的日子，农历四月初八、腊月初八分别是释迦牟尼佛出生与成佛的日子。每年这几天在梁平区的双桂堂①、石马山等佛教庙宇中都有庙会，当地的"迷信专业户"会按地方佛教分小组分拨汇聚在这些庙宇，烧纸敬香祈福，补充获取"灵力"。每年的农历六月十九前的几天，地方佛教分小组还会凑钱请僧人开坛作法。做法事时，把小组成员的名字与捐助的金额写在一封封包好的冥币上，做法事的僧人一边点名一边焚烧，让神灵收到这个"迷信专业户"的献祭，赐予神力。每年农历腊月十八或二十，是当地灵媒团年的日子，她们会在一起吃团年饭。

除此之外，尹某作为"灵媒"，皈依了佛门，需要遵守五戒，不能杀生、偷盗、邪淫、妄语、饮酒。尹某的丈夫也皈依了佛教，因此逢年过节都不能亲自杀牲口，需要让别人代替，还会通过算卦来选择宰杀牲口的

---

① "双桂堂"是当地非常出名的一个寺庙，位于梁平区金带镇万竹山，始建于清顺治十八年（1661），占地面积约七万多平方米。1983年被国务院确定为全国重点寺院，后被选为全国重点文物保护单位。

时辰和地点等。如杀鸡的时候先敬天地神灵,敬神的时候就唱"敬了那天地神,救得那凡间人",在屋里时还要唱"你不杀生来呀好得很,医得了那个好毛病……",因为如果杀了生,来年就会不顺利。尹某吃东西也有禁忌,不能吃黄鳝鱼,只能吃地油。在当地,人们会觉得"鳝鱼"与"龙"很像,不能吃黄鳝,以免得罪龙王神;而地油就是植物油,吃动物油也会被认为沾荤杀生。尹某做重要的事情之前都会向神灵请示。尹某有时坐着没人聊天打扰时,心里想着神灵,在心里把天地神灵敬了,就会自己唱起来,等醒来的时候又不记得自己唱了什么。当尹某或者家人生病时,尹某会给自己和家人看水碗,看是否有阴灵缠身。尹某也会找医生吃药,不过在寻医问药的同时,她也会画蛋来化解自己和家人的状况。如果身体状况还是严重,尹某就会给自己和家人送花盆。

时代变迁,随后几年,当地实行退耕还林政策,多数土地种上树苗,当地农民农业生产时间与劳动力投入降低,养猪的人也越来越少。上世纪八九十年代出生的人多外出务工或学习,当地妇女也逐渐从繁重的农业生产中脱离出来,进城务工,从事农业生产的人较少。尹某有两个女儿,最小的女儿也已在重庆市结婚生子,自己开办了幼儿园,工作繁忙时无暇照顾自己的孩子,尹某担负起到重庆帮忙照看外孙的责任。在这种社会结构下,尹某的日常生活方式也发生改变。但尹某在照看外孙之余(接送孩子上学之间的时间)仍会在重庆市女儿家附近街道摆摊看事儿救人。节假日,女儿可以自己照看孩子,尹某有时也会回到老家,与徒弟们一起交流,看事儿、做事儿。

最后是社会关系网的区别。尹某认为自己是神灵在人间的代言人,是神灵找到她,想方设法地让她成为灵媒。正如"灵媒"一词的意涵,尹某作为一个"媒介",从神灵那里获得能力,与鬼怪打交道,救助凡人,处于三界之间,联系着鬼神与凡人的关系往来。而这种关系是通过礼物交换来达成的,是一套道德性的体系。图6、图7是当地普通居民和尹某与其他人简单的关系来往图,图中的人物关系以与中间粗体字的人物为准,箭头的指向代表关系建立的方向。

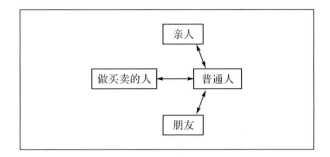

图 6　普通人的关系图

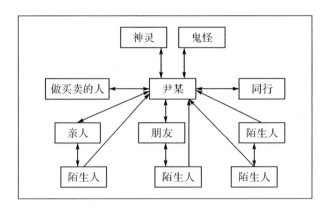

图 7　尹某的关系图

尹某与神灵的关系有复杂的结构,需要通过自家神龛的坐堂神的分身向上请求更高层次的神灵傍身(见图 8)。天上的神灵层次最高,接着就是庙宇的神灵,然后是处于世间的散游的神灵,灶神上天入地作为一个"带路神",而尹某家中的坐堂神又作为一个载体,让神灵有处可依。

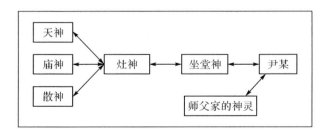

图 8　尹某与神灵关系结构图

　　尹某通过出门救助"凡人"、烧纸钱、供奉香烛等向神灵送礼,寄予一份期待;神灵保佑尹某及其家人平安健康,赐予尹某"神气"和"灵力",让尹某可以出门做事儿获取利益,从而建立长久的关系往来。但是神灵与尹某的关系并不是平等的关系,因为尹某的一切——平安、健康、福气、神气、灵力等都源于神灵的保佑和赐予。所以尹某总是处于一种"欠"的角色,神灵作为更高等级的存在,当尹某想单方面断开关系时,神灵可以让尹某的生活不得安宁。而尹某想要获得更多的能力或者神灵的庇佑,就得供奉更多的礼物。尹某每天在神龛烧纸钱供奉神灵,在每年农历的二月十九、六月十九、九月十九、四月初八、腊月初八到庙宇去给神灵烧纸敬香,以及六月十九前的法事的供奉,都是为了能够持续地获得神灵的灵力。

　　尹某能够与鬼怪交流,通过给神灵送礼,借助神灵的力量驱赶鬼怪;但尹某并不能消灭鬼怪,只是将之驱赶,因此鬼怪并不害怕尹某。所以,一些鬼怪尤其是孤魂野鬼会时不时地找到尹某,让她打发点纸钱。若尹某不给,它们就会让尹某身体不舒服。在尹某与鬼怪的关系中,尹某处于"给"的一方,但鬼怪并不会因为"欠"尹某的,就不再纠缠尹某。

　　普通人不能与神灵和鬼怪直接交流,鬼神的接触只会让普通人生病或倒霉。这时就需要灵媒作为沟通的媒介,建立普通人与鬼神之间的间接交流,这种交流也通过礼物关联。事主需要准备好供奉给神灵和鬼怪的纸钱、香烛、烟、糖、米等。如果是求神办事,尹某只须给神灵送礼,直到神灵答应赐福和保佑为止。如果是生病、倒霉等,尹某首先向神灵献祭礼物,请示神灵事主生病或倒霉的原因,然后请求神灵帮助,驱灾避邪,如果是因为鬼怪的纠缠,还要贿赂鬼怪,让他们放过事主。神灵是否愿意帮助事主,以及鬼怪是否愿意放过事主,并不由灵媒的能力所决定,而是由事主的行为决定。灵媒只是作为媒介,在中间传话,鬼神与普通人的交流按照他们各自的意愿往来。问题解决后还须送礼把神灵送走。整个过程都是事主不断地向神灵、鬼怪送礼,最后给予尹某报酬。问题解决后,事主就会向他/她的亲朋好友宣扬尹某的能力。在一传十、十传百的过程中,构建起尹某"人—鬼神—人"的复杂关系网。

　　尹某成为灵媒,构建起的复杂社会关系网络尤其是与鬼神的关系不再受尹某个人意愿支配。因为尹某成为灵媒后就有不得不继续的责任和义务——如果尹某长期不做事儿,没有给鬼神献礼,它们就会缠上尹某,让她生病身体不舒服,这也体现了尹某作为灵媒救助凡人,看似是主动的、自愿的,其实是被动的、义务性的。

结　论

　　通过对尹某人生史的呈现,首先,我们了解到一个普通人最终成为灵媒,是各种偶然和巧合的结果。尹某的人生史是"迷信专业户"的人生史,两个概念的结合,让我们看到一个"迷信专业户"的产生与实践,需要一部人生史的铺陈。尹某成为一位灵媒,具有自愿与被迫的双重机制:先天资质、成长经历、神秘体验和手艺的习得是她内在与自愿的机制;而神灵的选中和纠缠是外在与被迫的机制。一方面可以说尹某成为一个灵媒,是在她的神秘体验和对于神灵的感知下,自愿的选择。但从另一个角度来看,尹某之所以选择成为一个灵媒,是她被神灵选中多次纠缠和内心多次挣扎之后的决定。这些条件缺一不可,这不是一个制度,而是一个充满偶然和巧合的个人。

　　其次,尹某虽然貌不惊人,没有广泛的社会影响,不为地方精英所认可,甚至难以纳入社会科学研究的视野,但她却是值得研究的。对她的研究呈现了一种被遗忘的"社会的力",这种力与政治、经济、文化等关系不大,但却是实实在在的有作用的力量。虽然此处只呈现了一个人,但不难想象,在中国广袤的农村社会中有千千万万个这样的人。尹某是处于三界之间的存在:首先,作为一个凡人,在日常生活中有自己的亲属关系。然而,她又不是一个纯粹、地道的凡人,她的人生意义不在于金钱与物质的获得,而是作为灵媒,具有与鬼神沟通的超凡力量。

在她的世界里,"疾病"是来自阴间的力量,是鬼神与凡人的不正常的接触,而"治病"的力量来自于灵媒与鬼神的沟通能力。不过我们还看到,能否治好一个人,责任不在于神灵的能力和灵媒与鬼神沟通的力量,而在于事主个人。尹某只是作为一个"中介",替凡人向神灵发出请求,神灵是否愿意救助这个人,是这个人自身的问题,如果神灵不愿意救这个人,尹某能做的只是帮事主向神灵献礼,去求神灵的慈悲。这无形之中也就约束了个人的行为,缓解了个人对神灵救助和灵媒能力的期望,让人们相信自己的行为将影响自己的得救,不得救是自己的行为失当,使神灵不愿意救助他的结果。当神灵愿意救助这个人之后,尹某再通过神灵的力量,与鬼怪沟通,经过讨价还价,求鬼怪不要缠着这个人,还他以安宁。这种沟通是通过礼物交换来实现的,"神气""显圣""供奉""回馈""救治"等一系列行动,都牵涉义务和责任,即这是一套道德性的体系,灵媒作为一个"中介"只获取少量的报酬,更多的是为鬼神从凡人那里获取礼物。这看似是自愿的,却是一种不得不继续的责任与义务。因为如果尹某长期不做事儿,不向鬼神献礼,就会被鬼神缠身,不得安宁。这与莫斯《礼物》中送礼、收礼、还礼的义务性具有一定的相通性(莫斯,2002)。这种"社会的力"通过礼物交换就体现了社会整合的力量。

最后,无论尹某多么"独特",她的知识多么隐秘,尹某本人都是社会的,尹某的"灵媒"身份也是社会的,被他人所认可。灵媒的这种能力是尹某这一类人所独有的、习得的。灵媒的一整套的知识体系,都是由师父一代代言传身教传下来,虽然不同师门的知识手艺在某些细节上多少有些不同,但灵媒的知识原理相通。另外,在当地有这样的历史传统,具有"三界"的知识体系,相当一部分人相信世界上有神灵和鬼怪的存在,也相信灵媒具有沟通鬼神的能力。我提倡通过"三界"这个"地方性知识",分析一种民间宗教的复兴力量,即个人选择可以是偶然的,神灵的"拣选"也可能无法从经验上观察,但"灵媒"的形成,建立在"三界"这种知识的基础上。在这种知识的基础上,当地人对于驱灾避邪的需要,对神灵的庇佑和愿望实现的期待,可以为宗教复兴提供一定解释。

参考文献

丁荷生等,2009,《中国东南地方宗教仪式传统:对宗教定义和仪式理论的挑战》,《学海》第 3 期。

梁启超,1998,《中国历史研究法》,上海:上海古籍出版社。

梁永佳,2015,《中国农村宗教复兴与"宗教"的中国命运》,《社会》第 1 期。

卢云峰,2010,《变迁社会中的宗教增长》,《北京大学学报(哲学社会科学版)》第 6 期。

莫斯,马塞尔,2002,《礼物》,汲喆译,上海:上海人民出版社。

王铭铭,2009,《"人生史"杂谈(之一)》,《西北民族研究》第 1 期。

——,2010,《人生史与人类学》,北京:生活·读书·新知三联书店。

杨凤岗,2012,《当代中国的宗教复兴与宗教短缺》,《文化纵横》第 1 期。

周越,2010,《中国民间宗教服务的家户制度》,《学海》第 3 期。

(作者单位:贵州大学东盟研究院)

《论君长》读书汇报专题

编者按

2019 年 6 月 22 日,厦门大学人类学与民族学系张亚辉教授组织召开了跨校读书会,由浙江大学人文高等研究院资助。来自厦门大学、同济大学、南京大学、华东师范大学等高校的师生与浙江大学师生共同阅读和研讨了格雷伯(David Graeber)与萨林斯合著的《论君长》(*On Kings*),以下为读书会分享内容。

"晚年列维-斯特劳斯"的遗产

张亚辉

"晚年列维-斯特劳斯"是一个尚未被人类学充分认识的现象与问题。

大约在 20 世纪 60 年代中后期,列维-斯特劳斯的研究重心从对语言学社会之思维逻辑和社会构成的研究,转向了对政治学问题的探索。在家屋制度研究的系列文章当中,他努力将给妻者和娶妻者的等级关系当作人类社会等级制度的起点,去处理政治发生学的问题。这与他在图腾制度研究,以及"熊与理发师"一文中通过图腾算子来解释等级制度已经完全不可同日而语。"晚年列维-斯特劳斯"的家屋研究已经大量涉及了神圣王权的研究,而他同一时期的两位学生则分别在两个完全不同的维度上处理了王权问题。其一是早殇的克拉斯特(Pierre Clastres),他通过对瓜亚基人的研究指出,社会具有预防国家产生的能力,在其名著《社会反对国家》一书中,明确指出瓜亚基人通过强化隐喻的力量限制了转喻的影响,从而使得国家无法生成。其二是德豪胥(Luc de Heusch),他最早在《喝醉的国王或国家的起源》一书中将杜梅齐尔(Georges Dumézil)对罗马王权结构的分析引入到了列维-斯特劳斯的婚姻与政治关系的研究中,指出库巴人、卢巴人和伦达人的国王都来自一次神圣婚姻,即一位流浪的庄重的王子闯入了一个奉行乱伦婚姻的社会,娶了后者的女人,并在生下两个儿子之后离开,其中一个儿子在父亲的帮助下杀死舅舅,结束了混乱的政治形态,成为第一代国王。

  《论君长》一书的两位作者,萨林斯和格雷伯师徒各自遵循了列维-斯特劳斯的两位学生的进路。无须太费力就可看出,萨林斯的陌生人-王(stranger-king,后来改成了陌生人-王权)理论就是对从列维-斯特劳斯的家屋制度到德豪胥的王权理论的继承。而在本书的第一篇关于政治社会起源的讨论中,萨林斯一改以陌生人-王作为政治生活基本形式的看法,转向将作为"超越的人"的神灵对平等主义社会的控制作为政治的原初形态。他反复宣称这因循了霍卡特(A. M. Hocart)的理论,但实际上霍卡特追求的是说明如何将二元性的规约联盟社会与王权产生之后的社会纳入同一个政治学框架内进行处理,尤其重要的是,霍卡特要说明的是仪式作为政治的本质,而不是神灵对平等主义社会的控制。事实上,霍卡特甚至不认为政治的主角一定是国王,而有可能是神灵、物或者哪怕只是一个观念。如果这个主角就是一个神灵,是否就意味着国王是从对神灵的模仿中产生的? 在我看来,由于没有意识到伊利亚德(Mircea Eliade)的理论根基来自神秘主义,也没有意识到社会节奏研究的根本意义,萨林斯煞费苦心地用 chewong(奇旺)人和因纽特人的材料来挑战涂尔干,却严重误解了后者的宗教观。格雷伯的研究则是沿着克拉斯特的路径展开的,如果说萨林斯想寻找政治发生的原理,格雷伯则致力于探寻战争的起源。他格外强调国王与人民之间的紧张关系,不论是在对希图克王权的研究中,还是在马达加斯加王权的研究中,格雷伯都发现国王和人民之间的战争才是战争的原初形态。但他似乎没有注意到他所谓的人民最初只不过是双重王权中的一重而已,并非他强烈的意识形态立场所主张的那种人民。

  不论如何,《论君长》都是"晚年列维-斯特劳斯"式的结构主义王权研究晚近最有力的成果之一,但如何能够更加有效地沟通基于辩证法的王权研究,并进而推进人类学对政治的理解,仍旧有待进一步探索。

（作者单位:厦门大学人类学与民族学系）

读《论君长》第二章

赵希言

在《论君长》这本书的第二章,"施鲁克人的神圣王权:关于暴力、乌托邦和人类状况"中,格雷伯集中处理了施鲁克人(Shilluk)的神圣王权问题,这一篇文章曾经发表在 2011 年的 HAU: *Journal of Ethnographic Theory* 刊物上(Graeber & Sahlins, 2017: XIII)。实际上,关于施鲁克人的神圣王权,王文澜在 2016 年就发表过相关主题的文章。在这篇名为《拱心石与神王——施鲁克人的 nyikang 神与神圣王权的研究》的文章里,她以一个非常清晰的方式对比了弗雷泽(James Frazer)、埃文斯-普里查德、美国考古学家弗兰克福特(Henri Frankfort)以及这一章中格雷伯关于施鲁克人的神圣王权的论述。在论述格鲁伯观点的部分,王文澜说明了格鲁伯对于神圣王权的两种形态——神的王权(divine kingship)与圣的王权(sacred kingship)的区分,前者作为神的化身,后者则建立秩序,同时,来自王权和民众的暴力是结构中必不可少的要素,而所谓乌托邦问题是一种基于宇宙论的模仿,国家正是产生于这样一种忧郁乌托邦和现实张力所导致的至高权力与民众的对抗之中。在文章的最后,王文澜以一种埃文斯-普里查德式的实践的讲法作为自己的结论,国王作为社会之外的一个中心,并同时在社会之内与二元结构共同构成一个社会的整体,而拱心石的比喻就是这一结构的最好说明(王文澜、张亚辉, 2016: 17—24、98—102)。

不同于埃文斯-普里查德,格雷伯以"政治的生成"作为他论述施鲁克人神圣王权的主题,即国王与人民之间的双重暴力,这种暴力来自于王权本身,所谓乌托邦就是对宇宙完美秩序的模仿,是一个达不到的状态,而杀死神王则表明王权的乌托邦的政治理想与人民之间存在张力,正是在这一过程中,国家生成(Graeber & Sahlins,2017:135)。

基于此种论述,我们有必要对施鲁克人的神圣王权进行简单描述。施鲁克人生活在尼罗河畔,他们的国王被认为是永恒之神 Nyikang(尼亚康)的后代,同时从国王上任起就会被 Nyikang 神附身,而当国王年老体衰的时候就会被杀死。与弗雷泽等人的分析不同,格鲁伯的讲法的独特之处就在于他把被 Nyikang 神附身的施鲁克国王看作宇宙之王,掌握宇宙秩序,而杀死国王之后的混乱也是为了建立秩序。基于这样一种看法,我将从政治学实践和宇宙论的两个角度来谈这篇文章。

一、施鲁克人神圣王权的政治学实践

在这一章中,格雷伯主要通过三个要素对神圣王权进行界定,即 divine(神的)、sacred(圣的)以及暴力。所谓 divine 即为"国王通过使用一种武断的暴力,使自己成为超越人类道德的神,以及专制的、全能的存在",sacred 则意味着"类似神的品质,乌托邦元素"(王文澜、张亚辉,2016:17—24、98—102),神圣王权的暴力性则是"国王与人民的潜在敌对生成一个国家"(Graeber & Sahlins,2017:81)。

让我们对这三个问题进行具体分析。首先,国王是超道德的,这种超道德性主要指随意使用暴力的权力,它意味着王实际上是在社会之外的。法国结构主义者德豪胥的宇宙论式的王权理论认为,国王有着使宇宙平衡的责任,国王站在社会之外,不仅是因为他们可以代表社会本身,还是因为他们可以在自然的力量面前代表社会[①]。但格雷伯认为,"国王是在社会之外的,因为从逻辑上讲'没有一个有能力创造一个正义体系的生物本身可以被它所创造的体系所束缚',而这一点并不会

---

① 有关这一内容的讨论来自于厦门大学 2019 年春季课程"人类学理论前沿"。

与他作为司法和代表着正义的闪电的化身相矛盾"(王文澜、张亚辉，2016:17—24、98—102)。因此，Nyikang 神是施鲁克习俗的源头，但不一定是道德体系的源头(Graeber & Sahlins,2017:102)。其次，这种超道德性又与神圣王权的暴力性相连。国王的暴力性来自神，这种暴力是国王与人民双向的，杀死国王就是人民对国王的暴力。每当国王试图征兵或者开始大规模的征服，都会受到抗议。在殖民时代，国王的这种暴力性是民族认同的核心(Graeber & Sahlins,2017:101)。

在仪式上，国王有着类似牺牲的性质，而整个社群在仪式上享用牺牲的状态是最和谐和最接近神的，格雷伯称之为一个"乌托邦时刻"，这是秩序与和平的基础，在形而上学之上的对应就是雨。这时，仪式将神王转为圣王，在这一瞬间，"神—Nyikang 神—王—人"的等级恢复(Graeber & Sahlins,2017:125)。此外，杀死国王其实也是一种处理集体罪恶的方式，此时国王的身体本身就作为一种吸收了各种国家罪恶的容器而被杀死，国王作为替罪羊重建秩序(Graeber & Sahlins,2017:127)。乌托邦建立在双向的暴力之上，格雷伯认为这个结构在当代即为主权国家与作为政治实体的人民不停地相互斗争，而社会和平只是暂时的休战这一事实。如果我们暂时忽略宗教上的差异，就会发现马克·布洛赫(Marc Bloch)在《封建社会》中也提到过类似的观点，在这一本书里，他指出了欧洲的内部和平与外部暴力，二者之间的区别就在于内部的人民对于乌托邦有着共同的承诺(布洛赫,2011:157)。对于这一问题，格雷伯试图说明，与国家之间那种总能分得出输赢的战争不同，君主与人民之间的战争是君主永远不可能真正赢得的一种战争(Graeber & Sahlins,2017:135)。而当国王作为一个中心被杀死，王室的政治往往会在这样一个空缺期打破原本的隔离对社会进行渗透，在此期间，国家呈现出一种霍布斯状态。国王已死而中心破裂时，国家就会产生一种所有人对所有人的战争状态。

格雷伯以一种巴别塔神话的方式说明了尼罗河流域的人民与闪米特人民具有可比较性，同时从社会形态角度，他们都拥有基于血缘的社会组织，也都是半游牧的一神论者，同时也都信奉上帝。基于这一点，这些非洲神话处理的问题与《圣经》甚至当代世界都可以建立一种可比较性。因此,我们接下来便可以进入宇宙论的分析。

二、施鲁克人的神话与宇宙论

在这里,格雷伯讲述了一个典型的天地断联神话作为尼罗河宇宙观的呈现。在这里,天地的合一意味着混乱,因为神性会给人类世界带来灾难,格鲁伯说得很明白,"当神性作为一个绝对且普遍的原则在世俗生活中显现时,它就只能以饥荒、瘟疫、闪电、蝗虫或其他灾难的形式出现"(Graeber & Sahlins,2017:91)。对应的,神圣王权也带有暴力的性格,神圣力量的外渗状态就是一种合一的混乱,天地分离才能制造同宇宙秩序相似的社会秩序。

在 Nyikang 神的神话中,Nyikang 神与他的儿子 Dak(达克)可以被看作是两种王的类型(虽然 Dak 不完全是一个 Nyikang 神式的王)。后者具有不服管教的性格,是第一个与太阳打架的人,是暴力的体现;而前者则主要扮演文化英雄(culture hero)的角色,同时施展魔法、展现知识。最初,正是 Dak 的暴力和鲁莽引起了这一对国王父子同人民之间的战争,而 Nyikang 神与人民之间的冲突则是因为人民厌倦了他的征服与不停歇的战争。值得注意的是,虽然我们在这里划分了两种王的性格,但这不完全等同于杜梅齐尔式的印欧世界第一功能的两种类型的划分。在宇宙论层面,Dak 是一个值得关注的角色,他是 Nyikang 神的儿子,在他的父亲离去之后管理国家,格雷伯认为 Dak 是人类在模仿上帝,即模仿这一种反复无常的毁灭性的能力(Graeber & Sahlins,2017:121)。因此,Dak 的角色表明,在新旧交替期间,不仅仅是王室政治渗透到整个社会,更是神圣力量本身对社会进行渗透。

接着,格雷伯处理了国王授权仪式中的一些象征问题,即水火、南北的问题。这两组范畴看似是一种结构主义式的对反关系:即位仪式上来自水的永恒和丰产的 Nyikang 神降临到被火包裹的凡人国王

(reth);北方的戏剧是关于神圣力量的控制,而南方的戏剧在表现脆弱的人类。但我们不能忽略结构上非常重要的一点:在这个仪式上,南方和北方将中心包围起来,他们的核心为处于结构位置中间的 Nyikang神,这个中心点说明了他们与结构主义式的二元对立范畴之间的差异,而王文澜也以"拱心石"来描述这一结构,并且认为这样一种自古就有的国王和石头之间的联系意味着人们在观念上对稳定秩序的渴望(王文澜、张亚辉,2016:17—24、98—102)。

结　论

格雷伯以"暴力"作为他在本章论述神圣王权的三个重点之一,这种国王与人民之间双向的暴力正是说明了利维坦和人民的关系的重要性,基于完美秩序的宇宙论与人民之间存在张力,这也是施鲁克人神圣王权的特点。

值得注意的是,在整篇文章中,格雷伯对一个概念的使用显得并不那么准确,这个概念就是主权(sovereignty)。例如他在分析国王的即位仪式时说道,在这场仪式中,"每个人实际上都知道,这掠夺性的暴力曾经并且将永远是主权的性质"(Graeber & Sahlins,2017:129);抑或是他在本章结尾部分谈到的,主权作为一种内在的可能与人民之间存在张力的必要政治概念(Graeber & Sahlins,2017:137)。格鲁伯的这些分析都没有注意到主权实际上是一个现代概念,并不能完全不加以区分地用到现代社会以外的许多社会之中。

与弗雷泽或埃文斯-普里查德相比,格雷伯关于施鲁克人神圣王权的论述中包含大量宇宙论的分析,也可以看出明显的结构主义视角,在这个基础上,他得以和 20 世纪 70 年代政治学转向之后的结构主义(兰婕,2018:69—79)进行对话。在格雷伯的讲述中,施鲁克国王是作为宇宙之王存在的,这一点与罗马社会的国王作为政治之王(赵斑健,2020)有着明显不同。这个论述体现出了政治生成中的一个重要问题,即原初共同体的秩序与结构和神圣王权生成之后的秩序与结构之间的张力,这种张力体现在施鲁克人的社会中,也体现在德豪胥所论述过的班图人的社会中,正如后者以诸多神话向我们展示出来的那样,王权必须始终标志着与内部秩序的明确决裂(de Heusch,1988:145)。而正是在此之后,国家才能生成。

参考文献

De Heusch, Luc 1988, *The Drunken King*, *or*, *the Origin of the State*. Bloomington: Indiana University Press.

Graeber, David & Marshall Sahlins 2017, *On Kings*. Chicago: HAU Books.

布洛赫,马克,2011,《封建社会》,张绪山译,北京:商务印书馆。

兰婕,2018,《并系继嗣与婚姻联盟:列维-斯特劳斯的家屋研究及其政治学思想》,《西北民族研究》第 3 期。

王文澜、张亚辉,2016,《拱心石与神王——施鲁克人的 nyikang 神与神圣王权的研究》,《民族学刊》第 3 期。

赵珽健,2020,《等级辩证法与国家理论——杜梅齐尔的政治人类学思想研究》,《社会学研究》第 5 期。

(作者单位:厦门大学人类学与民族学系)

结构人类学中的历史

张一璇

结构主义人类学排斥历史,体现在重视系统而轻视事件,重视共时性而轻视历时性(萨林斯,2003:233)。与之相反,萨林斯认为事件恰恰能够揭示出系统。事件之所以发生,正是其背后的结构发生了改变,尤其在发生明显的冲突与不协调时,更是不同宇宙观的直接交锋,会导致两种结构碰撞进而发生修正,这便是萨林斯所说的并接结构(萨林斯,2003:278)。事件实际上反映的是人们在特定的文化范畴内对发生的事情进行的诠释(萨林斯,2003:238),在《论君长》第三章开篇他便指出历史是类比的而不是循序渐进的,人类学发现许多现时的制度形式都是对过去的类比,无论这种过去是有关神话的、祖先的还是经验的。人类学研究历史正是要关注事件背后所隐含的结构,这是"历史的非时间维度",因为尽管时间会慢慢流逝,结构因类比仍会以相似的形式出现。

在这一篇中,萨林斯以古代刚果王国的形成为例,展示了历史人类学如何对历史进行研究、如何发现历史背后的结构,并通过类似研究来扩展人类学的边界。类比的背后是相似的结构和宇宙观,比如库克船长被夏威夷当地人奉为罗诺神就是当地人按照神话中关于罗诺的传说进行实践的。神话并不只是人们对于过去事件的真实的解释,而且还是一种对他们当前现象领域的构成以及理解的解释。[①] 人类学者的研究中类似的例子还有很多,人们会将过去发生的事情作为今天行为的

---

① Hallowell,1960:27。转引自 Graeber & Marshall,2017:141。

参照,如 pintupi(品突皮)人将 the dreaming time 视作一种宇宙观意义上的原型,它是一切社会行动的永恒的条件。本篇分析的古代刚果王国的起源故事来源于特纳(Victor Turner)关于中非 Lunda(隆达)王权起源的评论,这是一个陌生人-王的故事:Lunda 的老国王 Yala Mwaku(雅拉·姆瓦库)醉酒后被两个儿子殴打受伤,在女儿的照顾下得以恢复,他把王国的守护神——象征生产能力的手镯传给了女儿,并驱逐了儿子。后来女儿和一个年轻的猎人结婚,女儿在月经期间隐居,把手镯给了她的丈夫,猎人就成为了新的王。特纳在评论中写道,有些体裁,比如史诗,能够成为人们行动的准则和依据。梳理同一社会不同朝代的更替会发现,整个社会的"行动的进程"以神话现实的历史隐喻的形式呈现。如果过去的历史是无文字的口耳相传的历史,现时的统治则是有历史有档案的,那么生活就仿佛是对艺术的借鉴(Sahlins,2017:143)。

陌生人-王实际上是众多神话与祖先起源故事背后的一种抽象化模式,萨林斯将其从经验材料中抽离出来,正是为了说明这些看似不同的神话传说其背后都有单一的结构,即陌生人-王。陌生人-王中的王有三个特点:首先,他是自己原本社会里潜在的王,但是因为一些原因被迫离开故土,或者被流放,或者出逃;其次,他犯了一项危害亲属关系和基本道德的罪行,包括杀害亲属、与亲属乱伦等;最后,他在出逃的过程中展现出了统治力,与当地上层女性结婚,成为新的王(Sahlins,2017:152)。对应于上述陌生人-王的特点来看萨林斯对 16 世纪、17 世纪古代刚果王国的分析,其中包括了陌生人-王的所有必要条件。与历史学的判断不同,萨林斯认为古代刚果王国的王是一位来自远方的陌生人,名叫 Ntinu Wene(恩蒂努·文)。他在自己的社会中因杀了父亲的姐妹而出走,其出走实际上是离心式的政治推动力,他获得了一种孤单的状态,这是想要成为一个王所必备的。进而他跨越了象征着隔离此世和彼世的河,来到 Mbata(姆巴塔)王国。对于 Mbata 王国的头人Nsaku Lau(恩萨库·劳)而言,他正需要与远方的力量建立起联系从而获得在当地统治的合法性,而 Ntinu Wene 从河的另一边跨越河流而来,他就是远方力量的象征。因此 Nsaku Lau 将女儿嫁给 Ntinu Wene,与后者建立起姻亲关系,从而巩固其统治。在经历了仪式性被杀死、服从于当地权威等过程之后,Ntinu Wene 顺利成为当地社会的王,陌生人-王的模式再一次在历史中重演。

　　陌生人转变为王的过程也有一定的模式。在 Ntinu Wene 的故事中,有四点至关重要:第一是过河。河在当地社会具有极强的象征意义,代表着此世与彼世的分割,Ntinu Wene 跨越河的对岸来到当地社会,意味着从彼世跨越到此世,意味着他身上具备着联系两个世界的能力,是力量的象征。陌生人的重要意义在于他有别于当地社会,他是力量的象征,具备沟通不同世界的能力,只有这样的人才能成为王。第二是在仪式上被杀死。仪式性的死亡同样具有重要意义,因为从异域远道而来的陌生人曾经做过为其所在社会所拒斥的行为,如杀父、乱伦等,从这个意义上讲他是一个反社会的陌生人,是一个区别于社会规范的特立独行的陌生人。这种独特性既是优势亦是劣势,一方面他因特立独行而被视作有力量之人,另一方面他的行为实际上也不符合新社会的标准。因此仪式上被杀死是必要的,通过仪式杀死的是曾经那个叛逃、怪异的陌生人,留下的是当地社会认可的符合当地规范的王,完成由生到熟的转变。第三是服从于当地头人。土著权威的作用是将陌生人王合法化,并且保留其剩余的主权。陌生人王想要获得统治的力量就必须服从当地的神圣领袖(native priest-chief)。陌生人依旧要通过仪式对当地头人表示服从,萨林斯称之为双重社会(dual society),即一方面陌生人是新的社会的统治者,统治臣民;另一方面他统治的合法性恰恰来源于臣民。第四是与当地贵族女性结婚。婚姻关系是陌生人-王模式的必然结果,结成婚姻意味着陌生人同时具备生与死的力量。通过这种方式将陌生人真正纳入统治集团,并且姻亲关系是当地头人统治合法性的来源。Mbata 王国内部发生了统治者之间的竞争,Nsaku Lau 为了成为 Mbata 王国的统治者,将女儿嫁给 Ntinu Wene。作为陌生人的 Ntinu Wene 与 Nsaku Lau 的女儿结婚,这便使 Nsaku Lau 与 Ntinu Wene 之间建立联系,Nsaku Lau 成为了 Ntinu Wene 的岳父,进而使 Nsaku Lau 统治的国家与更大的王权之间建立起联系——二者形成从属关系，Mbata 王国建立起新的合法性，Mbata 王国包含在 Ntinu Wene 所统治的更大的王国内，即旧政权被纳入新政权之中。Nsaku Lau 的统治地位得以巩固。

据此萨林斯推断陌生人对于当地土著而言是一种政治资源，因而形成陌生人-王的一个重要推动力很可能来自当地社区的内部政治（Sahlins，2017：166）。陌生人可以看作是更大的宇宙政体中更高一层的象征，与这样的陌生人建立起关联，尤其是姻亲关系，当地头人就从具有神性的他处获得了统治合法性。这实际上是当地人的宇宙观，是他们关于人生活的世界与其他世界之间的关系的看法，他们将自身所处的社会视为更大的宇宙政体中的一部分，认为王权的外在性至关重要，权力、人的生死繁荣其源头均来自于社会之外，因而政权希望从更大的宇宙政体中获得权力，陌生人是他们对宇宙政体的幻想的缩影。

"如果人是不朽的，就可以与宇宙混为一体，得以长存。但人既是必死的，社会就必须与外在于它的某些东西联结——并且是社会性的联结"（de Castro，1992：190），萨林斯在讨论陌生人-王时，引用了这句话，为了在本体论意义上说明为什么陌生人能够成为王。原因是人自身的有限性使人总会思考非此时此世的事，认为非此时此世的地方是神性的来源，与其建立联系就可以确保此时此世保持稳定的秩序。陌生人-王式的宇宙观在于神性来自于外，他者为上。中国的天子是这样的逻辑，他是以宇宙统治者的形式出现在人间的君主。历史上的大型帝国在统治时采用的"中间人"制度也有陌生人-王的影子。萨林斯指出，征服是一个被西方抬高了的概念，西方认为王权主要依靠征服得以建立。而陌生人-王恰恰说明征服是仪式上的而不是真实的，王权建立的形式可能是非常平静温和的。萨林斯所说的结构，包括陌生人-王，实际上是宇宙观，是人们认识世界的方式，是人们眼中世界如何运行的方式，往往涉及此时此地与其他世界的关联，人们思考其生活的世界是不是更大世界的一部分。并且，在陌生人-王模式中出现的杀戮乱伦故事不会真的发生，相反更有可能的是，从未发生过的事件可以持续产生历史影响,即传统不需要真正发生也能真正发生。

　　结尾部分萨林斯给出了他的评价,所有超出人类记忆范围的过去的事情都存在于今天的社会结构、意识形态、道德和制度之中。最大的问题是如何看待神话的地位和它的历史价值,在西方学术界的公认话语中,神话代表着虚构的东西,而对于文本中分析的非洲人民来说,它的故事是真实的,而且常常是神圣的。神话的真实性不在于它叙述的故事是否真实发生,而在于神话作为宇宙观的一种载体对真实生活产生了实在影响。因此对于人类学家和历史学家而言,真正的根本问题不是发生了什么,而是发生的是什么。历史是事件的串联,而事件是人们制造出来的,之所以称其为事件,正是因为它意味着背后结构的变动。因此当库克船长抵达夏威夷时才会被当地人奉为罗诺神,在当地人的神话中,从远方乘船而来的陌生人就是罗诺神。库克船长最初的经历说明:一方面,人们会受到既定文化范畴的影响而产生实践活动;另一方面,这种既定的文化范畴是神话、祖先等在现世的反应。同时,萨林斯指出,文化当然会对历史过程产生制约,但它在实际的实践中被不断解体、重组,历史也因之变成人们使用实际资源的社会性的实现过程(萨林斯,2003:239)。虽然人们会按照文化范畴内的规则行动,但当事件发生时候,文化范畴也在不断地发生改变,每走一小步实际上都是在推动更大的改变,因为每一步都是用熟悉的文化范畴处理不同的环境。结构是文化的骨架。

　　陌生人-王之所以能够在不同的社会中上演且成为萨林斯笔下的亲属制度、政治、宗教的同一的基本形式,正是在于它背后的宇宙观——人对自身有限性的认知使他们想要找到突破有限性的方式,与无限的外在世界相联系。宗教与政治的核心都是寻找外在无限性以弥补自身的有限性,宗教定义出超越此时此地的存在,用彼岸世界约束此岸世界的人;而政治则通过与外在世界建立联系来获得此时此刻的合法性。一切都是因有限性而存在,也是为了突破有限性而存在。萨林斯借助陌生人-王的故事提出的不仅是对王权如何建立的问题的思考,更是对历史人类学方法的反思。他将历史、事件、结构、宇宙观串联在一起,调和了历史与结构在人类学中的矛盾。事件的发生代表其背后的结构甚至宇宙观的改变,因此历史研究应当关注在实践中被改变的意义。库克船长的故事是两种不同宇宙观之间碰撞所产生的结构变化,而陌生人-王则是同一社会自身宇宙观的复制,萨林斯留下的难题恰恰在于如何找到蕴含在历史事件背后的结构,历史事件可能是自我宇宙观的复制与重组,也可能是不同宇宙观之间的碰撞,对此人类学仍有巨大空间能够探索。

参考文献

De Castro, Eduardo Viveiros 1992, *From the Enemy's Point of View：Humanity and Divinity in an Amazonia Society*. Chicago：University of Chicago Press.

Graeber, David & Marshall Sahlins 2017, *On Kings*. Chicago：HAU Books.

萨林斯,2003,《历史之岛》,上海:上海人民出版社。

——,2009,《陌生人-王,或者说,政治生活的基本形式》,王铭铭编《中国人类学评论》第 9 辑,北京:世界图书出版公司北京公司。

(作者单位:浙江大学社会学系)

萨林斯的"墨西哥的陌生人-王"

帕提哈希

萨林斯通过对全世界多个区域的历史记载、神话传说的分析,发现在前现代王国王权产生结构有诸多相似性。大多数统治者对于土著来说,在血统与身份上是外来的。他们或来自外部权力更高的王国,或来自神话与现实。陌生人-王经历过当地象征性的死亡仪式获取再生并通过联姻的方式被同化、被土著接受。

陌生人-王理论对全面理解人类社会政治制度有着重要的意义,我们对"政治"的理解,不应局限于现世以权力为核心的社会关系的理解,应引入陌生人-王的理论路径,对人类社会所追求的"超自然"力量有进一步探索。

本文基于萨林斯有关"墨西哥的陌生人-王"的叙述,分析陌生人-王的产生,辨析权力产生机制与背后宇宙政体,并进一步探讨萨林斯提出的人类学研究的局限性问题。

一、陌生人-王的产生

陌生人-王可来自王国外部,也可来自内部。王朝国王来自外部更广阔的国家的王子,他们需要具有身份上的绝对优势与父系正当血统。或者是本国统治者从外部更高级别的国王中获取身份与主权的肯定,成为本地的陌生人-王。

通过萨林斯的描述我们可以看到整个国家内部与外部充满了一个

等级排序的概念，这种等级划分先于国家、王权概念而存在。建国的陌生人-王在建国前已具备结构条件，内部已形成等级制度。在墨西哥王例子中，阿兹特兰（Aztlan）长征部队在托尔特克（Toltec）王朝建立前，就有最高领袖，部队内部除了猎人外，也有农耕人民。作者认为他们内部的等级组织方式与王权在实践中被不断强化，结果也是可预期的。陌生人-王未出现的国家，其内部贵族已经先于统治阶级形成了国家内部的臣民社会，文中作者分析莫西卡王朝祖先阿卡玛匹切特利（Acamapichtli）血统，认为在较早时期已存在贵族等级分层。

陌生人-王对土著不是通过征服与暴力方式得到和谐，而是通过契约——与当地女性（通常是土著贵族女儿）联姻的方式成为外来者与土著人之间的纽带，其后代则包含了双重身份，更加稳固了王权的合法地位，有了统治权。但是土著贵族则保留了一定的主权，他们拥有土地所有权与宗教仪式的控制权。

二、陌生人-王的社会秩序

陌生人-王被认为是来自宇宙的神秘力量，可以滋润土地，带来雨露，可以为当地带来秩序与繁荣。正如奇奇梅克（Chichimec）有了太阳神惠茨洛波切特利（Huītzilōpōchtli）的保护，成为相对于宇宙的地球的统治者，阿卡玛匹切特利与保护神之间父系关系身份拥有不容置疑的权威性与合法性，使土著对其臣服。

由王朝向外看，阿卡玛匹切特利的身份具有托尔特克贵族血统，可对抗敌对君主。由王朝内部分析，阿卡玛匹切特利具有太阳神惠茨洛波切特利的指引，是墨西哥陌生人-王的权力源泉。

而以"王"的形式存在的王权有自身的限制性，国王统治土著人民，土著贵族则拥有土地，保留着一定的剩余主权。昔日土著统治者的后代是新政权的首席祭司，他们对国王继承的控制，包括王室的设立仪式，是陌生人统治者合法性的保证。同样，土著领袖也具有世俗权力，他们是陌生人国王的顾问,通过征税方式获取资本扩大政治建设,维持国王统治力量。所以存在双重的政治制度场域,即由土著贵族土地所有者制度与具有超越性神圣力量的外来不同族源移民统治制度。正如墨西哥陌生人-王模式中,特诺奇蒂特兰(Tenochtitlán)的土著卡尔普利是主要的土地所有者。在特诺奇蒂特兰的主庙中,土著所供奉的特拉洛克神与陌生人-王所供奉的惠茨洛波切特利神会同时存在,并拥有各自的祭司,也以这种二元结构存在。

陌生人-王融入当地土著社会第一步是需要通过仪式的洗礼,墨西哥王会被牧师带到领主与武士面前赤裸相对,大祭司将他上身熏黑并使其穿上有骷髅的黑斗篷,通过死亡仪式获得重生,获取赋予万物生命的力量。

第二步是与当地贵族女性联姻。联姻方式重新整合亲属关系与王朝内部势力,具有神圣力量父权统治阶级与母系贵族联姻而形成的政体,两者之间形成了互补关系。随着时间的推移,陌生人-王逐渐被当地文化所同化,实现了社会的内外联合。在墨西哥王的例子中可以看到,来自边缘地区具有神圣性的奇奇梅克王与当地相对文明的托尔特克贵族女性有着频繁的联姻关系,准确地说是从修洛特尔(Xolotl)的直系后裔诺帕尔津(Nopaltzin)与特洛津(Tlotzin)开始,特斯科科(Texcoco)王朝的奠基人就不断地和托尔特克女性联姻组成家庭并逐渐被托尔特克文化所同化。这种他者本土化的模式,往往重新定义或者改变本土社会结构与社区力量。

三、宇宙政体

早期部落社会中普遍认为神创造了人类与宇宙的秩序,宇宙是权威的象征,地球是宇宙的附属品,而人类社会则试图模仿宇宙政体模式。陌生人-王的存在使神话的宇宙秩序得到完美的展示,萨林斯认为"王权在某些社会方面能被视为宇宙的秩序原则"。陌生人-王被赋予生与死的宇宙力量,作为人类社会与宇宙、天与地之间的纽带存在。

人们对宇宙的想象充满了核心势力向边缘扩散、边缘势力向核心靠拢的状态。萨林斯认为人类社会发展趋势也是核心地区势力主动向外扩张的趋势、外围民族向核心地区的迁移聚拢的趋势,与宇宙政治上下移动结构相呼应。

中央王国在政治、经济、宗教等方面对边缘腹地有一定的影响力,某种程度上边缘地区虽在政治上具有独立性,但是在文化上从属于核心地区。萨林斯认为在以占主导地位的国王为核心的结构中,社会具有一定的等级排序,且每一阶层都有试图向上流动的倾向。核心王国为巩固其合法性也会通过"宇宙神秘力量"强化身份或通过收集物质财富扩张统治范围、巩固主权。

银河等级制度中的向上移动意味着首领为了争夺统治权、取代上级群体,通过模仿上级、成为上级的"星系模仿"方式或者暴力竞争的方式寻求更高的政治权力。其中通过"星系模仿"模式,本地国王会变成陌生人-王的形式。而分裂竞争模式则带来地域、身份、血缘不同的陌生人-王。引人注意的是,陌生人王权的"征服"往往是对前政权的篡夺,而不是对土著人民的暴力。在国内王权竞争过程中,会有一位王子在内部王权争夺的竞争中以失败告终,或选择在王国内部核心地区以首领方式存在,或创建新的国家且有机会发展成为陌生人-王。

向上移动模式中,同一部落两大社区产生竞争,权力团体当地长老会通过从更大的区域中攫取更高的政治形态来压制另一个社区,向核心地区寻求陌生人-王,并通过引入陌生人-王的方式获取权力与保障。例如斐济人祈求酋长、贝宁王朝长老祈求约鲁巴王子、以色列长老祈求国王。

作者以 14 世纪墨西哥王权的发展为例,特拉特洛尔科(Tlateloco)社区与特诺奇蒂特兰社区同胞间分裂性竞争,特诺奇蒂特兰长老决定寻求陌生人-王特诺赫卡(Tenochca)获取权力与安定。特诺赫卡将自己托尔特克人血统与"羽蛇神王"身份相结合获得了王权的合法权。

总　结

　　最后,萨林斯指出人类学家或许不应该将自己禁锢在单个社会单位。应该在关注文化多样性的同时,也关注不同文化在结构上的相似性。应试图从文化相互影响和相互依赖的社会历史中总结出人类学经验。人类社会并不孤单,并不是独立存在的状态,遥远的时空与地理位置被文化与文化之间莫名的默契与联系影响。通过与文化的隔空对话,通过对比,或许可以收获更多的人类学知识。

　　在萨林斯陌生人-王理论包含了以陌生人-王为核心的神与人、男人与女人、外来权力与土著贵族权力、文化与政治之间的互动,给我们展现人类社会更加深层的政治结构。而萨林斯认为宇宙等级是固有存在的,平行的人类社会没有平等,充满了等级概念,但比较遗憾的是作者没有对等级背后机制做进一步探索。笔者认为,萨林斯对陌生人-王权力与贵族权力有清晰描述,而对土著人民的权力描述很少,土著人民被土著贵族代表了,同时也很少可以看到权力的具体实施。

（作者单位:浙江大学社会学系）

作为儿童的国王和作为保姆的人民

单朵兰

一、国王作为幼稚的暴君

在文章的开头,作者指出王权制度体现了一种悖论,即国王既无所不能,又无能为力。一方面,主权的本质是君主对臣民及其财产为所欲为的权力,君主制越是绝对,这种权力就越趋于绝对、专断和不负责任。另一方面,国王又依赖其臣民,他的吃、穿、住和基本物质都需要由表面上在他权力统治之下的臣民照顾,君主的权力越绝对,依赖性也越大。这和黑格尔的主奴辩证法是一个意思。而在远离黑格尔的时代和地点,这一悖论是王权观念的核心,不仅在哲学家的反思中,而且在围绕国王自身的仪式生活中。因此,作者通过探讨马达加斯加中北部高原的伊默里纳王国(Merina Kingdom)的王权形态,对这一悖论进行了说明。在这里,国王经常被描述为婴儿、幼儿或青少年,他被认为是任性的、执拗的、完全依赖于臣民的。以这种方式构建政府机构创造了一种特殊的道德魔力,由此自私、专横甚至偶尔爆发的报复性暴力,实际上可以被视为可爱,或者至少可以强化这种感觉,即这是平民要照顾王室的需要。然而,这种想象皇权的方式显然有两种方式,一方面它伴随着一种感觉,即活着的统治者可以被视为一种永恒的未成年人,而死去的国王、皇家的祖先,真正代表了成熟的权威。另一方面,无论是以自己的名义还是那些祖先的名义,一旦他做得太过,就会给臣民提供一种语言,臣民以此来惩罚和劝告统治者。

作者提到了 Leiloza(莱洛萨)——伊马莫王国(Imamo Kingdom)的

最后一位王子。传说故事中,他是一个幼稚的暴君,不喜欢按寻常的方式循着山坡路径行走,而是要王国的妇女不断地编织丝绸(或者剪掉女性的头发)为他搭起由他一人行走的桥梁。他喜欢人们为他的快乐而受苦,人们对他的描述也是顽皮的疯子。他的父亲最终无法忍受他这样的行为而剪断了桥梁的缆绳,让自己的儿子直直掉了下去。可是在这之后,这个牺牲儿子的伟大父亲却不总是被人提起,反倒是死后王子的声望不断增加,和其他许多生前被抵制的权威的顽固的"国王"一样,他在死后变成了"神圣的灵魂"。作者认为,对于这种顽皮的孩子和残暴的儿童君主的形象的纪念、记忆,与先前对于君主大多是正面的描述有所不同,这种态度上的转变和殖民化的冲击有关。自从法国殖民政权解散了这里的君主制、解放了这里的奴隶,人们开始想方设法隐藏"曾经存在奴隶制"的现实,并且对任何可能的指挥关系予以谴责。这类暴力的儿童君主之所以受到推崇,也与人民在为国王服务、容忍君主的这些行为的同时所掌握的对于君主权力的控制、权利的发展和强化有所关联。因而,作者讨论的"范式工作""皇家服务"等涉及国王与人民互动中,人民所扮演的角色和履行的义务,对于理解"培养儿童君主的保姆人民"是比较重要的。

二、服务于国王

作者认为,社会是需要仪式劳动的。家庭作为生产的基本单位,一般来说是包括物的生产和人的创造的;而处在顶层的皇室家庭,只负责人即君主的创造,物质形式的生产外包给了其他的家庭。这里就出现了一个"象征性劳动"的概念,象征性劳动是指特定人群的典型工作,这群人以为国王进行服务的内容、种类而被定义。18 世纪末,这个高地王国有将近人口 1/4 或 1/3 的 andriana(贵族),其他是 hova(自由民)和 andevo(奴隶)。其中 andriana 是生产者、创造者,hova 是运输者、携带者、主要为王室进行服务的人,而奴隶没有资格参与其中。在这样的劳动者结构中,处于最顶层的 andriana 是塑造物质对象的群体,他们又常常是公共场合的发言人和主持者,hova 则是要承担一种携带、运输的工作。这些人主要在仪式中提供象征性的劳动。

实际上,作者在文中也将 andriana 和 hova 的关系化约为国王与人民的关系,国王正是像 andriana 一样的塑造和创造物质者的形象,hova 则是为国王搬运、拖拽东西的。关于 hova 的这种工作内容、服务内容,需要注意贵族的豁免清单中的第四项"不带王室行李",偶尔也会写成"不必带王""不必像背婴儿那样携带国王"。这里的携带涉及一种互惠原则,可以用来理解上述的国王的悖论。母亲背着婴儿,哺育和抚养他们;但在成长过程中,母亲携带孩子参与游戏活动,当这种游戏中的胜负转变为现实生活时,孩子就会生成负担和压力;随着孩子长大,他就会有对于母亲、祖先的义务——"背上的答案"——支持父母、维护祖坟。而正如平民将国王像孩子一样携带,可以解释为是人民支持、喂养国王,反过来国王也对民众负有责任和义务。"携带国王"是 hova 的一项工作,也是为高地王国王室服务的内容——携带国王,像背上的婴儿那样携带国王。在这里就可以看到,人民作为国王、王室的搬运工,是处于从属地位的;但是,反过来,人民也在积极治理国家、限制国王的错误决策,有着"变相的对于权力的控制和对于国家的治理"。

然而,"皇家服务"实际上也存在矛盾,即一方面它是指一种仪式性的、象征性的劳动,而另一方面则是主权的力量可使任何人做任何事情。这就是说,在"皇家服务"中,如果一个统治者坚持在山顶建造房屋,那么真正的挑战不是寻找建房的职业人、制造者,而是召集在建房过程中各种物质的搬运者、携带者。在高地王国,平民总理 Rainialarivony 和他的女王配偶采取了一种非直接征收税的方式——以 fànompòana 代替,这要求人民要正确地为女王提供服务。当地的生活整个被用作某种形式的 fànompòana;任何服务性质的东西都是 fànompòana;女王可以根据她的主权和意志,在任何时候索取任何劳动。理论上,这种无偿服务是向女王提供的,但不幸的是,它并没有止步于皇室服务。为了确保能完成女王的服务工作,就需要一种组织,这种组织是一种从属系统,通过这种系统,任何一个人只要对另一个人有权威,就可以让那个人为自己的利益而工作,不可避免的结果是,为个人利益而做的事情远多于为政府而做的。人民的生活往往因这些人的完美和欢乐而变得痛苦。因此,在19世纪王国的高峰期,人们为女王服务的内容,实际上主要就是一些拖拉、运输重物的活,这也常导致大量劳动力的疾病、饥饿和疲劳。

三、改革的国王与封闭的女王

伊默里纳王国的统治顺序大致为:

国王 Andriamasinavalona

国王 Andrianampoinimerina

国王 Radama 一世

女王 Ranavalona 一世

国王 Radama 二世

女王 Rasoherina

女王 Ranavalona 二世

女王 Ranavalona 三世

在王位更替的过程中,先后出现了 Radama 一世、Radama 二世的改革举措和 Ranavalona 一世、Ranavalona 二世的封闭政策。

Radama 一世称自己为"一个开明的暴君",他利用无限权力,以现代的、渐进的方式重塑社会。他建立了学校系统和公务员制度,赞助了工业项目,以及开启了使建筑技术、服装款式和公共卫生标准现代化的运动。并且将伊默里纳的整个男性人口分为两大类:军队和民间,并引用了 fànompòana 的原则,第一类服役于军队,第二类分配到越来越繁重的皇家劳工队。面对国王经常被视为事实上的未成年人的问题,

Radama 一世利用他与外国人的特权关系来扭转所有的一切,把自己塑造成一个陌生人。在关于头发的编织问题上,他与地方女性产生了分歧,并最终引发了起义。起义以失败告终,女性被要求只管自己的家务而把政务留给国王。然而十二年后,在政变中被扶植上台的 Radama 一世的妻子——女王 Ranavalona 一世,与丈夫的大多数政策彻底决裂。她放弃了将马达加斯加开放给更大的世界经济的策略,采取了自给自足的政策,最终导致该岛几乎所有外国出生的居民被驱逐出境。当然关于军人的征召和镇压反叛则是继续保留着的。她还将国家权力从乡村社区里撤了回来。她有着非凡的欲望,有很多情人,并且会喝很多酒。在她侍女的描述中,她表现得就像被宠坏的孩子一样。在她统治大约一年后,她就生下了一个儿子,这个孩子被某种神秘的精神概念宣布为 Radama 一世的后代——是 Radama 国王的小男孩。这个孩子在成长过程中培养了一群心胸宽广的年轻同伴,并且在他母亲去世前六年就已经与法国代表签署了秘密协议,承诺一旦上台就向外国投资开放。当他最终在 1861 年上台时,他迅速采取行动,几乎完全取消了他母亲的所有政策。Radama 二世呼吁,结束军事招募,大幅减少了强迫劳动的使用,废除死刑和毒害;他宣布宗教自由,取消了关税,并开放了对外贸易。然而,他没有意识到,他母亲的封闭战略是在保护着国家免受外国资本侵略。所以很快,年轻的国王就开始沉溺毒品,日夜狂欢,意识越来越不清醒,最终在政变中被杀死。而他的妻子,在答应扭转其丈夫之前对外国资本开放的决定后,登上了王位。

所有的男性君主都认为自己是改革者,并且都会受到女性直接挑战的问题,实际上是说,这些改革者总是努力把自己打造成一个陌生人——来自遥远的地方,带着强大的力量,采取任意暴力的行为,以征服人民。但事实上,在他征服人们的过程中,他本身也被巧妙地征服。他与本地的女子结婚并被逐渐融入和驯化,甚至于象征性地被杀死,并重生为人民的孩子。同时,当他用外国资本和生产力量取代原本作为生产单位的家庭的作用时,作为家庭主导力量的女性的范式工作就会受到影响。这些雄心勃勃的改革者,被视为是神话人物,代表了对于神话时代的想象,而在这种叙事中,最早的人类是叫 Vazimba(瓦津巴)的原始人,而侵略征服者——andriana 和 hova 的祖先——取代了他们,并在统治者的领导下完全地创造了自己社会的基本制度。在这种意义上,国王被期望成为创新者和发明者。但是男性统治者和女王之间的差别就在于,女王在不忘记皇室创新创造传统的同时,将仪式劳动放在重要的位置上;而那些男性君主在拥抱资本主义和机械技术的时候,就忘记了这种创造神话是建立在劳动和工作上的,这违反了王国内的统治秩序。这也似乎可以理解为,男性国王们试图用机械生产取代人民劳动,削弱或消除人民对于王权的控制、限制,但是这是不被允许的。因而他们的政权也往往会被推翻,而推选出另外一名女性国王来维护原有的政治结构以及国王与人民之间的相互关系。

结　语

那么,我们如何看待国王作为人民培养的孩子的这一概念呢?国王和王后需要做永久的儿童,这既是他们合法性的关键,他们被珍惜,他们的健康和福祉是人们的共同任务;但这也是行使权力的明显限制,国王作为孩子的框架原则上允许每个人介入并在君主越权的情况下施加温和而坚定的母性纪律。而人民作为保姆的概念如何成为政治抗议的语言则是说,"孩子们很可爱,但是当他们咬住乳房时,必须推开他们……不要再让我们照顾更多的孩子,如果你愿意,就由你直接控制这片土地"(Graeber & Sahlins,2017:299)。

人民对于王室、国王的态度,对于君主制国家及其王权的发展来说是关键。人民在"携带国王"时,既因其幼稚、放纵,因其作为国王、祖先的孩子,而容纳他的王权合法性,又会在其行为有可能伤害自身和他人、危及国家的时候,对其进行制衡。第一个有记载的被废的君主 Rajakatsitakatrandriana,正是因其自私、暴虐、不负责任而被驱逐。

当然,照顾王室"就像照顾孩子一样"的说法,在某种程度上也有其矛盾之处,因为抚养孩子最终目的是让他们长大;而相比之下,人民的养育则使统治者陷入永久的儿童状态,不成熟。同时,针对萨林斯提出的"权威主义",作者在反思,这种人民对于国王的控制和告诫,是不是也意味着某种专制主义? 为了阻止孩子以自我中心和有害的方式行事而控制或指导他们的行为,是否一定是"专制"的? 这并不是绝对的,一切都取决于你是如何做的。这样做没有任何内在的权威主义,因为通常只有在儿童自己表现得像个独裁者时才真正需要它。如果这样做是为了温和地引导孩子去实现相互体谅、成熟、平等行为的能力,那么它根本就不是专制的,相反,它实际上是反权威、反专制统治的。

除了这些之外,从 Leiloza 还有伊默里纳王国的故事中也可以看到,国王作为婴儿的形象是怎么被看待的。需要注意的是:第一,当男性改革国王试图把自己塑造成外来的陌生人-王,实现对地区的征服的时候,他本身也在被巧妙地征服。第二,关于暴力君主在死后会变成神圣的拯救力量,从 Leiloza 的事件以及女王对于祖灵的回归、复活中,我们可以看到,死去的祖先被视为是真正成熟的和能拯救人们的,而现世的君主总是被当作是幼稚暴力的婴孩。

参考文献

Graeber, David & Marshall Sahlins 2017, *On Kings*. Chicago: HAU Books.

（作者单位:厦门大学人类学与民族学系）

中心—边缘体系的文化政治

王之怡

  这一章中,萨林斯没有继续对王权本身展开讨论,而是将目光转向了地区性的文化与文化之间的关系。他首先表明了"文化非孤立"的立场,并且指出在世界范围内,"中心—边缘"文化关系的实践是普遍存在的。在随后的理论批评中,他指出用沃勒斯坦(Immanuel M. Wallerstein)的世界体系来解释前资本主义社会是有局限性的,所以他引入了坦比亚(Stanley J. Tambiah)的星云政体(galactic polity)模型,并着重强调了其中"软实力"(soft power)的概念。

  早期的"文化地区"讨论(cultural area discussions)在很大程度上是区域性的,而且基本上也只是指出了存在"中心—边缘"的组织形式,认为中心是"影响中心"(centre of influence),"文化高潮"(cultural climax)或"高等文明"(high civilizations),但却没有具体阐释这种结构的运作模式。20 世纪 70 年代,沃勒斯坦提出了现代资本主义世界体系,将经济因素归结为推动世界一体化进程的动力。萨林斯指出,虽然很多参与文化地区讨论的学者无疑受到了沃勒斯坦的影响,但是他们分别所持的两种观点之间存在一个基本的差异:在两种理论中,具有文化影响力的中心通常在财富、人口、仪式、庆典、艺术与建筑,以及军事力量这些方面都有优势,但是沃勒斯坦的世界体系基于殖民和经济剥削,并且形成了全球化的工业秩序,而其他人所讨论的文化地区不存在这样的经济网络。同样的,武力征服也不是后者得以形成的必要条件。因此,如果想要涵括这些在时间和空间上都分布甚广的区域性文化体,需要一个有别于世界体系的理论。萨林斯认为这样一个理论是存在的,也就是他接下来详细论述的星云政体模型。

星云政体是坦比亚在尝试解释东南亚社会时提出的。这个政体是一种宇宙政治模式,也就是说,政治的组织形式和宇宙观是相对应的,它们基于同样的结构。另外,萨林斯还指出,这种星云政体是"有中心的",但不是"中央化的"(the galactic polity was "centred" rather than "centralised")。这是说它存在一个中心,但是这个中心并不会强制向边缘输出力量;而正相反,它最终会把边缘纳入到自己的整个体系中,就像一个星系中央的恒星通过万有引力吸引其他较小的天体一样(Graeber & Sahlins,2017:355)。而在星云体系中,扮演万有引力这个角色的就是"软实力"。

"软实力"是这篇文章的一个关键概念。萨林斯在文章开头的第一句话就说,"本文意在将软实力置于一个世界历史框架中考虑"(Graeber & Sahlins,2017:345)。他在下文中对它进行了重新定义:"软实力"其实源于一种一再发生的想要上升的驱动力。星云政体其实是一种等级制的涵盖体系,处在其中的人们认为,中心正是因为拥有超越人类有限性的力量才能够成为中心并且涵盖周边的地区。也正因为如此,边缘的、处于低一端的等级也想要通过上升而超越有限性。这种来自远方的"宇宙中心"的"软实力",作为一种"有权与'超自然'力量接触的能力",为边缘地区提供了上升的力量。这也就形成了"星云式的模仿"(galactic mimesis)。

紧接着,萨林斯借用了贝特森的两个概念来定义"软实力"在边缘地区会产生的结果。一种情况是,如果当地已经有一个统治中心,那么当地首领或国王得到了"软实力",成为了他自己的国家或者领土的那个最高统治者时,在象征的意义上,他自己也成为了一个"宇宙中心";所以即使在绝对实力还有很大差距的情况下,他和远方的王在象征层面上也能处在一种可以互相抗衡的关系中,这叫作"敌对的文化同化"(antagonistic acculturation),萨林斯称之为"相同而不同"(the same as and different from)。另外一种可能性是,如果当地本来不存在一个统一的国王或首领,那么得到来自于文化中心的"软实力"就能够使其中的一个人从其他竞争者中脱颖而出成为唯一的统治者,这意味着在一个原来可能是平等的区域中生成了一个等级制的结构,同时这个结构也被包括进了整个星云政体当中。这被称为"对称性分裂"(symmetrical schismogenesis),萨林斯解释为"平等而更优"(equal to and better than)。不管是前者还是后者,都涉及软实力在边缘地区的作用,在这个过程中,当地的王变成了陌生人:因为他获得了来自外部的力量,并由此获得了政治权力。

如果说萨林斯选择星云政体作为一种解释区域性"中心—边缘"关系的理论框架是因为想要摆脱经济决定论的影响——就如他在这本书第一章中写到的,"经济决定论仍是有效的,只是这个决定论并不是经济的"——那么他似乎走向了一种激进的文化决定论,并且在对一些材料的处理上显得过于粗糙和武断。在研究前资本主义的区域性关系中,中国作为一个庞大的"中央帝国"是无法被忽视的,萨林斯在这里也试图把中国和周边国家的关系纳入到他的基于软实力的星云政体模式下。他引述了《南齐书》中所记载的关于武帝时扶南(今柬埔寨)与南齐的一次外交事件的前因后果:一个天竺僧人在回国途中经过林邑国被抢劫,流落到了相邻的扶南。扶南一直没有与汉人军队正面相遇过,国王从这个僧人处才听说北方中国有圣主。过了几年,扶南国王的奴隶出逃,勾结一些人攻占了林邑,于是扶南国王派那个天竺僧人替他出使南齐,表达自己对齐帝的臣服,并且表陈林邑被攻占的事,提出可以协助天子攻打林邑,收复南疆。萨林斯在这里引用了天子的部分回复:"朕方以文德来远人,未欲便兴干戈",但考虑到"王既款列忠到,远请军威,今诏交部随宜应接"。萨林斯认为整个过程从头到尾都是软实力在起作用,首先是扶南国王对南齐皇帝的臣服,其次是皇帝拒绝了出兵的请求。

但是熟悉中国历史的人应当会意识到这段外交往来中的话术技巧。也许对于扶南王来说,他对中国皇帝的敬仰确实(部分)来源于"软实力";但是中国历史上的区域问题是无法避开武力冲突的,这个故事中的林邑本身就在元嘉时被檀和之以武力攻占。萨林斯所认为的这段材料体现出的"怀柔",也许只是皇帝的场面话,而诏报中紧接着的那句被萨林斯忽视的话,可能才是天子的真正立场,"伐叛柔服,实惟国典,勉立殊效,以副所期"。换句话说,从史料中所体现的扶南国王对南齐皇帝表现出来的臣服,以及皇帝表达的"文德服人"意愿,带有鲜明的意识形态立场,却不一定是历史事实。萨林斯虽然已经点明材料的儒家立场,在实际分析中却仍然没有摆脱文献使用的局限性。而这也是所有对文明社会的研究中值得关注的一点:历史文献所记载的内容往往是有意向性的,而非绝对中立的历史叙述。

萨林斯的分析在中国这个例子上的局限性衍生出另一个问题:在区域研究中建立起来的理论是否能够涵括其他的区域性文化系统?坦比亚的星云政体模型来源于东南亚印度教-佛教系统中的曼陀罗(mandala)。曼陀罗是一种围绕一个中心的几何形图案,而东南亚诸王国的政治组织形式——包括王城结构——也体现出了这种图式特点。但是这种宇宙观是静止的、决定论的,所以坦比亚为了强调它在不同的历史地理环境下所具有的适应性,提出用星云政体来代替古老的曼陀罗宇宙观。但是这并不影响他仍然将宇宙观作为现实政体的理论来源:"现实是通过对宇宙原型的模仿而实现的,这种模仿用物质形式表现了宏观宇宙和微观宇宙的平行,若非如此,人间将不会繁荣"(Tambiah,1973:507)。

然而这一原则衍生出的问题是:如果政体最终将追溯到宇宙观,那么不同的文化——至少是拥有不同宇宙观的文化——中应当产生不同的社会组织形式,这样一来,区域研究中产生的区域性理论还能普遍化吗?坦比亚在《东南亚的星云政体》中没有解决——或者说避开了——这个问题,一个原因是在这篇文章中他的研究本身就具有很强的地域性,所以他其实并不需要面对这个问题。但是对于萨林斯来说,这个问题是无法回避的,他必须要考虑"推广"的可行性。他似乎预设了所有的文明都会形成星系宇宙观,如果按他所说的,非洲和南美洲的文明也呈现出"中心—边缘"的形式,那么意味着他们的宇宙观中至少也存在

"中心—边缘"式的因素。但是显然,他在本章中没有提供足够有说服力的材料。

在这一章里,萨林斯其实在试图把前资本主义社会的区域性"中心—边缘"结构和他在前几章中详细展开的陌生人-王主题结合起来:如果陌生人-王的模式是为了超越人类的有限性——来自"社会"之外的陌生人更有可能超越"社会"——那么星云政体提供了一种"超越性"的结构来源:可以一层一层往上追溯到宇宙中心的"形而上人"的力量。然而这样一来,起作用的主体发生了转变,不再是远道而来的陌生人-王,而是变成了来自远方的神圣"软实力"。这种软实力并不是由"宇宙中心"的王赋予的,而是由这个宇宙中心本身赋予的,"不再是陌生人变成了王,而是王成为了陌生人"。

但是这种结合在理论上而不是实际上更具吸引力。他所举证的例子包括新几内亚受印度文明影响的地区,扶南与中国的外交往来,以及自称为亚历山大大帝后裔的东南亚苏丹。但是正如格雷伯所指出的,轴心时代文明呈现出非常相似的形态,不论是中国、印度还是地中海国家(Graeber & Sahlins,2017:417)。萨林斯所举的例子仍然没有脱出文明社会的范围。如果忽略细节上的差异,经历了轴心突破的文明社会确实拥有很相似的形态,萨林斯所提供的星云政体模式也确实是对这种"中心—边缘"结构的一种有效解释,但如要像萨林斯所期待的,用它来解释资本主义之前的各个社会——如 Chewong 人社会或是西太平洋的库拉圈社会,仍然有其局限性,甚至可能是不适用的。

参考文献

Graeber, David & Marshall Sahlins 2017, *On Kings*. Chicago:HAU Books.

Tambiah, Stanley Jeyaraja 1973, "The Galactic Polity in Southeast

Asia. " In *Culture*，*Thought*，*and Social Action*（pp. 3—31）. Cambridge：Harvard University Press.

（作者单位：加州大学河滨分校人类学系）

主权考古学

任思齐

　　格雷伯教授将王权划分为神的王权与圣的王权两个类型,并基于政治与社会的二元性着重分析王与人民的张力,从而理解君主制乃至政治的深层结构。格雷伯教授认为王权的一个根本性格是专断性(arbitrary)。这一属性与科层制拥有的行政力量与卡里斯玛权威所进行的英雄主义政治并立。但这种权力可以被局限在一定的时间或空间范围:局限在时间范围内是王仪式性地进行季节性统治;圉于空间中是圣的王权的特性,只有当王客观在场,才可以发挥被限制的权力,而他承受的诸多禁忌也使得他成为超越普通人的存在。针对国王权力的斗争往往介于神的王权与圣的王权之间。神圣性(divinity)是主权的要素,是赋予某一人神的能力并因此区别于常人。圣的王权是在承认国王神圣力量的基础上,凭借某些风俗与禁忌将王隔离并进行重重限制。在对国王与人民的关系中,格雷伯教授认为二者在不同社会体现了不同的情感关系,一是如施鲁克王国中人民对国王的厌恶,二是伊默里纳王国中人民对国王有养育之恩。另外,神圣王权的各个经典议题,包括替罪羊(scapegoat)、神圣杀戮(regicide)等等都体现了国王与人民之间的张力:国王希望自身更具神性,人民希望他更具圣性。当人民的力量胜利后,王权性格的变化会有多种结果,如弗雷泽式的圣的王权,或者将王降格为名义领袖。如果王最终取胜,他会更进一步宣示自身的神圣力量,使得自身超越时间与空间的限制而成为真正的不朽者。

　　格雷伯教授将主权作为他讨论的核心概念。主权是一个复杂的词汇,现今多是指国家的自治权,但格雷伯教授的研究则另辟蹊径,接续了左翼学者的主权研究。巴塔耶(Georges Bataille)认为主权与奴性和屈从相对立,拥有主权者是拥有自由的存在,且与其他人构成主体与客体的关系。同时主权也是非理性的,拥有主权者的死亡会导致秩序的崩溃(Bataille,1993)。阿甘本(Giorgio Agamben)则强调主权位于一个例外空间,在这一空间中主权者拥有某种"神圣人"的性格,即他的死亡无法追究杀手的刑事责任(Agamben,1998)。格雷伯教授在接受这些基本概念的同时,将材料来源扩展到全球社会,并以行动为基础拓展了对于主权的论述。一方面,国王的权力是绝对的,或者说是专断的,君权超越法律与道德秩序,并拒绝任何限制。另一方面,它又被习俗与仪式所拘束。格雷伯教授以国王与人民的紧张关系为基础,并将人民主权看作王权的悖论,探索这一悖论的起源。他的文章共享了三个基本前提:一是霍卡特认为统治源于仪式是大体正确的;二是对这一事实的认可让我们重新思考政治与仪式的关系;三是陌生人-王权提供了一个理想的切入点。从第二点谈起,人类学家往往认为现实政治与仪式是截然二分的,但仪式也可能提供了前往现实其他维度的通路。看起来仪式要与俗世或实用主义的术语做区隔,并且正是固化这一区隔才是仪式力量的关键。然而在皇家仪式中这种区隔似乎会崩塌。弗雷泽的杀死国王似乎是象征行为,但它不仅仅是象征,因为受害者的确死去了。涂尔干式的人类学家会认为这种事情从未真实发生,而是政治包裹出来的。但实际上,杀死国王是一种神话与仪式的行为,同时也没有人能够否认它不具备政治性。格雷伯教授主要讨论了两个问题,一是主权如何脱胎于仪式框架,二是对国王在与人民的战争中的胜负做延伸思考。

在第一部分,格雷伯教授以考古学和人类学的材料建构了一套从神灵统治(government by metahuman beings)到现代国家的发展轨迹。他遵循霍卡特的理论,认为治理的形式首先在仪式范围内出现,而后才被应用于政治领域。考古学和历史学的材料证明社会不平等在更新世就已出现。在墓葬之中学者发现有些人被更多更贵重的材料所包裹,这些人的身体存在着特殊的体质特征,如极高、畸形等等。这些材料只是零散出现,但可以做出猜测。这些特殊人物拥有的权力可能被严格限制在特定的时间与空间中。其中不乏仪式中的神圣艺人。这些演员或者他们所表演的神并非是我们所熟知的那些典型神祇,而更接近《原初政治社会》中的讲法。继而,主权从神降到神圣国王并非是直接的。这部分格雷伯教授引用的基本是北美的材料,并指出这里出现的是在仪式戏剧中被定型化,可以直接命令他人并执行规则的警察。原始的加利福尼亚社会中,酋长与政治权威没有惩罚权。但在冬季仪式中,穿着特殊衣服的舞者作为媒介向可朽的人类宣示宇宙力量,他们会训练小男孩,也会教年长的男孩女孩治疗或者参与到宇宙的更新中。这是"灵-表演"的仪式,广泛存在于澳大利亚、美拉尼西亚与南美。这些灵并不发布命令,而只是使人类惧怕。最重要的灵是叫作 Kuksu(库克苏)的大头灵,它在很久以前向人类揭示了所有的艺术与科学。小丑是在仪式中操练命令权的人,在加利福尼亚的仪式中小丑是表现谐趣的固定装置,同时他们也是唯一可以惩罚相威胁并下命令的人物。小丑的命令是专断的。Hesi(河西)仪式中小丑也是仪式警察。小丑可以制造、执行或打破仪式规则。看起来小丑是原则的实体化,只有他们能超越并创造规则,然而小丑并不与神相连,只是代表了一个大体的神圣原则。其中神圣与专断力量只在仪式中出现。普韦布洛的小丑在仪式中作为警察,并能抽打惩罚小孩子。在冬季仪式中,夸扣特尔人的小丑也是部落警察,是愚蠢的舞者,向其他人投掷枪和石头,但他们并不是构成威胁的人物,而是不受规则约束的奇异人物。美国西北海岸社会不是平等主义的,社会中有 1/3 的贵族和 1/5 的奴隶,然而它缺少统治装置,因此不是国家。但在冬季有愚蠢的权威会引起事端,他们不发布专断命令,而是食人者的副手。此处食人者属于本土群体,并作为人类社会的陌生人-王,必须被驯服。至此出现的小丑、愚人和警察看似都有神附体,但三者仍然互不相同。小丑是仪式过程中神圣力量的化身;傻子是神圣力量的季节性委任代表;警察并不神圣,外在却拥有不受仪式或季节限制的专断力量。在纳切兹人的王权中,统治者是太阳的后裔。

在高山上有寺庙与伟大太阳的宫廷。伟大太阳掌握着生死之力,其后裔所在的神圣国王的宫廷是天堂的化身。宫廷内有很多奴隶,看起来伟大太阳的后裔掌握着绝对主权,但他们的力量的确被限制了。伟大太阳的政令不出村,其带来健康、繁荣与丰产的能力与其政治影响互不统属,在宫廷外部的当地势力会与宫廷形成仪式敌对的中心—边缘关系,它们会年度进行对国王的模拟战争。

格雷伯教授认为君主制的特征是王与人民的战争关系,是王和人民的相互征服。在陌生人-王权中,王与人民控制了不同面向,而双方战争中的休战状态才使稳定的王国得以可能。这种战争不同于陌生人-王权超脱道德秩序而创造秩序的战争,它是在这一秩序得以确立后在内部进行的战争。如果把国王与人民之间的战争理解为一种博弈,那么国王会希望自己更具神性,人民则会希望国王更具圣性。这一博弈的不同结局也导向了完全不同的政治形态。

当国王输掉战争时,他会受到诸多限制,如施鲁克王身边围绕着皇家处刑者,在最后必须将施鲁克王处死。格雷伯教授通过理解人民来理解政治。专断力量是神的,它没有原因或是意义,但是对社会产生了影响。圣的王权是为了管理神性。圣的王权是为了隔离国王,但也是尊敬王并限制暴力活动的体现。国王不能自然死亡,并且是具有仪式与现实的双重完美性的微观乌托邦。这表示圣的王权是否认王的可朽性的。格雷伯教授对施鲁克王权的分析落在社会空间概念上。社会空间是主权与人民的战争空间。在这一空间中,主权永远不能完全取胜,否则人民将不复存在。只有将主权放在特定的位置,受到约束才能发掘人的可能性。在《作为国王育婴女佣的人民》中,格雷伯教授基于自身田野经历,利用传教士们收集的材料讨论了二种不可用成熟去定义的国王与民众的关系,以及由此而来的国王无所不能和无所能的双重面向。在马达加斯加的北中央平原,伊默里纳王国的在任国王常以一个幼稚顽劣的孩童形象出现,偶尔出现的傲慢与暴力也被宽容为他性格中的可爱之处,更让一般民众认为必须满足他的要求。与之相对的是代表着成熟权威的已去世的国王。

　　当国王赢的时候,就要与死者进行战争。这里格雷伯教授旁征博引,但大部分材料都源自轴心文明或是前现代时期的帝国。当国王战胜了人民,君权不再囿于宫廷或乌托邦中,就可以在他控制范围内扩展。当亚历山大大帝征服诸国后,他开始寻求不朽,并找到了前往伊甸园之路。但如果他进入伊甸园就无法再出来号令天下,由此亚历山大大帝选择不进入伊甸园。格雷伯教授列举了三种寻求不朽的方式:建造纪念碑以改变景观,在传奇与浪漫故事中保留自己的丰功伟绩,尝试建立长期稳定的王朝。在第三种方式中,埃及的材料显示法老的确是神圣性的化身(incarnation),他们在肉体死亡后以金字塔维持自身的不朽状态,但这成为了他们子孙的巨大负担。后人生活在祖先的阴影中,后人面临着要与祖先共同占有绝对权力的境况。这里死者并不参与到生者世界的活动,而是以其他形式出现:金字塔不仅提供了一个生产性的官僚制结构得以发展的空间,还可以共享剩余的产品。印加帝国也是类似的情况,死去的统治者继续掌握在世时的权力地位,在长子继承后,木乃伊化的死去国王被和在世国王等同对待。

　　但死者,或祖先的权威大到后人不堪重负,继而难以与其共享权力。于是生者有四种办法战胜死者:杀死或流放死者;成为死者也就是建立继承系统;超过祖先,造碑征服新土地或进行大量人祭;转变历史或发明进步神话。

　　随着时间的推移,人们会出现系谱学的健忘,也就是忘记遥远的祖先,这是常见的现象。但如果祖先的身体还物理地在那里或者被实际地纪念,就很难忘记。这些祖先的记忆很难被抹去,但可以被边缘化或使其脱离生者世界的王权结构。陌生人-王权是断绝死者与生者的关系,并从他处展开统治的好说辞。另外,也可以宣布自己就是某个之前更出名的统治者,或者把所有王都当作一个人。比如所有的施鲁克王都是 Nyikang,或者在《国王的两个身体》中所展现的国王的不朽之躯是永远存在的。

　　在世界各地常见的纪念碑也是宣示自身权力的行为。亚历山大大帝东征西讨,建功立业后,无人记得他的祖父母姓甚名谁。另外也可能像是历史上的风流人物,如王尔德般,所到之处必有纪念之物。大量人祭也是一种可行的策略。这里遵循的逻辑是夺取他人的性命意味着自己高人一等,如果不能杀死所有人,那么证明自己可以任意杀人也是自身具备神圣力量的体现。

最后,在世君主也可以挑战王权的下沉结构,重构历史使得王权从不断下降的趋势转换为不断向上。在这一逻辑下,在世的王可以发明家的身份促成技术革新,并提高自己的地位。发明家可以脱离社会道德,通过引入新事物的方式成为当地社会的陌生人-王。这一种策略既接续传统,又凌驾于他人之上。

在结论部分格雷伯教授指出,他的研究并不以国家为研究对象,而是对君权进行考古学式的思考。材料中出现的各实体是不是国家并不重要,关键是要检验寓于神圣王权中的主权概念。他认为神圣王权是主权原则的纯粹形式,而韦伯论述的国家对强制力量的垄断是神圣王权的世俗化。这本书是关于主权如何出现并成为政治生活的核心组织原则的。主权一旦生根便无法摆脱,国王和王权可以发生各式变化,但主权是永恒存在的。换句话说,神圣力量降到可朽者身上或打破框架,并不遵循单一轨迹。狩猎采集社会并不允许可朽者掌握主权,作为可朽者的小丑/愚人只能在仪式语境下练习命令力量。神圣王权在发展中被限制并有一些结构性特征:它外在于社会,不受道德法律约束,王权物理在场时拥有绝对权力同时又会被小心限制。直到现在,政治世界仍然有一些小丑/愚人,如果不想让贝卢斯科尼式的小丑掌权,我们就必须摆脱能够向他们提供强制力量的装置。

格雷伯教授则是将选取的材料限定在特定范围内:他以自己在马达加斯加的博士田野为基础,引用了翔实的当地文化材料与民族志材料,而在论述其他地区的王权材料时则主要使用现代民族志材料。这使得每一地区的材料都有足够的深度和准确性。但必须注意的是,虽然格雷伯教授进行了精彩细致的王权分析,但他的写作意图不仅与20世纪对国家起源问题的讨论关系不大,更是跳脱出传统王权研究,直指现代西方社会。他将王权问题看作是政治与社会,或者国王与人民之间的张力。即使在他的文本中出现诸如永恒回归、季节性变化等等有迹可循的经典概念,他也并非是在前人的基础上接续对这些概念的讨论。更为吊诡的是,他着重强调的神的王权与圣的王权的分野在印度与埃及的材料中并不有效(Valeri,2014),但他却坚持将其用在对材料的分析中。格雷伯教授所强调的是国王与人民两个主体的能动性,这种能动性使得他们在互动、竞争甚至冲突的过程中发展出不同的政治系统。并且格雷伯教授试图以此削弱国王的权威性,表达了人民可以通过不同路径建构政治框架(Graeber & Wengrow,2018)。换言之,既然神的王权可以被限制为圣的王权,西方社会的人民也可以战胜他们的国王以获得自由与平等。同时,我们能够看出,他对于西方社会的批判并不是蓄意制造西方与非西方的对立以获得道德上的正确感[①],而是直接否定西方这一概念,在全球史的角度将西方看作是政治发展的特殊类型,而这也不仅意味着指向未来,西方可以进行更为根本的政治变革,更指向过去,认为西方的发展轨迹,例如其中的启蒙运动,也是全球历史的发展结果而非某些个体的头脑发明(Graeber,未发表)。这主要见之于他对卢梭的批评。他借助考古学材料,认为并不存在一个卢梭所言的平等的自然状态。同时,卢梭将不平等与农业、城市的发展相勾连的论断也被考古学材料否定(Graeber & Wengrow,2018)。并且,格雷伯教授在他对马达加斯加岛的乌托邦式海盗王国的研究中也指出,这些海盗的政治活动不仅在当地留下了族群与文化特征,更作为坊间流言极大影响了西欧社会,而这种海盗民主制极有可能为启蒙思想家提供了思想灵感(Graeber,未发表)。

格雷伯教授的论证充分精彩,但值得注意的是他对于"古典"材料似乎抱持着疏离态度。一方面,他很少使用古典社会的材料,在王权研究中经常被引用的希腊、罗马、近东材料及相关学者的研究在格雷伯教授的论述中几乎不占有一定地位;另一方面,他也几乎不提及古典人类学与古典社会理论,而是将视线集中于现代民族志。这看起来是一种

---

① 例如 Asad,1973;Mahmood,2005。

叙事策略,但如果我们将希腊的材料和韦伯的论述纳入考量则会有另外的发现。格雷伯教授以希腊人的海盗性格为引展开了他对马达加斯加海盗材料的论述,当我们仔细考察史实后会发现,这一海盗王国的建立者有着强烈的卡里斯玛特征,甚至于他建立政权的过程也与韦伯对于卡里斯玛支配的论述高度契合;而韦伯在论述卡里斯玛支配时所使用的是希腊海盗的材料,这就不禁让我们怀疑格雷伯教授论述的启蒙运动的思想来源究竟是全球的,还是古典的。另外,他对于轴心文明与前现代帝国的态度趋于消极且语焉不详。如果我们将这本书中引用的材料范围与轴心文明与前现代帝国的疆域进行比较,会发现二者几乎是按照国王与人民战争的胜负结果将世界一分为二,那这究竟意味着这两部分是王权发展的不同阶段还是王权发展的两条截然不同的路径,在书中也没有得到充分论述。

参考文献

Agamben, G. 1998, *Homo Sacer : Sovereign Power and Bare Life*. Stanford: Stanford University Press.

Asad, T. 1973, *Anthropology and the Colonial Encounter*. England and Wales: Ithaca Press.

Bataille, G. 1993, *The Accursed Share : An Essay in General Economy (III) : Sovereignty*. New York: Zone Books.

Graeber, D. Unpublished, *Pirate Enlightenment : Or the Mock Kings of Madadgascar*.

—— & D. Wengrow 2018, "How to Change the Course of Human History (at least, the part that's already happened)." *Eurozine*(2 March).

—— & Marshall Sahlins 2017, *On Kings*. Chicago: HAU Books.

Mahmood, S. 2005, *Politics of Piety: The Islamic Revival and the Feminist Subject*. Princeton: Princeton University Press.

Valeri, V. 2014, *Rituals and Annals: Between Anthropology and History*. Chicago: HAU books.

（作者单位:厦门大学人类学与民族学系）

经典重读

整合社会与双向发展
——读《大转型》

李旭东

自波兰尼《大转型：我们时代的政治与经济起源》（*The Great Transformation：The Political and Economic Origins of Our Time*，简称"《大转型》"）一书出版以来，学界对书中所涉议题的关注热情一直未减。学者们围绕波兰尼思想及其著作内容展开诸多面向的研究，大体而言可分为三个方面：一是围绕波兰尼的个人经历展开叙述，[①]二是围绕波兰尼的主要思想及其理论概念展开讨论，[②]三是在波兰尼思想的基础上展开经验研究与理论对话。[③] 其中，就学界对波兰尼的社会整合与发展观研究而言，多以单一概念进行讨论，忽视不同概念间的整体联系与互构；虽强调嵌入式发展的多维性，但缺乏对支撑该发展模式的内在文化道德的重视；虽强调国家语境下的嵌入式发展，但缺少对其他语境（如国际语境）下的合作式发展和嵌入式发展的探讨。总之，已有研究成果既有对波兰尼本人及其思想观点的批判性理解，也有对其理论观点的扩展性应用。但总体而言，学界对波兰尼的社会整合观和发展思想的研究仍有待更加具体的探讨。因此，在学界已有成果的基础上，

---

① 参见戴尔，2017；Bohannan，1965：1508—1511。

② 参见罗根，2020；戴尔，2016；Dale，2016；Block & Somers，2014；Hann & Keith，2009；余昕，2019：116—152；王水雄，2015：47—73、243；符平，2009：141—164、245；Block，2003：275—306。

③ 参见王绍光，2012；颜昌武，2020：63—70、78；黄志辉，2016：96—104；寸洪斌、曹艳春，2013：94—97；王绍光，2008：129—148、207。

本文试图对波兰尼的社会整合与发展观及其思想源流展开叙述与讨论,并就其对认识当今中国社会与世界秩序的启发意义进行阐释。进言之,波兰尼在《大转型》一书中所要回答和解决的问题是总体性的社会整合与发展问题。他试图用特定的理论概念来解释其所处时代的社会现象,解决相应的社会脱嵌危机,实现世界范围内不同社会的良性运转与健康发展。与其说波兰尼为我们提供了认识社会的理论工具,不如说他给我们提出了有关当今社会的理论问题和现实问题,即社会整合与良性发展何以可能。那么,波兰尼为何会发如此之问以及会有此种关怀呢? 答案需要在其所处的时代环境(家庭环境、社会环境和思想环境)中寻找。

一、波兰尼思想的多元路径

波兰尼在其生命历程中受到不同思想流派和社会运动的影响。在其辗转于不同国家和城市期间,这些思想与运动通过形式各异的途径进入到波兰尼的视野。下文将从波兰尼的关键经历入手,分析波兰尼思想的多元路径以及波兰尼对这些思想的扬弃。

(一)布达佩斯:家庭文化与组织运动

波兰尼 1886 年出生在维也纳,成长于布达佩斯,生活在一个犹太上流社会家庭。其父是匈牙利人,是一位工程师和工程承包商,接受过英式教育,对自由主义思想尤为推崇。其母是俄国人,是一位女性主义者和教育从业者,深受俄国激进民粹主义思想的影响。同时,二人均喜爱德国思想文化。这种集英、俄、德三地文化于一家的文化环境,给波兰尼的思想形成创造了极为良好的自由氛围,后者可从父母身上学到多元的思想观点,进而从不同角度认识社会与文化。换言之,"卡尔·波兰尼的父母为他准备了一杯由自由主义与激进民粹主义价值观调成的醉人鸡尾酒,相互矛盾的影响界定了他的世界观"(戴尔,2017:23)。这种复杂世界观在其后来的研究中亦有显现,如波兰尼提出的经济整合机制中就内含德、英、俄三种思想文化观。"其中,'再分配'是德语 Verwaltungswirtschaft 的近义词,'市场'在历史上与英国自由主义一致,'互惠'则让人联想到俄国的农民公社"(戴尔,2017:24)。还有一例则是在波兰尼去世前,他所创办的《共生》(Co-Existence)杂志的目标就是通过研究来实现西方世界与苏联之间的和解。

由于优渥的家庭生活与当时总体贫困的社会处境所形成的鲜明对比,波兰尼在幼年时期就体认到社会分层的严重性,"可以明确地断定,正是这一点促使他毕生都投入社会主义事业中"(戴尔,2017:18)。在布达佩斯大学期间,他参加了社会主义学生社团组织,参与抵制反犹保守主义运动。在科罗日瓦大学期间,他和朋友们成立了伽利略俱乐部,并担任该俱乐部的第一届主席,该组织以实现道德重建与教育为目标。辞去主席后,波兰尼担任工人教育委员会的领导者。在与第二国际马克思主义接触后,他于 20 世纪初开始转向自由社会主义思想阵营。但与该阵营的其他社会主义者不同,波兰尼非常重视个人在复杂社会中的角色,以及个人责任伦理与复杂社会现实间的关系。这种思路是其将基督教思想与自由社会主义相结合的结果。基督教和自由社会主义都提倡将个人与社会整合起来,实现一种具有道德内涵的和谐关系。

总之,波兰尼在布达佩斯期间,既受多元家庭文化的熏陶,又受不同社会组织运动的激励。基于对前人思想的扬弃,他逐渐形成自己的理论思想,并在实践中贯彻这一思想。由于战争的影响,他移居到维也纳休养、工作与生活。

(二)维也纳:波兰尼思想的转折点

1919 年夏天,波兰尼在维也纳的一家疗养院休养身体。他开始对战争与革命进行深刻反思,审视当时的政治、经济、社会和精神危机。在不断地反问与思考中,其思想逐步深化。他开始将目光投向致力于社会团结与道德重建的思想家与理论家,其中一位是英国费边主义思想家赫伯特·乔治·威尔斯(Herbert G. Wells)。威尔斯《救助文明》(The Salvaging of Civilization)一书对波兰尼深有启发。该书的核心论点是科学技术的发展超越了人类的社会结构与文化道德的发展进程。[①] 此论点得到波兰尼的大加赞赏。但在回答危机起源的问题时,波兰尼采取不同于威尔斯的解释路径,更加偏向从市场社会的形成与发展中寻找危机根源。同时,波兰尼也开始关注社会学中有关社会统一与分化的著述,尤其是德国社会学家滕尼斯《共同体与社会》一书。在此书中,滕尼斯探讨了从共同体向社会的演化过程与缘由,批判性地思考了礼俗社会与法理社会、本质意志与抉择意志的关系问题(滕尼斯,2019)。这些讨论都影响了波兰尼的后续研究。

在维也纳期间,波兰尼放弃自由社会主义思想,而极力拥护基尔特社会主义思想。[②] 在提倡和践行基尔特社会主义的过程中,波兰尼加入了"社会主义计算论战"。这场论战由维也纳社会主义经济学家奥托·纽拉特(Otto Neurath)和自由主义经济学家米塞斯(Ludwig von Mises)围绕社会主义的可行性问题展开。[③] 面对双方激烈的争论,担任《奥地利经济学家》编辑的波兰尼发表了若干文章回应这一争论,其目的在于"反驳米塞斯的'新自由主义'观点,同时为左派党提供优异的经济策略"(戴尔,2017:112)。他从基尔特社会主义思想出发,结合马克思、恩格斯的思想,以寻找解决问题的方案,[④]提倡经济社会化以及个人责任的社会化履行。

总之,波兰尼在维也纳期间实现了其思想的转变,社会统一和整合成为其今后关注的核心议题。他认识到社会是一个自觉的统一体,经

---

① 有关科技与政治、道德和社会的关系的讨论,在历史学家斯塔夫里阿诺斯(Leften S. Stavrianos)《全球通史》一书中亦有论述。他认为,科技变革的速度超过了社会适应的能力范围,亦即社会改革与科技变革不相匹配(参见斯塔夫里阿诺斯,2006)。

② 对波兰尼来说,基尔特社会主义既"巧妙地结合了费边主义与工团主义传统",又"主张工会或劳资协议会应在经济管理方面发挥突出作用"(参见戴尔,2017:106)。

③ 纽拉特在《从战争经济到实物经济》一书中提出一种非货币化的中央计划经济模式,用国家管制经济代替自由市场定价。此观点遭到米塞斯的强烈回应,他认为中央计划经济是不可行的,必须由货币化的定价市场来维持国家经济的顺利运转。由此,揭开了"社会主义计算论战"的帷幕。此后,哈耶克(Friedrich Hayek)也加入此论战,并对米塞斯的论点进行了修正与调整。

④ 正如戴尔(Gareth Dale)所言,"当 1930 年代波兰尼大部分早期作品变得更为人知时,马克思的思想在其中居于显要位置"(参见戴尔,2016:47)。

济属于社会的一部分,而非独立领域。不幸的是,由于各种政治风波(尤其是为了逃避法西斯主义),波兰尼不得不从维也纳"流亡"到英国伦敦,在朋友的帮助下得以生存与发展。

(三)伦敦与伯灵顿学院:波兰尼思想的成熟

1934 年,波兰尼来到伦敦。1935 年,他受基督教左派思想的影响,出版《基督教和社会革命》(*Christianity and the Social Revolution*)一书,重点澄清基督教与共产主义之间的兼容性关系,指出二者都试图回答有关人性及其可能性的问题,进而揭示出一种关于人类品格的观念。"如果说基督教左派构成了波兰尼 20 世纪 30 年代中期政治-知识圈子的核心,那么第二个交叉圈子则由科尔、托尼等工党知识分子组成"(戴尔,2017:157)。其中,波兰尼对理查德·托尼《宗教与资本主义的兴起》一书大为欣赏。[①] 托尼在修正韦伯命题的基础上,探讨资本主义社会的自我调节式市场经济如何逐步取代中世纪欧洲社会的伦理机制,指出社会福利的推广有助于消解资本主义(托尼,2019)。波兰尼受到该书启发,在《大转型》中进一步延伸和拓展相关议题。此外,波兰尼也深受英国历史学家阿诺德·汤因比(Arnold J. Toynbee)《历史研究》一书的影响。汤因比在总结和比较世界历史上二十一种存在或灭亡的文明形态的基础上,提出文明兴衰动力学,即文明在"挑战—回应"与"退隐—复出"的机制下周期性运动(汤因比,2016)。这一"挑战—回应"概念促使波兰尼思考自发调节的市场经济的无限扩张与社会的自我保护运动之间的关系,进而提出"双向运动"概念,并回答如何解决因干预主义引起的市场经济崩溃问题,答案是实行社会主义。

实际上,波兰尼深受马克思主义的影响,早在维也纳期间,他便认真学习和评价马克思主义理论,发现马克思、恩格斯有关资本主义市场经济的社会学研究异常丰富。在伦敦期间,他接触了贝列尔学院的社

[①] 实际上,托尼也十分欣赏波兰尼《基督教和社会革命》一书,并对该书做了重点的介绍。

会主义者,受其影响,对马克思以及马克思主义理论更加感兴趣。波兰尼对马克思及其著作的解读,未从阶级不平等关系论和经济决定论入手,而将目光移向非市场社会与市场社会的比较上,提出社会整合的复杂机制。在波兰尼眼中,马克思主义理论与基督教思想是兼容的,"他认为只有马克思主义能让基督教教义适应'复杂'的工业社会条件,尤其是通过其洞察力,即蓬勃发展的团体是个人发展的前提"(戴尔,2017:164)。换言之,二者均重视整体社会的构成以及个体在其中的自由发展。此外,波兰尼还受到韦伯、熊彼特(Joseph A. Schumpeter)和曼海姆(Karl Mannheim)等诸多学者思想的启发。

1940—1943 年,波兰尼在美国伯灵顿学院访学期间整理和写作《大转型》一书。在写作过程中,他阅读了大量人类学民族志作品,从中寻找非市场社会的运行机制,以求在比较研究基础上认识现代市场社会的不足,进而提出一种社会整合与发展的合理路径。他重点阅读了理查德·图恩瓦尔德(Richard Thurnwald)、马林诺夫斯基、雷蒙德·弗思(Raymond Firth)和玛格丽特·米德等人类学家的著作,还深入研究了亚当·斯密等政治经济学家以及亚里士多德、罗伯特·欧文(Robert Owen)等哲学家的著述。在综合和扩展这些不同的经验材料、学科思想和理论观点的基础上,《大转型》一书逐渐成型。

综上所述,波兰尼思想具有多元路径特点,既受到不同社会思潮的影响,如自由主义、民粹主义、共产主义/社会主义以及基督教思想等;又受到各种组织活动、社会运动与战争的影响,如社会主义社团活动、伽利略俱乐部活动、社会主义计算论战、反对反犹保守主义运动以及世界大战与革命等;还受到不同学科思想的启发,如人类学、社会学、历史学、哲学、经济学等。在这种多元因素的影响下,波兰尼将不同思想、社会运动和现实问题结合起来进行综合思考,从中找出时代病症,进而提出解决"药方"。《大转型》一书便是结果。

二、《大转型》:社会整合与双维发展

　　《大转型》一书出版于 1944 年。[1] 实际上,早在加里西亚战争时期波兰尼对于创作该书便有初步想法;在维也纳时期,他更加坚定自己的认识与判断;在伦敦期间,他将诸多问题进行综合思考;在伯灵顿学院期间,他将上述思考与分析进行系统的整理,写作并出版《大转型》一书。波兰尼用"市场社会"概念取代资本主义概念(Block,2003:280),重点强调 19 世纪以来西方社会中,政治与经济领域出现分离,进而导致整体社会的瓦解,尤为关键的是市场经济脱嵌于社会系统。在此基础上,他将注意力集中在如何构建整体社会这一总目标上,进而提出诸如"嵌入""整合机制"和"双向运动"等概念解释社会整合的可能性。同时,他针对国内与国家间的发展问题提出了更为深刻的发展思路和理想路径。[2] 这些思考都内含一种强烈的文化道德主义倾向。

(一)社会整合的概念:嵌入、整合机制和双向运动

　　波兰尼的社会整合思想集中体现在"嵌入""整合机制"和"双向运动"等理论概念上,这些概念之间既有区别又有联系,共同构成《大转型》一书的主体部分。基于这三个分析性概念,波兰尼反驳、批评与解构了自我调节的、不受政府干预的市场经济这一乌托邦观念,提出以社

----

　　[1]　就其本意而言,该书标题应为《自然乌托邦:大灾难的起源》或《免于经济学的自由》,但出版商出于对销售量的考虑,让波兰尼将书名改为《大转型:我们时代的政治与经济起源》。

　　[2]　戴尔将该书概括为四大论点:"市场经济将经济和政治分开的同时,也腐化了自然、天定的人类社会""西方文明是通过对人类自我决断的重大推动而实现的,当这种动力将社会切割成经济和政治领域时,也造成了无法调和的矛盾,尤其是资本和民主间的矛盾""融合了基督教社会主义者的保护主义认知和奥地利对自身与市场系统的不兼容分析,并使之运用到英国以及两次世界大战之间欧洲的福利政策中,在这两个地区,社会政治和经济的相互渗透导致经济停滞和政治冲突""波兰尼运用前三个论点来探讨两战之间的政治经济影响(如社团主义、法西斯主义、共产主义、金本位制的结束和世界市场的分裂),详细地论述了国家和国际层面的经济和政治进程",这四个论点是波兰尼的核心思想,也是其在综合经济、社会、政治与伦理等领域的问题意识基础上试图回答和解决的理论问题和现实问题所作的努力(参见戴尔,2017:201—202)。

会为本位的建设性思想。

1. 嵌入概念：经济制度与社会秩序的关系

嵌入（embedded）概念因波兰尼而备受学界关注。[①] 波兰尼使用这一概念意指经济与社会的关系是一种实体性涵括关系，即经济从属于社会，而非自由主义经济学家所设想的经济脱嵌于社会领域，甚至是社会从属于市场经济。更为关键的是，在波兰尼看来，自发调节的市场经济是一种不可能实现的结果，换言之，"只有永恒的嵌入事实，而无真正意义上的'脱嵌'存在"（符平，2009：146）。因此，嵌入概念主要解决的问题是自我调节的市场经济与作为制度规则的社会秩序的关系，其重点关注的是经济体系的组织形式如何影响更大的整体社会体系。此外，嵌入概念除经济与社会维度之外，还包含诸如政治、空间、历史等诸多面向（黄志辉，2016：96—104）。这充分显示了嵌入概念丰富的理论内涵。

波兰尼通过分析19世纪西方文明的崩溃来探讨嵌入概念的重要性。在《大转型》的开篇部分，波兰尼直言19世纪的西方文明已经瓦解。该文明建基于四种制度之上，即势力均衡体系、国际金本位制、自我调节的市场以及自由主义国家。在他看来，19世纪西方文明的瓦解是由自我调节的市场无限扩张和盲目增大导致的，由此势必会对其他制度产生破坏性影响，进而导致西方世界的普遍社会性灾难。这是自由资本主义脱嵌性经济的弊端，也是自由主义思想盛行于西方社会的直接消极后果。因此，针对历史与现实问题（尤以英国为例），波兰尼从学理上提出嵌入概念，以解释西方社会的总体困境。

由于自发调节的市场观念的盛行，英国社会在土地、劳动力与货币等领域逐步地彻底实现商品化，波兰尼称其为"虚拟商品"（波兰尼，2020：69）。这些由脱嵌性经济产生的"虚拟商品"所导致的直接后果是

① 有关嵌入概念的提出，学界众说纷纭。戴尔认为，波兰尼在马克思、滕尼斯和韦伯等学者的社会学思想的基础上提出嵌入概念。弗雷德·布洛克（Fred Block）认为，嵌入概念的提出是波兰尼借用来自采煤业的隐喻的结果。此外，部分学者认为，嵌入概念并非波兰尼首创，而是由人类学家图恩瓦尔德首次提出的。

自然与社会的分离、个体与社会的隔阂以及个体(群体)间关系的疏离,[①]进而造成一种社会道德真空、个人责任缺失以及整体社会瓦解的困境。因此,波兰尼极力批判这种造成"虚拟商品"产生的制度结构与意识形态,提倡政治与社会力量对市场经济的道德约束,尤其是国家政府在调节市场经济中的主体角色,让市场回归到为社会服务的轨道上,让经济嵌入到整体社会之中。实际上,"他不仅将'嵌入性'当作分析性术语加以使用,而且他使用这一术语实际上是为了隐晦地指出这一政治目标,即通过规制土地、劳动力和货币市场来确保民主社会的稳定"(戴尔,2016:246)。这既是波兰尼的政治关怀与理想抱负,也是他所期待的"整合社会"新秩序建立的道德目标。[②]

2.整合机制:行为原则与制度模式的互构

基于对非市场社会与市场社会的比较研究,波兰尼提出人类社会的四种经济整合机制(包括行为原则和制度模式两个方面):四种行为原则包括互惠(reciprocity)、再分配(redistribution)、家计(householding)与交换(或交易,exchange),相应的四种制度模式包括对称(symmetry)、辐辏(centricity)、自给自足(autarchy)与市场模式(market)。在波兰尼看来,每一组对应的"制度模式与行为原则其实是相互调节的"(波兰尼,2020:50),是一种互构关系。他在灵活运用人类学民族志材料的基础上,论证在人类社会史上,非市场社会的普遍性和市场社会的特殊性。

首先,在具有对称结构的社会(如对偶制社会、特罗布里恩群岛的沿海村庄和内陆村庄)中,每一组对称关系的主体之间会产生互惠行为。[③] 其次,在存在合法权力中心的社会(如狩猎采集社会、中央集权国家)中,由权力中心(如部落首领、国家统治者)将收集、贮存的物品重新

---

① 在戴尔看来,"'脱嵌性'指的不是经济从社会中独立出来,而是指经济从非经济制度中分离出来,这种分离在个人与社会之间制造了裂痕,并诱发了道德堕落"(参见戴尔,2016:250)。

② 蒂姆·罗根(Tim Rogan)称波兰尼是一位道德经济学家(参见罗根,2020)。

③ 波兰尼认为,"要不是对称模式在氏族中、聚落中乃至部族间的关系中频繁出现,广泛的互惠关系将变得无法实行,因为后者有赖于相互分离的予与取的行为的长期运作"(参见波兰尼,2020:49)。

分配给每一群体成员。再次，家计原则（如农业社会）讲求以满足群体成员的使用需要为目标。^① 互惠和再分配均可成为对家计原则的具体运用方式。该行为原则对应的自给自足单元既可以是基于血缘关系的家庭，也可以是以地缘为核心的村庄，等等。因此，波兰尼总结到，"广义而言，我们已知的、直到西欧封建主义终结之时的所有经济体系的组织原则要么是互惠，要么是再分配，要么是家计，或是三者之间的某种组合。这些原则在特定社会组织结构的帮助下得到制度化，这些组织结构的模式包括对称、辐辏和自给自足。在这个框架中，财物的有序生产和分配是由通过一般性行为准则规训过的各种个人动机来保证的。在这些动机中，逐利动机并不突出。习俗和法律、巫术与宗教相互协作，共同引导个体遵从一般的行为规则，从而最终保证在经济体系中发挥自己的作用"（波兰尼，2020:55）。换言之，在非市场社会中，人们的经济行为须遵循地方社会的文化制度和道德传统，须服从于整体社会利益以及须得到群体成员认可，经济体系嵌入在社会系统之中。

市场经济则与上述行为原则和制度模式极为不同。按照波兰尼的说法，"市场经济意味着一个由诸多市场组成的自发调节的系统；……它是一种由市场价格引导并且仅由市场价格引导的经济"（波兰尼，2020:43）。这种自发调节的市场经济将社会分离为经济领域和政治领域，将工业生产所需的所有要素都市场化和商品化，如劳动力（表现为工资）、土地（表现为地租）和货币（表现为利息）。"在这里，社会关系被嵌入经济体系之中，经济因素对社会存续所具有的生死攸关的重要性排除了任何其他的可能结果"（波兰尼，2020:58）。实际上，波兰尼所讨论的这一问题的实质是社会断裂与现代性危机。在他看来，非市场社会（包括初民社会、狩猎采集社会和农业社会）具有整体性社会系统，其中道德因素、文化制度因素决定着个人或群体的经济行为与动机。在

---

　　① 亚里士多德在《政治学》一书中区分了家计与获利，认为前者是为使用而生产，后者是逐利而生产（参见亚里士多德，2003）。恰亚诺夫（A. V. Chayanov）曾根据俄国农民的实际生活境遇，指出农民的生产主要是为了满足家庭的消费需要，而非追求利润最大化（参见恰亚诺夫，1996。该书对波兰尼亦有重要影响）。

非市场社会内部的不同阶段,社会整体性基本得到保持,文化与道德仍是维持社会运转的规则和制度。而在市场社会(尤指工业社会),社会整体性受到剧烈冲击,文化与道德的规制作用失效,社会结构发生畸变异化,现代性危机日益凸显。因此,波兰尼试图在总结非市场社会经验的基础上,让市场社会重新回归一种含有道德主义色彩的整体社会,让市场经济重新嵌入社会体系,将多种整合机制同时作用于同一社会,以弥合人类社会谱系的断裂。

3.双向运动:市场扩张与社会保护的张力

波兰尼断言,"在自发调节的市场体系所固有的威胁面前,社会在奋起保护自己——这就是这个时代历史的普遍特征"(波兰尼,2020:77)。市场的无限扩张与社会的自我保护构成了一种反向运动关系,即"双向运动"。双向运动得以发生的前提是土地、劳动力和货币变为虚拟商品,分别危及自然、人类和生产组织本身,甚至毁灭社会统一与整合,导致社会整体采取保护行为。双向运动涉及两种原则目标:一种是根据自由主义原则确立自发调节的市场经济的目标,一种是根据社会保护原则对自然、人类以及生产组织进行保护的目标。但是,波兰尼发现,"自由放任是有意为之,但计划却不是"(波兰尼,2020:148)。换言之,自我调节的市场经济背后有强大的干预力量在发挥作用,而社会的自我保护却是充满自主性的。这也进一步说明自我调节的市场经济是一种乌托邦式的意识形态,而非社会现实情况。

在波兰尼眼中,双向运动具有矛盾性。社会保护运动与市场经济扩张之间充满张力,一种破坏性力量蕴含其中,如在国内范围会出现失业、阶级冲突等危机,在国际领域则会发生汇兑压力、帝国主义竞争等风险。[①] 进而他认为,"国家不仅常常是张力的制造者,它们同样也是张力的承受者。如果某种外在事件对一个国家造成沉重压力,它的国内机制就会以惯有的方式运转,把压力从经济领域转移至政治领域,或者

---

① 波兰尼指出,"虽然这种反向运动对于保护社会是必不可少的,但归根到底,它与市场的自我调节不相容,因此,也与市场体系本身不相容"(参见波兰尼,2020:137)。

反过来"(波兰尼,2020:221)。因此,国家(或政府)是具有决定性意义的社会行动实体,调节着这种内在张力。

那么,如何处理和解决反向运动带来的张力问题呢?波兰尼给出的答案是实行社会主义。他认为,"本质上,社会主义是工业文明的内在倾向,这种倾向有意识地试图使市场从属于一个民主社会,从而超越自发调节的市场"(波兰尼,2020:240)。其社会主义思想强调对人类本性和社会团结的关注。人们通过结成伙伴关系来实现社会团结,这种团结形式既非缺乏团结性的个人主义,也非缺乏多元化的集体主义,而是一种内含道德性和社会性的合作关系。在这样的社会主义环境中,土地、劳动力和货币被立法机构和行政单位所制定的法律法规所保护,自然、人类和生产组织能够在整体社会中实现和谐并存与良性发展。同时,政府可以通过计划来让社会变迁的总体速度适应人类的生存与发展,让经济体系嵌入到更大的社会系统之中。

综上所述,波兰尼的社会整合观通过"嵌入""整合机制"和"双向运动"三个核心概念得以系统化和理论化。嵌入概念指向的是总体性的经济制度体系与社会秩序系统之间的涵括关系;整合机制概念面向的是具体的经济行为原则与制度模式或社会组织结构之间的互构关系;双向运动概念倾向的是市场的无限扩张与社会的自我保护之间的张力。三个概念彼此交叉,构成一张立体的理论向度网,以分析和解释社会整合议题。在波兰尼看来,社会主义是一种能够综合这些不同理论维度的思想,社会主义国家是实现整合社会的最佳方式。

(二)发展的二重面向:嵌入与合作

波兰尼以国家为分界点分别采取内外两种视野来探讨社会发展问题,两种发展视野均关注嵌入与合作,换言之,嵌入式发展与合作式发展均是内向视野和外向视野的应有之义。在内向视野下,国家(或政府)成为本国社会发展的主导者和引领者,通过立法和计划等干预措施使经济、政治嵌入社会之中,同时社会内部进行合作交流已实现发展。在外向视野下,实现嵌入式发展的国家之间可以进行合作式发展,以创建有效的国际秩序与合作关系,进而谋求更大层面的嵌入式发展。两者都聚焦于复杂社会里的自由与和平,超越了自由主义者对社会的片面认识和对自由与和平的狭隘理解。

1.嵌入-合作:国家角色与民主社会

嵌入式发展针对的首要问题是虚拟商品如何被重置于整体社会之中。自发调节的市场经济将原本不适用于出售的土地、劳动力、货币市场化和商品化,进而引发整个社会的动荡和反向运动的产生。因此,若要实现嵌入式发展,首先必须将土地、劳动力和货币从自发调节的市场经济状态中解放出来,让其回归本位。

波兰尼指出,在 20 世纪,多数西方国家已采取一种有别于 19 世纪的发展模式,即"经济制度不再为整个社会制定法则,社会相对于经济体系的首要性得到了保证"(波兰尼,2020:257)。在其中,国家(或政府)发挥了领导作用,如苏联的计划经济、美国的罗斯福新政都是由政府主导的发展方式。[①] 在这种情形下,土地、劳动力和货币等虚拟商品得以去虚拟化和去商品化,社会得以恢复元气。国家通过制定法律法规来实施干预计划,让市场社会不再自发运转,进而调节和控制市场发展与社会变迁的协调度。但是,自发调节的市场经济并不是市场经济的全部,在市场社会终结之时,新的市场以别样的面貌继续服务于社会和人民。而此时的市场内含一种文化道德色彩并嵌入社会体系之中。

国家在终结自发调节的市场经济的过程中扮演了具有决定性意义的角色,为培育和发展新的民主社会推波助澜。可是,在波兰尼看来,权力过度膨胀的国家对社会是有危害的,前者将单一的国家意识形态强加于社会之上,包办有关社会的一切事务,进而抹杀社会的自主性、

---

① 在波兰尼看来,"使劳动力摆脱市场,意味着一个根本性转变。……不但工厂里的劳动条件、工作时间、契约的形式,而且基本工资本身都不是由市场决定。工会、国家和其他公众团体所扮演的角色不仅是由这些机构的特性决定的,同时也是由生产管理的实际组织所决定的""使土地脱离市场,这与把土地归属于确定的制度机构是同一个意思,这样的制度机构包括家庭、合作组织、工厂、市镇、学校、教堂、公园、野生动植物保护区等""今天,各国都已经将货币的控制权转移到市场之外"(参见波兰尼,2020:257—258)。

能动性和多样性。① 因此,民主社会须抵御自发调节的市场和权力过度的国家这一双重风险。反之则言,经济与政治都须嵌入社会之中。波兰尼认为,欧文深刻地认识到社会与国家之间的区分。在后者眼中,国家是使共同体免受伤害并采取积极干涉措施的机构,但其不能起到组织社会的作用,而需要从社会出发来确定国家角色。因此,嵌入式发展是以社会为本位展开的内含文化道德和价值观的发展路径,是基于地方社会传统而实行的符合人性的发展理念,是让经济与政治均嵌入社会体系的发展模式。同时,社会内部以合作式发展为基本原则协调动员人力与资源,以抵御诸多风险。

2. 合作-嵌入:国际秩序与社会本位

国家之间进行合作式发展的前提是各国实现嵌入式发展,即各国政府通过立法干预措施有效协调市场模式与社会发展的关系,按照自身意愿组织国民生活,进而基于各国具体国情来构建合理的共赢的嵌入性国际秩序。波兰尼指出,"市场经济的终结则意味着各国之间都能够进行保持内政自由前提下的有效合作"(波兰尼,2020:259)。换言之,良好国际合作关系的建构需要在尊重各国内政的前提下进行,由有为政府领导的国家通过嵌入式发展方式得以实现。这种合作关系是新的国际秩序建立的前提,由此而产生的合作式发展是世界社会顺利运转的保障。

合作式发展需要以自由与和平为前提。自由与和平在波兰尼的思想中占据核心位置。他认为,"如果我们真的想要拥有自由与和平的话,我们就必须有意识地在将来为它们而奋斗——自由与和平必须成为我们向往的那些社会的既定目标。有充分理由相信,这就是当今世界努力保障和平和自由的真正涵义"(波兰尼,2020:260)。但是,他所言的自由有别于自由主义者倡导的无限制的自私的个体主义自由,而是一种以社会为本位的制度化地追求平等的充满道德色彩的个体自

---

① 政治人类学家斯科特也曾批判单一的国家中心主义观和普遍主义认识论,提倡从地方实践知识的角度理解社会的能动性、创造性和多样性(参见斯科特,2012)。

由。"这正是一个复杂社会里自由的涵义,它给予了所有我们需要的确定性"(波兰尼,2020:265)。因此,人们对自由的追求需要以整体社会为出发点,既符合本国人民的切实利益,又不损害世界人民的合法权益。追求自由是每个人的权利和义务,是整合社会的道德主义内核,是促进合作式发展的文化动力。

此外,和平是合作式发展成为可能的又一动力因素,努力创建和平的国际秩序是各国追求的共同目标。在面对西方世界的危机时,波兰尼指出,"国际和平秩序的建立……(需)要真正建立这种新经济秩序制度的基础。实现这一目的的第一步,取决于我们资本主义国家如何变革成真正的社区,通过在普通人控制下的给予人们经济生活的手段,废除社会中的财产分裂"(波兰尼,2017:97)。这一想法暗含其关于经济体系嵌入于社会系统的核心理念,以及实现社会主义的理想目标。同时,"国内政治的主要任务将是用社会组织将国家装备起来,让它们可以承受巨大的应变压力——事实上它们也密不可分——在国际经济领域的任何重大调整中"(波兰尼,2017:97)。因此,各国内部社会的整合与重构和国际秩序的和平与维持是紧密相关、不可分离的。在各国实现嵌入式发展的前提下,以社会为本位的和平且自由的国际秩序才能持续运行,真正的世界社会才能成为可能,这将是更大层面的嵌入发展的国际图景。

综上所述,波兰尼在《大转型》中强调在两个不同层面实现发展,即国家层面与国际层面。前者主要针对一国内部的经济体系与社会系统的关系而言,指涉国家(或政府)在处理经济与社会的关系方面的重要作用,强调经济与政治均须嵌入社会之中。进言之,在不违背人民意愿和不侵蚀民主社会的基础上实行有效的政治管理行为和经济运行方式。同时,社会内部可以合作式发展为原则实现人力与资源的分配。后者基于各国实行的嵌入式发展,强调国家间的合作式发展为构建自由而和平的国际秩序提供现实资源,从而实现更大层面的嵌入发展。稳定且和平的国际秩序有助于推动全球经济和政治的顺利运转,有助于每个个体自由而全面的发展。在波兰尼看来,"要想让复杂社会中的人回归个人生活,社会主义改造是唯一手段"(波兰尼,2017:98),这既是波兰尼作为一位世界主义者一生所追求的理想信念,也是他为解决人类社会危机而开出的一剂良方。

结论:社会建设与反思发展

本文基于《大转型》一书探讨波兰尼的社会整合与发展观。其观点的形成离不开所处的家庭文化环境、社会政治环境、思想意识环境及其个人生命历程。在此背景下,社会整合、良性发展、道德重建以及自由和平成为波兰尼思想的核心内容。嵌入、整合机制和双向运动三个概念构成其社会整合观,嵌入式发展和合作式发展构成其社会发展观,两种观念均内含基于追求自由与和平的道德主义与社会主义构想。这为我们理解和建设当今社会提供了一条关键路径,即以整体社会为本位,在保证自由与和平的前提下,建设充满道德理念的社会、国家与世界。

在当代中国的发展主义语境和社会建设话语下,学者们基于对中国社会的总体认识,从不同视角提出"跨越式发展""参与式发展""低代价发展"等发展理念以及基于地方经验归纳的社会发展模式,以理解和阐释中国社会的发展路径与建设途径。其与中国社会的经验实情既有吻合部分,也有脱节之处。最为关键的是,诸多观念和模式在一定程度上均忽视了整体社会的建设。而波兰尼的社会整合与发展观可弥补这一脱节,进而解决因发展主义带来的普遍"脱嵌性"社会建设危机。同时,在当今世界,国际政治经济仍处于激烈变革时期,妨碍和平与发展的潜在不稳定、不确定因素仍无法彻底消除,在如此复杂多样的国际环境之中,如何实现各国的良性发展呢?波兰尼亦做出了解答。

波兰尼在论证一国内部的发展问题时提出嵌入-合作式发展理念,即经济与政治嵌入整体社会系统之中,社会内部实现合作发展。实现此发展模式,有为政府是必不可少的。在中国,针对土地、劳动力和货币,政府通过制定有效且具体的法律法规让这些工业要素受到制度约束,如土地的公有制性质,劳动法的颁布与实行,中国人民银行对人民币的控制发行,进而让这些要素嵌入于更大的国家—社会体系之中。同时,不同的经济整合机制可内嵌于同一社会中,互惠、再分配、家计和市场经济等行为原则在当今中国社会内部实现共生式运转,为社会抵御潜在风险和合理配置资源提供有力支持。在波兰尼看来,这些政治与经济活动的顺利展开需要树立和践行良性文化道德价值观。在中国社会,社会主义核心价值观可作为一种道德资源加以发挥作用,其将中国传统文化思想、马克思主义思想、现当代中国特色社会主义思想以及更具普遍性意义的人性观融为一体,能够为建设美好社会提供文化道德支持。同时,在民族地区以及其他地方社会,地方性文化道德亦可作为一种社会建设的潜在资源。因此,内含道德主义的嵌入-合作式发展是符合中国基本国情和美好社会建设要求的,是中国社会建设的应有之义。此外,波兰尼在论证国家间的发展议题时提出合作-嵌入式发展构想,即各国在实现嵌入式发展的前提下,在尊重各国内政和符合本国国情的基础上,建立自由而和平的合作关系,让全球经济嵌入更大的世界社会体系之中。因此,各国需要以构建人类社会共同体为道德依据,通过合作-嵌入式发展方式来防御不确定的诸多风险,实现健康且可持续的发展。

参考文献

Block, Fred & Margaret R. Somers 2014, *The Power of Market Fundamentalism: Karl Polanyi's Critique*. Cambridge: Harvard University Press.

—— 2003, "Karl Polanyi and the Writing of the Great Transformation." *Theory and Society* 32(3).

Bohannan, Paul & George Dalton 1965, "Karl Polanyi 1886—1964."

American Anthropologist 67(6).

Dale, Gareth 2016, *Reconstructing Karl Polanyi: Excavation and Critique*. London: Pluto Press.

Hann, Chris & Keith Hart (eds.) 2009, *Market and Society: The Great Transformation Today*. Cambridge: Cambridge University Press.

波兰尼,卡尔,2017,《新西方论》,潘一禾、刘岩译,深圳:海天出版社。

——,2020,《大转型:我们时代的政治与经济起源》,冯钢、刘阳译,北京:当代世界出版社。

寸洪斌、曹艳春,2013,《"市场"与"社会"关系探究:社会政策研究路向思考——基于卡尔·波兰尼的"嵌入性"理论》,《思想战线》第1期。

戴尔,加雷斯,2016,《卡尔·波兰尼:市场的限度》,焦兵译,北京:中国社会科学出版社。

——,2017,《卡尔·波兰尼传》,张慧玉、杨梅、印家甜译,北京:中信出版社。

符平,2009,《"嵌入性":两种取向及其分歧》,《社会学研究》第5期。

黄志辉,2016,《"嵌入"的多重面向——发展主义的危机与回应》,《思想战线》第1期。

罗根,蒂姆,2020,《道德经济学家》,成广元译,杭州:浙江大学出版社。

恰亚诺夫,1996,《农民经济组织》,萧正洪译,北京:中央编译出版社。

斯科特,詹姆斯,2012,《国家的视角》,王晓毅译,北京:社会科学文献出版社。

斯塔夫里阿诺斯,2006,《全球通史》,吴象婴等译,北京:北京大学出版社。

汤因比,阿诺德,2016,《历史研究》,郭小凌、王皖强等译,上海:上海人民出版社。

滕尼斯,斐迪南,2019,《共同体与社会》,张巍卓译,北京:商务印书馆。

托尼,理查德,2019,《宗教与资本主义的兴起》,沈汉等译,北京:商务印书馆。

王绍光,2008,《大转型:1980 年代以来中国的双向运动》,《中国社会科学》第 1 期。

——,2012,《波兰尼〈大转型〉与中国的大转型》,北京:生活·读书·新知三联书店。

王水雄,2015,《"为市场"的权利安排 vs."去市场化"的社会保护——也谈诺思和波兰尼之"争"》,《社会学研究》第 2 期。

亚里士多德,2003,《政治学》,颜一、秦典华译,北京:中国人民大学出版社。

颜昌武,2020,《中国现代国家建设中的城乡关系——一个非对称双向运动的分析视角》,《南京社会科学》第 1 期。

余昕,2019,《实质的经济:〈礼物〉和〈大转型〉的反功利主义经济人类学》,《社会》第 4 期。

(作者单位:中央民族大学民族学与社会学学院)

贝都因人从部落到国家的进程
——读《昔兰尼加的赛努西教团》

赵希言

绪　论

　　埃文斯-普里查德在他 1949 年的著作《昔兰尼加的赛努西教团》
（*The Sanusi of Cyrenaica*）中为我们展现了一个值得思考的历史过程：
在 1835 年到 1944 年的百余年间，一个名为赛努西（Sanusi）的伊斯兰教
教团进入利比亚昔兰尼加地区游牧的贝都因部落，使贝都因人的社会
形态从原有的部落制一步步走向了国家的雏形，而同时，赛努西教团的
领导人也从一个神圣的宗教领袖变为了世俗的政治领导者，神圣的教
团也变为了一个政治集团。这本书被视为政治人类学和非洲研究的范
本，其"部落制转为国家"的社会形态变迁研究的模式影响了后来的许
多人类学家：1954 年出版的两本政治人类学著作《缅甸高地诸政治体
系》和《斯瓦特巴坦人的政治过程》正是受到了这本书的启发，分别论述
缅甸克钦人摇摆的社会结构和国家化的失败，以及一个圣徒领导的斯
瓦特国在部落制社会中的成功建立。同样的，埃文斯-普里查德在本书
中关于裂变分支的社会结构与国家关系的分析也受到了 19 世纪著名
圣经学者威廉·史密斯（William R. Smith）1888 年的著作《早期阿拉伯
人的婚姻与亲属制度》（*Kinship and Marriage in Early Arabia*）的影响
（张亚辉，2011:145）。

　　在本书的前言中，埃文斯-普里查德写到了该书写作的缘起以及他

进入田野的过程：1932年，他在埃及与赛努西流亡者接触，萌生以此为主题进行研究的念头；1942年，他作为大不列颠第三军事管理局的殖民官员被派往昔兰尼加，穿过广漠的沙漠，来到贝都因人的部落当中。当他来到昔兰尼加时，赛努西教团已经不复当初的辉煌。于是，他在当地文本阅读的基础上展开自己的研究——重构出赛努西教团以及两次战争时期的昔兰尼加，揭示了贝都因部落制向国家形态转变的过程。因此，这本书并非一个传统的共时性的民族志写作范式，而是一个基于历史材料的分析所进行的关于社会形态转变过程的研究。埃文斯-普里查德自己评价说这本书"是为数不多的职业的人类学家写的真正的历史书"（埃文思-普里查德，2010：138），它体现了埃文斯-普里查德的历史人类学思想。这本书没有中文译本，而本文也是《昔兰尼加的赛努西教团》的第一篇中文书评。

一、部落制与伊斯兰兄弟会的相遇：
贝都因人与赛努西教团

（一）贝都因人和他们的部落制

贝都因人是北非游牧的阿拉伯人，他们随季节变化逐水草而居，在每年干季开始的11月去往南方，在湿季开始的5月回到北部高原。地文与水文条件决定了贝都因人的生计方式，在昔兰尼加地区，几乎所有的贝都因人都是牧民，他们放牧山羊、绵羊和牛，骆驼是他们重要的交通工具，同时也是财产和地位的象征，埃文斯-普里查德在他的另一本书《努尔人》中写道，"贝都因阿拉伯人素有'驼背上的寄生者'之称"（埃文思-普里查德，2014：38）。贝都因人无比认同自己的牧民身份，并且以此为傲。游牧的生计方式使得贝都因人基本可以自给自足，除此之外，他们会与车队进行贸易，也会进城交换一些诸如糖、茶叶、斗篷等物资。昔兰尼加地区不仅仅居住着贝都因人，还居住着一部分农民和城市居民。根据土耳其统治时期的政府调查数据来看,在大约 25 万昔兰尼加人口之中,仅有 1/4 的城市居民(多为阿拉伯人和犹太人),除去一小部分绿洲居民,其余全部为游牧的贝都因人。贝都因人厌恶城市的一切,他们与城市格格不入。尽管同城市存在经济和政治上的联系,但由于心理上不存在任何认同(Evans-Pritchard,1954:39),我们还是可以把贝都因人部落视作昔兰尼加一个独立而分隔的社区。

早在穆罕默德·赛努西来到昔兰尼加之前,伊斯兰教就已经在这片土地上传播来开。作为阿拉伯人,贝都因人一直保持着他们的伊斯兰教信仰和穆斯林身份。他们不是严格意义上恪守教规的信徒,虽然持斋,但并不打算去麦加朝圣。对于他们而言,部落习俗大于伊斯兰教规。但从另一个角度来讲,贝都因人依旧是伊斯兰教的忠实信徒,他们骄傲于自己的穆斯林身份,并尊敬虔诚信教之人。

严格意义上来讲,赛努西教团是第一个进入并扎根于贝都因部落的伊斯兰教教团。对此,我们可以总结出三个原因:首先,之前那些教团的传教路径都是以城市为据点,而贝都因人对于城市直白又毫不掩饰的厌恶使他们无法接受这些"城市的产物",而赛努西教团则是一开始就把自己的位置置于部落内部;其次,贝都因人的穆斯林身份使得赛努西教团能够顺利且迅速被接受,埃文斯-普里查德也承认,如果贝都因人并非穆斯林,那么赛努西教团也不会对他们产生如此大的影响(埃文斯-普里查德,1954:64);最后,早在穆罕默德·赛努西到来之前就已经形成的贝都因的部落制是赛努西教团得以立足的根本,它为赛努西的教团提供了文化、社会和情感基础。

贝都因的部落社会组织是非常清晰的。与埃文斯-普里查德的另一本著作《努尔人》里的部落社会类似,贝都因人的社会拥有裂变分支的结构,并且有三个清晰的分支等级:Qabila 作为部落或部落的初级分支;Ailat 则是获得称谓的分支世系;Biyut 是五六代以后的小世系。三者为亲属关系。贝都因人的祖先来自阿拉伯,他们是公元 643 年阿拉伯扩张时期来到北非的阿拉伯部落,后来与本地的柏柏尔人结合,逐渐演化成为今天的贝都因人。贝都因人的部落形态由部落内外的斗争所形塑，古老的世仇和血缘组织使得几个部落团结起来抗击另外的一些部落，在面对不同的敌人时，他们的团结方式和对象也因之改变。不过，在任何意义上来说都无所谓一个"昔兰尼加部落"，而贝都因社会也没有一个完全意义上的如易洛魁联盟或者阿兹特克联盟那样的首领，虽然每一个部落的分支都拥有各自的酋长（Shaikh），但酋长并非易洛魁式的、组织部落会议、掌握权威的酋长，贝都因部落的酋长更像是一个部落或部落分支内的稳定者，一个"清算纠纷""调节矛盾"（埃文斯-普里查德，1954：60）的人，往往是部落或部落分支内富有、慷慨、拥有美德之人，他们的地位是由复杂的亲属谱系和结构性关系确定的。酋长的威信来自于他的声望与人们对他的尊敬，以及他所拥有的财富和祖地。酋长在同等级的分支部落与自己的上级部落的沟通之间充当本部落分支的代表；接受下级分部的建议。但是，贝都因人的酋长并非政治权威的集中者，他们并不能被视为部落的领袖，或是行政管理者，人们往往尊重他，但并不视他为自己的上级。这是由于部落内部在每一个分支规模上都有对应的敌对的一方，这个机制使得各部落的权威达到一种敌对状态下的平衡，由此便很难从部落制内部生长出一个单一的权威。因此，酋长并未掌握最为核心的行政或者军事权力，他依旧处于一种"中间人"式的身份。

除此之外，贝都因人信仰伊斯兰教的方式——圣人崇拜也与他们的部落制结合紧密。在贝都因社会，长久地流传着一种圣人（Marabtin、Marabout 或 Marabat）崇拜。Marabtin 的概念最早是指伊斯兰教武力扩张时期住在修道院的战僧（warrior-monks），后来则指定居在安达卢西亚（Andalousia）地区，在 Sanhaja 领导之下的撒哈拉（Saharan）部落。当公元 12 世纪 Sanhaja 王朝覆灭后，一部分 Marabtin 部落人就在昔兰尼加定居。他们入迷、禁欲的状态，读写以及展示神迹等神奇的本领使贝都因人惊奇，被单纯的贝都因人视为魔法师。贝都因人请这些伊斯兰隐士书写咒语，表演宗教仪式，以及作为部落间冲突的调停者（Evans-Pritchard，1954：66）。这些 Marabtin 外来者长久地存在于贝都因人的社会中，并不属于某一个特定的部落或部落分裂支，外来者的身份使他们能够以客观的角色介入并与贝都因社会结合,得以居中调停部落事务,而这个功能也只有这些出离于贝都因社会的人才能够具有。贝都因人需要这些外来者、陌生人。

这些伊斯兰隐士就像贝都因人的导师,不只是宗教方面的,更是贯穿于全部社会生活的。贝都因人对于 Marabtin 十分尊敬,尽管北非牧民特有的自傲使他们从内心深处有些轻视这些不从事牧业活动的人群,但他们依旧敬仰着这些在他们身边、却又不属于他们部落的圣人。在 Marabtin 死后,他的墓地就变为了圣墓,圣人的后代继续在此周围居住,贝都因人也有着在圣墓周围集会的传统。由于 Marabtin 的外来者身份,他们的圣墓往往不在某一个特定部落或部落分支内部,而是在两个所属区域的边界,基于这样的地理位置,Marabtin 的圣墓也往往是部落之间酋长们会晤与洽谈的场所。Marabtin 的身份和称呼是世袭的,他的家族被允许使用圣墓周围的土地和水井。这些圣人被视为拥有神圣光辉 baraka 的人,而 baraka 的来源正是 Marabtin 和他们的圣墓(Evans-Pritchard,1954:8),baraka 具有流动性,从圣人身上洒向民众。在赛努西和他的教团到来之前,baraka 从圣人身上流向部落酋长和武士阶层,通过这个机制,baraka 被留在部落内部。

Marabtin 的身份和作用很难不令我们想到埃文斯-普里查德在他的另一本著作《努尔人》里所写到的努尔社会中的豹皮酋长,“一个没有政治权威的神圣人物”(埃文思-普里查德,2014:11)。豹皮酋长在努尔人社会中的重要作用仅仅在于解决争端,除此之外,在社会中并不具有太大的权威。豹皮酋长的神圣性来源于他与土地的神圣联系,可以说,他的权力是仪式性的,功能是政治性的(埃文思-普里查德,2014:195)。“酋长并非该部落土地的世袭主中的一员,而是住在那里的一个外人”(埃文思-普里查德,2014:197),努尔人“把酋长视为某种仪式专家,但并不认为他们以任何方式构成了一个阶级或等级”。在穆罕默德·赛努西刚刚进入贝都因社会时,他的身份和社会功能大抵如此,但与努尔人社会不同,这个外来的神圣人物最后使贝都因社会由部落转为了国家。

透过这些内容,我们可以清晰地看到这样的外来者对于贝都因人是何等重要。这些外来的伊斯兰信徒身上有着作为"牧人、文盲和战士"的贝都因人所没有的知识性与宗教性,它们得以弥补贝都因社会中所稀缺的部分,同时,贝都因人对于他们的美德的认同也是尊敬的重要来源之一;更关键的是,这样一种来自于整个部落体系外部的身份使得穆罕默德·赛努西得以快速地获得贝都因人的接纳。也正是作为一种与部落制完全不同的政治逻辑,赛努西教团才得以将贝都因社会团结整合。

(二)作为兄弟会的赛努西教团

赛努西教团是由穆罕默德·赛努西在北非创立的伊斯兰教教团,这个苏菲派的组织,本质上是一个兄弟会。部落的战士彼此团结成为这样的兄弟会组织,形成战争集团,这样的组织是赛努西教团进入部落制内部的关键。对于赛努西教团而言,阿拉伯的苏菲派摆脱了原有的伊斯兰神秘主义内涵,通过深思和赞念来追求先知,视理性为教义的重要内涵。这往往会引起传统的伊斯兰神职人员的激烈批判,为了应对这一情况,组织及其领导人往往会通过追溯师从关系来证明自己的正统性与合法性。这样一种非神秘主义的教义也恰恰契合了贝都因人的性格特点,后者是草原牧民,多数是文盲,具有尚武的性格,严肃而不喜形于色,对复杂的宗教仪式兴趣不大。我们可以这样认为:赛努西教团教义上的正统与理性,以及仪式上的朴素简洁是它得以为贝都因人所接受的原因之一。更为重要的一点是,赛努西教团允许贝都因人保留自己的圣人崇拜作为信仰伊斯兰教的方式。埃文斯–普里查德在另一篇文章中认为赛努西教团是"为数不多的与阿拉伯部落结合的教团,同时将正统的苏菲派教义与圣人崇拜结合起来"(Evans-Pritchard,1946:58),这样的一种结合也使得日后穆罕默德·赛努西成为了某种意义上的国家层面的圣人(national saint)。

穆罕默德·赛努西在刚刚进入贝都因部落的时候,就宣称自己是一名 Marabtin,他与这些古老的北非伊斯兰修士们的确有一些世系上的关联。由此，赛努西便获得了一个合法的圣徒身份、作为一个 Marabtin 的神圣性以及贝都因人由衷的尊敬。他的教义和个人都被人接受。Marabtin 之于贝都因人是一个结构中的位置：贝都因人的部落社会中长久地存在并需要一个"居中调停者"的角色，以处理部落事务，所处于这个角色的人以及他的后代受到贝都因人的尊敬。就这样，赛努西和他的追随者在部落社会中的位置被确定下来，作为外国人（穆罕默德·赛努西本人是阿尔及利亚人），他们与任何一个部落或部落分裂支都没有血缘和亲属上的纽带，也不涉及部落间古老的世仇，他们的结构位置在贝都因社会中，但同时又在所有部落之外。对于贝都因人来说，穆罕默德·赛努西和他的追随者是外来者、是陌生人，但并非部落结构的外人：赛努西教团的进入点是贝都因社会的中心。

更重要的一点是，穆罕默德·赛努西获得了 Marabtin 的 baraka，并且通过建造遍布部落的圣所的方式将酋长和武士阶层原有的 baraka 也纳入到自己的范围内。格尔兹在论述 18 世纪和 19 世纪的摩洛哥武士王国时曾经讨论过这个概念：他认为 baraka 是君主的魔力，类似于 mana 和卡里斯玛，但它也有自身的独特性，即它是"极端属于个人的"，是个人之品德，"克敌制胜就等于证明了一个人拥有 baraka，真主赐予了他支配的能力"（格尔茨，2016：216）。而贝都因人则认为，baraka 是会流动的，可以通过接触和赐福从圣徒身上流动到他们自身，同时，baraka 属于部落，它来源于圣墓，在后来的战争中，每当赢得一场战役，贝都因人都会把胜利归结为 Sayyid（赛义德）的 baraka（Evans-Pritchard，1954：117）。穆罕默德·赛努西的后继者继承了他的 baraka，获得贝都因人同等的尊敬。在这里，我们可以看到格尔兹和埃文斯－普里查德 baraka 概念的不同：前者基于摩洛哥武士王国的田野，那是一个权力中枢高度发达的社会，baraka 来自于君主，是"中枢权威之天生的神圣性"（格尔茨，2016：251）；而在后者所研究的社会中，baraka 并非某种主权神圣性的体现，而是裂变分支的平衡社会中权威集中的一个途径，即通过兄弟会吸收成员的方式使得 baraka 得以集中于教团内部。实际上，在赛努西教团进入贝都因社会之前，这个词与有组织的政治行动之间有着巨大的区别,但在赛努西教团进入并建立起自己的兄弟会组织,又将所有的部落纳入自己的结构中之后,这个词的意义越来越接近于格尔兹的用法。从这个层面上看,一个统一的政治权威正在升起。

在教团进入后,穆罕默德·赛努西拥有了圣徒的身份,并获得baraka。这样,赛努西在部落内便同时具有了神圣的调停者的角色和武士的卡里斯玛。韦伯曾这样论述"教团":一个"宗教共同体",也就是滕尼斯所说的 Gemeinde(社区),形成于先知运动的日常化,在教团持久地运作之后,先知的教诲即进入并指导信徒的日常生活。这是一个"具有固定权利与义务的共同体""原本为个人身份的信徒转化为了教团的成员"(韦伯,2005:80)。当一个贝都因人成为了赛努西教团的信徒,他便拥有了新的身份,这样的身份在生活中与他的部落身份并不冲突,但从社会学机制上,他即拥有了新的共同体身份。下一个部分,我们将探讨赛努西教团作为一个宗教共同体,如何通过兄弟会吸收成员的方式将所有部落纳入自身的体系之中,并用它所给予成员的权利与所规定的义务打破了既有的部落制边界,使新的共同体形态开始在贝都因的无政府无国家的部落社会内出现。

(三)赛努西教团与部落

于是,当赛努西顺利进入贝都因社会,他开始建造教团的圣所(lodge)。这些圣所是教团在各个地方的分部,每一个圣所中都有一个教团派去的代表,称为教头,或者酋长,这是教团的一个头衔,是各个圣所的负责人。他们大多也都是外国人,同样被贝都因人视为 Marabtin。随着时间的发展,教头逐渐变为了世袭制。这是出于以下两个原因:第一,贝都因人爱戴这些受过良好教育并拥有美德的教头们,当一个部落或部落分支的教头去世之后,人们往往会要求他的后代继续主持原来的圣所,几代过后,世袭制就建立起来;第二,当教头被贝都因人视为Marabtin,他的坟墓就理所应当地成为了圣墓,他的后代有权利住在附近并继续使用圣所,这样,兄弟会中教头与圣所的设置就与部落内根深蒂固的 Marabtin 崇拜结合起来,教头也就演变为了世袭制。

　　赛努西教团在昔兰尼加一共拥有 45 个圣所,其中最重要的大本营 (zawiya)建在 Jaghbub,距离海岸 160 公里,是一个远离政治纠纷的地方,也是贝都因整个部落制的中心:南方牧民的夏季集会点,部落与部落在这里集聚,进行联络与物质交换。赛努西教团将根扎在贝都因人部落制的中心。除了在 Jaghbub 绿洲的大本营之外,还建有诸多圣所作为教团在各地的分部。这些圣所往往建在部落之间活动频繁的地方,例如大篷车队的休息处,或者帆船贸易的港口,作为赛努西教团在当地的代表而存在着。值得关注的是,每一个圣所并非仅仅是神圣的宗教场所般的存在,而是一个多功能的场所,它们宣传伊斯兰教的信仰、教育,为旅人、流亡者、难民和弱者提供庇护所、医疗救助以及安全保障……可以说,赛努西教团的圣所提供了贝都因社会所无法从内部自我生成的诸多社会服务内容,于是,在昔兰尼加的贝都因人的日常生活中,它不仅仅是宗教的神圣集团,更是世俗生活的组织者。这些圣所分布于各个部落的边缘,显示着它们部落之外的结构位置,这使得它们像一张网,通过集诸多社会功能于一身,将贝都因社会置于其下。每个部落或部落的分支都以圣所为各自崇拜的中心,这样,教团作为一个唯一的神圣的领袖从上面将昔兰尼加的诸多部落串联起来(Evans-Pritchard,1954:69)。

　　就像贝都因人需要圣所,圣所也需要贝都因人。虽然名为集会所,但这些圣所不仅仅是那种只有几间房子的建筑,而是更加类似于庄园一类的组织,一个圣所就是一个小型社区或庄园,这个社区的运作离不开贝都因人的劳动与慷慨的捐赠。一个投桃报李般的交换体系在圣所与贝都因部落之间构建出来:贝都因人为教团的圣所献上捐赠与劳动,而圣所则奉上自己的社会功能作为回报。贝都因人对这样一种关系十分满意。

　　就这样,赛努西教团在昔兰尼加获得了前所未有的巨大成功:几乎所有昔兰尼加的贝都因人都皈依了教团。作为宗教组织的赛努西教团使自己在所有贝都因人心中拥有了神圣的地位,而作为集聚各种社会功能的赛努西教团则使得自己变为一个得以控制贝都因人的世俗生活的组织,这些功能使得赛努西教团从一个单一的宗教组织逐渐变成一个宗教-政治组织。

自此,赛努西教团已经生长出政治性了,或者用一个更为恰当的词语:世俗性。教团已经不再是穆罕默德·赛努西最初的仅以传教为目的的组织了,它作为一个共同体渗透进贝都因人的日常生活。

让我们回到贝都因社会本身。这时,我们就可以做出这样一个判断:以摩尔根的进化序列来看,贝都因人的部落社会是一种较为初级的部落形式,他们已经形成了基于共同氏族的共同情感,各部落彼此之间有着兄弟般的关系,拥有共同的穆斯林身份和语言,但没有一个权威的首领和政治组织(部落更多的是作为亲属的和社会的组织),基于血缘的氏族社会依然强有力地存在着。根据摩尔根的判断,贝都因社会无法在目前的基础上形成国家或政府,因为"一个国家必须建立在区域之上而不能在个人之上,必须是建立在作为政治制度之单位的都市之上,而不是建立在作为社会制度之单位的氏族上"(摩尔根,1971:228)。

而在赛努西进入贝都因社会这样一个过程中,不仅仅是贝都因社会中的一些特点(例如圣人崇拜)使得赛努西教团得以顺利进入,更是因为它的裂变分支的部落结构使另作为共同体的教团得以融入到贝都因人的部落制结构中,使得教团的仪式地位在部落之中,但结构位置在其之外。更为重要的是,贝都因部落拥有一个相对稳定的社会结构,虽然部落彼此间争斗不断,但其部落制度的形态很难改变,而裂变分支的部落结构亦使它很难沿摩尔根的序列向前发展,国家无法从内部被制造出来。这时,赛努西教团作为一种外来的高度发达的宗教甚至政治共同体组织,使得贝都因人的团结方式不再是仅仅基于共同的祖先与血缘关系(即使这些关系依旧长久地存在于他们的生活中),而是基于一种与部落制度运作方式不同的自上而下的权力运作方式,贝都因的部落社会被赛努西教团这样一个穆斯林兄弟会组织重新构建了,使之具有了形成国家的可能。

然而,就贝都因人的材料而言,国家进程中另外一个推动力是随之而来的战争,在这个时期里,土耳其政府的诸多行动促使赛努西教团的性质较来时发生变化,而英国与意大利等侵略者的外部刺激更是加速了其国家化的转变,这个过程涉及伊斯兰教的圣战思想,战争被视为伊斯兰教与基督教之间的对抗,以及部落的血仇机制,进而直接指向了过程论人类学。

二、税收与战争:赛努西教团的政治效力与 贝都因部落的国家转变

(一)奥斯曼土耳其帝国统治时期的税收与政务

昔兰尼加并非只有贝都因人与赛努西教团两种存在。在昔兰尼加转变为一个独立自主的国家的过程中,诸多外部势力参与进来:其中,土耳其政府作为管理者与战争同盟;德国则是土耳其一战的盟军,为后来赛努西教团领导贝都因人抗击意大利提供物质支持;而意大利作为侵略者,从反面加剧了转变的发生;英国人参与的时间并不多,但也扮演了重要角色。一战开始之后,在这些外部势力的诸多作用下,昔兰尼加的贝都因人在团结和抗争中逐渐形成了共同的主权意识和领土意识,使得古老的氏族制度不再能主导社会生活,尤其是政治生活,国家制度的雏形逐渐形成。

奥斯曼土耳其帝国曾经作为希腊罗马的继替者统治着利比亚地区,当 1835 年赛努西来到昔兰尼加布道时,土耳其政府也同时回归了昔兰尼加。实际上,与后来的意大利殖民者相比,土耳其实在是一个精通管理之道的统治者:它允许贝都因人继续过着他们逐水草而居的游牧生活,除了沿海地区之外税收不重,同时也并不过于干涉贝都因人的部落事务,赋予他们独自处理这些事务的权力。但贝都因人依旧像讨厌一切外人一样讨厌着土耳其政府,这种批评的态度在埃文斯-普里查德看来多少有些莫名其妙,但这样一种态度却能使我们从另一个角度观察出赛努西教团在贝都因社会中的位置。客观来讲,对于贝都因人

来说,赛努西教团与土耳其统治者都是外国人、外来者、外人,而他们对于前者的态度是追随与尊敬,对后者则是批评和厌恶,这再一次证实了赛努西教团的位置是在贝都因社会之中。

不仅仅是贝都因人讨厌土耳其,拒绝与之直接合作,土耳其方面也并不重视贫瘠的昔兰尼加,因此,赛努西教团便作为中间人,承接了许多政府的功能,在对外(土耳其)的事务上代表贝都因人,同时又协助土耳其当局进行对贝都因人的管理。需要说明的是,这里的"协作"并非主动友好的,实际上,穆罕默德·赛努西对于土耳其的态度是谨慎的。就这样,在土耳其统治的时代,教团使得诸多不同的贝都因部落第一次作为整体单位向外界发声。我们可以说部落制给予教团以社会结构体系,而当它需要面对部落社会之外的政治力量并与之进行明确的联系时,教团则赋予这个体系以政治组织。

纳税是展示赛努西教团以及贝都因社会在这个过程中转变的最清晰的一个事件。自由闲散的贝都因人并不喜欢纳税,尤其是向他们讨厌的支配者纳税,而土耳其也不希望因收税引发过多的矛盾和流血事件,于是,如同昔兰尼加的众多事务一样,收税这件事情也被委派给了赛努西教团来执行。比起帝国在当地的行政长官 Mudir(可译为省长),教团在这件事上拥有很大的优势:第一,尽管讨厌给统治者上税,贝都因人却不抗拒向教团和圣所的教头们缴纳税赋;第二,教团在部落内的组织方式是沿着裂变分支的脉络一层层分散下去的,因此当需要收税的时候,收税的任务也是层层分配下去,最后总能完成任务。

就这样,在处理诸多贝都因部落和部落分支的事务时,土耳其当局不得不求助于教团。这使得许多土耳其政府长官都与教团保持良好关系,官员们纷纷加入教团,因为这样有利于他们的管理;商人们也加入教团,因为这样会使他们的车队行进更加畅通;而出于类似的原因,城市里富有而受过良好教育的人也加入赛努西教团。可以说,赛努西教团利用土耳其政府给自己赋予的身份来处理部落间事务,而当统治变得不利于贝都因人时,教团又会反过来与贝都因人站在一起,共同抵抗土耳其人。这样的一种关系,使得部落制的社会开始有了国家的雏形,而赛努西教团也开始作为萌芽的政府存在着,在寻求与土耳其统治者的平衡时,贝都因人首次将自己视为一个民族(nation)(Evans-Pritchard,1954:100)。

·(二)两次意大利-赛努西战争时期

1911年,意大利宣布与土耳其开战。1912年,意大利入侵利比亚。当时的利比亚依旧是土耳其的属国(尤其是的黎波里塔尼亚和昔兰尼加两大主要地区),这些北非的阿拉伯人被号召起来,加入抗争。贝都因人愿意加入抗争的原因并不是出于对土耳其的从属关系的承认,而是依旧延续了其裂变分支的部落制度的团结原则:"vis-à-vis"(相对)(Evans-Pritchard,1954:104),即根据敌人来判断自己的盟友。也就是说,当面对基督教世界的欧洲侵略者意大利时,共同的穆斯林身份使得贝都因人自然选择与土耳其结盟。然而,就像它在利比亚的统治那样,土耳其在这片土地上的抗争同样闲散,因此,组织战争的军事功能也被交给了赛努西教团。就这样,1911年至1917年的第一次意大利-土耳其战争在利比亚实际上是意大利-赛努西战争,这是土耳其政府默许的结果。而作为敌方的意大利和其盟友英国也承认赛努西教团首领Sayyid Ahmad al-Sharif(Grand Sanusi 的孙子,第二任领导人 Sayyid al-Mahdi 的侄子)的政治统帅地位,当意大利希望与贝都因人谈判时,他们并不能与一个部落系统直接对话,这时,赛努西教团就成为了贝都因人的代表。意大利和英国使得赛努西教团有了政治形象,一个宗教的组织开始在对外事务上扮演政府的角色,教团首领也不再只是一个宗教组织的首领,而更是一个政治集团的首领,这个政治集团所领导的也不再是一个松散却稳定的部落制了,在抵抗一个国家时,贝都因人裂变的部落体系使得他们逐渐团结成为一个自治的国家。在英国人眼里,所有的昔兰尼加人都是赛努西。而在这个过程中,贝都因人与城市人也结合起来,赛努西是他们共同的名称。于是,在这个时候,"赛努西"就等同于"昔兰尼加":它不再有任何宗教的内涵,而是变为一个纯粹的政治实体。

1912年10月17日,土耳其投降。1912年10月15日,谈判开始。在谈判的过程中,主权是一个最为核心的争论点,对于贝都因(昔兰尼加)主权的商定,从某种意义上与教团是否交出主权等同起来。虽然过程曲折艰难,但最后,昔兰尼加人还是保留了自己的主权。在条约中,意大利人剥夺了土耳其皇帝 Sultan(苏丹)的政治统治权,却保留了他的宗教领袖地位。1912年9月,土耳其军事统帅 Enver 在 Jaghbub 拜访了从 Kufra 回来的 Sayyid,后者接受了代表 Sultan 继续在巴尔干半岛抗争的请求。此后,所有的正式通信和文书上都被盖上了"赛努西政府"字样的邮戳,教团自此正式成为一个半自治国家的政府,由赛努西政府继续领导贝都因人抵抗意大利敌军。

战争在利比亚依然继续着,赛努西政府采取的军事策略是组织游击战。这的确是有效的方法,也取得了一些局部的胜利,但总体上,胜利女神依旧偏向于势力强大的意大利军队。在与意大利战斗的过程中,Sayyid 同时战胜了统治的黎波里塔尼亚的教团首领 Col. Miani,赛努西在这场战争中完全获得了阿拉伯援军称号。虽然这样看似使得赛努西政府完全获得了利比亚的领导权,但实际上的黎波里塔尼亚无法像昔兰尼加一样完全接受赛努西的领导,这是出于两个原因:贝都因人与的黎波里塔尼亚中支持 Sayyid 的党派有世仇;的黎波里塔尼亚沿海和城市部分的人与 Sayyid 存在争端。这些都影响了赛努西教团在的黎波里塔尼亚的发展,也使得 Sayyid 并不能使整个国家处于赛努西的统治之中。

当一战爆发,意大利无心北非战场,和英国一样,他们希望尽快结束与赛努西的战争。1917年4月,意大利与赛努西教团休战,新一轮和谈开始。在这段时期的谈判中,赛努西政府、意大利、英国,甚至土耳其几股势力互相牵制,也都有各自利益的考虑,一份协议往往要分别与几个国家签署,故迟迟不能谈妥。即便如此,这依旧能显示出赛努西政府具有了独立的外交地位。1918年9月,赛努西政府与英国和谈破裂,其领导人 Sayyid Ahmad al-Sharif 出走埃及。他的离去代表着赛努西政府和土耳其在北非利比亚的统治自此结束,此后,赛努西教团在昔兰尼

加的政治控制力开始减弱。教团的政治与军事大权被移交给了已故的
Sayyid al-Mahdi 的儿子、Sayyid Ahmad al-Sharif 的表弟 Sayyid Idris，
作为赛努西的第四任领导人。

　　回顾第一次意大利-赛努西战争，我们可以清楚地看到，当 1912 年
土耳其投降，赛努西作为 Sultan 的意志继承者和代表在利比亚领导贝
都因人继续抗争时，教团便彻底脱离了它宗教的特征，赛努西从此作为
昔兰尼加的政府，与贝都因人在政治上紧紧地捆绑在一起，而这场独立
抗争也使得赛努西教团在这个时期的活动转变为一场完全的政治运
动，甚至带有了一些对独立、主权和领土的民族国家式的诉求。

　　1917 年至 1923 年又是漫长的谈判时期。这段时期中，诸多条约在
赛努西政府、意大利与英国之间被签署，商讨昔兰尼加的主权归属，最
终以 Nodus Vivendi no. 3（3 号临时协议）为准，划定了彼此的所属区
域。Sayyid 从此可以自称 Amir（阿拉伯语，译为王、王子），有法西斯评
论家批评此举批准了赛努西在昔兰尼加无可争议的主权，而即使是那
些抵制协定的人也不得不承认，教团不是被作为一个纯粹的宗教组织
来对待的，而是一个政治-宗教的兄弟会。协议还规定了虽然 Amir 有
权更换圣所的教头，但必须知会意大利，而意大利方面也会给这些教头
发放薪水，以及修缮战争中受损的圣所。意大利人认为自己可以此举
控制教团，但实际上，这种近乎于行贿的方式并不能使教团和贝都因人
买账，意大利从未深入昔兰尼加，教团依旧领导着贝都因人。

　　1922 年，墨索里尼上台，法西斯开始在意大利执政。原本相对稳定
的北非局势又开始动荡不安。1923 年，第二次意大利-赛努西战争爆
发。这场战争是贝都因人反抗殖民的自由之战，独立自主的愿望使他
们前所未有地团结在了一起，尽管此时距 Sayyid Ahmad al-Sharif 出走
已过了五年时光，而赛努西教团也不复当年，但人民之中萌发出了为信
仰而战的意识，贝都因人依旧以赛努西的名义抗击外敌。这场战争可
以看作是穆斯林为了信仰而发动的圣战，贝都因人不再是根据组织而
团结，而是自发地团结在赛努西的意志之下，Sayyid 家族不再是政治领
袖，而是又变为了贝都因人纯粹的精神和宗教领袖。在这场战争中，一

个英雄人物涌现出来：Sidi ʹUmar 作为赛努西的代表将军，按照部落制将贝都因人组织起来，进行小规模的游击战。

第一次战争使得昔兰尼加的人民被划分成了两种：sottomessi（投降区的人）与 ribelli（反抗者）。前者多为城市居民，也有一部分部落；后者也自称 muhafiziya，意思是爱国者（patriots），他们抵制殖民帝国的语言，尝试反抗，保卫自己的家园和财产。他们看似彼此对立，但都因血缘、共同的语言、信仰和生活方式被组织起来。sottomessi 一直在暗中为 patriots 提供帮助，不仅如此，部落首领，甚至意大利在昔兰尼加的当地官员也在鼓动人们进行反抗。这样，整个昔兰尼加都处于赛努西代表的反抗军的阵营了。

这场全民参与的反抗是一场昔兰尼加寻求领土独立和主权国家身份的政治运动，也是一场在赛努西的意志指引之下的宗教运动，它使得赛努西教团在贝都因人中更加深入人心，尽管这场战争的结局对于 Sayyid 家族来说并不光彩：Kufra 和 Jaghbub 的大本营被毁，Sayyid Ahmad al-Sharif 出逃，整个利比亚沦为意大利的殖民地。

在 1932 年战争结束时，昔兰尼加的失败可以被看作是一个国家的战争失败，贝都因人也可以被看作已经萌生出独立和主权意识的人民，战争的结果并不能改变这一点。

在战争年代，昔兰尼加向国家组织的转变并不仅仅是外部势力或民族主义情绪的产物（尽管从历史材料上看很像），我们不能否认这个过程中有这样的因素在推动，但并不能把它作为重要的关键因素，转变发生的社会学机制还须回到社会内部来寻找。我们注意到，当第一次意大利-赛努西战争时期英国和意大利政府对 Sayyid 的政治统帅地位的直接或间接的承认使他得以在赛努西的旗帜下建立军队。从那以后，赛努西教团的领导人对于贝都因人来说就是军事上的最高领袖（同时也是政治上的），他可以被认为是"负责指挥联盟的军事行动的总司令"（摩尔根，1971：165）。摩尔根论述过进化论序列中各个阶段的军事领袖，"上起易洛魁人的'大战士'，中经阿兹特克人的'吐克特利'，下迄希腊部落的'巴赛勒斯'和罗马部落的'勒克斯'；在所有这些部落中，经历了文化发展的三个顺序相承的阶段,这个职位始终如一,也就是说,始终是军事民主制下的一个将军"(摩尔根,1971:162)。我们无法在这样的序列中为 Sayyid 找到一个合适的位置:他既同易洛魁部落组织的"大战士"一样,是"出于'几个部落联合对外作战'的需要"(摩尔根,1971:161),又和阿兹特克社会的军事酋长一样,兼具司法仲裁功能。这个职位(或身份)的建立意味着贝都因人的政治社会的建立,而"政治社会一旦建立,氏族组织便被推翻了"(摩尔根,1971:164),贝都因人的部落制完全打破了血缘的组织形态,具有了建构国家的基础。当 Sayyid Idris 上台后,教团的首领又退回到宗教领袖的位置上,教团的酋长和教头中涌现出能继替作为军事总指挥官的"大战士",这表示着贝都因社会的政治结构在进一步进行分化,国家的形态愈发明显。

虽然巴特(Fredrik Barth)所呈现的斯瓦特国建立的相关民族志材料证实了即使没有对外战争,伊斯兰教教团与部落制的结合一样可以催生出国家,但不可否认的是,贝都因的国家的确是在抗击外敌战争的过程中建立起来的,外交上的独立再明显不过地证明了赛努西所领导的贝都因社会是一个现代政治意义上被承认的国家。当这个国家建立起来后,它的最高领导人是赛努西教团的神圣领袖,政府机构以兄弟会为原型建立,军队由贝都因武士组成。值得注意的是,在贝都因社会朝着国家的形态迈进时,它原有的部落制没有完全消散,而是与国家并行存在着,氏族和血缘纽带依旧在贝都因社会中有着重要意义,而被置于统一神圣崇拜之下的世仇也没有完全消解,部落社会的机制依旧在发生作用。在第二次意大利-赛努西战争中,教团的首领与诸多教头们纷纷踏上战场,贝都因人视他们为"圣人和圣战武士的结合体"(Evans-Pritchard,1954:167)。这一点尤为关键,因为它意味着教团同时拥有了圣人和部落武士的 baraka 这样一种真主所赐予的神圣力量,这种力量在战争时期被高度集中在教团的首领身上。但随着首领的战败出逃,贝都因社会中的武士阶层崛起,作为爱国者在部落内的将军带领下进行抗战,这种名为 baraka 的力量又重新被分配到了这些人的身上,正如整个贝都因社会所形成的国家也寄托在他们身上。

三、几个国家进程的比较研究

（一）斯瓦特国的建立

在埃文斯-普里查德的《昔兰尼加的赛努西教团》一书成书的五年后，另一位欧洲学者巴特于 1954 年 2—11 月来到斯瓦特谷地进行田野，并于 1957 年出版了《斯瓦特巴坦人的政治过程》一书，作者本人在半个世纪后的中文版序言中将这本书看作是政治过程研究的范例，他将目光聚焦于"政治的变化、转化及其内在动因"，这是一个关于政治过程"生成性"的描述（巴特，2005：6）。巴特将社会中的政治制度或既有的政治形态视作互动的结果，而非仅仅是特定制度的产物（在这一点上，埃文斯-普里查德更为谨慎一些，他依旧承认了制度的重要性与关键作用）。从研究内容上来看，这两本书拥有很大程度上的相似性：它们都是对部落制与伊斯兰教结合生成国家的模式所进行的研究。

同昔兰尼加一样，在 20 世纪中期，斯瓦特谷地也有国家的生成。1917 年至 1926 年，一个由圣徒统治的国家雏形在一系列的政治行动中逐渐显现；1926 年，斯瓦特国被英国当局承认，其领导人、在政治斗争中最终获胜的圣徒巴沙被授予象征着最高统治者的头衔"瓦里"（Wali），并享有固定年薪；1949 年，巴沙退位转而投入宗教活动，瓦里由他的儿子继承。由于新的继承者拥有明显的亲巴基斯坦的政治倾向，斯瓦特国在政治上对巴基斯坦让步甚多，最后甚至被并入，成为巴基斯坦西北边境上的一个省份（巴特，2005：187）。

与贝都因人的国家进程相比，斯瓦特巴坦地区的国家生成过程中没有殖民战争的因素，也就是说，贝都因人在两次意大利-赛努西战争中所生成的类似民族主义的情感，在斯瓦特地区不具有产生的条件。这就使我们得以进行这样的判断：对外战争所激发出的民族主义情感并不是部落制社会生成国家的关键因素（当然，它的确是国家进程中具有促进作用的一个因素），部落制与伊斯兰教的结合可以生成国家的雏形,而对外战争并不是这个过程中的必要条件。但对于贝都因人来说,对外战争是赛努西政府组织力量集中化的重大机会,后者得以作为一个政府调动军队和物资,使用最高行政和军事权力。同时,在道德和情感上,反抗侵略者使贝都因人清楚明晰地知晓自己为何而战,对外战争赋予了他们国家和一国之同胞的观念。与两位学者的研究取向结合,巴特更倾向于承认社会内部生成的政治过程,斯瓦特国的产生正是这样一种内部因素主导形成的,而埃文斯-普里查德则在承认政治制度的重要性的前提下,发现了在贝都因人国家化进程中还存在着诸如殖民战争的外部因素。

在论述斯瓦特国形成部分时,巴特在开篇写道,这个本土化的国家"通过追求影响而非土地占有来实现集中统一"(巴特,2005:184)。这是个聪明的策略,我们也可以把它看作是斯瓦特国生成的机制。在斯瓦特社会中,政治声望很大程度上依赖于土地的占有,而整个部落社会的社会形态都是基于土地所有制而生成的,在这样一种土地轮换制下,很难生长出一个政治上的大首领,即使斯瓦特社会拥有部落联盟和公众集会,但这些都不能被看作是具有政治意义的管理机构,"我们把公众集会仅仅看成是一个制度化了的场所,在那里这些规则得到了体现"(巴特,2005:177)。同时,虽然圣徒拥有固定且不参与轮换的土地,但土地的占有往往伴随着纠纷,并且斯瓦特社会反集权的机制直接针对土地占有,再者,一个人或集团因其血缘和财富限制,所能占有的土地总是有限的,很难从土地占有方面建立起更大的政治权威。因此,土地制度限制了首领权威的扩张,也在无形中规定了首领声望和政治影响力的范围,使集权和国家很难由部落中的世俗领袖建立。另外,在斯瓦特巴坦人的社会中,土地的分配在很大程度上依托血缘纽带,因此,整个部落制社会依旧是被血缘关系所组织起来的,很难产生基于地缘关系的集权政治体国家。

虽然这样一种与声望体系联系紧密的土地制度也限制了神圣的宗教领袖——圣徒的政治影响力,但和世俗的部落首领不同,圣徒政治权威的积累却不仅仅只有土地占有这一种方式。"圣徒的政治势力和权威来自于他们对土地的控制,他们作为调停者的角色以及他们在道义和神圣方面的声誉"(巴特,2005:155)。与首领不同,圣徒分散的土地不会削减反而会增加其政治影响力,而当土地所能给予的政治力量达到极限之后,圣徒还可以继续使用另外两种方式来增加其政治影响力。例如斯瓦特国的创始人巴沙的祖父——圣徒阿孔德,他之于斯瓦特国就像赛努西之于后来的赛努西政府。阿孔德在世时就已经对斯瓦特地区产生了重要的政治影响,甚至控制了这片地区的人员管理。阿孔德并没有直接建立国家,而是通过控制政治领袖,为他们出谋划策来提高自己的声望,并将这些声望转变为实际的、政治的力量(人员、组织等等),以此来扩大自己的政治势力(巴特,2005:86)。在国家进程中,比起阿孔德,巴沙又前进了一步:他组建了自己的军队,成为了斯瓦特国内的最高军事司令,可以发动圣战,成为一位集权的统治者。

让我们来回顾斯瓦特国生成的过程:首先,圣徒创制了土地轮换制度,这样一种土地所有制度是斯瓦特社会中的核心,土地的占有与政治权威直接相关,这使得世俗部落首领的政治力量被控制在一定范围内,集权政府无法仅仅从世俗政治中生成;圣徒的政治影响力则有着更多的扩大路径,这些路径使他们能够积累更多的政治声望,因此,国家仅仅能在圣徒的领导下产生。在国家化的进程中,圣徒建立了军队,成为了最高的军事总司令,同时又是最高行政长官,政府分化为三个部门。

从巴特的描述中,我们能看到许多埃文斯-普里查德的描述中所不能看到的东西,即社会及政治状态的内部生成过程。贝都因人与斯瓦特巴坦人社会形态上的相似性使我们可以将二者的国家化进程综合起来看,于是,当埃文斯-普里查德为我们讲述部落与伊斯兰教文明相遇产生国家的过程时,巴特则为我们揭示了其内在原因。我们不妨将斯瓦特巴坦人看作是从未遭遇过意大利侵略者的贝都因人(这样的比较并非是要忽略两个社会的差异性,而是为了进一步强调它们的相似性),而斯瓦特国的生成则能说明当伊斯兰教与部落制社会相遇,前者得以打破后者长久以来所形成的氏族和血缘的稳定边界(虽然有时候它们看起来是捉摸不定的),使得部落制的社会由血缘转为地缘,在一系列的政治过程中生成国家或者国家的雏形。

(二)缅甸克钦人国家化的失败

同样在 1954 年,另一本讨论了社会组织和社会结构的著作《缅甸高地诸政治体系》于英国剑桥出版,它的作者是英国人类学家利奇。在此书中,利奇爵士以动态的视角研究了缅甸克钦社区的社会结构变迁,质疑了当时的英国功能主义人类学派中以埃文斯-普里查德为代表的认为社会中存在一个清晰的特定结构的观点。这本书中也能找到与我们讨论的主题有关的内容。我们可以说,贝都因人和斯瓦特地区的国家化是成功的——或者说,成功地建立国家并维持过一段时间,但在利奇爵士所呈现的材料中,缅甸克钦山区的贡萨制始终在两种极端的政治制度——贡劳和掸邦之间摇摆,最高权力无法在这样一种社会中产生。为了进一步分析,我们需要在这里引入书中所用的几个景颇语概念。掸邦是克钦社区之外的一个集权的封建等级制社会,它拥有神圣的国王和一套基于地缘的社会组织结构;贡劳是克钦山区内部政治组织结构的一种,是一个平等的社会,"最稳定的贡劳社区已经忽略了世系群,转而强调对具体地域的忠诚"(利奇,2012:26);而贡萨则是介于掸邦和贡劳制之间的一种,利奇视其为"二者的折中"(利奇,2012:28)的"对掸邦的一种模仿"(利奇,2012:18),是一种不稳定的政治制度。克钦山区社会的核心组成原则是一套姻亲制度:"姆尤-达玛"婚姻体系,这套制度使得"亲属关系的主要框架覆盖着整个克钦山区"(利奇,2012:82),一个人与另外一个世系群的关系也被这套制度限定着,例如一个人的姆尤世系群指的是"他本人所属世系群中有男性近年来从这些世系群中娶了妻子"(利奇,2012:107)。"姆尤-达玛"的姻亲制度不仅规定了世系群中的个人所能通婚的范围,还构建出了一种世系群间因婚姻的缔结而产生出的不平等关系,即"达玛不论在任何一个社区中都是姆尤的附庸"(利奇,2012:114)。克钦的贡萨社区中有一个仪式性的领袖"山官",山官的位置实行幼子继承制,其余的儿子们便会寻找类似祭司的权威来弥补自己所没能占有的权威。山官并不是一个严格意义上的最高首领，他并没有完全的最高司法、行政和军事权力。利奇爵士认为，山官是克钦人的贡萨制对掸邦国王的一种模仿。每当有山官试图像一个掸邦国王那样获取最高的权力时，他的支持者往往会与他反目成仇，使他不能够建立一个国家。这是由于"姆尤-达玛"结构在掸人社会中是完全倒置的。嫁娶的意义是相反的，掸人国王的女人中，妻是同等家族的人，妾是一种可以抵消地租的贡品，姻亲构成了政治的盟友；而对于贡萨山官来说，自己的直系亲属才是最大的追随者，"姆尤-达玛"亲戚是一个山官的权力来源（利奇，2012：285），"贡萨的原则合乎逻辑地导致一个山官与他大部分封建随从之间的关系要么是普瑙（世系群）兄弟，要么是姆尤-达玛（姻亲）"（利奇，2012：322）。这样一种由亲属结构所导致的政治结构上的差异使得一位梦想成为掸邦召帕（国王）的山官不能像召帕对待盟友那样对待自己的追随者。

如果将贝都因人、斯瓦特巴坦人和克钦人这三种社会对比来看，那么克钦人国家化失败的原因就很清晰了：贝都因人的部落社会由于赛努西教团这样一个宗教共同体的出现，其根本组织方式从血缘转变为了地缘；尽管斯瓦特谷地是以血缘为核心的土地所有制组成起来的，但它的国家的生成采取了基于地缘的政治权威的积累方式，同样跳脱出了氏族对于社会的支配；而在克钦山区，"姆尤-达玛"的姻亲制度是社会的根本组织方式，血缘的纽带牢牢连结着人们，世系群掌握着土地，战争依旧是根据血缘和世系关系组织起来的（而非地域性的），个人被置于世系群内，因此没有从社会内部生成国家的可能，克钦的社会构成机制从根本上就不允许出现一个克钦的最高首领。

结　论

贝都因人和斯瓦特人部落制向国家转变的成功使我们可以总结出这种转变的模式和社会学机制。

对于贝都因社会而言，当赛努西教团进入部落，其领袖便拥有了

Marabtin 的 baraka，这是贝都因部落社会国家化的第一步；当教团与部落制结合，开始渗透部落成员的日常生活，并给予其成员新的共同体身份时，教团便打破了血缘的部落制氏族的边界，与此同时，赛努西也将部落内酋长和武士阶层的 baraka 集中于自身，这是第二步；而后，教团的政治转变是由于奥斯曼土耳其帝国的政务委托，教团开始作为当地政务处理者，有了政府的雏形，这是其国家化的第三步；在战争中作为独立主权的教团组织取得了对贝都因人的军事领导权，其首领作为最高军事酋长，体现出贝都因部落的氏族组织已经转化为政治组织，已初步具有国家雏形，这是国家化的第四步；当 Sayyid Ahmad al-Sharif 出走埃及，Sayyid Idris 上台，教团首领又从民主制将军的职位上退下，重新变为宗教领袖，这体现出权力的分化和政治形态的进一步发展，国家的形态愈发完善，这是贝都因部落社会国家化的第五步。通过这样的过程与身份的转化，无政府无国家的部落制社会在和伊斯兰教教团结合后得以生成国家。

而在斯瓦特谷地，部落制国家化的进程与贝都因社会有着很大的相似性。圣徒阿孔德之于斯瓦特国就像是赛努西之于赛努西政府，面对以血缘为基础的土地分配制所主导的斯瓦特巴坦人社会，他并没有直接建立国家，而是通过控制政治领袖，为他们出谋划策来提高自己的声望，并将这些声望转变为实际的政治力量（人员、组织等等），以此来扩大自己的政治势力（巴特，2005：86），这可以被看作是斯瓦特巴坦人社会国家化的第一步；阿孔德的后代便继承了他的政治权威，成为了有名的首领，开始参与政治斗争，最后，他的孙子巴沙获胜，创建了斯瓦特国，这是国家化的第二步，在这个步骤中，巴沙作为圣徒集团的首领在他获胜的那一刻前所未有地集中了斯瓦特巴坦人部落社会中的政治权威；在斯瓦特国运行的过程中，政府权力分化成三个部分，国家的形态愈发完整，这可以被视为其国家化的第三步。

贝都因社会与斯瓦特社会国家进程的相似性不仅在于过程，更在于其领袖获得最高政治权威的方式：赛努西的兄弟会创制了遍布部落的圣所制，以此将所有裂变分支的部落都纳入教团完整的体系中，进而获得了原本属于部落酋长和武士阶层的 baraka,实现了部落权威和神圣性的集中;阿孔德则并未遵循部落内原有的占有土地的政治权威集中方式,而是通过自己的圣人身份积累威望,并将其转化为实际的政治力量。他们都是通过创制了一套在部落制结构外的权威或 baraka 集中的机制来实现部落政治权威或 baraka 的集中,达到了原本的部落内权威所不能及的高度。这是两种部落制向国家转化模式中最核心的相同点,也是国家得以在部落制社会中形成的关键原因。

在本书的叙述中,赛努西教团一共经历了四代领导人。赛努西是教团的开创者,他作为贝都因社会的外来者,继承了之前贝都因部落制结构中为人们所崇拜的圣人的结构地位,使得教团一开始就把根扎在了部落制的最中心。圣所沿着部落的裂变分支结构而设置,赛努西教团掌握了贝都因人的精神生活,也渗入了他们的世俗生活。贝都因人的部落制是一种从总体上而言十分固定的社会组织方式,它以血缘的氏族组织为核心,以一种自下而上的方式被组织起来,而赛努西教团的进入恰恰打破了这样一种模式,使得血缘和氏族的贝都因社会有了转变为地缘的国家的可能。在与土耳其帝国的互动中,赛努西教团初步具有了昔兰尼加地方政府的形态与功能,这使得它有能力在对外事务中代表贝都因部落。而后来的两场战争也使得赛努西教团完全脱去了宗教的外壳,转变为一个纯粹的政治组织(或者说政府),具有军事和外交上的自主权,而贝都因人也在抗击外敌的过程中萌发出主权意识,战争逐渐变为利比亚的昔兰尼加在赛努西教团的意志领导下的一场独立战争。

埃文斯-普里查德在书中写道,"1902 年是赛努西教团政治扩张的顶点"(Evans-Pritchard,1954:151)。在这一年,教团的第二代领导者 Sayyid al-Mahdi 逝世,由于之后领导教团的 Sayyid Ahmad al-Sharif 的刚愎自用,以及他所作的诸多错误军事决定,赛努西教团的政治组织和政治影响力都受到了严重打击。尤其是在第二次意大利-赛努西战争中,它更多地是作为一种宗教和精神上的象征引领着它的人民。但教团实力的削弱并不代表昔兰尼加国家化的过程不再继续,相反,在教团首领之后涌现出的贝都因社会的军事总指挥更说明了贝都因社会的政治正在向更复杂的形态迈进。

　　除了部落制向国家转化的过程之外,埃文斯-普里查德在这本书中还为我们展现了其历史人类学的研究方法。不同于其他功能学派或传播学派的人类学家的反历史倾向,埃文斯-普里查德认为人类学不能与历史分离,并多次在论文和演讲中为历史正名。他认为历史是"事件之间的联系"(埃文思-普里查德,2010:130),在人类学研究社会结构变迁等问题时,历史研究是无法逃避的,"在变化的过程中,制度的本质只有被置于历史的大熔炉中才能被充分理解"(埃文思-普里查德,2010:136)。需要说明的是,人类学家研究历史并非寻根式的归纳法,也并非试图"通过先例和起源解释现在"(埃文思-普里查德,2010:141),而是寻求某种历史运动的周期性和历史变迁的发展过程。

　　人类学自其诞生之初起就是一个具有批判性和反思性的学科,这是因为它始终有一个潜在的比较和研究对象,即人类学家自身所处的社会。在这个意义上,我们就能发现,埃文斯-普里查德的诸多研究也符合了他的历史人类学思想,如果我们将努尔人的部落制、贝都因人的国家化进程以及大英帝国的现代政治体系放在一起,一个清晰的结构变迁序列就显现出来:在埃文斯-普里查德的这些"使用功能主义者的方式阐述"(努尔人社会)和"使用历史方式的阐述"(贝都因人社会)的研究的结合背后,他想做的是"根据目前的一系列社会关系理解英格兰的社会状况"(埃文思-普里查德,2010:142)。这样,这本书便具有了社会结构的历史研究之上的过渡意义。

　　埃文斯-普里查德在1944年离开他的田野,六年后,1950年12月2日,一个由Sayyid Idris为国王的利比亚国在联合国的支持下成立,它是第一个也是唯一一个从欧洲殖民体系中获得独立的非洲国家(圣约翰,2011:76)。利比亚国的建立标志着赛努西政府的首领成为了一个君主制联邦国家的世袭的国王,贝都因部落社会的国家化完成。但是,在国家的内部,部落制并没有完全消解,而是伴随着国家的进程一直存在着。特别是在战争时期,部落内的由世仇制度所维持的平衡被打破,部落酋长获取了政治权威,并将之转化为实在的政治力量。同时,战争中崛起了一批部落内的战争英雄,他们和他们的家族也获得了政治力量。这些都使得 Sayyid Idris 不得不面对"不断发展的宗派主义力量、民族战线的旧贵族精英以及部族领导人"(圣约翰,2011:82),这时,后者已经变成了拥有实在政治力量的权力角逐者,部落制在国家内部的兴起是后来利比亚局势一直不稳定的重要原因。由于研究时间所限,埃文斯-普里查德最后只写到民族主义的兴起,而没有关注后续的发展,因此,这一部分内容也成为了后续研究者可以继续探讨的问题之一。

参考文献

Evans-Pritchard, E. E. 1946, "Hereditary Succession of Shaikhs of Sanusiya Lodges in Cyrenaica." *Man* 46(3).

—— 1954, *The Sanusi of Cyrenaica*. Oxford: Clarendon Press.

埃文思-普里查德,2010,《论社会人类学》,冷凤彩译,北京:世界图书出版公司北京公司。

——,2014,《努尔人》,褚建芳译,北京:商务印书馆。

巴特,2005,《斯瓦特巴坦人的政治过程》,黄建生译,上海:上海人民出版社。

格尔茨,克利福德,2016,《地方知识》,杨德睿译,北京:商务印书馆。

利奇,埃德蒙,2012,《缅甸高地诸政治体系》,杨春宇、周歆红译,北京:商务印书馆。

摩尔根,1971,《古代社会(全三册)》,杨东莼、张栗原、冯汉骥译,北京:商务印书馆。

圣约翰,2011,《利比亚史》,韩志斌译,上海:东方出版中心。

韦伯,2005,《宗教社会学》,康乐、简惠美译,桂林:广西师范大学出版社。

张亚辉,2011,《骆驼与晨星——读〈闪米特人的宗教〉》,《西北民族研究》第 3 期。

（作者单位:厦门大学人类学与民族学系）

稿　约

　　《人类学研究》是浙江大学社会学系人类学研究所主办的人类学专业学术辑刊,由商务印书馆出版,每年两期。期刊的主要栏目有"论文""专题研究""研究述评""书评""珍文重刊""田野随笔"等。本刊热诚欢迎国内外学者投稿。

　　1.本刊刊登人类学四大分支学科(社会与文化、语言、考古、体质)的学术论文、田野调查报告和研究述评等;不刊登国内外已公开发表的文章(含电子网络版)。论文字数在 10 000—40 000 字之间。

　　2.稿件一般使用中文,稿件请注明文章标题(中英文)、作者姓名、单位、联系方式、摘要(200 字左右)、关键词(3—5 个)。

　　3.投寄本刊的文章文责一律自负,凡采用他人成说务必加注说明。注释参照《社会学研究》格式,英文参照 APA 格式。

　　4.投稿请寄:jiayliang@zju.edu.cn

《人类学研究》编辑部